卓越工程技术人才培养特色教材

高等数学及其应用

（理工类）

上册

主　编　吴健荣　卢殿臣

副主编　张国昌　王顺凤　郭进峰

编委会（按姓氏笔画为序）

王顺凤　卢殿臣　吴建成　吴健荣

宋晓平　张有德　张国昌　郭进峰

江苏大学出版社

JIANGSU UNIVERSITY PRESS

镇　江

图书在版编目(CIP)数据

高等数学及其应用 ：理工类. 上册 / 吴健荣，卢殿臣主编. — 镇江：江苏大学出版社，2012.8(2024.8 重印)
ISBN 978-7-81130-365-0

Ⅰ.①高… Ⅱ.①吴… ②卢… Ⅲ.①高等数学—高等学校—教材 Ⅳ.①O13

中国版本图书馆 CIP 数据核字(2012)第 195859 号

高等数学及其应用：理工类　上册

主　　编/吴健荣　卢殿臣
责任编辑/吴昌兴
出版发行/江苏大学出版社
地　　址/江苏省镇江市京口区学府路 301 号(邮编：212013)
电　　话/0511-84446464(传真)
网　　址/http://press.ujs.edu.cn
排　　版/镇江文苑制版印刷有限责任公司
印　　刷/广东虎彩云印刷有限公司
开　　本/718 mm×1 000 mm　1/16
印　　张/19
字　　数/372 千字
版　　次/2012 年 8 月第 1 版
印　　次/2024 年 8 月第13次印刷
书　　号/ISBN 978-7-81130-365-0
定　　价/41.00 元

如有印装质量问题请与本社营销部联系(电话：0511-84440882)

江苏省卓越工程技术人才培养特色教材建设

指导委员会

序

深化高等工程教育改革、提高工程技术人才培养质量，是增强自主创新能力、促进经济转型升级、全面提升地区竞争力的迫切要求。近年来，江苏高等工程教育飞速发展，全省46所普通本科院校中开设工学专业的学校有45所，工学专业在校生约占全省普通本科院校在校生总数的40%，为"十一五"末江苏成功跻身全国第一工业大省做出了积极贡献。

"十二五"时期是江苏加快经济转型升级、发展创新型经济、全面建设更高水平小康社会的关键阶段。教育部"卓越工程师教育培养计划"启动实施以来，江苏认真贯彻教育部文件精神，结合地方高等教育实际，着力优化高等工程教育体系，深化高等工程教学改革，努力培养造就一大批创新能力强、适应江苏社会经济发展需要的卓越工程技术后备人才。

教材建设是人才培养的基础工作和重要抓手。培养高素质的工程技术人才，需要遵循工程技术教育规律，建设一套理念先进、针对性强、富有特色的优秀教材。随着知识社会和信息时代的到来，知识综合、学科交叉趋势增强，教学的开放性与多样性更加突出，加之图书出版行业体制机制也发生了深刻变化，迫切需要教育行政部门、高等学校、行业企业、出版部门和社会各界通力合作，协同作战，在新一轮高等工程教育改革发展中抢占制高点。

2010 年以来,江苏大学出版社积极开展市场分析和行业调研,先后多次组织全省相关高校专家、企业代表就应用型本科人才培养和教材建设工作进行深入研讨。经各方充分协商,拟定了“江苏省卓越工程技术人才培养特色教材”开发建设的实施意见,明确了教材开发总体思路,确立了编写原则:

一是注重定位准确,科学区分。教材应符合相应高等工程教育的办学定位和人才培养目标,恰当把握与研究型工程人才、设计型工程人才及技能型工程人才的区分度,增强教材的针对性。

二是注重理念先进,贴近业界。吸收先进的学术研究与技术成果,适应经济转型升级需求,适应社会用人单位管理、技术革新的需要,具有较强的领先性。

三是注重三位一体,能力为重。紧扣人才培养的知识、能力、素质要求,着力培养学生的工程职业道德和人文科学素养、创新意识和工程实践能力、国际视野和沟通协作能力。

四是注重应用为本,强化实践。充分体现用人单位对教学内容、教学实践设计、工艺流程的要求以及对人才综合素质的要求,着力解决以往教材中应用性缺失、实践环节薄弱、与用人单位要求脱节等问题,将学生创新教育、创业实践与社会需求充分衔接起来。

五是注重紧扣主线,整体优化。把培养学生工程技术能力作为主线,系统考虑、整体构建教材体系和特色,包括合理设置课件、习题库、实践课题以及在教学、实践环节中合理设置基础、拓展、复合应用之间的比例结构等。

该套教材组建了阵容强大的编写专家及审稿专家队伍,汇集了国家教学指导委员会委员、学科带头人、教学一线名师、人力资源专家、大型企业高级工程师等。编写和审稿队伍主要由长期从事教育教学改革实践工作的资深教师、对工程技术人才培养研究颇有建树的教育管理专家组成。在编写、审定教材时，他们紧扣指导思想和编写原则，深入探讨、科学创新、严谨细致、字斟句酌，倾注了大量的心血，为教材质量提供了重要保障。

该套教材在课程设置上基本涵盖了卓越工程技术人才培养所涉及的有关专业的公共基础课、专业公共课、专业课、专业特色课等；在编写出版上采取突出重点、以点带面、有序推进的策略，成熟一本出版一本。希望大家在教材的编写和使用过程中，积极提出意见和建议，集思广益，不断改进，以期经过不懈努力，形成一套参与度与认可度高、覆盖面广、特色鲜明、有强大生命力的优秀教材。

江苏省教育厅副厅长 丁晓昌

2012 年 8 月

[illegible]

[illegible]面，为教材的质量提供了充分保障。

该套教材在课程设置上基本涵盖了[illegible]

[illegible]

[illegible]

前 言

教材是教学内容的最主要依据,也是实现课程目标的最重要载体.高等数学作为工科院校最重要的公共基础课,其教材建设始终得到了普遍重视.近年来,新编教材不断涌现,其中不乏在内容、结构以及表述等方面颇具新意的高质量作品.

社会发展的需要以及高校教育教学的改革是推动教材建设的两大外在原因.一方面,随着我国对高等工程技术教育的日益强化,特别是"卓越人才教育培养计划"的实施,迫切需要我们编写与之相适应的课程教材;另一方面,目前还比较缺乏针对新建本科高校和独立学院的教材,至少就高等数学教材而言,大部分是原有教材的缩简本.

本书就是以加强工程技术教育为背景,以新建本科高校和独立学院的工科类及管理类专业学生为主要使用对象,而编写的一部高等数学教材.全书根据国家本科数学基础课程教学基本要求进行编写,共分上、下两册,其中上册为一元函数微积分及微分方程部分;下册包括向量代数、多元函数微积分及级数部分.

在编写这套教材时,我们着重考虑了下述问题:

(1)以工科类及管理类专业学生为主要使用对象,突出工程技术教育特点.在不影响严谨性的前提下,适当弱化理论的抽象性,删去了一些要求过高的理论推导;较多选取与工程技术有关的应用实例,以增强学生对高等数学知识学习的兴趣和应用意识.

(2)以新建本科高校和独立学院的教学层次特征为引导,注重教材的易读性.在引入概念时尽可能采用学生易于接受的方式表述,如利用第一类曲线(曲面)积分来引出第二类曲线(曲面)积分;对一些理论性较强的内容尽量做好背景铺垫,并通过其应用来帮助学生理解;对缺乏应用背景的理论适当进行弱化,如不定积分部分没有单独成章,而是融入到定积分内容中.

(3)以知识、素养、能力为培养目标,注重培养学生的综合能力.作为一门基础课教材,注意保持数学学科本身的科学性和系统性,力求体现知识、素养、能力的多方面培养目标;在强调"三基"的基础上,针对部分学有余力或有继续深造需要的学生,除第七章外,在每章最后一节都编排了"综合例题与应用",用于提高学生对所学知识的综合应用能力,进一步激发其想象力和创造力.

来自省内5所高校的老师参加了本书的编写工作(以下按姓氏笔画为序):南京信息工程大学王顺凤、江苏大学卢殿臣、常州大学吴建成、苏州科技学院吴健荣、江苏大学宋晓平、江苏科技大学张国昌、苏州科技学院郭进峰.吴健荣、吴建成、卢殿臣三位教授负责对全书进行统稿、定稿.在半年多的时间里,编写组进行了多次交流、研讨,收获颇丰,有些好的想法已纳入本书之中.

本书的顺利出版离不开江苏大学出版社的大力支持,特别是芮月英总编、李文新主任、王应之和吴昌兴两位编辑的协调与帮助,对此我们深表谢意!

由于时间仓促和编者水平所限,书中一定有不少不妥之处,敬请读者批评指正.

编 者

2012年7月

目 录

第一章　函数与极限

第一节　函数　001
第二节　数列的极限　018
第三节　函数的极限　022
第四节　极限存在准则　两个重要极限　029
第五节　无穷小与无穷大　034
第六节　函数的连续性　039
第七节　综合例题与应用　047

第二章　导数与微分

第一节　导数的概念　054
第二节　导数公式与函数的和差积商的导数　063
第三节　反函数和复合函数的导数　068
第四节　隐函数和参数式函数的导数、相关变化率　073
第五节　高阶导数　079
第六节　微分及其应用　084
第七节　综合例题与应用　090

第三章　微分中值定理和导数的应用

第一节　拉格朗日中值定理和函数的单调性　096
第二节　函数的极值与最值　104
第三节　曲线的凹凸性与拐点　110
第四节　函数图形的描绘　114
第五节　弧微分与曲率　119
第六节　柯西定理与洛必达法则　125
第七节　泰勒定理与函数的多项式逼近　130
第八节　综合例题与应用　135

第四章 积分及其计算

第一节 定积分的概念与性质 144
第二节 微积分基本公式 150
第三节 换元积分法 158
第四节 分部积分法 170
第五节 两类函数的积分 176
第六节 定积分的近似计算 180
第七节 反常积分 185
第八节 综合例题与应用 190

第五章 定积分的应用

第一节 定积分的微元法 198
第二节 定积分的几何应用举例 199
第三节 定积分的物理应用举例 208
第四节 综合例题与应用 211

第六章 微分方程及其应用

第一节 微分方程的基本概念 218
第二节 可分离变量的微分方程 221
第三节 一阶线性微分方程 226
第四节 二阶线性微分方程 231
第五节 可降阶的高阶微分方程 239
第六节 综合例题与应用 242

附录 1 微积分学简史 250
附录 2 Mathematica 使用初步 253
附录 3 中学数学基础知识补充 261
习题答案 273
参考文献 291

第一章　函数与极限

函数是现代数学的基本概念之一，是高等数学的主要研究对象. 集合是现代数学的基本语言，连续是函数的一个重要性态，极限概念是微积分的理论基础，极限方法是微积分的基本分析方法. 因此，掌握并运用好极限方法是学好高等数学的关键. 本章将介绍集合、函数、极限与连续的基本知识和基本方法，为以后各章的学习打下必要的基础.

第一节　函　　数

一、集合

1. 集合的概念

定义 1　集合是指所考察的具有共同特征的对象的总体，简称集. 组成集合的每一个对象称为该集合的元素，简称元. 通常用大写字母 $A,B,X,Y,\cdots$ 表示集合，小写字母 $a,b,x,y,\cdots$ 表示集合的元素.

若 x 是集合 A 的元素，则称 x 属于 A，记作 $x\in A$；若 x 不是 A 的元素，则称 x 不属于 A，记作 $x\overline{\in}A$ 或 $x\notin A$.

例如，某校一年级学生全体组成了一个集合；平面上过某个定点的直线全体组成了一个集合；能够被 3 整除的自然数的全体组成了一个集合等等. 表示集合的方法通常有两种：一种是列举法，另一种是描述法.

所谓列举法，就是将集合中全体元素一一列举出来写在大括号内. 例如，由元素 $a_1,a_2,\cdots,a_n$ 组成的集合 A，记作

$$A=\{a_1,a_2,\cdots,a_n\}.$$

所谓描述法，就是将集合中的元素的公共特征描述出来，记作

$$B=\{x\mid x\text{ 具有的特征}\}.$$

大括号内先写上该元素的一般形式，再画一竖线，然后写上该集合元素所具有的公共特征. 例如，集合 M 是由满足 $x^2-4x+3\geqslant 0$ 的实数 x 的全体组成的集合，记作

$$M=\{x \mid x^2-4x+3\geqslant 0, x\text{ 为实数}\}.$$

由有限个元素组成的集合称为有限集,由无穷多个元素组成的集合称为无限集.不含任何元素的集合称为空集,记作$\varnothing$.

通常用$\mathbf{N}$表示非负整数(自然数)集,用$\mathbf{Z}$表示整数集,用$\mathbf{Q}$表示有理数集,用$\mathbf{R}$表示实数集,用$\mathbf{C}$表示复数集.即

$$\mathbf{N}=\{0,1,2,\cdots,n,\cdots\};$$

$$\mathbf{Z}=\{0,\pm 1,\pm 2,\cdots,\pm n,\cdots\};$$

$$\mathbf{Q}=\left\{\frac{p}{q}\,\middle|\, p\in\mathbf{Z}, q\in\mathbf{N}^+,\text{且 } p \text{ 与 } q \text{ 互质}\right\}.$$

在表示数集的字母的右上角标上"+"表示该数集内去掉0和负数以后的集合.例如,$\mathbf{N}^+=\{1,2,\cdots,n,\cdots\}$.

2. **集合的运算**

定义2　设A,B是两个集合,若A的每个元素都是B的元素,则称A是B的子集,记作$A\subset B$或$B\supset A$.若$A\subset B$且$B\subset A$,则称集合A与B相等,记作$A=B$.若$A\subset B$,且$A\neq B$,则称A是B的真子集.

对于任一集合A,因为$\varnothing\subset A$, $A\subset A$,所以$\varnothing$, A都是集合A的子集.

集合有下列几种基本运算:

并　设A,B为两个集合,由所有属于A或属于B的元素组成的集合,称为集合A与B的并集(简称并),记作$A\cup B$,即

$$A\cup B=\{x \mid x\in A\text{ 或 }x\in B\}.$$

注　A和B中重复的元素只取一次.

交　设A,B为两个集合,由所有既属于A又属于B的元素组成的集合,称为集合A与B的交集(简称交),记作$A\cap B$,即

$$A\cap B=\{x \mid x\in A\text{ 且 }x\in B\}.$$

差　设A,B为两个集合,由所有属于A但不属于B的元素组成的集合,称为集合A与B的差集(简称差),记作$A\backslash B$,即

$$A\backslash B=\{x \mid x\in A\text{ 且 }x\notin B\}.$$

余　假设考虑的集合都是集合I的子集,称I为全集或基本集,称差集合$I\backslash A$为A在I中的余集或补集,记作A^C,即

$$A^C=I\backslash A=\{x \mid x\in I\text{ 且 }x\notin A, A\subset I\}.$$

集合的运算结果,可用如图1-1直观表示(图中阴影部分为运算结果).

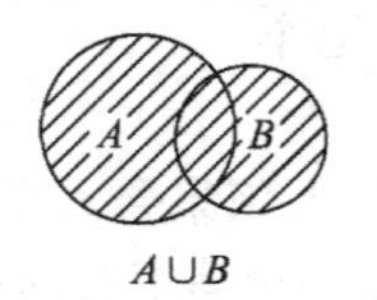

$A\cup B$　　$A\cap B$

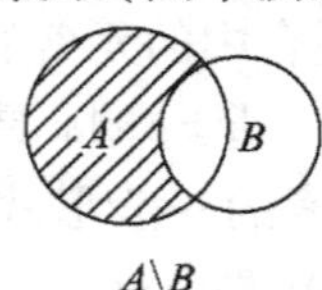

$A\backslash B$

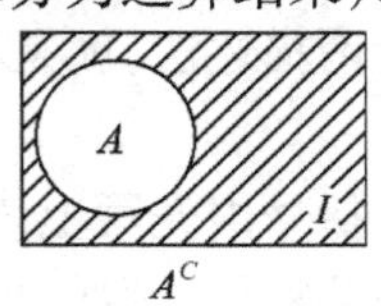

A^C

图1-1

集合的运算有下列性质：

(1) 交换律　$A\cup B=B\cup A, A\cap B=B\cap A$；

(2) 结合律　$A\cup(B\cup C)=(A\cup B)\cup C$,

$A\cap(B\cap C)=(A\cap B)\cap C$；

(3) 分配律　$(A\cup B)\cap C=(A\cap C)\cup(B\cap C)$,

$(A\cap B)\cup C=(A\cup C)\cap(B\cup C)$；

(4) 幂等律　$A\cup A=A, A\cap A=A$；

(5) 吸收律　$A\cup(A\cap B)=A$, $A\cap(A\cup B)=A$；

(6) 对偶律(德·摩根律)　$(A\cup B)^C=A^C\cap B^C$, $(A\cap B)^C=A^C\cup B^C$.

3. 区间

数学中最常用的一类数集是“区间”. 介于两个实数 a 和 b 之间的全体实数构成的数集称为区间. 实数 a 和 b 称为区间的端点，两端点间的距离 $|b-a|$ 称为区间的长度. 一般有如下几种区间：

开区间　$\{x\mid a<x<b\}$，记作(a, b)；

闭区间　$\{x\mid a\leqslant x\leqslant b\}$，记作$[a, b]$；

左开右闭区间　$(a,b]=\{x\mid a<x\leqslant b\}$；

左闭右开区间　$[a,b)=\{x\mid a\leqslant x<b\}$.

以上区间称为有限区间. 引入记号 $+\infty$（读作正无穷大）和 $-\infty$（读作负无穷大），则可类似地定义无限区间(或称无穷区间)：

$$(a,+\infty)=\{x\mid x>a\},[a,+\infty)=\{x\mid x\geqslant a\},$$
$$(-\infty, b)=\{x\mid x<b\},(-\infty, b]=\{x\mid x\leqslant b\},$$

全体实数组成的集合 $\mathbf{R}$ 也可记作$(-\infty,+\infty)$.

在不需要考虑区间的具体形式时，简单地称它为“区间”，并且常用 I 表示.

4. 邻域

邻域是高等数学中常用的概念. 以点 a 为中心的任何开区间称为点 a 的邻域，记作$U(a)$.

定义 3　对于任意的正数 δ，开区间$(a-\delta,a+\delta)$称为点 a 的 δ 邻域，也简称点 a 的邻域，a 称为邻域的中心，δ 称为邻域的半径，记作 $U(a,\delta)$，即

$$U(a,\delta)=\{x\mid a-\delta<x<a+\delta\}=\{x\mid |x-a|<\delta\}.$$

所以，$U(a,\delta)$表示与 a 的距离小于 δ 的一切 x 的全体（见图 1-2).

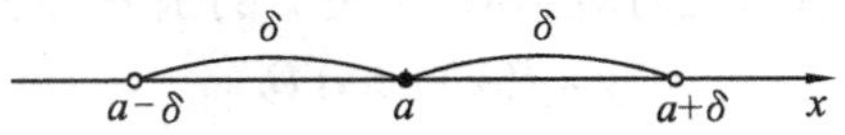

δ　δ

$a-\delta$　a　$a+\delta$　x

$U(a,\delta)=\{x\mid a-\delta<x<a+\delta\}$

图 1-2

例如，$U\left(-1,\ \frac{1}{2}\right)=\left\{x\ \middle|\ |x-(-1)|<\frac{1}{2}\right\}=\left(-\frac{3}{2},-\frac{1}{2}\right)$.

在 $U(a,\delta)$ 中去掉邻域中心 a 的集合,称为点 a 的去心 δ 邻域,记作 $\mathring{U}(a,\ \delta)$，即

$$\mathring{U}(a,\ \delta)=\{x\mid 0<|x-a|<\delta\}.$$

为了使用方便,有时把开区间 $(a-\delta,\ a)$ 称为 a 的左 δ 邻域,开区间 $(a,\ a+\delta)$ 称为 a 的右 δ 邻域.

二、变量与函数的概念

在观察自然与社会现象时,会遇见各种不同的量,其中有些量在所考察过程中保持不变,这种量称为常量;另一些量在所考察过程中发生变化,取不同的值,这种量称为变量. 通常以 $a,\ b,\ c$ 等表示常量,用 $x,\ y,\ z$ 等表示变量.

在同一过程中,往往有几个变量相互联系、相互影响地变化着,遵循一定的客观规律. 如果能用数学方式精确地描述这些变化的因果关系,就能把握事物的发展趋势. 函数就是变量变化关系最基本的数学描述.

例 1 设有半径为 R 的圆(R 为常数),记该圆内接正 n 边形的周长为 L. 则对每一个边数 n,都对应着一个确定的周长 L 的值. 这个对应规则可以用公式表示为

$$L=2nR\sin\frac{\pi}{n}.$$

例 2 在真空中从高 h 处自由下落的物体,下落距离 s 与时间 t 都是变量. 假设物体开始降落时间为 0,着地时间为 T,则对应区间 $[0,T]$ 内的每一个下落时间 t 都对应着一个确定的下落距离 s 的值. 这个对应规则可以用公式表示为

$$s=\frac{1}{2}gt^2,$$

其中,g 表示重力加速度.

在上面的例子中,如果把各个变量的具体意义进行抽象,则可以看到其共同点:① 含有两个变量,不妨称为 x 和 y; ② 当一个变量(例如 x)在某一个范围内每取定一值时,另一个变量(例如 y)按照某个法则有确定的值与之对应.

1. 函数的概念

定义 4 设 x,y 为两个变量,D 为一非空数集,若对于每一个 $x\in D$,按某种法则 f,变量 y 总有确定的值与之对应,则称 y 是 x 的函数,记作

$$y=f(x),\ x\in D.$$

其中,x 称为自变量,y 称为因变量,D 称为函数的定义域,记作 $D(f)$. 当 x 取遍 D 内的所有元素时,对应的 y 所组成的数集称为函数的值域,记作

$$W(f)=\{y\mid y=f(x),x\in D\}.$$

注　在函数定义中，定义域 D 和对应法则 f 是两个要素，定义域 D 和对应法则 f 相同的两个函数认定为相同的函数. 至于自变量与因变量采用什么符号表示则无关紧要.

例如，3 个函数 $f,\ g,\ h$ 分别定义如下：

$$f(x)=x^2,\ D(f)=[0,1];$$
$$g(t)=t^2,\ D(g)=[0,1];$$
$$h(x)=x^2,D(h)=[-1,1].$$

则有 $f=g$，但是 $f\neq h$.

在实际问题中，函数的定义域是由实际问题的背景确定的. 例如，例 1 中$D(L)=\{n\mid n\in\mathbf{N}^+,n\geqslant 3\}$，例 2 中 $D(s)=[0,\ T]$.

不考虑函数的实际意义，而抽象地用算式表达的函数，其定义域是自变量所能取的使算式有意义的一切实数所组成的集合. 例如，函数 $y=\sqrt{x^2-1}$的定义域 $D=(-\infty,-1]\cup[1,+\infty)$；函数 $y=\ln x+\sqrt{5-x}$的定义域 $D=(0,\ 5]$.

如上所述，由实际问题的背景确定的函数的定义域称为实际定义域，而使对应法则 f 有意义的自变量的全体称为函数的自然定义域.

注　如果没有特别说明，求函数的定义域通常就是求函数的自然定义域.

2. 函数的图形

设函数 $y=f(x)$ 是定义在 D 上的函数，在 xOy 平面上，对每个 $x\in D$，可确定平面上一点

$$M(x,y)=M(x,f(x)),$$

点集　　$C=\{(x,y)\mid y=f(x),x\in D\}$

称为函数 $y=f(x)$ 的图形，它通常是 xOy 平面上的一条曲线（见图 1-3）.

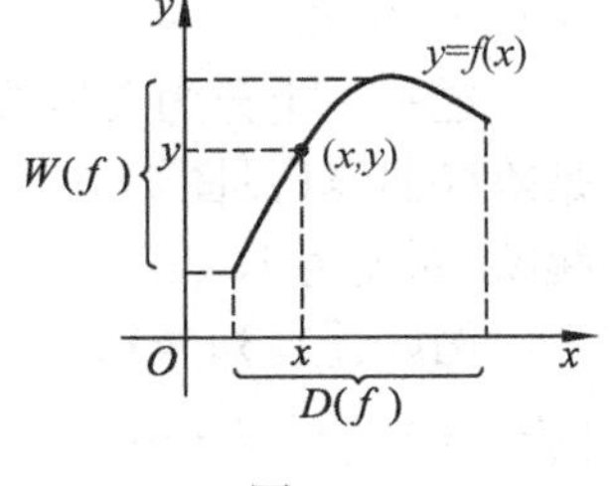

图 1-3

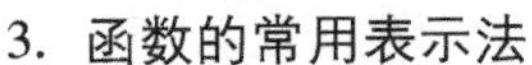

3. 函数的常用表示法

表示函数通常有下列 3 种方法.

表格法　将自变量的值与对应的函数值列成表格的方法（例如，三角函数表、对数表等）.

图像法　在坐标系中用图形表示函数关系的方法（例如，气温图、心电图等）.

解析法（公式法）　将自变量与因变量之间的关系用数学公式（又称为解析表达式）表示的方法.

在函数定义中，对于定义域 D 内任一点 x，如果按照对应法则 f，y 只有唯一确定的值与之对应，则称 $y=f(x)$ 为 x 的单值函数；如果 y 有两个或两个以上的值与之对应，则称 $y=f(x)$ 为 x 的多值函数. 对于多值函数，通常可以限制 y 的取值范围使之成为单值函数.

例如，由 $x^2+y^2=1$ 所表示的函数 $y=\pm\sqrt{1-x^2}$ 是多值函数. 对于 $y=\pm\sqrt{1-x^2}$，如果限制 $y\geqslant 0$，则有 $y=\sqrt{1-x^2}$；如果限制 $y\leqslant 0$，则有 $y=-\sqrt{1-x^2}$. 它们都是 x 的单值函数，称它们是由 $x^2+y^2=1$ 所表示的函数的两个单值分支.

注　今后要讨论的函数，如果没有特别的说明，指的都是单值函数.

除了用一个数学式表示的函数外，有些函数随着自变量取值的不同，函数关系也不同，这种函数称为分段函数.

例 3　符号函数

$$y=\operatorname{sgn} x=\begin{cases}-1, & x<0,\\ 0, & x=0,\\ 1, & x>0,\end{cases}$$

其定义域 $D=(-\infty,+\infty)$，值域 $W=\{-1,0,1\}$（见图1-4）.

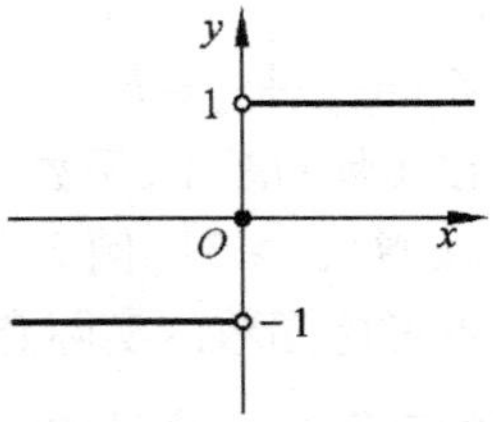

图 1-4

例 4　取整函数

$$y=[x],$$

其中$[x]$表示不超过 x 的最大整数，即

$$y=[x]=k, x\in[k,k+1), k=0,\pm1,\pm2,\cdots,$$

其定义域 $D=(-\infty,+\infty)=\mathbf{R}$，值域 $W=\{0,\pm1,\pm2,\cdots\}=\mathbf{Z}$.

这是一个分为无限多段的分段函数，它的图形是阶梯曲线（见图 1-5），在 x 为整数值处图形发生跳跃，跃度为 1.

例如，$[1.3]=1$，$[-1.2]=-2$，$[-\pi]=-4$，$[\sqrt{3}]=1$，$[5]=5$，$\cdots$.

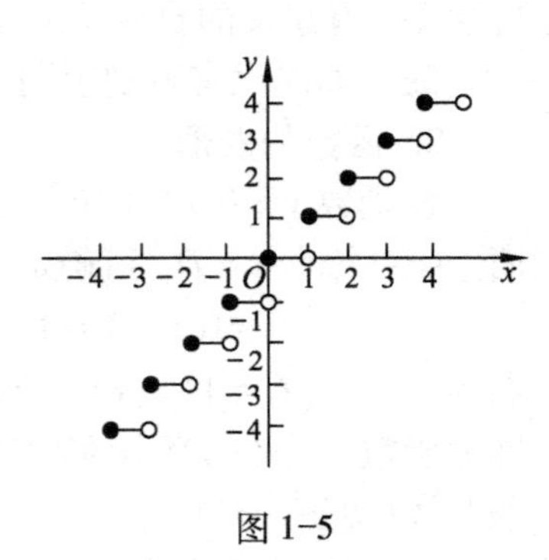

图 1-5

三、函数的几种性质

为了了解函数的整体形态，或为了简化对函数的讨论，常要涉及函数的以下性质：

1. 单调性

如果对于区间 $I\subset D(f)$ 上任取的两个值 x_1,x_2，当 $x_1<x_2$ 时，恒有

$$f(x_1)<f(x_2),$$

则称函数 $f(x)$ 在 I 上是单调增加函数（见图 1-6a）；如果对于区间 $I\subset D(f)$ 上任取的两个值 x_1,x_2，当 $x_1<x_2$ 时，恒有

$$f(x_1)>f(x_2),$$

则称函数 $f(x)$ 在 I 上是单调减少函数（见图 1-6b）.

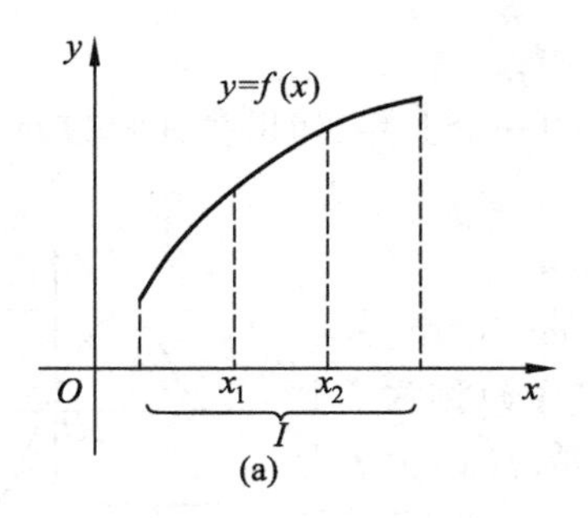

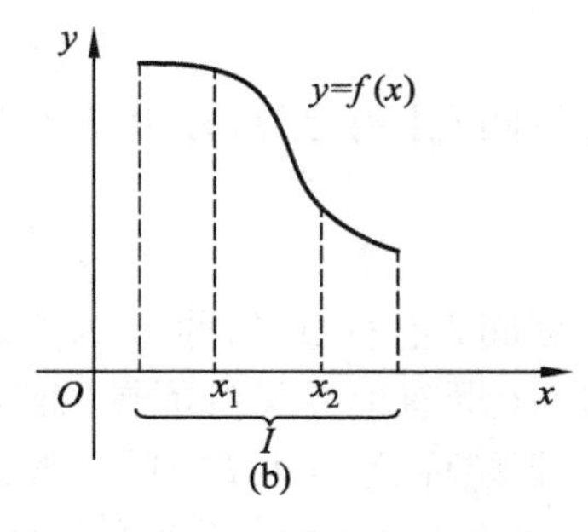

图 1-6

单调增加函数和单调减少函数统称为单调函数，I 称为单调区间.

注　① 单调增加函数的图形，表现为自左至右上升的曲线段（见图 1-6a）；单调减少函数的图形，表现为自左至右下降的曲线段（见图 1-6b）.

② 函数的单调性与自变量的取值范围有关. 例如，$y=x^3$ 在区间$(-\infty,+\infty)$上单调增加；$y=x^2$ 在区间$(-\infty,0)$上单调减少，在区间$(0,+\infty)$上单调增加；而 $y=\sin x$ 在区间$\left(-\frac{\pi}{2},\frac{\pi}{2}\right)$上单调增加，在区间$\left(\frac{\pi}{2},\frac{3\pi}{2}\right)$上单调减少.

2. 奇偶性

设函数 $y=f(x)$ 的定义域 D 关于原点对称，如果对于任意 $x\in D$，

$$f(-x)=f(x)$$

恒成立，则称 $f(x)$ 为偶函数；如果对于任意 $x\in D$，

$$f(-x)=-f(x)$$

恒成立，则称 $f(x)$ 为奇函数.

偶函数的图形关于 y 轴对称（见图 1-7a），奇函数的图形关于原点对称（见图 1-7b）.

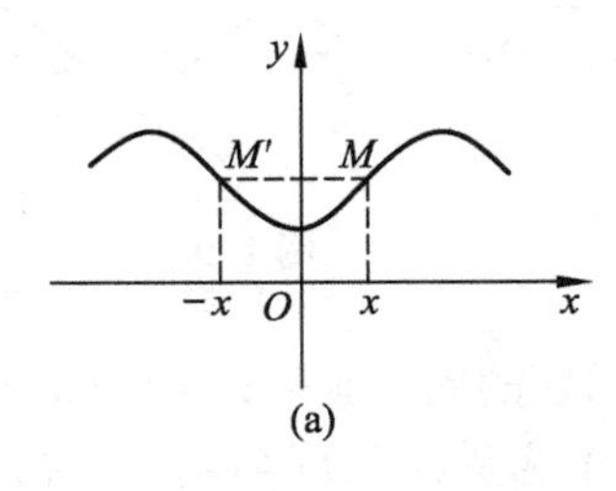

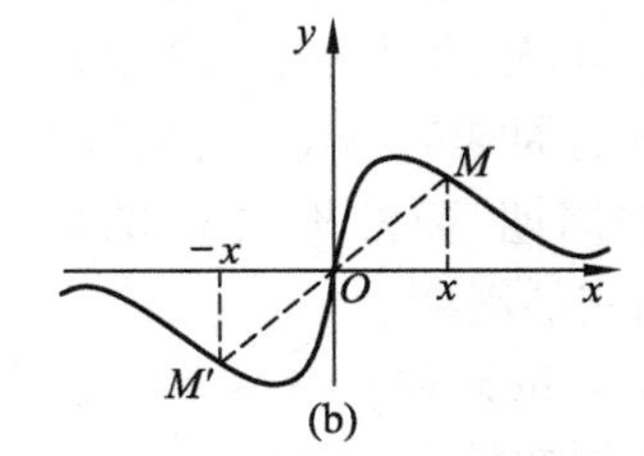

图 1-7

例如，$y=x^2$，$y=\cos x$ 都是区间$(-\infty,+\infty)$上的偶函数，而 $y=x^3$，$y=\sin x$ 都是区间$(-\infty,+\infty)$上的奇函数.

3. 有界性

设区间 $I\subset D(f)$，如果存在常数 M，使得对任意 $x\in I$，有

$$f(x) \leqslant M,$$

则称$f(x)$在区间I上有上界,称M为$f(x)$的一个上界;如果存在常数m,使得对任意$x \in I$,有

$$f(x) \geqslant m,$$

则称$f(x)$在区间I上有下界,称m为$f(x)$的一个下界.

在区间I上既有上界又有下界的函数$f(x)$称为I上的有界函数,否则称$f(x)$为I上的无界函数. $f(x)$为I上的有界函数(见图1-8)等价于存在常数$K>0$,使得对任意$x \in I$,有

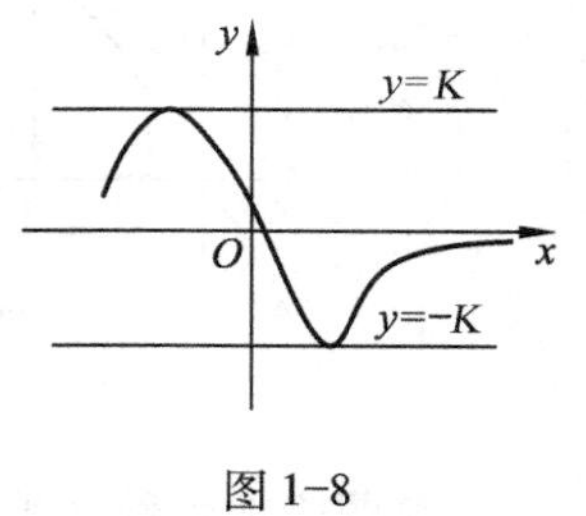

图1-8

$$|f(x)| \leqslant K.$$

例如,$y=\sin x$,$y=\cos x$在$(-\infty,+\infty)$上都是有界函数. 事实上,

$$|\sin x| \leqslant 1,\ |\cos x| \leqslant 1,\ x \in (-\infty,+\infty).$$

注　函数$f(x)$的有界性与自变量的取值范围有关. 例如,$f(x)=\lg x$在区间$(0,10)$内有上界,而无下界;在区间$(0.1,+\infty)$内有下界-1,而无上界;在区间$(0.1,10)$内有界. 事实上,

$$|\lg x| \leqslant 1,\ x \in (0.1,10).$$

4. 周期性

设函数$y=f(x)$的定义域为D,若存在正数l,使得对于任意$x \in D$,有$x+l \in D$,且

$$f(x+l)=f(x)$$

成立,则称$f(x)$为周期函数,l为$f(x)$的周期. 当周期函数有最小正周期时,其周期通常就是指它的最小正周期.

以l为周期的周期函数$f(x)$,在其定义域内每个长度为l的区间上,函数图形有相同的形状(见图1-9). 当l是$f(x)$的周期时,kl(k为整数)也是$f(x)$的周期. 通常称$f(x)$的最小正周期为它的周期.

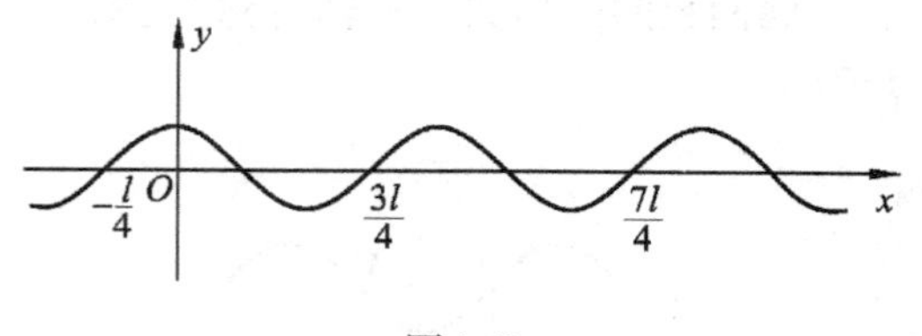

图1-9

例如,$y=\sin x$和$y=\cos x$都是以2π为周期的周期函数;$y=\tan x$和$y=\cot x$都是以π为周期的周期函数;$y=x-[x]$是以1为周期的周期函数;常数$y=C$也可以看作周期函数,但它无最小正周期.

四、反函数

在函数关系中,自变量和因变量的关系是相对的. 在研究某些问题时,往往需要对换自变量和因变量的位置.

例如，在例2中研究自由落体运动时，如果要了解物体下落距离 s 是怎样随下落时间 t 而变化的，则有

$$s=f(t)=\frac{1}{2}gt^2,\ D(f)=[0,\ T],\ W(f)=[0,\ h].$$

如果要问物体下落距离 s 需要多少下落时间 t 时，则有

$$t=\varphi(s)=\sqrt{\frac{2s}{g}},\ D(\varphi)=[0,\ h],\ W(\varphi)=[0,\ T].$$

可见，在同一问题中，根据研究的目标不同，自变量和因变量的地位会发生变化.

定义5 设函数 $y=f(x)$ 的定义域为 $D(f)$，值域为 $W(f)$. 如果对于 $W(f)$ 中每一个 y 值，在 $D(f)$ 中有唯一的 x，使得 $f(x)=y$. 把 y 看作自变量，x 看作因变量，所确定的函数 $x=\varphi(y)$ 称为 $y=f(x)$ 的反函数，也记为 $x=f^{-1}(y)$. 相对于反函数 $x=\varphi(y)$，函数 $y=f(x)$ 称为直接函数.

如果 $x=\varphi(y)$ 是 $y=f(x)$ 的反函数，那么 $y=f(x)$ 也是 $x=\varphi(y)$ 的反函数. 因此，$y=f(x)$ 与 $x=\varphi(y)$ 互为反函数.

习惯上，用 x 表示自变量，用 y 表示函数. 因此，$y=f(x)$ 的反函数 $x=\varphi(y)$ 常记为 $y=\varphi(x)$，有时也记为 $y=f^{-1}(x)$.

注 在求反函数时，通常就是指求这种习惯上表示的反函数.

例5 求函数 $y=\frac{x}{x+2}$ 的反函数.

解 由 $y=\frac{x}{x+2}$，解得 $x=\frac{2y}{1-y}$，改变变量的记号，即得所求的反函数为

$$y=\frac{2x}{1-x}.$$

$y=x^2$ 定义域为 $D=(-\infty,+\infty)$，值域 $W=[0,+\infty)$. 当 $y\in W$ 时，有两个 x 与之对应，按照定义5，它没有反函数. 但是，如果把 x 限制在 $[0,+\infty)$ 上，即对于 $y=x^2, x\in[0,+\infty)$，它有反函数 $y=\sqrt{x}, x\in[0,+\infty)$. 函数 $y=x^2$ 在 $[0,+\infty)$ 上单调增加，其反函数 $y=\sqrt{x}$ 在 $[0,+\infty)$ 上也单调增加.

再例如，$y=\sin x$ 定义域为 $D=(-\infty,+\infty)$，值域为 $W=[-1,1]$，对于任意一个 $y\in[-1,1]$，有无穷多个 x 值与之对应，它没有反函数. 若限制 $-\frac{\pi}{2}\leqslant y\leqslant\frac{\pi}{2}$，则函数 $y=\sin x, x\in\left[-\frac{\pi}{2},\frac{\pi}{2}\right]$ 有反函数 $y=\arcsin x, x\in[-1,1]$，其值域为 $\left[-\frac{\pi}{2},\frac{\pi}{2}\right]$.

函数 $y=\sin x, x\in\left[-\frac{\pi}{2},\frac{\pi}{2}\right]$，在其定义域上单调增加，其反函数 $y=\arcsin x$

在$[-1,1]$上也单调增加.

注　① 其他三角函数的反函数问题也类似.

② 一般地,若函数$y=f(x)$在区间D上是单调的,则其反函数$y=f^{-1}(x)$在$W=\{y \mid y=f(x),\ x\in D\}$上也是单调的,且单调性相同.

那么当$y=f(x)$为单调函数时,函数$y=f(x)$与它的反函数$y=f^{-1}(x)$的图形有何关系?

在同一坐标系中,因为$y=f(x)$与$x=\varphi(y)$是变量x与y的同一个方程,所以在xOy平面内它们有同一个图形(图1-10a).

把反函数$x=\varphi(y)$记为$y=\varphi(x)$后,不难看出,在同一坐标平面内,$y=f(x)$与$y=\varphi(x)=f^{-1}(x)$的图形是关于直线$y=x$对称的(图1-10b).

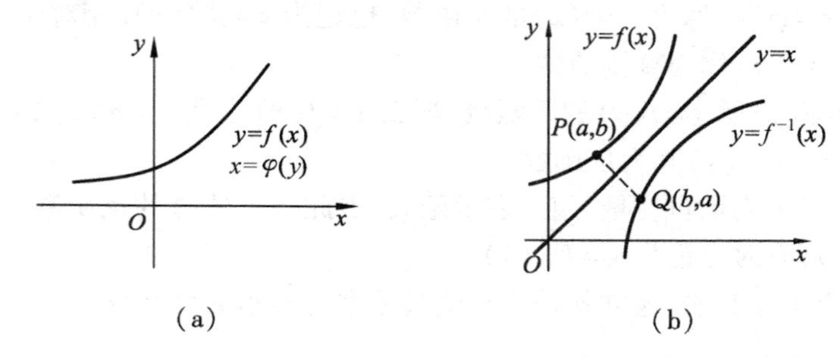

图1-10

因此,由$y=f(x)$的图形容易画出它的反函数$y=f^{-1}(x)$的图形.

五、基本初等函数

在中学里已经讨论过下面几类函数:

(1) 常数函数:$y=C$ (C为常数).

(2) 幂函数:$y=x^{\mu}$(常数$\mu\in\mathbf{R}$).

当$\mu=1,2,3,\frac{1}{2},-1$时是最常用的幂函数(见图1-11).

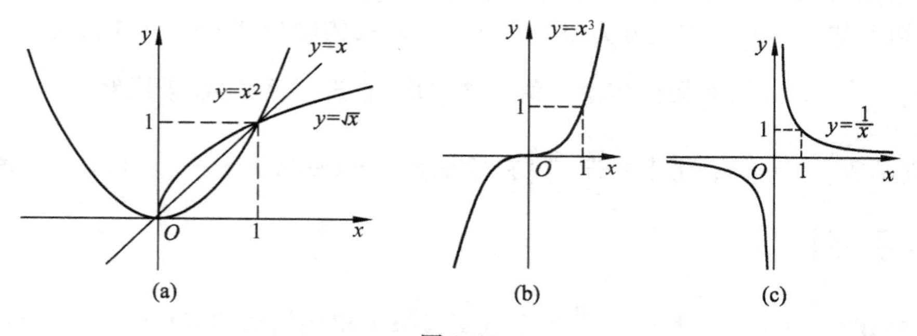

图1-11

(3) 指数函数:$y=a^x$($a>1$ 且 $a\neq1$).

当 $0<a<1$ 时,a^x 单调减少;当 $a>1$ 时,a^x 单调增加. $y=a^{-x}$ 与 $y=a^x$ 的图形关于 y 轴对称(见图 1-12).

特别地,当 $a=\mathrm{e}$ 时,$y=\mathrm{e}^x$(具有较好的性质),其中常数

$$\mathrm{e}=2.718\ 281\ 828\ 459\ 045\cdots$$

是一个无理数,这个以 e 为底的指数函数在科学技术的理论研究和实际应用中经常出现.

(4) 对数函数:$y=\log_a x$ ($a>0$ 且 $a\neq1$).

它是 $y=a^x$ 的反函数. 当 $0<a<1$ 时,$\log_a x$ 单调减少;当 $a>1$ 时,$\log_a x$ 单调增加(见图 1-13).

特别地,当 $a=\mathrm{e}$ 时,$y=\log_{\mathrm{e}}x$,记作 $y=\ln x$,称为自然对数函数.

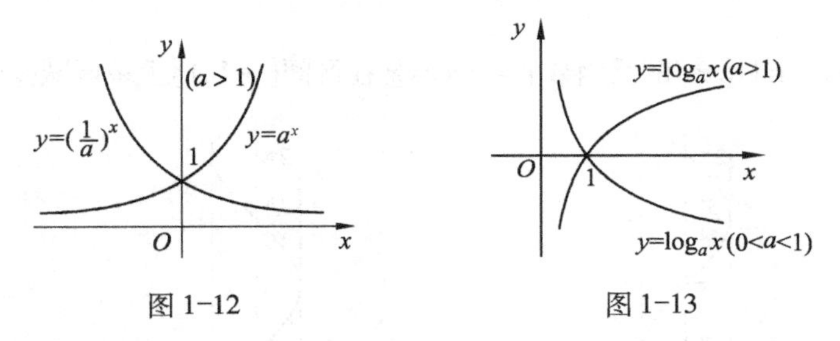

图 1-12　　图 1-13

(5) 三角函数:$y=\sin x$,$y=\cos x$,$y=\tan x$,$y=\cot x$ 都是周期函数,且其中 $\sin x$,$\tan x$,$\cot x$ 都是奇函数,而 $\cos x$ 是偶函数(见图 1-14, 1-15, 1-16, 1-17).

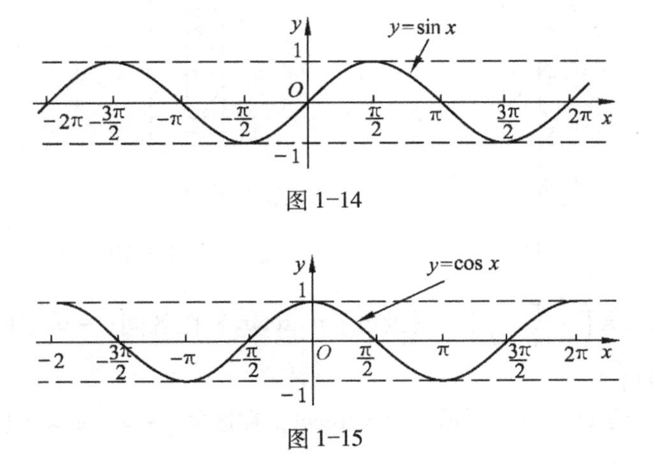

图 1-14

图 1-15

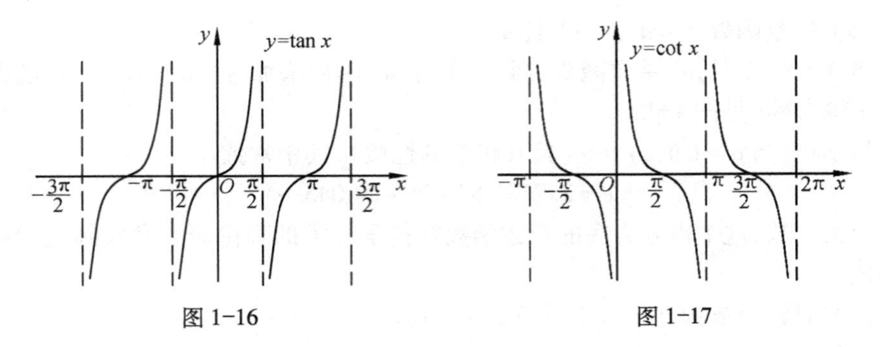

图 1-16　　图 1-17

(6) 反三角函数:

$y=\sin x, x\in\left[-\frac{\pi}{2},\frac{\pi}{2}\right]$的反函数$y=\arcsin x$在区间$[-1,1]$上单调增加(见图 1-18);

$y=\cos x$, $x\in[0,\pi]$的反函数$y=\arccos x$在区间$[-1,1]$上单调减少(见图1-19);

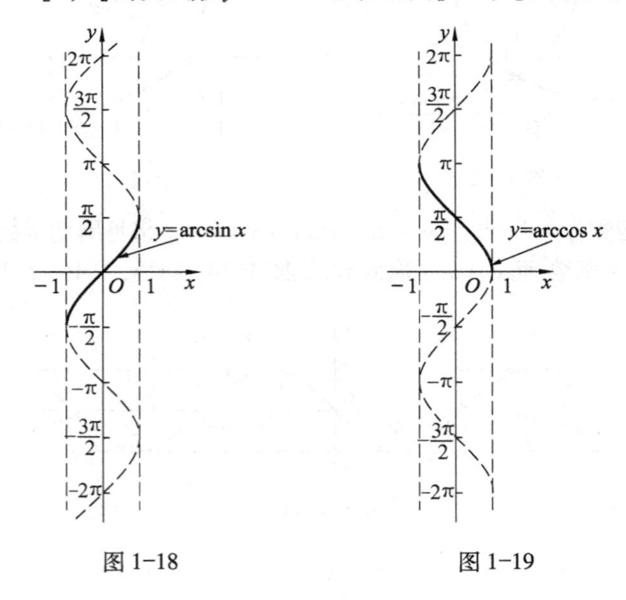

图 1-18　　图 1-19

$y=\tan x$, $x\in\left(-\frac{\pi}{2},\frac{\pi}{2}\right)$的反函数$y=\arctan x$在区间$(-\infty,+\infty)$上单调增加(见图 1-20);

$y=\cot x$, $x\in(0,\pi)$的反函数$y=\operatorname{arccot} x$在区间$(-\infty,+\infty)$上单调减少(见图 1-21).

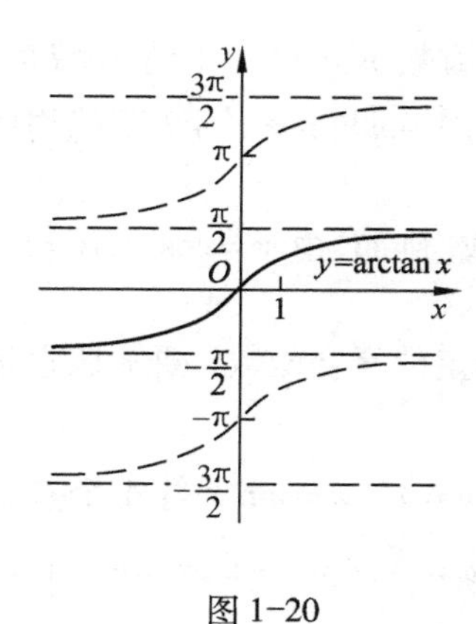

图 1-20

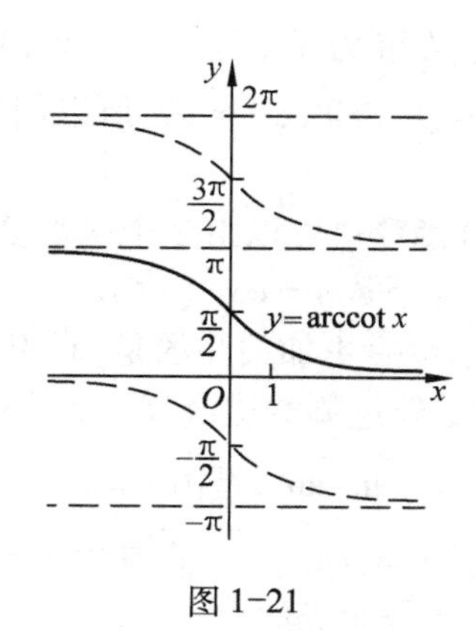

图 1-21

以上几类函数称为基本初等函数.

六、复合函数

在实际问题中往往会遇到一个函数与另一个函数发生联系的情况.

例如，在匀加速直线运动中，物体的运动速度 $v=at$，而物体的动能 $E=\frac{1}{2}mv^2$（其中，m 为物体的质量，a 为常数）. 因此，在研究动能 E 与时间 t 的关系时，可以将 $v=at$ 代入 $E=\frac{1}{2}mv^2$ 得

$$E=\frac{1}{2}ma^2t^2.$$

这个函数就是 $E=\frac{1}{2}mv^2$ 与 $v=at$ 的复合函数.

定义 6　设函数 $y=f(u)$ 的定义域为 $D(f)$，函数 $u=\varphi(x)$ 的值域为 $W(\varphi)$. 如果 $D(f)\cap W(\varphi)\neq\varnothing$，则称函数 $y=f[\varphi(x)]$ 为 $y=f(u)$ 与 $u=\varphi(x)$ 的复合函数，u 称为中间变量.

函数 $y=f(u)$ 与函数 $u=\varphi(x)$ 的复合函数通常记为 $f\circ\varphi$，即

$$(f\circ\varphi)(x)=f[\varphi(x)].$$

由定义 6 可知，复合函数 $f[\varphi(x)]$ 的定义域或者是 $\varphi(x)$ 的定义域的一部分，或者与 $\varphi(x)$ 的定义域完全相同.

例 6　设函数 $y=\cos^2u$，$u=x^3$，则复合函数 $y=\cos^2x^3$ 的定义域为 $(-\infty,+\infty)$，它与 $u=x^3$ 的定义域完全相同.

例 7　设函数 $y=\sqrt{u}$，$u=1-x^2$，则复合函数为 $y=\sqrt{1-x^2}$ 的定义域为 $[-1,1]$，它与 $u=1-x^2$ 的定义域 $(-\infty,+\infty)$ 不同，是后者的一部分.

注　① 不是任何两个函数都可以复合成一个复合函数. 例如，函数 $y=$

$\sqrt{1-u}$的定义域为 $D(f)=(-\infty,1]$,而函数 $u=x^2+2$ 的值域为 $W(\varphi)=[2,+\infty)$,$D(f)\cap W(\varphi)=\varnothing$,所以函数 $y=\sqrt{1-u}$与 $u=x^2+2$ 不能构成一个复合函数.

② 复合函数也可以由多个函数复合而成. 例如,由 $y=\cos^2 u, u=t^3, t=\mathrm{e}^x$,则可以得到复合函数 $y=\cos^2(\mathrm{e}^{3x})$.

实际上,今后更加关注的是,对于一个给定的复合函数, 要知道它是由哪些基本初等函数, 经过哪些层次复合起来的.

例如,$y=\sqrt{\ln \tan^2 x}$是由 $y=\sqrt{u}, u=\ln v, v=w^2, w=\tan x$ 等 4 个基本初等函数复合而成的; $y=\cos\sqrt{1+\mathrm{e}^{x^2}}$是由 $y=\cos u, u=\sqrt{v}, v=1+w, w=\mathrm{e}^t, t=x^2$ 等 5 个基本初等函数复合而成的.

定义 7 由基本初等函数经过有限次的四则运算和有限次的复合步骤所得到的并且能用一个数学式表示的函数称为初等函数.

例如,$y=\sin^2(3x+1)$,$y=\sqrt{1-(\ln\cos x)^2}$,$y=\dfrac{\lg x+\sqrt[3]{x}+2\tan x}{10^x-x+1}$等都是初等函数.

注 分段函数通常不是初等函数. 如例 3 与例 4 中的符号函数和取整函数都不是初等函数.

七、双曲函数与反双曲函数

在工程技术中常用到一类被称为双曲函数的初等函数,它们分别定义如下:

双曲正弦:$\mathrm{sh}\, x=\dfrac{\mathrm{e}^x-\mathrm{e}^{-x}}{2}$,定义域为$(-\infty,+\infty)$,值域为$(-\infty,+\infty)$;

双曲余弦:$\mathrm{ch}\, x=\dfrac{\mathrm{e}^x+\mathrm{e}^{-x}}{2}$,定义域为$(-\infty,+\infty)$,值域为$[1,+\infty)$;

双曲正切:$\mathrm{th}\, x=\dfrac{\mathrm{sh}\, x}{\mathrm{ch}\, x}=\dfrac{\mathrm{e}^x-\mathrm{e}^{-x}}{\mathrm{e}^x+\mathrm{e}^{-x}}$,定义域为$(-\infty,+\infty)$,值域为$(-1,1)$.

它们的图形如图 1-22 所示.

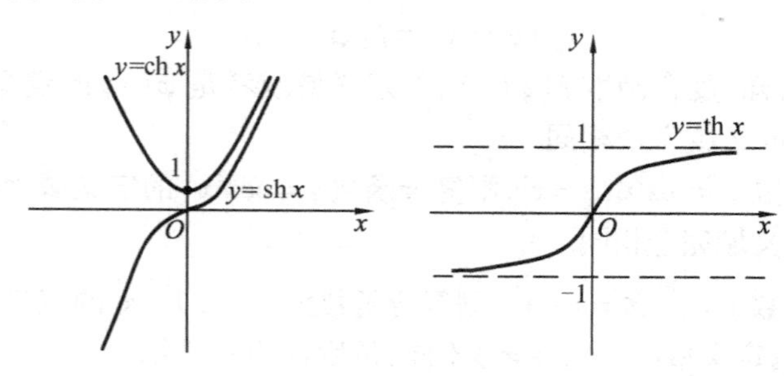

图 1-22

显然,$\operatorname{sh} x$, $\operatorname{th} x$ 是奇函数,$\operatorname{ch} x$ 是偶函数; 由于 $|\operatorname{th} x|<1$,所以 $\operatorname{th} x$ 是有界函数;在$(0,+\infty)$上 $\operatorname{sh} x,\operatorname{ch} x,\operatorname{th} x$ 单调增加.

双曲函数有类似于三角函数的一些性质. 容易验证:

$$\operatorname{sh}(x \pm y)=\operatorname{sh} x\operatorname{ch} y \pm \operatorname{ch} x\operatorname{sh} y;$$

$$\operatorname{ch}(x \pm y)=\operatorname{ch} x\operatorname{ch} y \pm \operatorname{sh} x\operatorname{sh} y;$$

$$\operatorname{sh} 2x=2\operatorname{sh} x\operatorname{ch} x;$$

$$\operatorname{ch} 2x=2\operatorname{ch}^2 x-1;$$

$$\operatorname{ch}^2 x-\operatorname{sh}^2 x=1.$$

双曲函数 $y=\operatorname{sh} x, y=\operatorname{ch} x, y=\operatorname{th} x$ 的反函数分别定义为

反双曲正弦:$y=\operatorname{arsh} x$;

反双曲余弦:$y=\operatorname{arch} x$;

反双曲正切:$y=\operatorname{arth} x$.

反双曲函数可以从双曲函数的定义中反解出来,并用对数函数来表示.

例如, 由双曲正弦 $y=\dfrac{e^x-e^{-x}}{2}$可解得 $e^x=y \pm \sqrt{y^2+1}$, 但 e^x 不取负值,故舍去“ - ”号, 得

$$x=\ln(y+\sqrt{y^2+1}).$$

用 x 表示自变量,y 表示函数,则反双曲正弦函数为

$$y=\operatorname{arsh} x=\ln(x+\sqrt{x^2+1}).$$

其定义域为$(-\infty,+\infty)$,值域为$(-\infty,+\infty)$.

又如,由双曲余弦 $y=\dfrac{e^x+e^{-x}}{2}$可解得 $e^x=y \pm \sqrt{y^2-1}$, 即

$$\begin{aligned} x &=\ln(y \pm \sqrt{y^2-1}) \\ &= \pm \ln(y+\sqrt{y^2-1}). \end{aligned}$$

取其正值的一支由 $y=\dfrac{e^x+e^{-x}}{2}, x \in[0,+\infty]$,有

$$x=\ln(y+\sqrt{y^2-1}),$$

用 x 表示自变量,y 表示函数,则反双曲余弦函数为

$$y=\operatorname{arch} x=\ln(x+\sqrt{x^2-1}).$$

其定义域为$[1,+\infty)$,值域为$[0,+\infty)$.

类似地,还可得

$y=\operatorname{arth} x=\dfrac{1}{2}\ln\dfrac{1+x}{1-x}$,其定义域为$(-1,1)$,值域为$(-\infty,+\infty)$.

这 3 个反双曲函数的图形如图 1-23 所示.

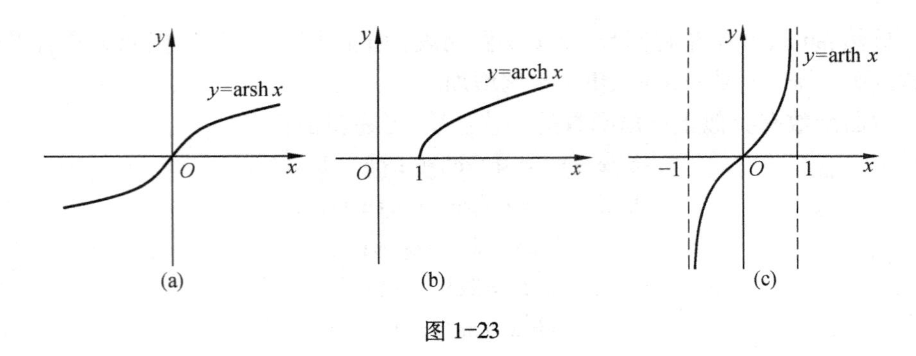

图 1-23

八、经济学中的几个基本函数

成本 C 和收入 R 是经济活动中两个最基本的概念,它们都与产品的产量(或销售量)x 有关,可以看成是 x 的函数. 分别用 $C(x)$ 和 $R(x)$ 表示生产(或销售)x 个(计量单位)产品的成本和收入,并依次称它们为总成本函数和总收入函数. 由此,还可以得到总利润函数 $L(x)=R(x)-C(x)$.

除上述 3 个函数外,经济学中还经常用到需求函数和供给函数的概念.

市场对某种商品的需求量 Q 与该商品的销售单价 p 有关. 不计其他因素,需求量 Q 可视作 p 的函数,记作 $Q=Q(p)$,并称它为需求函数. 需求函数一般是单调减少函数.

类似地,供给函数 $S=S(p)$,是将商品供应单价 p 作为自变量,把相应的商品供给量 S 作为因变量的函数关系.

例 8　某糖果厂每天的销售量为 x 千袋, 每袋价格为 20 元, 总成本函数为 $C(x)=1\,000x^2+13\,000x+10\,000$(元), 无库存(即生产量等于销售量). 试求:

(1) 不盈不亏时的销售量;

(2) 可取得利润时的销售量;

(3) 取得最大利润时的销售量和最大利润;

(4) 取得最大利润时的平均成本.

解　总收入函数 $R(x)=20\,000x$(元).

(1) 不盈不亏,即 $20\,000x=1\,000x^2+13\,000x+10\,000$. 解得 $x=2$ 或 $x=5$. 所以,当销售量为每天 2 000 袋或 5 000 袋时,该厂不盈不亏.

(2) 可取得利润,即 $20\,000x>1\,000x^2+13\,000x+10\,000$. 解得 $2<x<5$. 所以,当销售量在每天 2 000 袋与 5 000 袋之内时,该厂可盈利.

(3) 总利润函数

$$L(x)=20\,000x-(1\,000x^2+13\,000x+10\,000)=-1\,000(x-3.5)^2+2\,250,$$

所以取得最大利润的销售量为每天 3 500 袋,最大利润为 2 250 元.

(4) 平均成本函数为 $\bar{C}(x)=\dfrac{C(x)}{x}=1\,000x+13\,000+\dfrac{10\,000}{x}$,所以取得最大利润时的平均成本为 $\bar{C}(3.5)=19\,357$(元).

习　题　1-1

1. 求下列函数的定义域:

(1) $f(x)=\dfrac{x+1}{x^2-x-2}$;　　(2) $f(x)=\dfrac{\lg(4-x)}{x^2}$;

(3) $f(x)=\sqrt{\sin x}+\sqrt{16-x^2}$;　　(4) $f(x)=\dfrac{1}{\sqrt{x-x^2}}$.

2. 下列函数是否相等? 为什么?

(1) $f(x)=\sqrt{x^2}, g(x)=|x|$;

(2) $f(x)=\sin(3x^2+1), g(t)=\sin(3t^2+1)$;

(3) $f(x)=\dfrac{x^2-4}{x-2}, g(x)=x+2$.

3. 设 $f(x-1)=x^2$, 求 $f(x+1)$.

4. 设 $\varphi(x)=x^2+x+1$, 求 $\varphi(x^2), [\varphi(x)]^2, \varphi[\varphi(x)]$.

5. 下列函数哪些是偶函数? 哪些是奇函数? 哪些是非奇非偶函数?

(1) $y=\sin(2x+1)$;　　(2) $y=|x|\sin\dfrac{1}{x}$;

(3) $y=\ln(x+\sqrt{x^2+1})$;　　(4) $y=\cos(\sin x)$;

(5) $y=[x]$;　　(6) $y=\operatorname{sgn} x=\begin{cases}1, & x>0,\\ 0, & x=0,\\ -1, & x<0.\end{cases}$

6. 试证 $f(x)=x-[x]$ 是以 1 为周期的周期函数.

7. 判断下列函数在定义域内的有界性、单调性及奇偶性:

(1) $y=\dfrac{x}{1+x^2}$;　　(2) $y=x+\ln x$;

(3) $y=\mathrm{e}^{-x}$;　　(4) $y=x+|x|$.

8. 求下列函数的反函数及其定义域:

(1) $y=\dfrac{1-x}{1+x}$;　　(2) $y=3^{4x+5}$;

(3) $y=\sqrt[3]{\dfrac{1+2\ln x}{2-\ln x}}$;　　(4) $y=\dfrac{a^x}{a^x+1}$.

9. 下列初等函数由哪些基本初等函数复合而成:

(1) $y=(\sin x^2)^5$;　　(2) $y=\tan(\sqrt{\ln x})$;

(3) $y=\sqrt[3]{\arccos\dfrac{1}{x^3}}$;　　　　(4) $y=\cos(\sin e^{\sqrt{x}})$.

10. 设 $f(x)=ax^2+bx+c$, $f(0)=1$,且 $f(x+1)=f(x)+2x$,求 $f(x)$.

11. 某商品的需求量 Q 与价格 p 的关系由方程 $3Q^2+p=123$ 给出,而供应量 Q 与价格 p 的关系由方程 $Q^2-20Q-p=-99$ 给出,试求市场达到供需平衡时的均衡价格和均衡需求量.

第二节　数列的极限

极限是研究变量变化趋势的基本工具,高等数学中许多基本概念,例如连续、导数、定积分、无穷级数求和等都建立在极限的基础上.极限方法是研究函数的一种最基本的方法.本节将首先给出数列极限的定义,而数列极限又可以看作函数极限的特例.

一、数列的极限

1. 数列的概念

一个以正整数集 $\mathbf{N}^+$ 为定义域的函数 $y=f(n)$,当自变量 n 按正整数 $1,2,3,\cdots,n,\cdots$ 增大的顺序依次取值时,所得到的一串有序的函数值 $f(1),f(2),\cdots,f(n),\cdots$ 称为数列,记作 $f(n)$, $n=1,2,3,\cdots$.

习惯上,常把 $f(n)$ 记作 x_n,即 $x_n=f(n)$.从而数列可记为

$$x_1,\ x_2,\ x_3,\ \cdots,\ x_n,\ \cdots,$$

简记为 $\{x_n\}$, x_n 称为数列的第 n 项或通项, n 称为 x_n 的下标.例如,

$\left\{\dfrac{1}{n}\right\}$: $1,\dfrac{1}{2},\dfrac{1}{3},\cdots,\dfrac{1}{n},\cdots$;

$\left\{(-1)^{n+1}\dfrac{1}{n}\right\}$: $1,-\dfrac{1}{2},\dfrac{1}{3},-\dfrac{1}{4},\cdots,(-1)^{n+1}\dfrac{1}{n},\cdots$;

$\left\{\dfrac{n}{n+1}\right\}$: $\dfrac{1}{2},\dfrac{2}{3},\dfrac{3}{4},\cdots,\dfrac{n}{n+1},\cdots$;

$\left\{\dfrac{2n+(-1)^{n+1}}{n}\right\}$: $3,\dfrac{3}{2},\dfrac{7}{3},\cdots,\dfrac{2n+(-1)^{n+1}}{n},\cdots$;

$\{(-1)^{n+1}\}$: $1,-1,1,\cdots,(-1)^{n+1},\cdots$.

将一个数列的各项在数轴上用相应的点表示,就可以得到这个数列的图形,如 $\left\{(-1)^{n+1}\dfrac{1}{n}\right\}$ 的图形如图 1-24 所示.

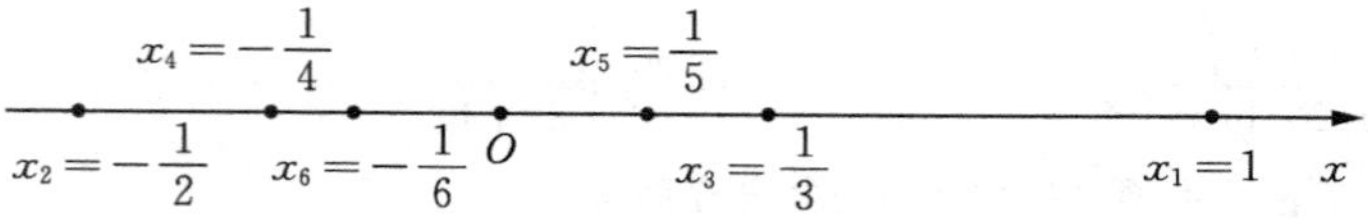

$x_4=-\frac{1}{4}$　$x_5=\frac{1}{5}$
$x_2=-\frac{1}{2}$　$x_6=-\frac{1}{6}$　O　$x_3=\frac{1}{3}$　$x_1=1$　x

图 1-24

因为数列是定义域为正整数集 $\mathbf{N}^+$ 的函数，所以函数的有些特性，如单调性，有界性等也可移用于数列.

2. 数列的极限

一个变量在它的变化过程中无限接近某一个常量，这种现象称为极限现象. 极限的思想是因求某些实际问题的精确解而产生的. 例如，我国古代数学家刘徽（公元3世纪）通过计算圆的内接正多边形的面积来推算圆的面积的方法——割圆术，就是极限思想在几何上的应用. 它的计算过程如下：

在单位圆内分别作出内接正六边形、正十二边形、…、正 3×2^n 边形，面积依次为：

$$A_1=3\times2^0\sin\frac{2\pi}{3\times2},A_2=3\times2\sin\frac{2\pi}{3\times2^2},\cdots,A_n=3\times2^{n-1}\sin\frac{2\pi}{3\times2^n},\cdots.$$

它们构成一列有次序的数. 由几何直观可知，当 n 越大，圆的内接正多边形与圆的差别就越小，用 A_n 作为圆面积的近似值也越精确. 即圆内接正多边形的边数无限增加时，圆内接正多边形无限逼近于圆，A_n 也无限接近于一确定的数值，这个数值就是圆的面积 π.

又如数列 $\left\{\frac{1}{n}\right\}$，当 n 无限增大时，$\frac{1}{n}$ 无限接近于0.

一般地，如果数列 $\{x_n\}$ 当 n 无限增大时，x_n 无限接近于某一个常数，这个常数就称为数列 $\{x_n\}$ 的极限.

这种在解决实际问题中形成的极限方法，已经成为高等数学的一种基本方法.

但是，上述定义是很不严格的. 关键是如何准确地刻画“无限增大”与“无限接近”. 先看下面的例子.

例1　考察数列 $\{x_n\}=\left\{\frac{2n+(-1)^{n+1}}{n}\right\}$ 当 n 无限增大时的变化趋势.

解　因为

$$x_n=\frac{2n+(-1)^{n+1}}{n}=2+\frac{(-1)^{n+1}}{n},$$

所以

$$x_n-2=\frac{(-1)^{n+1}}{n}\Rightarrow|x_n-2|=\left|(-1)^{n+1}\frac{1}{n}\right|=\frac{1}{n}.$$

当 n 越来越大时，$\frac{1}{n}$ 越来越小. 从几何上看，在数轴上点 x_n 与点2无限接近. 从而，x_n 无限接近于2. 也就是说，只要 n 充分大，$|x_n-2|$ 即 $\frac{1}{n}$ 可以小于任意给定的正数. 例如，

要使$|x_n-2|<0.1$,即$\frac{1}{n}<0.1$,只要$n>10$时,就有$|x_n-2|<0.1$;

要使$|x_n-2|<0.01$,即$\frac{1}{n}<0.01$,只要$n>100$时,就有$|x_n-2|<0.01$;

要使$|x_n-2|<10^{-8}$,即$\frac{1}{n}<10^{-8}$,只要$n>10^8$时,就有$|x_n-2|<10^{-8}$.

一般地,任意给定$\varepsilon>0$(ε表示非常小的正实数),要使$|x_n-2|<\varepsilon$,即$\frac{1}{n}<\varepsilon$,只要$n>\frac{1}{\varepsilon}$. 于是,取$N=\left[\frac{1}{\varepsilon}\right]$,则当$n>N$时,就有$|x_n-2|<\varepsilon$.

上述不等式精确地刻画了数列$\{x_n\}$随n无限增大时与常数2无限接近的变化趋势. 由于ε的任意性(不管它多么小),$|x_n-2|<\varepsilon$刻画了数列$\{x_n\}$与常数2无限接近这个概念. 而当$n>N$时,则刻画了n无限增大过程中数列$\{x_n\}$在$n>N$后的取值情况.

定义　设$\{x_n\}$为一数列,如果存在常数a,对于任意给定的正数ε(不论它多么小),总存在正整数N,使得当$n>N$时,恒有

$$|x_n-a|<\varepsilon,$$

则称a为数列$\{x_n\}$的极限,或称数列$\{x_n\}$收敛于a,记作$\lim\limits_{n\to\infty}x_n=a$,或$x_n\to a$ $(n\to\infty)$.

如果不存在这样的常数a,就称数列$\{x_n\}$没有极限,或称数列$\{x_n\}$发散,习惯上也认为$\lim\limits_{n\to\infty}x_n$不存在.

注　① 上述定义中,正数ε用来刻画数列$\{x_n\}$与常数a接近的程度,ε可以任意小. 当n无限增大时,x_n与a之差的绝对值可以小于事先给定的任意小正数ε. 定义中的正整数N与任意给定的正数ε有关(但不唯一),它随着正数ε的变化而变化.

② 从几何直观上看,如果数列$\{x_n\}$收敛于a,则对于a点的任何一个邻域$(a-\varepsilon,a+\varepsilon)$,都存在正整数$N$,使数列$\{x_n\}$第$N$项后的点全部落入该邻域内,而落在该邻域之外的点至多只有N个(见图1-25).

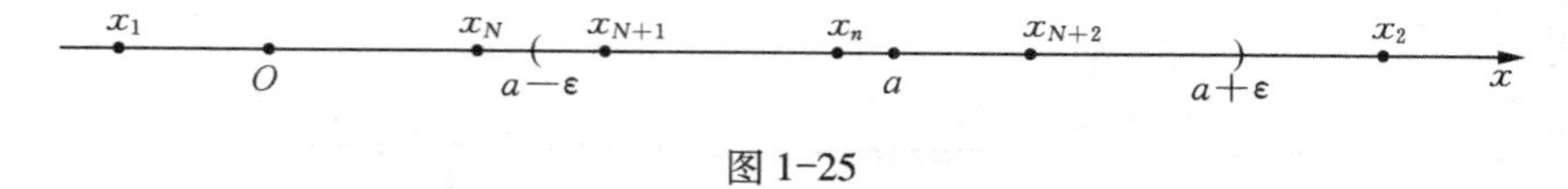

图1-25

③ 数列$\{x_n\}$的极限a是一个常数,它表示了变量x_n随n增大时的变化趋势.

例2　设$\{x_n\}=\{C\}$(C为常数),证明$\lim\limits_{n\to\infty}x_n=C$.

证　因对任给$\varepsilon>0$,对于一切自然数n,恒有$|x_n-C|=|C-C|=0<\varepsilon$. 所以,$\lim\limits_{n\to\infty}x_n=C$.

注　用定义证明数列极限存在的关键是，对任意给定的 $\varepsilon>0$，寻找到一个 N（不必要求最小的 N），使得定义中的"当 $n>N$ 时，恒有 $|x_n-a|<\varepsilon$"成立.

例 3　用定义证明 $\lim\limits_{n\to\infty}\dfrac{2n+(-1)^{n+1}}{n}=2$.

证　对于任给的 $\varepsilon>0$，由于 $\left|\dfrac{2n+(-1)^{n+1}}{n}-2\right|=\dfrac{1}{n}$，要使 $\left|\dfrac{2n+(-1)^{n+1}}{n}-2\right|<\varepsilon$，只要 $\dfrac{1}{n}<\varepsilon$，即 $n>\dfrac{1}{\varepsilon}$. 因此，对任给的 $\varepsilon>0$，取 $N=\left[\dfrac{1}{\varepsilon}\right]$，则当 $n>N$ 时，有 $\left|\dfrac{2n+(-1)^{n+1}}{n}-2\right|<\varepsilon$. 所以，由定义得

$$\lim_{n\to\infty}\frac{2n+(-1)^{n+1}}{n}=2.$$

通过上述例子，可以归纳出用定义证明数列极限的步骤如下：

(1) 对于任给 $\varepsilon>0$，由 $|x_n-a|<\varepsilon$ 开始分析倒推，推出"只要 $n>\varphi(\varepsilon)$"；

(2) 取 $N\geqslant[\varphi(\varepsilon)]$，再用定义的语言按定义的顺序写出相关的结论.

例 4　设 $|q|<1$，用定义证明数列 $\{x_n\}=\{q^{n-1}\}$ 收敛于 0.

证　对于任给的 $\varepsilon>0$（不妨设 $\varepsilon<1$），由

$$|x_n-0|=|q^{n-1}-0|=|q|^{n-1},$$

可知，要使 $|x_n-0|<\varepsilon$，只要 $|q|^{n-1}<\varepsilon$，即 $(n-1)\ln|q|<\ln\varepsilon$.

因为 $|q|<1$，所以 $\ln|q|<0$，故只要 $n>1+\dfrac{\ln\varepsilon}{\ln|q|}$. 因此，对任给的 $\varepsilon>0$，取 $N=\left[1+\dfrac{\ln\varepsilon}{\ln|q|}\right]$，则当 $n>N$ 时，有 $|q^{n-1}-0|<\varepsilon$. 所以，由定义得

$$\lim_{n\to\infty}q^{n-1}=0.$$

在数列 $\{x_n\}$ 中，保持原有顺序，依次取出无穷多项构成的新数列称为数列 $\{x_n\}$ 的子数列，简称子列. 例如，

$$x_1,x_3,x_5,\cdots,x_{2n-1},\cdots,$$

$$x_1,x_3,x_7,\cdots,x_{2^n-1},\cdots,$$

都是 $\{x_n\}$ 的子列，一般子列记作

$$\{x_{n_k}\}:\ x_{n_1},x_{n_2},\cdots,x_{n_k},\cdots.$$

根据子列与极限的定义，还可得到

定理　若数列 $\{x_n\}$ 收敛于 a，则其任一子列 $\{x_{n_k}\}$ 也收敛于 a.

由此可见，若数列的某一子列发散，或者它的两个子列收敛于不同的极限，则该数列必定发散. 例如，数列 $\{(-1)^{n+1}\}$ 的两个子列

$$1,1,1,\cdots,1,\cdots \text{ 和 } -1,-1,-1,\cdots,-1,\cdots$$

分别收敛于 1 和 -1，故原数列发散.

由于数列极限是函数极限的一种特殊情形,有关数列极限的性质包含在函数极限性质中,这里不做叙述.

习　题　1-2

1. 写出下列数列的前5项,观察它们的变化趋势,并写出它们的极限:

(1) $x_n = \dfrac{2n-1}{3n+2}, n=1,2,\cdots;$

(2) $x_n = \dfrac{1-(-1)^n}{n^3}, n=1,2,\cdots;$

(3) $x_n = 1+\dfrac{1}{2^n}, n=1,2,\cdots;$

(4) $x_n = \dfrac{1}{1\times 2}+\dfrac{1}{2\times 3}+\cdots+\dfrac{1}{n\times(n+1)}, n=1, 2, \cdots.$

2. 证明下列数列发散:

(1) $\{x_n = \cos n\pi\}$;　　(2) $\{x_n = (-1)^n n\}$.

第三节　函数的极限

数列是定义在正整数集上的函数. 数列$\{x_n\}$的极限为a,即自变量n无限增大时,函数$x_n=f(n)$无限接近常数a. 数列的极限可以看作函数$x_n=f(n)$当自变量$n\to\infty$时的极限. 若将数列极限概念中自变量n和函数值$f(n)$的特殊性撇开,可以由此引出函数极限的一般概念:在自变量x的某个变化过程中,如果对应的函数值$f(x)$无限接近于某个确定的数A,则称A为自变量x在该变化过程中函数$f(x)$的极限. 显然,函数的极限是与自变量的变化过程密切相关的. 由于自变量的变化过程不同,函数的极限就表现为不同的形式.

一、自变量趋于无穷大时函数的极限

设函数$f(x)$在自变量x的绝对值$|x|$无限增大时均有定义,下面给出当$x\to\infty$时,$f(x)$的极限定义.

定义1　设A是一个常数,如果对于任意给定的正数ε(不论它多么小),总存在$X>0$,使得当$|x|>X$时,恒有

$$|f(x)-A|<\varepsilon,$$

则称A是函数$f(x)$当$x\to\infty$时的极限,记作

$$\lim_{x\to\infty} f(x)=A \text{ 或 } f(x)\to A \ (\text{当 } x\to\infty).$$

将这一定义与数列极限定义比较,与数列极限中n取自然数,并无限增大的

过程稍有不同，这里 $x\to\infty$ 是指其绝对值无限增大的过程. $x\to\infty$ 可以包含 $x\to+\infty$ 与 $x\to-\infty$ 两种情况，而 $n\to\infty$ 是 $x\to\infty$ 的特殊情形.

定义 2　设函数 $f(x)$ 在 $(a,+\infty)$ 内有定义（a 为常数），如果对于任意给定的 $\varepsilon>0$，存在 $X>0$，当 $x>X$ 时，恒有

$$|f(x)-A|<\varepsilon,$$

则称常数 A 为函数 $f(x)$ 当 $x\to+\infty$ 时的极限，记作

$$\lim_{x\to+\infty}f(x)=A \text{ 或 } f(x)\to A\ (\text{当 } x\to+\infty).$$

定义 3　设函数 $f(x)$ 在 $(-\infty,b)$ 内有定义（b 为常数），如果对于任意给定的 $\varepsilon>0$，存在 $X>0$，当 $x<-X$ 时，恒有

$$|f(x)-A|<\varepsilon,$$

则称常数 A 为函数 $f(x)$ 当 $x\to-\infty$ 时的极限，记作

$$\lim_{x\to-\infty}f(x)=A \text{ 或 } f(x)\to A\ (\text{当 } x\to-\infty).$$

函数极限定义 1—3 的几何意义如图 1-26 所示. 对于任意给定的 $\varepsilon>0$，总能求得一个 $X>0$，使得当 $|x|>X$（$x>X$ 或 $x<-X$）时，函数 $y=f(x)$ 的图形落在两条直线 $y=A+\varepsilon$，$y=A-\varepsilon$ 之间.

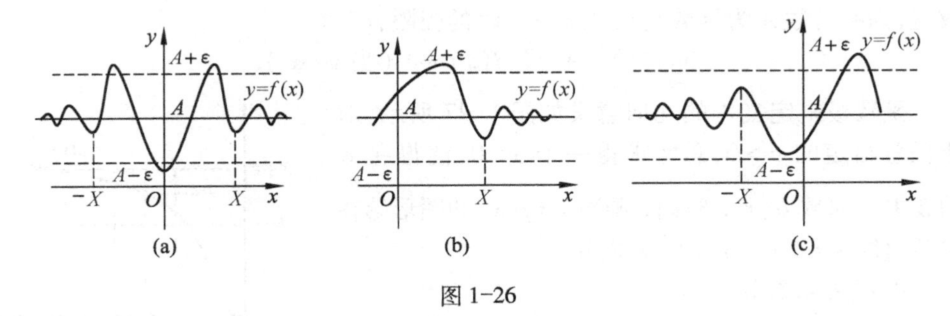

图 1-26

利用极限的定义 1—3 容易证明：

定理 1　极限 $\lim\limits_{x\to\infty}f(x)=A$ 存在的充分必要条件是：

$$\lim_{x\to+\infty}f(x)=\lim_{x\to-\infty}f(x)=A.$$

例 1　证明 $\lim\limits_{x\to\infty}\dfrac{1-x}{x}=-1$.

证　对于任意给定 $\varepsilon>0$，要证明存在正数 X，当 $|x|>X$ 时，恒有

$$\left|\frac{1-x}{x}-(-1)\right|<\varepsilon.$$

由于

$$\left|\frac{1-x}{x}-(-1)\right|=\left|\frac{1}{x}\right|<\varepsilon,$$

只要
$$|x| > \frac{1}{\varepsilon}.$$

因此，若取 $X = \frac{1}{\varepsilon}$，则当 $|x| > X$ 时，就有 $\left|\frac{1-x}{x} - (-1)\right| < \varepsilon$. 即知

$$\lim_{x\to\infty}\frac{1-x}{x} = -1.$$

二、自变量趋于有限值时函数的极限

讨论当自变量 x 趋于有限值 x_0 时，$f(x)$ 无限接近于一个常数 A 的情形. 它与前面讨论的情形相比，其差异仅在于 x 的趋向不同而已. 显然，$f(x)$ 无限接近于常数 A，其含义与前面一样，可以用 $|f(x)-A| < \varepsilon$ 描述. 但 $|f(x)-A| < \varepsilon$ 并非对任何 x 都成立，它只要求在 x 趋于 x_0，即 x 充分接近 x_0 时成立. x 充分接近 x_0 可以用 x 落在 x_0 的一个充分小的 δ 邻域来描述.

定义 4　设函数 $f(x)$ 在 x_0 的某去心邻域 $\mathring{U}(x_0, \gamma)$ 内有定义，A 为常数，若对于任意给定的 $\varepsilon > 0$，存在 $\delta > 0$，当 $0 < |x - x_0| < \delta$ 时，恒有

$$|f(x) - A| < \varepsilon$$

成立，则称常数 A 为函数 $f(x)$ 当 $x \to x_0$ 时的极限，记作

$$\lim_{x\to x_0} f(x) = A \quad 或 \quad f(x) \to A \ (当\ x \to x_0).$$

函数极限定义 4 的几何意义如图 1-27 所示. 对于任意给定的 $\varepsilon > 0$，总能求得一个 $\delta > 0$，使得在 x_0 的 δ 去心邻域 $\mathring{U}(x_0, \delta)$ 内，函数 $y = f(x)$ 的图形落在两条直线 $y = A + \varepsilon$，$y = A - \varepsilon$ 之间.

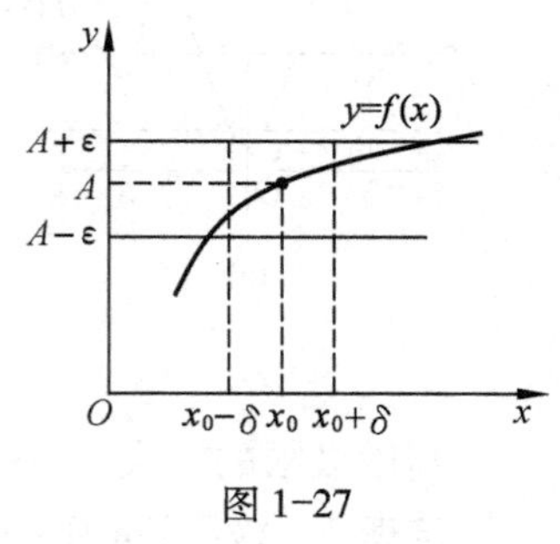

图 1-27

由定义 4，容易证明

$$\lim_{x\to x_0} c = c,\ \lim_{x\to x_0} x = x_0.$$

例 2　证明 $\lim\limits_{x\to 2}(2x-3) = 1$.

证　对于任意给定的 $\varepsilon > 0$，要使 $|(2x-3)-1| = 2|x-2| < \varepsilon$，只要 $|x-2| < \frac{\varepsilon}{2}$. 于是，只要取 $\delta = \frac{\varepsilon}{2}$，则当 $0 < |x-2| < \delta$ 时，就有

$$|(2x-3)-1| < \varepsilon.$$

故
$$\lim_{x\to 2}(2x-3) = 1.$$

例 3　证明 $\lim\limits_{x\to 2}\frac{x^2-4}{3(x-2)} = \frac{4}{3}$.

证　对于任意给定的 $\varepsilon > 0$，要使 $\left|\frac{x^2-4}{3(x-2)} - \frac{4}{3}\right| = \frac{1}{3}|x-2| < \varepsilon$，只要

$0<|x-2|<3\varepsilon$. 于是,只要取 $\delta=3\varepsilon$,则当 $0<|x-2|<\delta$ 时,就有 $\left|\dfrac{x^2-4}{3(x-2)}-\dfrac{4}{3}\right|<\varepsilon$.
由定义知

$$\lim_{x\to 2}\frac{x^2-4}{3(x-2)}=\frac{4}{3}.$$

定义 4 给出了当 $x\to x_0$ 时 $f(x)$ 的极限定义,其中 x 既从 x_0 左侧也从 x_0 右侧趋向于 x_0,在实际问题中有时需要考虑 x 只从 x_0 的一侧趋于 x_0 的情形,这就需要引进单侧极限的概念.

定义 5　如果存在常数 A,对于任意给定的 $\varepsilon>0$,存在 $\delta>0$,当 $x_0-\delta<x<x_0$ 时,有

$$|f(x)-A|<\varepsilon,$$

则称 A 为 $f(x)$ 在 x_0 处的左极限,记作

$$\lim_{x\to x_0^-}f(x)=A \quad 或 \quad f(x_0-0)=A.$$

定义 6　如果存在常数 B,对于任意给定的 $\varepsilon>0$,存在 $\delta>0$,当 $x_0<x<x_0+\delta$ 时,有

$$|f(x)-B|<\varepsilon,$$

则称 B 为 $f(x)$ 在 x_0 处的右极限,记作

$$\lim_{x\to x_0^+}f(x)=B \quad 或 \quad f(x_0+0)=B.$$

根据函数的极限与左右极限的定义,不难得到下面的定理.

定理 2　$\lim\limits_{x\to x_0}f(x)=A$ 的充要条件为 $A=B$,即

$$\lim_{x\to x_0^-}f(x)=\lim_{x\to x_0^+}f(x)=A.$$

也就是说,函数在一点处存在极限等价于左右极限都存在并且相等.

注　在实际问题中会出现 $x\to x_0$ 时,$f(x)$ 存在左极限但无右极限,存在右极限但无左极限,左右极限都存在但不相等的情形.

例 4　证明 $\lim\limits_{x\to 0^+}\mathrm{e}^x=\lim\limits_{x\to 0^-}\mathrm{e}^x=1$,从而 $\lim\limits_{x\to 0}\mathrm{e}^x=1$.

证　当 $x>0$ 时,对于任意给定的 $\varepsilon>0$,要使 $|\mathrm{e}^x-1|<\varepsilon$,只要 $\mathrm{e}^x<1+\varepsilon$,即 $x<\ln(1+\varepsilon)$. 取 $\delta=\ln(1+\varepsilon)$,则当 $0<x<\delta$ 时,有 $|\mathrm{e}^x-1|<\varepsilon$,所以 $\lim\limits_{x\to 0^+}\mathrm{e}^x=1$.

当 $x<0$ 时,对于任意给定的 $\varepsilon>0$(不妨设 $\varepsilon<1$),要使 $|\mathrm{e}^x-1|<\varepsilon$,只要 $\mathrm{e}^x>1-\varepsilon$,即 $x>\ln(1-\varepsilon)$. 取 $\delta=-\ln(1-\varepsilon)$,当 $-\delta<x<0$ 时,有 $|\mathrm{e}^x-1|<\varepsilon$,所以 $\lim\limits_{x\to 0^-}\mathrm{e}^x=1$.

因此,$\lim\limits_{x\to 0}\mathrm{e}^x=1$

例 5　验证 $\lim\limits_{x\to 0}\dfrac{|x|}{x}$ 不存在.

证
$$\lim_{x\to 0^-}\frac{|x|}{x}=\lim_{x\to 0^-}\frac{-x}{x}=\lim_{x\to 0^-}(-1)=-1;$$
$$\lim_{x\to 0^+}\frac{|x|}{x}=\lim_{x\to 0^+}\frac{x}{x}=\lim_{x\to 0^+}1=1.$$

所以,由定理 2 知 $\lim\limits_{x\to 0}\frac{|x|}{x}$不存在.

三、函数极限的性质

利用函数极限的定义,可以直接得到函数极限的一些性质. 为方便起见,仅给出 $x\to x_0$ 时的结论. 对于单侧极限 $x\to x_0^-$, $x\to x_0^+$ 以及 $x\to\infty$, $x\to-\infty$, $x\to+\infty$ 的情形,包括数列极限情形,都有类似的结论.

定理 3(极限的唯一性) 若函数 $f(x)$ 在 $x\to x_0$ 时极限存在,则该极限值是唯一的. 即若 $\lim\limits_{x\to x_0}f(x)=A$, $\lim\limits_{x\to x_0}f(x)=B$,则 $A=B$.

定理 4(极限的局部有界性) 若函数 $f(x)$ 在 $x\to x_0$ 时极限存在,则 $f(x)$ 在 x_0 的局部范围 $\mathring{U}(x_0,\delta)$ 内有界. 即若$\lim\limits_{x\to x_0}f(x)=A$,则存在 $M>0$ 和 $\delta>0$, 使得
$$|f(x)|\leqslant M,\ x\in\mathring{U}(x_0,\delta).$$

定理 5(极限的局部保号性) 设函数 $f(x)$ 在 $x\to x_0$ 时极限为 $A\neq 0$,则存在 x 的某一邻域 $\mathring{U}(x_0,\delta)$,使得 $f(x)$ 与 A 在该邻域内同号. 即若 $A>0(A<0)$,则当 $x\in\mathring{U}(x_0,\delta)$ 时,有 $f(x)>0(f(x)<0)$.

推论 1 设函数 $f(x)$ 当 $x\to x_0$ 时极限为 A,且当 $x\in\mathring{U}(x_0,\delta)$ 时,$f(x)\geqslant 0(f(x)\leqslant 0)$,则 $A\geqslant 0(A\leqslant 0)$.

推论 2 设函数 $f(x)$ 和 $g(x)$ 当 $x\to x_0$ 时极限分别为 A 和 B,且当 $x\in\mathring{U}(x_0,\delta)$ 时,$f(x)\geqslant g(x)(f(x)\leqslant g(x))$, 则 $A\geqslant B(A\leqslant B)$.

四、极限运算法则

根据极限的定义,可以证明下列极限的运算公式是成立的.

1. 极限的四则运算

定理 6 设$\lim\limits_{x\to x_0}f(x)=A$, $\lim\limits_{x\to x_0}g(x)=B$,则

(1) $\lim\limits_{x\to x_0}[f(x)\pm g(x)]=A\pm B$;

(2) $\lim\limits_{x\to x_0}[f(x)\cdot g(x)]=A\cdot B$;

(3) $\lim\limits_{x\to x_0}\dfrac{f(x)}{g(x)}=\dfrac{A}{B}$,其中 $B\neq 0$.

将自变量的变化过程 $x \to x_0$ 改为 $x \to \infty$，$x \to x_0^-$，$x \to x_0^+$，$x \to -\infty$ 或 $x \to +\infty$，定理 6 仍然成立.

推论 1　若 $\lim\limits_{x \to x_0} f(x) = A$，则 $\lim\limits_{x \to x_0}[kf(x)] = kA$，其中 k 为常数.

推论 2　若 $\lim\limits_{x \to x_0} f(x) = A$，则 $\lim\limits_{x \to x_0}[f(x)]^m = A^m$，其中 m 为正整数.

例 6　求 $\lim\limits_{x \to -2}(3x^2 + x - 10)$.

解

$$\begin{aligned}\lim_{x \to -2}(3x^2 + x - 10) &= \lim_{x \to -2} 3x^2 + \lim_{x \to -2} x - \lim_{x \to -2} 10 \\ &= 3(\lim_{x \to -2} x)^2 + \lim_{x \to -2} x - \lim_{x \to -2} 10 \\ &= 3 \cdot (-2)^2 + (-2) - 10 = 0.\end{aligned}$$

例 7　求 $\lim\limits_{x \to -2} \dfrac{x^2 + 2x}{3x^2 + x - 10}$.

解　当 $x \to -2$ 时，分子、分母都趋于 0，不能直接利用定理 6 的结论，但

$$\frac{x^2 + 2x}{3x^2 + x - 10} = \frac{x(x + 2)}{(3x - 5)(x + 2)},$$

由于 $x \to -2$ 时，$x \neq -2$，所以 $x + 2 \neq 0$，可约去公因式 $x + 2$. 再利用定理 6，有

$$\lim_{x \to -2} \frac{x^2 + 2x}{3x^2 + x - 10} = \lim_{x \to -2} \frac{x}{3x - 5} = \frac{2}{11}.$$

例 8　求下列极限：

(1) $\lim\limits_{x \to \infty} \dfrac{1\,000x + 2}{x^2 + 1}$；　　(2) $\lim\limits_{n \to \infty} \dfrac{5n^2 + 3}{3n^2 + 7n + 12}$.

解　(1) $x \to \infty$ 时，分子和分母的极限都不存在，不能直接利用定理 6 的结论. 可先用 x^2 除分子分母，再利用定理 6 求极限.

$$\lim_{x \to \infty} \frac{1\,000x + 2}{x^2 + 1} = \lim_{x \to \infty} \frac{\dfrac{1\,000}{x} + \dfrac{2}{x^2}}{1 + \dfrac{1}{x^2}} = \frac{1\,000 \lim\limits_{x \to \infty} \dfrac{1}{x} + 2\left(\lim\limits_{x \to \infty} \dfrac{1}{x}\right)^2}{1 + \left(\lim\limits_{x \to \infty} \dfrac{1}{x}\right)^2} = \frac{0}{1} = 0.$$

(2) $n \to \infty$ 时，分子和分母的极限都不存在，不能直接利用定理 6 的结论. 可先用 n^2 除分子分母，再利用定理 6 求极限.

$$\lim_{x \to \infty} x_n = \frac{\lim\limits_{n \to \infty} 5 + 3 \lim\limits_{x \to \infty} \dfrac{1}{n^2}}{\lim\limits_{x \to \infty} 3 + 7 \lim\limits_{x \to \infty} \dfrac{1}{n} + 12 \lim\limits_{x \to \infty} \dfrac{1}{n^2}} = \frac{5}{3}.$$

例 9　求 $\lim\limits_{n \to \infty}\left(\dfrac{1}{n^2} + \dfrac{2}{n^2} + \cdots + \dfrac{n}{n^2}\right)$.

解　$n \to \infty$ 时，题设函数不是有限项和，不能直接利用定理 6 的结论，需先变形再求极限，

$$\lim_{n\to\infty}\left(\frac{1}{n^2}+\frac{2}{n^2}+\cdots+\frac{n}{n^2}\right)=\lim_{n\to\infty}\frac{1+2+\cdots+n}{n^2}=\lim_{n\to\infty}\frac{n+1}{2n}=\lim_{n\to\infty}\frac{1}{2}\left(1+\frac{1}{n}\right)=\frac{1}{2}.$$

2. 复合函数的极限

在极限计算中,经常会遇到求复合函数极限的问题.

定理 7(复合函数的极限运算法则)　设函数 $y=f[\varphi(x)]$ 由函数 $y=f(u)$ 与函数 $u=\varphi(x)$ 复合而成,在点 x_0 的某去心邻域内有定义,且存在 $\delta_0>0$,当 $x\in\mathring{U}(x_0,\delta_0)$ 时,有 $\varphi(x)\neq u_0$,若 $\lim\limits_{x\to x_0}\varphi(x)=u_0$,$\lim\limits_{u\to u_0}f(u)=A$,则

$$\lim_{x\to x_0}f[\varphi(x)]=\lim_{u\to u_0}f(u)=A.$$

定理 7 表明,如果函数 $f(u)$ 和 $\varphi(x)$ 满足该定理的条件,那么作代换 $u=\varphi(x)$ 可以把 $\lim\limits_{x\to x_0}f[\varphi(x)]$ 化为求 $\lim\limits_{u\to u_0}f(u)$,其中 $u_0=\lim\limits_{x\to x_0}\varphi(x)$.

例 10　求 $\lim\limits_{x\to 1}(x^2+1)^{10}$.

解　$\lim\limits_{x\to 1}(x^2+1)^{10}=\lim\limits_{u\to 2}u^{10}=2^{10}$.

习　题　1-3

1. 求下列极限:

(1) $\lim\limits_{n\to\infty}\dfrac{2n-1}{5n+4}$;　(2) $\lim\limits_{n\to\infty}\dfrac{3n^2+n+5}{n^3+3n+1}$;

(3) $\lim\limits_{n\to\infty}\left(\dfrac{3n-5}{2n+7}\right)^6$;　(4) $\lim\limits_{n\to\infty}\left(1+\dfrac{1}{n-1}\right)$;

(5) $\lim\limits_{n\to\infty}\dfrac{\sqrt{n}-8}{4n+1}$;　(6) $\lim\limits_{n\to\infty}\left(1+\dfrac{1}{2n}\right)\left(3-\dfrac{1}{4n}\right)$.

2. 求下列极限:

(1) $\lim\limits_{x\to 1}\dfrac{x^2-2x+1}{x^3-1}$;　(2) $\lim\limits_{x\to -1}\dfrac{x^2+6x+5}{1-x^2}$;

(3) $\lim\limits_{x\to 0}\dfrac{5x^3+2x^2-x}{3x^2+2x}$;　(4) $\lim\limits_{x\to 3}\dfrac{2x^2-7x+3}{x^2+4x-21}$;

(5) $\lim\limits_{x\to 1}\dfrac{x+x^2+\cdots x^n-n}{x-1}$;　(6) $\lim\limits_{x\to\infty}\dfrac{3x^2-1}{x^2-2x+3}$.

3. 设 $\lim\limits_{x\to\infty}\left(\dfrac{x^2+1}{x+1}\right)-ax-b=0$,求常数 a,b.

4. 设 $f(x)=\begin{cases}-ax+1, & 0\leqslant x<1,\\ 1, & x=1,\\ -x+3, & 1<x\leqslant 2,\end{cases}$ 求 $x\to 1$ 时函数的左右极限,并讨论极限的存在性.

第四节 极限存在准则 两个重要极限

一、极限存在准则

现在介绍判定极限存在的几个准则.

准则1(夹逼准则) 如果数列$\{x_n\}$、$\{y_n\}$及$\{z_n\}$满足下列条件:

(1) $y_n \leqslant x_n \leqslant z_n (n=1,2,\cdots)$,

(2) $\lim\limits_{n\to\infty} y_n = a$, $\lim\limits_{n\to\infty} z_n = a$,

那么数列$\{x_n\}$的极限存在,且$\lim\limits_{n\to\infty} x_n = a$.

证 由数列极限的定义可知,对于任意给定的$\varepsilon>0$,存在正整数N_1,当$n>N_1$时,有$|y_n-a|<\varepsilon$;又存在正整数N_2,当$n>N_2$时,有$|z_n-a|<\varepsilon$.

现取$N=\max\{N_1,N_2\}$,则当$n>N$时,上述两式同时成立,即有

$$a-\varepsilon<y_n<a+\varepsilon,\ a-\varepsilon<z_n<a+\varepsilon.$$

又由条件(1)有

$$a-\varepsilon<y_n<x_n<z_n<a+\varepsilon,$$

所以

$$|x_n-a|<\varepsilon,$$

故

$$\lim_{n\to\infty} x_n = a.$$

注意到$n\to\infty$,条件(1)只需从某个自然数起成立即可.

上述数列极限存在准则容易推广到函数极限的情形.

准则1′(夹逼准则) 如果函数$f(x)$,$\varphi(x)$及$\psi(x)$满足下列条件:

(1) 当$x\in \mathring{U}(x_0,\delta)$(或$|x|>X$)时,有$\varphi(x)\leqslant f(x)\leqslant \psi(x)$,

(2) $\lim\limits_{\substack{x\to x_0\\(x\to\infty)}} \varphi(x)=A$, $\lim\limits_{\substack{x\to x_0\\(x\to\infty)}} \psi(x)=A$,

那么$\lim\limits_{\substack{x\to x_0\\(x\to\infty)}} f(x)$存在且极限值为$A$.

例1 求下列数列的极限:

(1) $\lim\limits_{n\to\infty}\dfrac{n!}{n^n}$; (2) $\lim\limits_{n\to\infty}\left(\dfrac{1}{\sqrt{n^2+1}}+\dfrac{1}{\sqrt{n^2+2}}+\cdots+\dfrac{1}{\sqrt{n^2+n}}\right)$.

解 (1) 因为$0<\dfrac{n!}{n^n}=\dfrac{1\cdot\cdots\cdot(n-1)\cdot n}{n\cdot n\cdot\cdots\cdot n\cdot n}<\dfrac{1}{n}$,且$\lim\limits_{n\to\infty}\dfrac{1}{n}=0$,所以由准则1,有$\lim\limits_{n\to\infty}\dfrac{n!}{n^n}=0$.

(2) 因为$\dfrac{n}{\sqrt{n^2+n}}<\dfrac{1}{\sqrt{n^2+1}}+\cdots+\dfrac{1}{\sqrt{n^2+n}}<\dfrac{n}{\sqrt{n^2+1}}$,且

$$\lim_{n\to\infty}\frac{n}{\sqrt{n^2+n}}=\lim_{n\to\infty}\frac{1}{\sqrt{1+\frac{1}{n}}}=1,$$

$$\lim_{n\to\infty}\frac{n}{\sqrt{n^2+1}}=\lim_{n\to\infty}\frac{1}{\sqrt{1+\frac{1}{n^2}}}=1,$$

所以由准则 1,有$\lim\limits_{n\to\infty}\left(\frac{1}{\sqrt{n^2+1}}+\frac{1}{\sqrt{n^2+2}}+\cdots+\frac{1}{\sqrt{n^2+n}}\right)=1.$

准则 2(单调有界准则) 单调有界数列必有极限.

准则 2 的严格证明超出本书的要求,这里从略. 但从几何上看,它的正确性是直观的. 因为当数列$\{x_n\}$单调增加(减少)时,它的各项所表示的点都朝 x 轴正(负)方向移动. 这种移动只能有两种结果,一种是沿 x 轴正(负)向无限远移,另一种是无限接近一个定点 A,而又不超过 A. 由于$\{x_n\}$有界,故前一种情况是不可能的,而只能出现后一种情况,此时,A 就是$\{x_n\}$的极限(如图 1-28 所示).

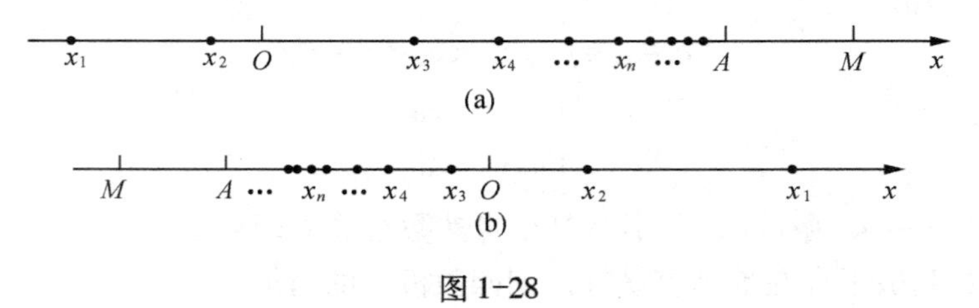

图 1-28

准则 2 可叙述为,单调增加有上界或单调减少有下界的数列必有极限.

例 2 证明数列 $x_1=\sqrt{2}, x_2=\sqrt{2+\sqrt{2}}, x_3=\sqrt{2+\sqrt{2+\sqrt{2}}},\cdots$的极限存在,并求其值.

解 显然 $x_{n+1}=\sqrt{2+x_n}, x_n<2$. 又因为

$$x_{n+1}-x_n=\sqrt{2+x_n}-x_n=\frac{2+x_n-x_n^2}{\sqrt{2+x_n}+x_n}=\frac{(1+x_n)(2-x_n)}{\sqrt{2+x_n}+x_n}>0,$$

所以该数列单调增加有上界,从而极限存在.

设$\lim\limits_{n\to\infty}x_n=a$, 对 $x_{n+1}=\sqrt{2+x_n}$ 两边取极限, 则有 $a=\sqrt{2+a}$, 解得 $a=2, a=-1$(舍去),所以$\lim\limits_{n\to\infty}x_n=2$.

二、重要极限

1. $\lim\limits_{x\to\infty}\left(1+\frac{1}{x}\right)^x=\mathrm{e}$.

先证$\lim\limits_{n\to\infty}\left(1+\frac{1}{n}\right)^n=\mathrm{e}$. 这里数 $\mathrm{e}=2.718\ 281\ 828\ 459\ 045\cdots$是个无理数.

证　设$x_n=\left(1+\frac{1}{n}\right)^n$，先证明数列$\{x_n\}$单调增加. 因为

$$\begin{aligned}x_n&=\left(1+\frac{1}{n}\right)^n=1+\mathrm{C}_n^1\frac{1}{n}+\mathrm{C}_n^2\frac{1}{n^2}+\cdots+\mathrm{C}_n^n\frac{1}{n^n}\\&=1+\frac{n}{1!}\cdot\frac{1}{n}+\frac{n(n-1)}{2!}\cdot\frac{1}{n^2}+\frac{n(n-1)(n-2)}{3!}\cdot\frac{1}{n^3}+\cdots+\\&\quad\frac{n(n-1)(n-2)\cdots(n-n+1)}{n!}\cdot\frac{1}{n^n}\\&=1+1+\frac{1}{2!}\left(1-\frac{1}{n}\right)+\frac{1}{3!}\left(1-\frac{1}{n}\right)\left(1-\frac{2}{n}\right)+\cdots+\\&\quad\frac{1}{n!}\left(1-\frac{1}{n}\right)\left(1-\frac{2}{n}\right)\cdots\left(1-\frac{n-1}{n}\right),\end{aligned}\tag{1}$$

又因为

$$\begin{aligned}x_{n+1}&=1+1+\frac{1}{2!}\left(1-\frac{1}{n+1}\right)+\frac{1}{3!}\left(1-\frac{1}{n+1}\right)\left(1-\frac{2}{n+1}\right)+\cdots+\\&\quad\frac{1}{n!}\left(1-\frac{1}{n+1}\right)\left(1-\frac{2}{n+1}\right)\cdots\left(1-\frac{n-1}{n+1}\right)+\\&\quad\frac{1}{(n+1)!}\left(1-\frac{1}{n+1}\right)\left(1-\frac{2}{n+1}\right)\cdots\left(1-\frac{n}{n+1}\right),\end{aligned}\tag{2}$$

比较式(1)与式(2)，从第3项起式(1)的项小于式(2)的对应项，且式(2)比式(1)还多了最后一项(正项)，所以$x_n<x_{n+1}$，即数列$\{x_n\}$单调增加.

下证数列$\{x_n\}$是有界的. 利用式(1)，有

$$\begin{aligned}x_n&<1+1+\frac{1}{2!}+\frac{1}{3!}+\cdots+\frac{1}{n!}\\&<1+1+\frac{1}{1\times2}+\frac{1}{2\times3}+\cdots+\frac{1}{(n-1)n}\\&=1+1+\left(1-\frac{1}{2}\right)+\left(\frac{1}{2}-\frac{1}{3}\right)+\cdots+\left(\frac{1}{n-1}-\frac{1}{n}\right)\\&=3-\frac{1}{n}<3.\end{aligned}$$

即数列$\{x_n\}$有上界.

由准则2知，数列$\{x_n\}$收敛，即$\lim\limits_{n\to\infty}\left(1+\frac{1}{n}\right)^n$存在，通常用字母 e 表示，即

$$\lim_{n\to\infty}\left(1+\frac{1}{n}\right)^n=\mathrm{e}.$$

注　$\mathrm{e}=2.718\ 281\ 828\ 459\ 045\cdots$是个无理数，它就是在第一节中指数函数

$y=\mathrm{e}^x$及自然对数$y=\ln x$中的底.

由$\lim\limits_{n\to\infty}\left(1+\frac{1}{n}\right)^n=\mathrm{e}$,可以证明下面的重要极限(详细证明参见第七节例8)

$\lim\limits_{n\to\infty}\left(1+\frac{1}{x}\right)^x=\mathrm{e}.$

若令$t=\frac{1}{x}$,则当$x\to\infty$时,$t\to 0$,从而又有

$$\lim_{t\to 0}(1+t)^{\frac{1}{t}}=\mathrm{e}.$$

例3 求$\lim\limits_{x\to\infty}\left(1-\frac{1}{x}\right)^x$.

解 $\lim\limits_{x\to\infty}\left(1-\frac{1}{x}\right)^x=\lim\limits_{x\to\infty}\left[\left(1+\frac{1}{-x}\right)^{-x}\right]^{-1}=\mathrm{e}^{-1}.$

例4 求$\lim\limits_{x\to\infty}\left(\frac{3+x}{2+x}\right)^{2x}$.

解
$$\begin{aligned}\lim_{x\to\infty}\left(\frac{3+x}{2+x}\right)^{2x}&=\lim_{x\to\infty}\left[\left(1+\frac{1}{x+2}\right)^x\right]^2\\&=\lim_{x\to\infty}\left[\left(1+\frac{1}{x+2}\right)^{x+2-2}\right]^2\\&=\lim_{x\to\infty}\left[\left(1+\frac{1}{x+2}\right)^{x+2}\right]^2\left(1+\frac{1}{x+2}\right)^{-4}=\mathrm{e}^2.\end{aligned}$$

2. $\lim\limits_{x\to 0}\frac{\sin x}{x}=1.$

我们先给出不等式:当$0<|x|<\frac{\pi}{2}$时,

$$\cos x<\frac{\sin x}{x}<1. \tag{3}$$

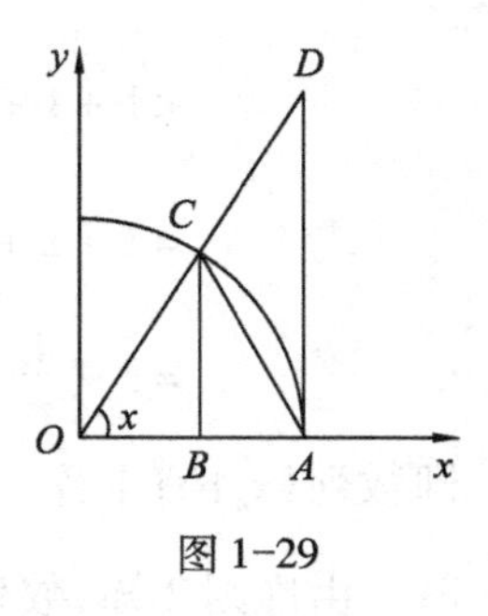

图1-29

事实上,因为$x\to 0$,不妨设$0<x<\frac{\pi}{2}$,作单位圆(见图1-29),显然有

$$\overline{BC}=\sin x,\ \overset{\frown}{AC}=x,\ \overline{AD}=\tan x,$$

$\triangle AOC$的面积<扇形AOC的面积<$\triangle AOD$的面积,

所以
$$\frac{1}{2}\sin x<\frac{1}{2}x<\frac{1}{2}\tan x,$$

即
$$\sin x<x<\tan x. \tag{4}$$

上式除以$\sin x$,有

$$1<\frac{x}{\sin x}<\frac{1}{\cos x},$$

即
$$\cos x < \frac{\sin x}{x} < 1.$$

又因为$f(x)=\frac{\sin x}{x}(x\neq 0)$为偶函数,故当$0<|x|<\frac{\pi}{2}$时,不等式(3)成立.

下面再证
$$\lim_{x\to 0}\cos x = 1.$$

事实上,当$0<|x|<\frac{\pi}{2}$时,
$$|\cos x - 1| = 1-\cos x = 2\sin^2\frac{x}{2}.$$

利用不等式(4)得
$$0<|\cos x-1| = 2\sin^2\frac{x}{2}\leqslant 2\left(\frac{x}{2}\right)^2=\frac{x^2}{2}.$$

由准则 1′,即得$\lim\limits_{x\to 0}\cos x = 1$.

由此,利用不等式(3)及准则 1′,有$\lim\limits_{x\to 0}\frac{\sin x}{x}=1$.

例 5　求$\lim\limits_{x\to 0}\frac{\tan x}{x}$.

解　$\lim\limits_{x\to 0}\frac{\tan x}{x}=\lim\limits_{x\to 0}\frac{\sin x}{x}\cdot\frac{1}{\cos x}=1$.

例 6　求$\lim\limits_{x\to 0}\frac{x}{\arcsin x}$.

解　令$u=\arcsin x$,则$x=\sin u$,当$x\to 0$时,$u\to 0$. 所以
$$\lim_{x\to 0}\frac{x}{\arcsin x}=\lim_{u\to 0}\frac{\sin u}{u}=1.$$

上述变量代换的方法也可以不明显地表示出来.

例 7　求$\lim\limits_{x\to 0}\frac{1-\cos x}{x^2}$.

解　$\lim\limits_{x\to 0}\frac{1-\cos x}{x^2}=\lim\limits_{x\to 0}\frac{2\sin^2\frac{x}{2}}{x^2}=\lim\limits_{x\to 0}\frac{2\sin^2\frac{x}{2}}{2^2\left(\frac{x}{2}\right)^2}=\frac{1}{2}\lim\limits_{x\to 0}\left(\frac{\sin\frac{x}{2}}{\frac{x}{2}}\right)^2=\frac{1}{2}$.

习　题　1-4

1. 求下列极限：

(1) $\lim\limits_{x\to 0}\dfrac{\tan kx}{x}$($k$ 为常数)；　　(2) $\lim\limits_{x\to 0}x\cot 2x$；

(3) $\lim\limits_{n\to\infty}2^n\sin\dfrac{x}{2^n}$；　　(4) $\lim\limits_{n\to\infty}\dfrac{\sin\left(\tan\dfrac{1}{n}\right)}{\sin\dfrac{3}{n}}$；

(5) $\lim\limits_{x\to\infty}\left(\dfrac{x}{1+x}\right)^x$；　　(6) $\lim\limits_{x\to\infty}\left(\dfrac{3-2x}{1-2x}\right)^x$；

(7) $\lim\limits_{x\to 0}\left(1+\dfrac{x}{2}\right)^{\frac{x-1}{x}}$；　　(8) $\lim\limits_{x\to\infty}\left(\dfrac{x^2}{x^2-1}\right)^x$.

2. 设函数 $f(x)=\begin{cases}\dfrac{\sin x}{x}, & x<0,\\ (1+x)^{\frac{1}{x}}, & x>0,\end{cases}$ 问当 $x\to 0$ 时，函数 $f(x)$ 的极限是否存在？

3. 求下列极限：

(1) $\lim\limits_{n\to\infty}\left[\dfrac{1}{n^2}+\dfrac{1}{(n+1)^2}+\cdots+\dfrac{1}{(2n)^2}\right]$；

(2) $\lim\limits_{n\to\infty}\left(\dfrac{n}{n^2+\pi}+\dfrac{n}{n^2+2\pi}+\cdots+\dfrac{n}{n^2+n\pi}\right)$.

4. 利用“单调有界数列必有极限”，证明下列数列的极限存在，并求其值：

$$x_1=1,\ x_n=1+\frac{x_{n-1}}{1+x_{n-1}}\ (n=2,3,\cdots).$$

第五节　无穷小与无穷大

无穷小量与无穷大量在极限理论中起着重要的作用.

一、无穷小量

定义 1　在自变量的某种变化趋势下，以零为极限的变量称为无穷小量，简称无穷小.

例如，当 $x\to 0$ 时，x^3，$\sin x$，$1-\cos x$ 等是无穷小量；当 $x\to\infty$ 时，$\dfrac{1}{x}$，e^{-x^2} 等是无穷小量；当 $n\to\infty$ 时，$\dfrac{1}{n}$，$\sin\dfrac{1}{n}$ 等也是无穷小量.

按照定义，零也是无穷小量，并且是常量中唯一的无穷小量.

注　无穷小量是一个变量，它与自变量的变化过程有关. 例如，当 $x\to 0$ 时，x^3

是无穷小量;当 $x\to 1$ 时,x^3 不是无穷小量.

因为无穷小量是极限为零的变量,所以无穷小量与有极限的量之间有着密切的联系.下列定理均以 $x\to x_0$ 例,其他情形类似.

定理 1 函数 $f(x)$ 当 $x\to x_0$ 时有极限 A 的充分必要条件是当 $x\to x_0$ 时,$\alpha(x)=f(x)-A$ 为无穷小.

证 先证必要性.

设 $\lim\limits_{x\to x_0} f(x)=A$,由极限运算法则,有

$$\lim_{x\to x_0}\alpha(x)=\lim_{x\to x_0}[f(x)-A]=\lim_{x\to x_0}f(x)-A=A-A=0.$$

所以,当 $x\to x_0$ 时,$\alpha(x)=f(x)-A$ 为无穷小.

再证充分性.

由 $\lim\limits_{x\to x_0}\alpha(x)=\lim\limits_{x\to x_0}[f(x)-A]=0$,显然有

$$\lim_{x\to x_0}f(x)=A.$$

定理证毕.

关系式 $\alpha(x)=f(x)-A$ 又可写为

$$f(x)=A+\alpha(x). \tag{1}$$

它给出了在某一变化过程中具有极限 A 的变量 $f(x)$ 的重要表示法.

由第三节定理 6 可得到:

定理 2 两个无穷小的和仍是无穷小.

推论 有限个无穷小的和也是无穷小.

定理 3 有界函数与无穷小的乘积是无穷小.

证 设函数 $u=u(x)$ 在 x_0 的某一邻域 $U(x_0,\delta_1)$ 内有界,即存在正数 M,使得 $|u|\leqslant M$ 对一切 $x\in U(x_0,\delta_1)$ 成立.又设 α 是当 $x\to x_0$ 时的无穷小,即对于任意给定的正数 ε,存在 $\delta_2>0$,当 $0<|x-x_0|<\delta_2$ 时,有不等式

$$|\alpha|<\frac{\varepsilon}{M}.$$

取 $\delta=\min\{\delta_1,\delta_2\}$,则当 $0<|x-x_0|<\delta$ 时,$|\alpha|<\dfrac{\varepsilon}{M}$ 及 $|u|\leqslant M$ 同时成立.从而

$$|u\alpha|=|u||\alpha|<M\frac{\varepsilon}{M}=\varepsilon.$$

这就证明了 $u\alpha$ 是当 $x\to x_0$ 时的无穷小.

推论 1 常数与无穷小的乘积是无穷小.

推论 2 有限个无穷小的乘积也是无穷小.

例 1 求 $\lim\limits_{x\to 0} x\cdot\sin\dfrac{1}{x}$.

解　因为$\lim\limits_{x\to 0} x=0$,即当$x\to 0$时,x为无穷小.

又因为$\left|\sin\dfrac{1}{x}\right|\leqslant 1$,即$\sin\dfrac{1}{x}$是有界函数.

所以,由定理3得$\lim\limits_{x\to 0} x\sin\dfrac{1}{x}=0$.

但是,下列写法是错误的:

$$\lim_{x\to 0} x\sin\frac{1}{x}=\lim_{x\to 0} x\cdot\lim_{x\to 0}\sin\frac{1}{x}=0.$$

二、无穷大量

在自变量的某一变化过程中,绝对值无限增大的函数,称为无穷大量.

定义2　对于任意给定的正数M(无论怎样大),如果存在$\delta>0$(或$X>0$),当$x\in\mathring{U}(x_0,\delta)$(或$|x|>X$)时,总有$|f(x)|>M$,则称$f(x)$当$x\to x_0$(或$x\to\infty$)时为无穷大量,简称无穷大,记作$\lim\limits_{x\to x_0} f(x)=\infty$(或$\lim\limits_{x\to\infty} f(x)=\infty$).

注　① 将定义2中$|f(x)|>M$换为$f(x)>M$,则称$f(x)$当$x\to x_0$(或$x\to\infty$)时为正无穷大量,记作$\lim\limits_{\substack{x\to x_0\\(x\to\infty)}} f(x)=+\infty$;将定义2中$|f(x)|>M$换为$f(x)<-M$,则称$f(x)$当$x\to x_0$(或$x\to\infty$)时为负无穷大量,记作$\lim\limits_{\substack{x\to x_0\\(x\to\infty)}} f(x)=-\infty$. 类似地,可定义单侧极限的情形. 例如,

$$\lim_{x\to 0^-}\frac{1}{x}=-\infty,\ \lim_{x\to\infty} x^2=+\infty,\ \lim_{x\to\left(\frac{\pi}{2}\right)^-}\tan x=+\infty,\ \lim_{x\to\left(\frac{\pi}{2}\right)^+}\tan x=-\infty.$$

② 无穷大量是一个变量,无穷大量是极限不存在的一种情形. 这里借用了极限记号,但极限并不存在.

③ 无穷大量是一个变量,它与自变量的变化过程有关. 例如,$\lim\limits_{x\to 2}\dfrac{1}{x-2}=\infty$,而$\lim\limits_{x\to\infty}\dfrac{1}{x-2}=0$(见图1-30).

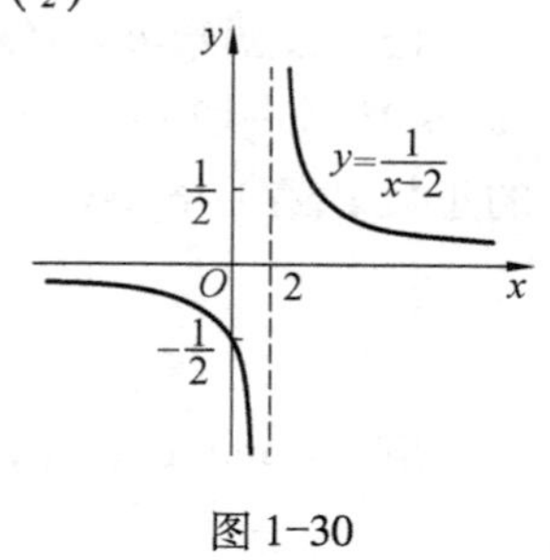

图1-30

④ 无穷大是无界的,但无界函数不一定是无穷大. 例如,$x\sin x$是无界函数,但是当$x\to\infty$,$x\sin x$不是无穷大.

无穷大与无穷小之间有着密切的联系.

定理4　在自变量的同一变化过程中,如果$f(x)$为无穷大,则$\dfrac{1}{f(x)}$为无穷小;反之,如果$f(x)$为无穷小,且$f(x)\neq 0$,则$\dfrac{1}{f(x)}$为无穷大.

证明从略.

例 2　求$\lim\limits_{x\to1}\dfrac{x^5-3x+5}{x-1}$.

解　因为$\lim\limits_{x\to1}\dfrac{x-1}{x^5-3x+5}=\dfrac{0}{3}=0$,所以$\lim\limits_{x\to1}\dfrac{x^5-3x+5}{x-1}=\infty$.

三、无穷小的比较

根据无穷小的运算性质,两个无穷小的和、差、积仍是无穷小.但是,两个无穷小的商却会出现不同的情况.

例如,当$x\to0$时,$x,2x,x^2$都是无穷小,但$\lim\limits_{x\to0}\dfrac{x}{2x}=\dfrac{1}{2}$,$\lim\limits_{x\to0}\dfrac{x^2}{x}=0$,$\lim\limits_{x\to0}\dfrac{x}{x^2}=\infty$.

可见$x\to0$时,x与$2x$趋于零的快慢程度相当,而x^2比x趋于零的速度要快得多.两个无穷小之比的极限情况,反映出它们变化的“快慢”程度.

定义 3　设α,β在同一变化过程中是无穷小.

(1) 若$\lim\dfrac{\alpha}{\beta}=0$或$\lim\dfrac{\beta}{\alpha}=\infty$,则称$\alpha$为$\beta$的高阶无穷小,或$\beta$为$\alpha$的低阶无穷小,记作$\alpha=o(\beta)$;

(2) 若$\lim\dfrac{\alpha}{\beta}=C\neq0$,则称$\alpha$与$\beta$为同阶无穷小;

(3) 若$\lim\dfrac{\alpha}{\beta}=1,k>0$则称$\alpha$与$\beta$为等价无穷小,记作$\alpha\sim\beta$;

(4) 若$\lim\dfrac{\alpha}{\beta^k}=C\neq0,k>0$则称$\alpha$是$\beta$的$k$阶无穷小.

例如,因为$\lim\limits_{x\to0}\dfrac{\sin x}{x}=1$,所以当$x\to0$时,$\sin x\sim x$;

因为$\lim\limits_{x\to0}\dfrac{\sin^2 x}{x}=0$,所以当$x\to0$时,$\sin^2 x$是$x$的高阶无穷小;

因为$\lim\limits_{x\to0}\dfrac{1-\cos x}{x^2}=\dfrac{1}{2}$,所以当$x\to0$时,$1-\cos x$是$x$的2阶无穷小.

注　如果$\lim\dfrac{\alpha}{\beta}$不存在,也不为$\infty$,则$\alpha$与$\beta$不可比较.例如,当$x\to0$时,无穷小$x$与无穷小$x\sin\dfrac{1}{x}$不可比较.

定理 5(等价无穷小替换定理)　设在自变量的同一变化过程中无穷小$\alpha\sim\alpha'$,$\beta\sim\beta'$,且$\lim\dfrac{\alpha'}{\beta'}$存在,则

$$\lim\frac{\alpha}{\beta}=\lim\frac{\alpha'}{\beta'}.$$

证 $\lim\frac{\alpha}{\beta}=\lim\left(\frac{\alpha}{\alpha'}\cdot\frac{\alpha'}{\beta'}\cdot\frac{\beta'}{\beta}\right)=\lim\frac{\alpha}{\alpha'}\cdot\lim\frac{\alpha'}{\beta'}\cdot\lim\frac{\beta'}{\beta}=\lim\frac{\alpha'}{\beta'}.$

注 定理5表明,求两个无穷小之比的极限,其分子及分母都可以用它们的等价无穷小代替.

适当利用等价无穷小替换可以简化极限的计算,因此有必要记住常见的等价无穷小. 例如,当$x\to0$时,我们已经知道$\sin x\sim x,\tan x\sim x,\arcsin x\sim x,\arctan x\sim x,1-\cos x\sim\frac{1}{2}x^2$. 以后还可以证明$e^x-1\sim x$和$\ln(1+x)\sim x$.

例3 求$\lim\limits_{x\to0}\frac{\tan^2x}{\sin 2x^2}$.

解 因为$\lim\limits_{x\to0}\frac{\tan^2x}{x^2}=1$,故当$x\to0$时,$\tan^2x\sim x^2$.

又因为$\lim\limits_{x\to0}\frac{\sin 2x^2}{2x^2}=1$,故当$x\to0$时,$\sin 2x^2\sim2x^2$. 从而

$$\lim_{x\to0}\frac{\tan^2x}{\sin 2x^2}=\lim_{x\to0}\frac{x^2}{2x^2}=\frac{1}{2}.$$

例4 求$\lim\limits_{x\to0}\frac{\tan x-\sin x}{\sin^3 2x}$.

错解 当$x\to0$时,$\tan x\sim x,\sin x\sim x$,所以

$$\lim_{x\to0}\frac{\tan x-\sin x}{\sin^3 2x}=\lim_{x\to0}\frac{x-x}{(2x)^3}=0.$$

正解 当$x\to0$时,$\sin 2x\sim2x,\tan x-\sin x=\tan x(1-\cos x)\sim\frac{1}{2}x^3$,所以

$$\lim_{x\to0}\frac{\tan x-\sin x}{\sin^3 2x}=\lim_{x\to0}\frac{\frac{1}{2}x^3}{(2x)^3}=\frac{1}{16}.$$

此例说明,用等价无穷小替代求极限时,只适用于乘除运算,而不适用于加减运算.

习 题 1-5

1. 函数$f(x)=x\cos x$在$(-\infty,+\infty)$内是否有界? 当$x\to0$时,$f(x)$是否为无穷大? 为什么?

2. 当$x\to0$时,确定下列各无穷小的阶数:

(1) x^3+2x^2; (2) $x^5\sin x^3$;

(3) $x-\sin x$; (4) $\tan^{\frac{1}{3}}x$;

(5) $1-\cos 2x$.

3. 利用等价无穷小代换,求下列极限:

(1) $\lim\limits_{x\to 0}\dfrac{\sin x^3\cos x}{\tan x-\sin x}$;　　(2) $\lim\limits_{x\to 0}\dfrac{\sin\left(x^2\sin\dfrac{1}{x}\right)}{x}$;

(3) $\lim\limits_{x\to 0}\dfrac{\sin x^m}{(\sin x)^n}$ (m,n 为正整数);　　(4) $\lim\limits_{x\to 0}\dfrac{1-\cos x}{x\arctan x}$.

第六节　函数的连续性

客观世界的许多现象和事物不仅是运动变化的,而且其运动变化的过程往往是连续不断的. 例如气温随着时间的变化而连续地变化;运动物体的运行路程随着时间的增加而连续不断地增长;树木的高度随着时间的增加而连续不断地变化,这种现象反映在函数关系上就是函数的连续性. 这类函数的图形是一条连续不断的曲线. 连续函数不仅是高等数学的研究对象,而且高等数学中的许多重要概念、定理、公式法则等往往都要求涉及的函数具有连续性.

一、函数的连续性

定义 1　设函数 $y=f(x)$ 在 x_0 的某一邻域内有定义,当自变量由 x_0 变到 x 时,函数值从 $f(x_0)$ 变到 $f(x)$,则称 $\Delta x=x-x_0$ 为自变量 x 的增量,$\Delta y=f(x)-f(x_0)=f(x_0+\Delta x)-f(x_0)$ 为函数的增量(见图 1-31).

从几何上看,如果函数 $f(x)$ 的图形是一条连续不断的曲线,则当 Δx 很小时,相应的 Δy 也一定很小,而且 Δx 趋于 0 时,Δy 也一定趋于 0.

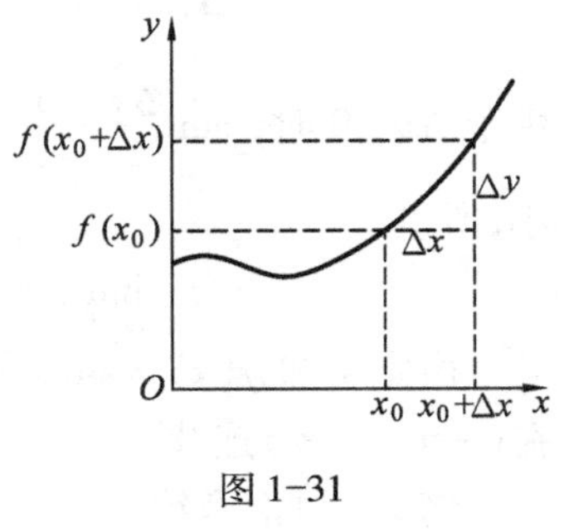

图 1-31

定义 2　设函数 $y=f(x)$ 在 x_0 的某邻域内有定义,若 $\lim\limits_{\Delta x\to 0}\Delta y=0$,则称函数 $y=f(x)$ 在 x_0 处连续.

由于 $\Delta x=x-x_0$,$\Delta x\to 0$ 等价于 $x\to x_0$. 因此,$\lim\limits_{\Delta x\to 0}\Delta y=\lim\limits_{\Delta x\to 0}[f(x_0+\Delta x)-f(x_0)]=0$ 等价于 $\lim\limits_{\Delta x\to 0}f(x_0+\Delta x)=\lim\limits_{x\to x_0}f(x)=f(x_0)$. 于是,函数的连续性有如下等价定义.

定义 2′　设函数 $y=f(x)$ 在 x_0 的某邻域内有定义,若 $\lim\limits_{x\to x_0}f(x)=f(x_0)$,则称函数 $y=f(x)$ 在 x_0 处连续.

由此可见,函数 $f(x)$ 在 x_0 处连续必须满足以下 3 个条件:

(1) $f(x)$ 在 x_0 有定义,即有确定的函数值 $f(x_0)$;

(2) 极限 $\lim\limits_{x\to x_0}f(x)$ 存在;

(3) 极限$\lim\limits_{x \to x_0} f(x)$等于函数值$f(x_0)$.

利用单侧极限的概念,可以定义函数在一点处的单侧连续性.

定义 3　如果$\lim\limits_{x \to x_0^-} f(x) = f(x_0)$,即$f(x_0 - 0) = f(x_0)$,则称$f(x)$在$x_0$处左连续;如果$\lim\limits_{x \to x_0^+} f(x) = f(x_0)$,即$f(x_0 + 0) = f(x_0)$,则称$f(x)$在$x_0$处右连续.

由此可得,函数$f(x)$在x_0处连续的充分必要条件是$f(x)$在x_0处既左连续又右连续,即$f(x_0 - 0) = f(x_0) = f(x_0 + 0)$.

此结果通常称为函数在x_0处连续的5条件,即函数在x_0处连续,必须保证$f(x)$在x_0处的左极限$f(x_0 - 0)$,右极限$f(x_0 + 0)$,函数值$f(x_0)$存在且相等.这也是判断函数$f(x)$在x_0处连续的方法.

定义 4　如果函数$f(x)$在(a, b)内每一点都连续,则称$f(x)$在区间(a, b)内连续;如果函数$f(x)$在(a,b)内连续,在$x = a$处右连续,在$x = b$处左连续,则称函数$f(x)$在闭区间$[a,b]$上连续.

显然,对于常量函数$y = C$,由于对任意$x_0 \in (-\infty, +\infty)$,有$\lim\limits_{x \to x_0} C = C$,所以常量函数$y = C$在$(-\infty, +\infty)$内连续.

例 1　证明函数$y = \sin x$在$(-\infty, +\infty)$连续.

证　函数$f(x) = \sin x$定义域为$(-\infty, +\infty)$,任取$x_0 \in (-\infty, +\infty)$,利用三角函数和差化积公式,有

$$\Delta y = \sin(x_0 + \Delta x) - \sin x_0 = 2\sin\frac{\Delta x}{2}\cos\left(x_0 + \frac{\Delta x}{2}\right),$$

由于$\Delta x \to 0$时,$\sin\frac{\Delta x}{2} \sim \frac{\Delta x}{2}$,$\left|\cos\left(x_0 + \frac{\Delta x}{2}\right)\right| \leqslant 1$,而有界量与无穷小之积仍为无穷小,所以

$$\lim_{\Delta x \to 0} \Delta y = \lim_{\Delta x \to 0} [\sin(x_0 + \Delta x) - \sin x_0] = 0.$$

由定义知,$f(x) = \sin x$在x_0连续.又由点x_0的任意性可知,函数$f(x) = \sin x$在$(-\infty, +\infty)$连续.

例 2　讨论函数

$$f(x) = \begin{cases} 1 + \frac{x}{2}, & x < 0, \\ 0, & x = 0, \\ 1 + x^2, & 0 < x \leqslant 1, \\ 4 - x, & x > 1 \end{cases}$$

在$x = 0$和$x = 1$处的连续性.

解　在$x = 0$处:$\lim\limits_{x \to 0^-} f(x) = \lim\limits_{x \to 0^-} \left(1 + \frac{x}{2}\right) = 1$,$\lim\limits_{x \to 0^+} f(x) = \lim\limits_{x \to 0^+} (1 + x^2) = 1$,所

以$\lim\limits_{x\to 0}f(x)=1$. 但是$f(0)=0$,所以$\lim\limits_{x\to 0}f(x)\neq f(0)$,故$f(x)$在$x=0$处不连续.

在$x=1$处：$\lim\limits_{x\to 1^-}f(x)=\lim\limits_{x\to 1^-}(1+x^2)=2$, $\lim\limits_{x\to 1^+}f(x)=\lim\limits_{x\to 1^+}(4-x)=3$. 所以$\lim\limits_{x\to 1}f(x)$不存在,故$f(x)$在$x=1$处不连续.

二、函数的间断点及其分类

函数$f(x)$的不连续点称为$f(x)$的间断点. 函数的间断点通常分为两类.

1. 第一类间断点

如果函数$f(x)$在x_0点的左右极限都存在,但x_0是$f(x)$的间断点,则称x_0为$f(x)$的第一类间断点.

在此情形下,如果$f(x_0-0)\neq f(x_0+0)$, 则称x_0是$f(x)$的跳跃间断点；如果$f(x_0-0)=f(x_0+0)$, 但是$f(x)$在x_0点没有定义或$\lim\limits_{x\to x_0}f(x)\neq f(x_0)$,则称$x_0$是$f(x)$的可去间断点.

2. 第二类间断点

如果函数$f(x)$在x_0点的左右极限中至少有一个不存在,则称x_0为$f(x)$的第二类间断点.

如果$\lim\limits_{x\to x_0^-}f(x)=\infty$或$\lim\limits_{x\to x_0^+}f(x)=\infty$, 则称$x_0$是$f(x)$的无穷间断点；如果$x\to x_0$时,$f(x)$无限振荡,极限不存在, 则称$x_0$是$f(x)$的振荡间断点.

下面举例说明函数间断点的不同类型.

例 3　设$f(x)=\begin{cases}\dfrac{x^2-4}{x-2}, & x\neq 2,\\ 0, & x=2,\end{cases}$讨论函数$f(x)$在$x=2$处的连续性.

解　因为$\lim\limits_{x\to 2}f(x)=\lim\limits_{x\to 2}\dfrac{x^2-4}{x-2}=\lim\limits_{x\to 2}(x+2)=4$,而$f(2)=0$,所以$x=2$是函数的间断点.

又因为$f(x)$在$x=2$的左右极限存在,所以$x=2$是函数的可去间断点(见图 1-32).

如果改变$f(x)$在$x=2$处的定义,令$f(2)=4$,即

$$f(x)=\begin{cases}\dfrac{x^2-4}{x-2}, & x\neq 2,\\ 4, & x=2,\end{cases}$$

那么$f(x)$在$x=2$处连续.

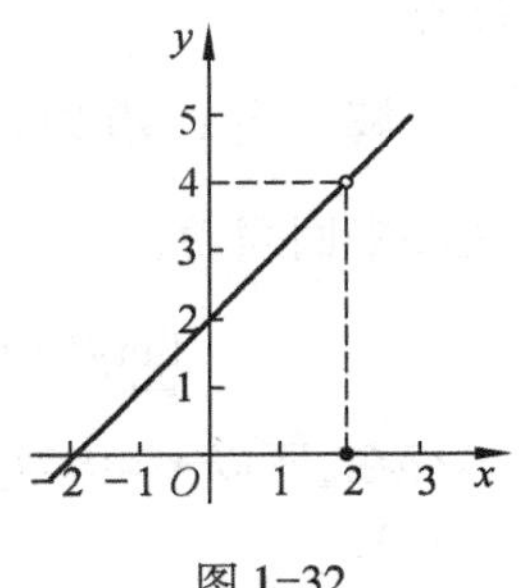

图 1-32

例 4　讨论函数$f(x)=\dfrac{\sin x}{x}$在$x=0$处的连续性.

解　因为 $f(x)$ 在 $x=0$ 无定义,所以 $x=0$ 为函数的间断点. 又因为 $\lim\limits_{x\to 0}\frac{\sin x}{x}=1$,故 $x=0$ 为可去间断点(见图 1-33). 如果补充定义 $f(0)=1$,即

$$f(x)=\begin{cases}\frac{\sin x}{x}, & x\neq 0,\\ 1, & x=0,\end{cases}$$

那么,$f(x)$ 在 $x=0$ 点连续.

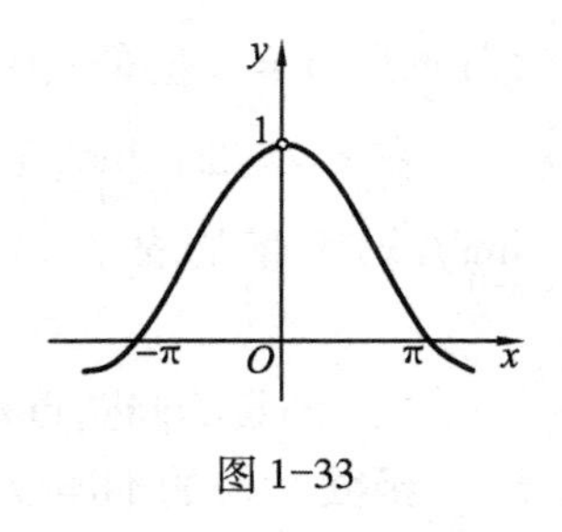

图 1-33

由此可见,如果 x_0 是 $f(x)$ 的可去间断点,则可以补充或改变函数 $f(x)$ 在 x_0 点的定义,使得 $f(x_0)=\lim\limits_{x\to x_0}f(x)$,则新的函数 $f(x)$ 在 x_0 点连续.

例 5　设 $f(x)=\begin{cases}x^2, & x\leqslant 0,\\ x+2, & x>0,\end{cases}$ 讨论函数 $f(x)$ 在 $x=0$ 处的连续性.

解　因为

$$\lim_{x\to 0^+}f(x)=\lim_{x\to 0^+}(x+2)=2,$$

$$\lim_{x\to 0^-}f(x)=\lim_{x\to 0^-}x^2=0.$$

所以 $x=0$ 是 $f(x)$ 的跳跃间断点(见图1-34).

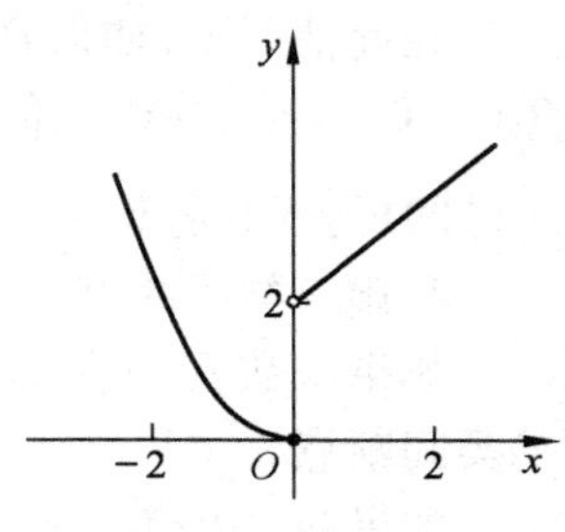

图 1-34

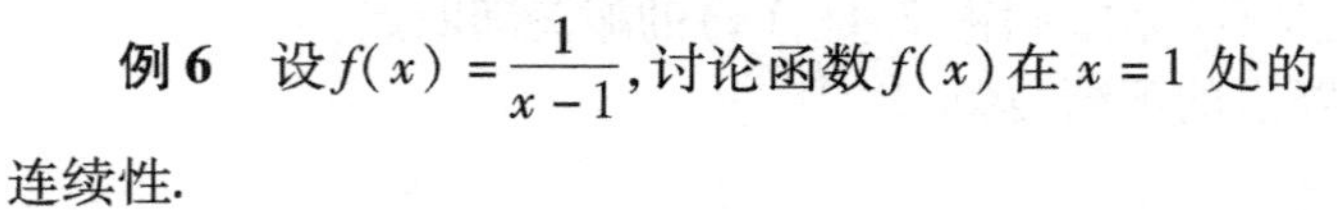

例 6　设 $f(x)=\frac{1}{x-1}$,讨论函数 $f(x)$ 在 $x=1$ 处的连续性.

解　因为 $\lim\limits_{x\to 1^-}f(x)=-\infty$,所以 $x=1$ 为 $f(x)$ 的无穷间断点(见图 1-35).

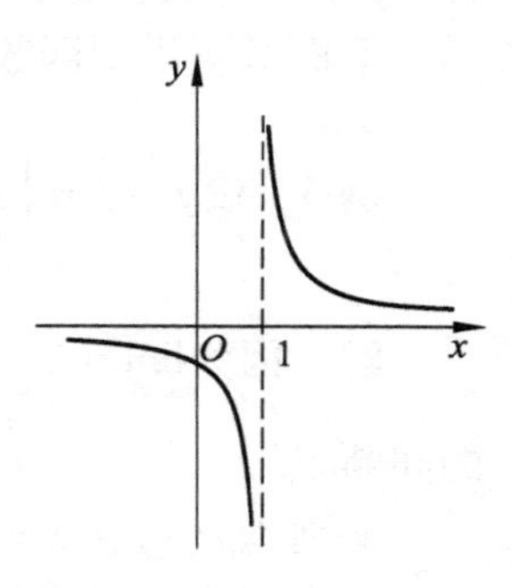

图 1-35

例 7　设 $f(x)=\sin\frac{1}{x}$,讨论函数 $f(x)$ 在 $x=0$ 处的连续性.

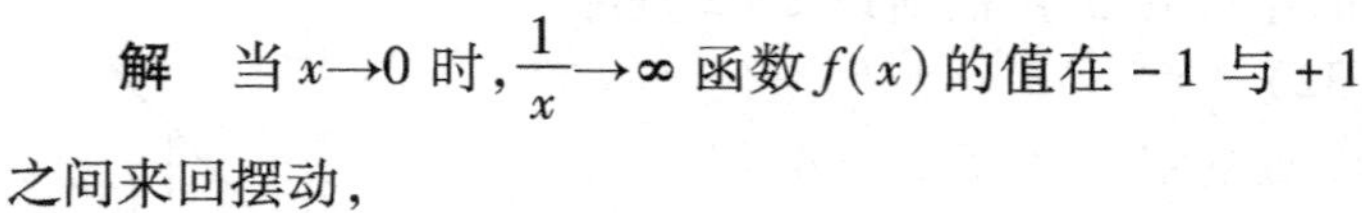

解　当 $x\to 0$ 时,$\frac{1}{x}\to\infty$ 函数 $f(x)$ 的值在 -1 与 $+1$ 之间来回摆动,

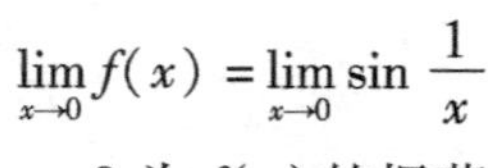

$$\lim_{x\to 0}f(x)=\lim_{x\to 0}\sin\frac{1}{x}$$

不存在,所以 $x=0$ 为 $f(x)$ 的振荡间断点(见图 1-36).

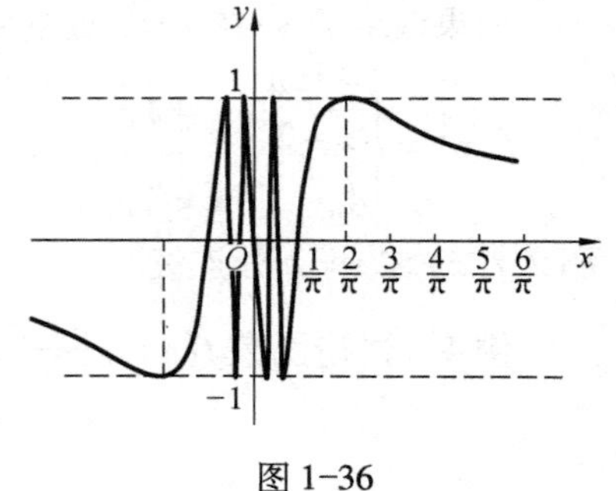

图 1-36

注　函数也可能有无穷多个间断点. 例如,对于函数 $y=\tan x$,$x=k\pi+\frac{\pi}{2}(k\in\mathbf{Z})$ 都是它的

间断点，且为无穷间断点. 再如，狄利克雷函数

$$y=D(x)=\begin{cases}1, & \text{当 } x \text{ 是有理数时},\\ 0, & \text{当 } x \text{ 是无理数时}\end{cases}$$

在定义域$(-\infty,+\infty)$内每一点处都间断，且都是第二类间断点.

三、连续函数的运算

函数的连续性是通过极限来定义的，根据极限运算法则，可推得下列连续函数的性质.

定理 1 如果函数$f(x)$，$g(x)$在x_0处连续，那么函数$f(x)\pm g(x)$，$f(x)\cdot g(x)$，$\dfrac{f(x)}{g(x)}(g(x_0)\neq 0)$在$x_0$处也连续.

推论 1 有限个连续函数的代数和在它们共同有定义的区间上仍是连续函数.

推论 2 有限个连续函数的乘积在它们共同有定义的区间上仍是连续函数.

定理 2 如果函数$y=f(x)$在区间I上连续且单调增加(减少)，那么它的反函数$x=f^{-1}(y)$在相应区间$I'=\{y|y=f(x),x\in I\}$上连续且单调增加(减少).

证明从略.

定理 3 设函数$y=f[\varphi(x)]$是由函数$y=f(u)$与函数$u=\varphi(x)$复合而成，若$u=\varphi(x)$在x_0处连续，$\varphi(x_0)=u_0$，而$f(u)$在u_0处连续，那么复合函数$f[\varphi(x)]$在x_0处也连续.

证明从略.

注 定理 3 表明，两个连续函数的复合函数仍是连续函数.

推论 有限个连续函数经过有限次复合运算所得到的复合函数仍是连续函数.

我们指出(但不详细讨论)：幂函数x^μ在定义域内是连续的. 指数函数对一切实数都有定义，且是单调的、连续的. 利用定理 2 知，对数函数在定义域内是单调的、连续的.

由于$\cos x=\sin\left(x+\dfrac{\pi}{2}\right)$，$\tan x=\dfrac{\sin x}{\cos x}$，$\cot x=\dfrac{\cos x}{\sin x}$，所以由定理1—3 及$\sin x$的连续性知：三角函数和反三角函数都是连续函数. 因此，有如下定理.

定理 4 基本初等函数在其定义域内连续.

由于初等函数是由基本初等函数经过有限次四则运算和有限次复合步骤而得到的可用一个式子表示的函数，因此有以下定理.

定理 5 一切初等函数在其定义区间内(包含在定义域内的区间)是连续的.

上述关于初等函数连续性的结论提供了求极限的一个方法. 即如果$f(x)$是初

等函数,x_0 是其定义区间内的点,则$\lim\limits_{x\to x_0}f(x)=f(x_0)$.

例如,$x=0$ 是初等函数$f(x)=\ln(1+\sqrt{1-x^3})+\dfrac{1}{\sqrt{1-x}}$定义域内的点,所以

$$\lim_{x\to 0}f(x)=f(0)=\ln 2+1;$$

$x=\dfrac{4}{\pi}$是初等函数$f(x)=\sin\left[\dfrac{2}{x}\left(\tan\dfrac{1}{x}\right)\right]$定义域内的点,所以

$$\lim_{x\to\frac{4}{\pi}}f(x)=f\left(\frac{4}{\pi}\right)=\sin\left(\frac{\pi}{2}\tan\frac{\pi}{4}\right)=\sin\frac{\pi}{2}=1.$$

例 8　求下列极限:

(1) $\lim\limits_{x\to\infty}\cos(\sqrt{x+1}-\sqrt{x})$;　　　　(2) $\lim\limits_{x\to 0}\sin\dfrac{1-\cos x}{x^2}$.

解　(1) $\lim\limits_{x\to\infty}\cos(\sqrt{x+1}-\sqrt{x})=\lim\limits_{x\to\infty}\cos\dfrac{1}{\sqrt{x+1}+\sqrt{x}}=\cos 0=1$.

(2) $\lim\limits_{x\to 0}\sin\dfrac{1-\cos x}{x^2}=\sin\lim\limits_{x\to 0}\dfrac{1-\cos x}{x^2}=\sin\dfrac{1}{2}$.

例 9　求极限$\lim\limits_{x\to 0}\dfrac{a^x-1}{x}(a>0)$.

解　令 $t=a^x-1$,则 $x=\dfrac{\ln(t+1)}{\ln a}$. 当 $x\to 0$ 时,$t\to 0$,可得

$$\lim_{x\to 0}\frac{a^x-1}{x}=\lim_{t\to 0}\frac{t\ln a}{\ln(t+1)}=\lim_{t\to 0}\frac{\ln a}{\frac{1}{t}\ln(t+1)}=\frac{\ln a}{\ln[\lim\limits_{t\to 0}(t+1)^{\frac{1}{t}}]}=\ln a.$$

特别地,$\lim\limits_{x\to 0}\dfrac{e^x-1}{x}=1$.

例 10　求$\lim\limits_{x\to 0}\dfrac{\ln(x+1)}{x}$.

解　$\lim\limits_{x\to 0}\dfrac{\ln(x+1)}{x}=\lim\limits_{x\to 0}\ln(x+1)^{\frac{1}{x}}=\ln e=1$.

由例 9、例 10 知,当 $x\to 0$ 时,$e^x-1\sim x$,$\ln(1+x)\sim x$.

四、闭区间上连续函数的性质

闭区间上的连续函数有许多重要性质,这些性质从几何图形上看是很明显的.

定理 6(最值定理)　如果函数 $f(x)$ 在闭区间 $[a,b]$ 上连续,那么 $f(x)$ 在 $[a,b]$ 上必能取到最大值 M 和最小值 m,即存在点 $x_1,x_2\in[a,b]$,使得对于$[a,b]$

上任意点 x，有

$$f(x_1)=m\leqslant f(x)\leqslant M=f(x_2).$$

从图 1-37 中可以看到曲线段 $y=f(x)(a\leqslant x\leqslant b)$ 完全落在两条平行线 $y=m$，$y=M$ 之间，且 $f(x_1)=m$，$f(x_2)=M$.

注 如果函数 $y=f(x)$ 不满足定理 6 的条件，那么结论可能不成立：

① 闭区间不能改为开区间. 例如，$y=x$ 虽在 $(0,1)$ 内连续，但在 $(0,1)$ 内既无最大值，也无最小值. 定理的结论不成立（见图 1-38）.

② 函数在闭区间上不连续. 例如，

$$y=f(x)=\begin{cases}x+1, & -1\leqslant x<0,\\ 0, & x=0,\\ x-2, & 0<x\leqslant 2\end{cases}$$

在 $[-1,2]$ 上有间断点 $x=0$. 在 $[-1,2]$ 上函数既无最大值，又无最小值，定理的结论不成立（见图 1-39）.

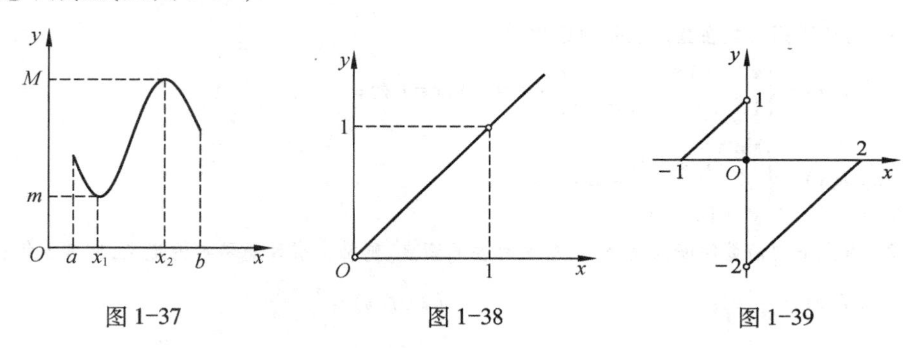

图 1-37 图 1-38 图 1-39

推论 如果函数 $y=f(x)$ 在闭区间 $[a,b]$ 上连续，那么它在 $[a,b]$ 上必有界.

定理 7（介值定理） 如果函数 $f(x)$ 在闭区间 $[a,b]$ 上连续，且 $f(a)\neq f(b)$，则对于 $f(a)$ 与 $f(b)$ 之间的任意数 λ，至少存在一点 $\xi\in[a,b]$，使得 $f(\xi)=\lambda$.

如图 1-40 所示，数 λ_1 和 λ_2 介于 $f(a)$ 与 $f(b)$ 之间. 对于 λ_1，在 (a,b) 内存在数 ξ_1，使 $f(\xi_1)=\lambda_1$，曲线 $y=f(x)$ 与直线 $y=\lambda_1$ 有一个交点；对于 λ_2，在 (a,b) 内存在数 ξ_2,ξ_3,ξ_4，使 $f(\xi_2)=f(\xi_3)=f(\xi_4)=\lambda_2$，曲线 $y=f(x)$ 与直线 $y=\lambda_2$ 有 3 个交点.

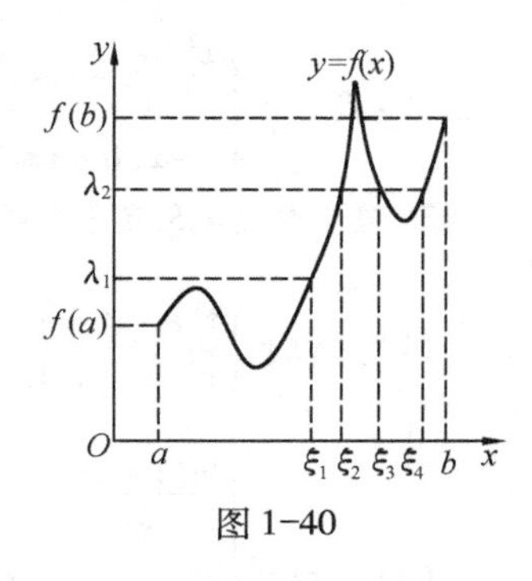

图 1-40

由介值定理可以得到两个很有用的推论.

推论 1（零值定理） 如果函数 $f(x)$ 在闭区间 $[a,b]$ 上连续，并且在两端点处函数值异号，那么在 (a,b) 内至少有一点 ξ 处的函数值为零.

推论 2 如果函数 $f(x)$ 在闭区间 $[a,b]$ 上连续，那么 $f(x)$ 必能取到介于它的

最大值 M 与最小值 m 之间的任何值,从而 $f(x)$ 在闭区间 $[a, b]$ 上的值域为闭区间 $[m,M]$.

零值定理常被用于证明方程有实根.

例 11 证明方程 $x^2 - x\ln x - 2 = 0$ 在 $(1, 2)$ 内至少有一个实根.

证 设 $f(x) = x^2 - x\ln x - 2$,则 $f(x)$ 在 $[1, 2]$ 上连续. 因为

$$f(1) = 1^2 - 1\ln 1 - 2 = -1 < 0,$$

$$f(2) = 2^2 - 2\ln 2 - 2 = 2(1 - \ln 2) > 0,$$

即

$$f(1) \cdot f(2) < 0,$$

由零值定理知,在 $(1, 2)$ 内至少存在一点 ξ,使得 $f(\xi) = 0$,即 $x = \xi$ 为原方程的根.

习 题 1-6

1. 研究下列函数在指定点处的连续性:

(1) $f(x) = \begin{cases} x^3, & -1 \leqslant x \leqslant 1, \\ 1, & x > 1 \text{ 或 } x < -1, \end{cases}$ 在 $x = -1, x = 1$ 处;

(2) $f(x) = \begin{cases} \dfrac{\sin x}{x}, & x < 0, \\ x^2 + 1, & x \geqslant 0, \end{cases}$ 在 $x = 0$ 处.

2. 指出下列函数间断点的类型,若是可去间断点,则补充或改变函数的定义,使其连续:

(1) $f(x) = \dfrac{1}{x^2 - 1}$;

(2) $f(x) = \dfrac{x - 2}{x^2 - 4}$;

(3) $f(x) = \dfrac{1 - \cos x}{x^2}$;

(4) $f(x) = \mathrm{e}^{\frac{1}{x-1}}$;

(5) $f(x) = \begin{cases} \dfrac{x^2}{3}, & -1 \leqslant x \leqslant 0, \\ 3 - x, & 0 < x \leqslant 1; \end{cases}$

(6) $f(x) = \begin{cases} \dfrac{\tan x}{x}, & x \neq k\pi, \\ 0, & x = k\pi \end{cases}$ $(k \in \mathbf{Z})$.

3. 确定常数 a, b,使下列函数连续:

(1) $f(x) = \begin{cases} \mathrm{e}^x, & x \leqslant 0, \\ x + a, & x > 0; \end{cases}$

(2) $f(x) = \begin{cases} x\sin x + \mathrm{e}, & x < 0, \\ a, & x = 0, \\ (1 + x)^{\frac{1}{x}}, & x > 0; \end{cases}$

(3) $f(x) = \begin{cases} \dfrac{\ln(1 - 3x)}{bx}, & x < 0, \\ 2, & x = 0, \\ \dfrac{\sin ax}{x}, & x > 0. \end{cases}$

4. 讨论函数 $f(x) = \lim\limits_{n \to \infty} \dfrac{1 - \mathrm{e}^{nx}}{1 + \mathrm{e}^{nx}}$ 的连续性,若有间断点,判别其类型.

5. 求下列极限:

(1) $\lim\limits_{x\to1}\cos\dfrac{x^2-1}{x-1}$;　　(2) $\lim\limits_{x\to0}(1+x)^{\cot x}$;

(3) $\lim\limits_{x\to0}\dfrac{\ln(x+a)-\ln a}{x}$;　　(4) $\lim\limits_{x\to a}\dfrac{e^x-e^a}{x-a}$.

6. 证明:方程 $x2^x=1$ 至少有一个小于 1 的正根.

7. 设函数 $f(x)$ 在区间 $[0,1]$ 上连续, $0\leqslant f(x)\leqslant1$, 证明在区间 $[0,1]$ 上至少存在一点 ξ, 使得 $f(\xi)=\xi$.

第七节　综合例题与应用

例 1　已知函数 $f\left(\dfrac{1}{x}\right)=x+\sqrt{x^2+1}\ (x>0)$, 求 $f(x)$ 的表达式.

解　令 $u=\dfrac{1}{x}$, 则 $x=\dfrac{1}{u}$, 代入已给表达式, 得

$$f(u)=\frac{1}{u}+\sqrt{\frac{1}{u^2}+1}=\frac{1+\sqrt{u^2+1}}{u}\ (u>0).$$

所以,

$$f(x)=\frac{1+\sqrt{x^2+1}}{x}\ (x>0).$$

例 2　设 $f(x)=\begin{cases}e^x, & x<1,\\ x, & x\geqslant1,\end{cases}$ $\varphi(x)=\begin{cases}x+2, & x<0,\\ x^2-1, & x\geqslant0,\end{cases}$ 求 $f[\varphi(x)]$.

解　$f[\varphi(x)]=\begin{cases}e^{\varphi(x)}, & \varphi(x)<1,\\ \varphi(x), & \varphi(x)\geqslant1.\end{cases}$

下面分别讨论 $\varphi(x)<1$ 和 $\varphi(x)\geqslant1$ 时 x 的取值的范围.

(1) 当 $\varphi(x)<1$ 时: 如果 $x<0$, 则 $\varphi(x)=x+2<1$, 推得 $x<-1$, 如果 $x\geqslant0$, 则, $\varphi(x)=x^2-1<1$, 推得 $0\leqslant x<\sqrt{2}$;

(2) 当 $\varphi(x)\geqslant1$ 时: 如果 $x<0$, 则 $\varphi(x)=x+2\geqslant1$, 推得 $-1\leqslant x<0$; 如果 $x\geqslant0$, 则 $\varphi(x)=x^2-1\geqslant1$, 推得 $x\geqslant\sqrt{2}$.

所以

$$f[\varphi(x)]=\begin{cases}e^{x+2}, & x<-1,\\ x+2, & -1\leqslant x<0,\\ e^{x^2-1}, & 0\leqslant x<\sqrt{2},\\ x^2-1, & x\geqslant\sqrt{2}.\end{cases}$$

例 3　设 $f(x)$ 是定义在 $(-l,\ l)$ 上的函数, 证明: 在 $(-l,\ l)$ 上 $f(x)$ 可以表示为一个偶函数与一个奇函数之和.

证　令 $g(x)=\frac{1}{2}[f(x)+f(-x)]$，$h(x)=\frac{1}{2}[f(x)-f(-x)]$，则

$$f(x)=g(x)+h(x).$$

因为 $g(-x)=\frac{1}{2}[f(x)+f(-x)]=g(x)$ 且定义域为 $(-l,l)$，所以 $g(x)$ 是偶函数. 又因为 $h(-x)=\frac{1}{2}[f(-x)-f(x)]=-h(x)$ 且定义域为 $(-l,l)$，所以 $h(x)$ 是奇函数.

这就证明了在 $(-l,\ l)$ 上 $f(x)$ 可表示为一个偶函数与一个奇函数之和.

例 4　设 $f(x)$ 在 $(-\infty,+\infty)$ 内有定义，且对任意给定的 x,y 有

$$f(x+y)=f(x)f(y),$$

证明：若 $f(x)$ 在 $x=0$ 处连续，则 $f(x)$ 在 $(-\infty,+\infty)$ 内连续.

证　若 $f(x)\equiv 0$，则 $f(x)$ 在 $(-\infty,+\infty)$ 连续. 若 $f(x)\not\equiv 0$，则有 x_1，使得 $f(x_1)\neq 0$. 因为 $f(x_1)=f(x_1+0)=f(x_1)f(0)$，故 $f(0)=1$. 又因为 $f(x)$ 在 $x=0$ 处连续，所以

$$\lim_{\Delta x\to 0}[f(0+\Delta x)-f(0)]=\lim_{\Delta x\to 0}[f(\Delta x)-1]=0.$$

则对 $\forall x_0\in(-\infty,+\infty)$，有

$$\begin{aligned}\lim_{\Delta x\to 0}[f(x_0+\Delta x)-f(x_0)]&=\lim_{\Delta x\to 0}[f(x_0)f(\Delta x)-f(x_0)]\\&=f(x_0)\lim_{\Delta x\to 0}[f(\Delta x)-1]=0.\end{aligned}$$

所以 $f(x)$ 在 $x=x_0$ 处连续. 由 x_0 的任意性知，$f(x)$ 在 $(-\infty,+\infty)$ 内连续.

例 5　计算 $\lim\limits_{x\to 0}\frac{\ln(\cos x^2)}{(e^{\sin x}-1)x^3}$.

解　当 $x\to 0$ 时，$\ln(\cos x^2)=\ln(1+\cos x^2-1)\sim\cos x^2-1\sim-\frac{1}{2}x^4$；又 $(e^{\sin x}-1)x^3\sim x^3\sin x\sim x^4$，故

$$\lim_{x\to 0}\frac{\ln(\cos x^2)}{(e^{\sin x}-1)x^3}=-\frac{1}{2}.$$

例 6　求 $\lim\limits_{n\to\infty}\sqrt[n]{1^n+2^n+3^n}$.

解　由 $3^n<1+2^n+3^n<3\cdot 3^n$ 得

$$3<\sqrt[n]{1^n+2^n+3^n}<3\cdot 3^{\frac{1}{n}}.$$

当 $n\to\infty$ 时上式两端都趋向于 3，由夹逼准则得

$$\lim_{n\to\infty}\sqrt[n]{1^n+2^n+3^n}=3.$$

例 7　设 $f(x)=\begin{cases}\dfrac{Ax+B}{\sqrt{3x+1}-\sqrt{x+3}}, & x\neq 1,\\ 4, & x=1\end{cases}$ 在 $x=1$ 处连续，试确定参数 A,B

的值.

解 因为$f(x)$在$x=1$处连续,所以$\lim\limits_{x\to1}f(x)=4$. 即

$$\lim_{x\to1}\frac{Ax+B}{\sqrt{3x+1}-\sqrt{x+3}}=4$$

因为

$$\lim_{x\to1}(\sqrt{3x+1}-\sqrt{x+3})=0,\text{故}$$
$$\lim_{x\to1}(Ax+B)=0,$$

即$A+B=0$. 所以

$$\lim_{x\to1}f(x)=\lim_{x\to1}\frac{Ax+B}{\sqrt{3x+1}-\sqrt{x+3}}=\lim_{x\to1}\frac{Ax-A}{\sqrt{3x+1}-\sqrt{x+3}}\cdot\frac{\sqrt{3x+1}+\sqrt{x+3}}{\sqrt{3x+1}+\sqrt{x+3}}=2A.$$

故

$$2A=4,\ A=2,\ B=-A=-2.$$

例 8 证明$\lim\limits_{x\to\infty}\left(1+\dfrac{1}{x}\right)^x=\mathrm{e}$.

证 当$x\to+\infty$时,设$[x]=n$,则$n\leqslant x<n+1$. 从而

$$\left(1+\frac{1}{n+1}\right)^n<\left(1+\frac{1}{x}\right)^x<\left(1+\frac{1}{n}\right)^{n+1}.$$

因为

$$\lim_{n\to\infty}\left(1+\frac{1}{n+1}\right)^n=\lim_{n\to\infty}\left[\frac{\left(1+\frac{1}{n+1}\right)^{n+1}}{\left(1+\frac{1}{n+1}\right)}\right]=\mathrm{e},$$

$$\lim_{n\to\infty}\left(1+\frac{1}{n}\right)^{n+1}=\lim_{n\to\infty}\left[\left(1+\frac{1}{n}\right)^n\cdot\left(1+\frac{1}{n}\right)\right]=\mathrm{e},$$

所以, 由夹逼准则得

$$\lim_{x\to+\infty}\left(1+\frac{1}{x}\right)^x=\mathrm{e}.$$

当$x\to-\infty$时,令$u=-x$,则$u\to+\infty$.

$$\left(1+\frac{1}{x}\right)^x=\left(1-\frac{1}{u}\right)^{-u}=\left(1+\frac{1}{u-1}\right)^u$$
$$=\left(1+\frac{1}{u-1}\right)^{u-1}\left(1+\frac{1}{u-1}\right),$$

于是$\lim\limits_{x\to-\infty}\left(1+\dfrac{1}{x}\right)^x=\lim\limits_{u\to+\infty}\left[\left(1+\dfrac{1}{u-1}\right)^{u-1}\cdot\left(1+\dfrac{1}{u-1}\right)\right]=\mathrm{e}$

因此
$$\lim_{x\to\infty}\left(1+\frac{1}{x}\right)^x=\mathrm{e}.$$

例 9 设 $a>0$, $a_1>0$, $a_{n+1}=\frac{1}{2}\left(a_n+\frac{a}{a_n}\right)$, $n=1, 2, 3, \cdots$,求$\lim\limits_{n\to\infty} a_n$.

解 先证明$\lim\limits_{n\to\infty} a_n$ 存在. 事实上,可以证明数列$\{a_n\}$单调减少且有下界.

(1) $\{a_n\}$有下界.

$a_{n+1}=\frac{1}{2}\left(a_n+\frac{a}{a_n}\right)\geqslant\sqrt{a_n\cdot\frac{a}{a_n}}=\sqrt{a}>0$,即$\{a_n\}$有下界.

(2) $\{a_n\}$单调减少.

$a_{n+1}-a_n=\frac{a-a_n^2}{2a_n}\leqslant 0$,即$\{a_n\}$单调减少.

所以$\lim\limits_{n\to\infty} a_n$ 存在.

设 $\lim\limits_{n\to\infty} a_n=A$, 则

$$\lim_{n\to\infty} a_{n+1}=\lim_{n\to\infty}\frac{1}{2}\left(a_n+\frac{a}{a_n}\right),$$

即 $A=\frac{1}{2}\left(A+\frac{a}{A}\right)$. 所以 $A=\sqrt{a}$, 即 $\lim\limits_{n\to\infty} a_n=\sqrt{a}$.

例 10 设$f(x)=\frac{1}{x-1}+\frac{2}{x-2}+\frac{6}{x-3}$,证明:方程 $f(x)=0$ 在区间$(1,2)$和$(2,3)$中至少有一实根.

证 由$\lim\limits_{x\to1^+} f(x)=+\infty$知,存在$1<x_1<\frac{3}{2}$,使得$f(x_1)>0$,具体有

$$f(1.1)>0.$$

由$\lim\limits_{x\to2^-} f(x)=-\infty$知,存在$\frac{3}{2}<x_2<2$,使得$f(x_2)<0$,具体有

$$f(1.9)<0.$$

因为$f(x)$是初等函数,它在定义区域内连续,所以$f(x)$在区间$[1.1,1.9]\subset(1,2)$上连续. 由零点定理知,方程$f(x)=0$在区间$[1.1,1.9]\subset(1,2)$中至少有一实根.

类似可证,方程$f(x)=0$在区间$(2,3)$中至少有一实根.

注 对于$f(x)=\frac{1}{x-\lambda_1}+\frac{2}{x-\lambda_2}+\frac{5}{x-\lambda_3}$,其中 $\lambda_1<\lambda_2<\lambda_3$,可同样证明方程$f(x)=0$在区间$(\lambda_1,\lambda_2)$和$(\lambda_2,\lambda_3)$中至少有一实根.

例 11 设$f(x)$在区间$[a,b]$上连续,且 $a<x_1<x_2<b$,证明:至少存在一点$\xi\in(a,b)$,使得 $k_1f(x_1)+k_2f(x_2)=(k_1+k_2)f(\xi)$成立,其中 $k_1>0,k_2>0$.

证 因为$f(x)$在$[a,b]$上连续,所以存在两个正数 M,m,使得

$$m\leqslant f(x)\leqslant M,\ \forall x\in[a, b].$$

又因为 $a<x_1<x_2<b$,所以

$$\frac{k_1 f(x_1)+k_2 f(x_2)}{k_1+k_2}\leqslant\frac{k_1}{k_1+k_2}M+\frac{k_2}{k_1+k_2}M=M.$$

同理可得

$$\frac{k_1 f(x_1)+k_2 f(x_2)}{k_1+k_2}\geqslant m.$$

由闭区间上连续函数的介值定理知,存在$\xi\in(a,b)$,使得

$$f(\xi)=\frac{k_1 f(x_1)+k_2 f(x_2)}{k_1+k_2},$$

即
$$k_1 f(x_1)+k_2 f(x_2)=(k_1+k_2)f(\xi).$$

在应用数学解决实际应用问题的过程中,先要将原问题量化,然后分析哪些是常量,哪些是变量,再确定选取哪个作为自变量,哪个作为因变量,最后建立起这些量之间的数学模型——函数关系.下面举几个建立函数关系的例子.

例 12　一个正圆锥外切于半径为 R 的半球,半球的底面在圆锥的底面上(剖面见图 1-41),试将圆锥的体积表示为圆锥底半径 r 的函数.

解　按题意,半球大小不变,它的半径 R 为常量,圆锥的体积 V 由其高 h 与底半径 r 而定,

$$V=\frac{1}{3}\pi r^2 h.$$

现在要将 h 用 r 表示出来,由图 1-41 可知,$CD=\sqrt{r^2-R^2}$,因为$\triangle AMD\sim\triangle MCD$,所以

$$\frac{r}{\sqrt{r^2-R^2}}=\frac{h}{R},\ h=\frac{rR}{\sqrt{r^2-R^2}}.$$

于是,得

$$v=\frac{1}{3}\pi r^3\ \frac{R}{\sqrt{r^2-R^2}}\quad(R<r<+\infty).$$

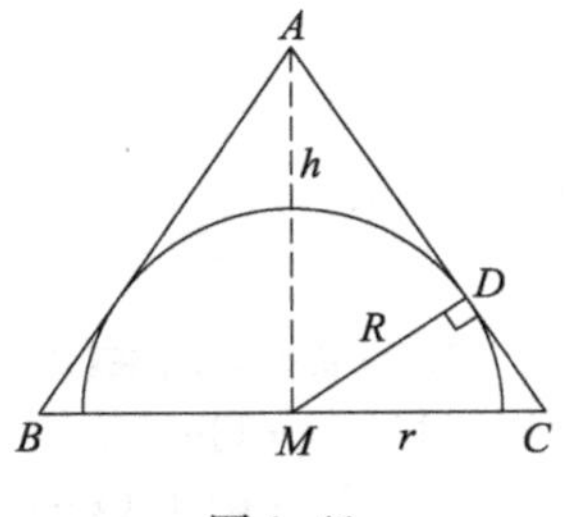

图 1-41

例 13　曲柄连杆机构(见图 1-42)是利用曲柄 OC 的旋转运动,通过连杆 CB 使滑块 B 做往复直线运动.设 $OC=r$,$BC=l$,曲柄以等角速度 ω 绕 O 旋转,求滑块的位移的大小 s 与时间 t 之间的函数关系(假定曲柄 OC 开始作旋转运动时,C 在点处).

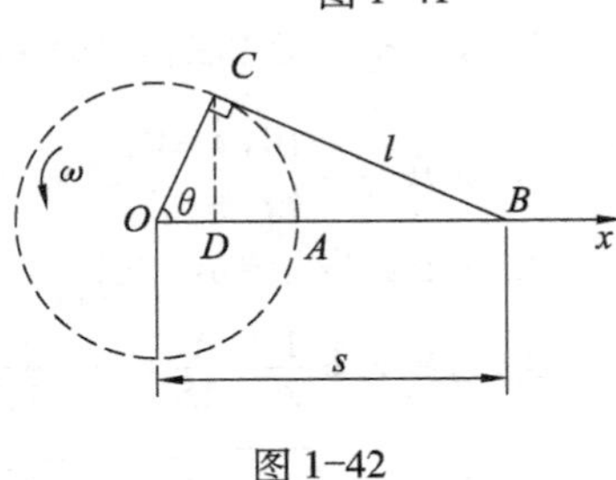

图 1-42

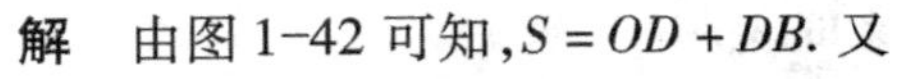

解　由图 1-42 可知,$S=OD+DB$.又

$$OD=r\cos\theta,\ CD=r\sin\theta,\ \theta=\omega t.$$

于是

$$OD=r\cos\omega t,\ CD=r\sin\omega t.$$

而在直角三角形 CDB 中，

$$DB=\sqrt{l^2-r^2\sin^2\omega t},$$

故 $$s=r\cos\omega t+\sqrt{l^2-r^2\sin\omega t}\ (0\leqslant t<+\infty).$$

例 14 某工厂生产某型号车床,年产量为 a 台,分若干批进行生产,每批生产准备费为 b 元,设产品均匀投入市场,且上一批用完后立即生产下一批,即平均库存量为批量的一半. 设每年每台库存费为 c 元. 显然,生产批量大则库存费高;生产批量少则批数增多,因而生产准备费高. 试求出一年中库存费与生产准备费的和同批量的函数关系.

解 设批量为 x,库存费与生产准备费的和为 $P(x)$.

因为年产量为 a,所以每年生产的批数为 $\frac{a}{x}$(设其为整数),则生产准备费为 $b\cdot\frac{a}{x}$.

又因为平均库存量为 $\frac{x}{2}$,故库存费为 $c\cdot\frac{x}{2}$. 因此，可得

$$P(x)=b\cdot\frac{a}{x}+c\cdot\frac{x}{2}=\frac{ab}{x}+\frac{cx}{2}.$$

函数的定义域为 $(0,a]$ 中的正整数因子.

习 题 1-7

1. 设函数 $f(x)$ 在 $[0,1]$ 上有定义,求下列函数的定义域:
(1) $f(x+1)$;　　(2) $f(\sin x)$;
(3) $f(x+a)+f(x-a)\ (a>0)$.

2. 设 $f(x)$ 满足方程: $af(x)+bf\left(-\frac{1}{x}\right)=\sin x\ (|a|\neq|b|)$,求 $f(x)$ 的表达式.

3. 设 $f(x)=\begin{cases}0, & x\leqslant 0,\\ x, & x>0,\end{cases}$ $g(x)=\begin{cases}0, & x\leqslant 0,\\ -x^2, & x>0,\end{cases}$ 求 $f[f(x)]$, $f[g(x)]$, $g[f(x)]$, $g[g(x)]$.

4. 设数列 $\{x_n\}$ 有界, 又 $\lim\limits_{n\to\infty}y_n=0$, 证明: $\lim\limits_{n\to\infty}x_ny_n=0$.

5. 已知 $x_n=\frac{1}{3}+\frac{1}{15}+\cdots+\frac{1}{4n^2-1}$, 求 $\lim\limits_{n\to\infty}x_n$.

6. 设 $x_n=\sqrt{6+\sqrt{6+\cdots+\sqrt{6}}}$ (n 个根号),求 $\lim\limits_{n\to\infty}x_n$.

7. 已知 $\lim\limits_{x\to\infty}\left(\frac{x+c}{x-c}\right)^{\frac{x}{2}}=3$, 求 c.

8. 已知 $f(x)=\frac{Ax^2-2}{x^2+1}+3Bx+5$,求:当 $x\to\infty$ 时,A,B 取何值 $f(x)$ 为无穷小量? A,B 取何值

$f(x)$为无穷大量？

9. 讨论函数$f(x)=\lim\limits_{n\to\infty}\dfrac{1-x^{2n}}{1+x^{2n}}x$的连续性，若有间断点，判断其类型.

10. 证明：方程$x-a\sin x=b$至少有一个不超过$a+b$的正根，其中常数$a>0,b>0$.

11. 将一块半径为R的圆形铁皮自中心处剪去圆心角为α的扇形后，把剩下的部分围成一个锥形漏斗，求漏斗的容积V与角α的函数关系.

12. 某运输公司规定某种货物的运输收费标准为：不超过200 km，每吨公里收费6元；200 km以上，但不超过500 km，每吨公里收费4元，500 km以上，每吨公里收费3元，试建立运费与路程的函数关系.

13. 一无盖的长方体木箱，容积为1 m^3，高为2 m，设底面一边的长为x m，试将木箱的表面积表示为x的函数.

14. 在一圆柱形容器内注入某种溶液，该容器底半径为R，高为H，当注入溶液后液面的高度为h时，溶液的体积为V，试将h表示为V的函数，并指出其定义区间.

第二章　导数与微分

微分学是微积分的重要组成部分. 它的基本概念是导数与微分. 导数揭示了函数某瞬时变化的快慢程度;而微分描述了函数某瞬时变化的大小,是用来表示函数在某一点或局部性质的重要工具. 利用它们可以解决几何、物理以及工程技术中许多相关问题. 本章将从实际问题出发,引入导数与微分的概念,并详细讨论各种函数的求导方法.

第一节　导数的概念

一、引例

在自然科学、工程技术等许多领域中,不仅需要了解变量之间的变化规律,还需进一步了解其变化的快慢程度,也就是变化率问题. 例如,气象预报中的台风的速度、天文学中星体的运动速度、化学或医学中液体或血液的沉降速度、人口以及生物生长的快慢等都是关于瞬时变化率的问题. 下面先给出几个常见的例子.

1. 变速直线运动的瞬时速度

设质点做变速直线运动,在时刻 t 其在数轴上的坐标 $s=s(t)$ 已知,$s(t)$ 也称为位移函数,我们要根据位移函数求质点在任一时刻的速度. 这是物理学中一个重要的基本问题. 解决这个问题的方法是利用极限思想:先求出从 $t=t_0$ 到 $t=t_0+\Delta t$ 时间间隔内,质点运动的平均速度,即

$$\bar{v}(t_0)=\frac{\Delta s}{\Delta t}=\frac{s(t)-s(t_0)}{t-t_0}.$$

当 t 越接近 t_0,即时间增量 Δt 趋向于零时,则该质点运动的平均速度 $\bar{v}(t)$ 就越接近时刻 t_0 的速度 $v(t_0)$. 所以,若极限 $\lim\limits_{t\to t_0}\bar{v}(t)$ 存在,则称该极限就是时刻 t_0 的速度 $v(t_0)$. 由此,该质点在时刻 t_0 的速度(也称瞬时速度)可以表示为

$$v(t_0)=\lim_{t\to t_0}\bar{v}(t)=\lim_{\Delta t\to 0}\frac{\Delta s}{\Delta t}=\lim_{t\to t_0}\frac{s(t)-s(t_0)}{t-t_0}=\lim_{\Delta t\to 0}\frac{s(t_0+\Delta t)-s(t_0)}{\Delta t}.$$

2. 平面曲线的切线

关于曲线的切线,法国数学家费马早在 1629 年提出了如下定义:设有曲线 L 及 L 上一点 P_0,在 L 上另取一点 P,作割线 P_0P. 当点 P 沿曲线 L 趋向于点 P_0 时,如果割线 P_0P 绕点 P_0 旋转且趋向某一极限位置 P_0T,那么直线 P_0T 就称为曲线 L 在点 P_0 处的切线(见图 2-1).

由平面解析几何知识可知,平面上直线由一点 $P_0(x_0,y_0)$ 及直线的斜率 $k=\tan\alpha$ 确定. 现要求曲线 $y=f(x_0)$ 在 $P_0(x_0,y_0)$ 处的切线,则关键是找出切线的斜率 $k=\tan\alpha$.

设曲线 L 的方程为 $y=f(x)$,$P_0(x_0,y_0)$ 为 L 上的点,则 $y_0=f(x_0)$. 在 L 上点 P_0 的邻近任取点 $P(x,y)$,这里 $x=x_0+\Delta x$, $y=f(x_0+\Delta x)$,则割线 P_0P 的斜率为

$$\tan\varphi=\frac{y-y_0}{x-x_0}=\frac{f(x_0+\Delta x)-f(x_0)}{\Delta x}=\frac{\Delta y}{\Delta x},$$

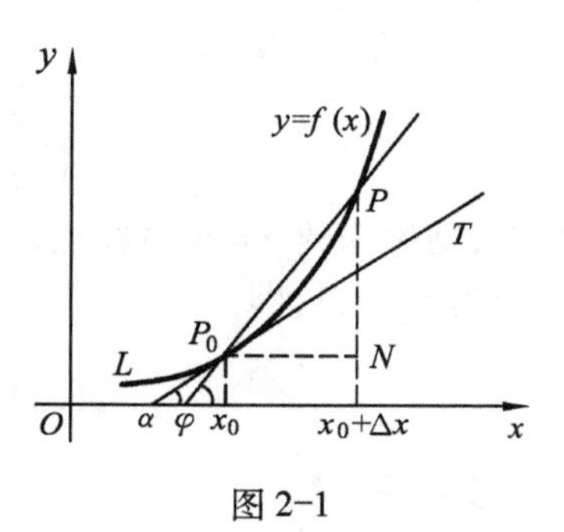

图 2-1

其中,φ 为割线 P_0P 的倾角. 当点 P 沿曲线 L 无限趋近点 P_0,即 $\Delta x\to 0$ 时,如果割线 P_0P 的极限位置 P_0T 的倾角为 α,则切线 P_0T 的斜率为

$$\tan\alpha=\lim_{p\to p_0}\tan\varphi=\lim_{\Delta x\to 0}\frac{\Delta y}{\Delta x}=\lim_{\Delta x\to 0}\frac{f(x_0+\Delta x)-f(x_0)}{\Delta x}.$$

二、导数的定义及导数的几何意义

以上两个引例分别属于运动学和几何学,但从数学的角度看,在数量关系上它们都是求某一函数关于自变量在一点处函数增量与自变量增量的比值的极限. 在自然科学和工程技术领域中还有许多类似问题,我们从这些问题中,可抽象出函数的导数概念.

定义 1　设函数 $y=f(x)$ 在 x_0 的某个邻域 $U(x_0,\delta)$ 内有定义,当自变量 x 在 x_0 处取得增量 Δx(点 $x+\Delta x$ 仍在该邻域内)时,相应地,函数 y 有增量

$$\Delta y=f(x_0+\Delta x)-f(x_0).$$

如果当 $\Delta x\to 0$ 时,增量比 $\frac{\Delta y}{\Delta x}$ 的极限存在,则称函数 $y=f(x)$ 在 x_0 处可导,并称此极限为函数 y 在 x_0 处的导数,记作 $f'(x_0)$,即

$$f'(x_0)=\lim_{\Delta x\to 0}\frac{\Delta y}{\Delta x}=\lim_{\Delta x\to 0}\frac{f(x_0+\Delta x)-f(x_0)}{\Delta x}. \tag{1}$$

导数的符号还可用其他形式表示,如 $y'\big|_{x=x_0}$, $\frac{\mathrm{d}y}{\mathrm{d}x}\Big|_{x=x_0}$, $\frac{\mathrm{d}f(x)}{\mathrm{d}x}\Big|_{x=x_0}$ 等. 在定义

1 中,若记 $x=x_0+\Delta x$,则式(1)还可写成

$$f'(x_0)=\lim_{x\to x_0}\frac{f(x)-f(x_0)}{x-x_0}. \tag{2}$$

当极限(1)或(2)不存在时,则称函数 $f(x)$ 在 x_0 处不可导.

函数的导数是通常所说的实际问题中的变化率的精确表述. 由定义 1 知,前面两个实例的结果可分别表示如下:

(1) 变速直线运动在时刻 t_0 的瞬时速度 $v(t_0)=s'(t_0)$;

(2) 曲线 $y=f(x)$ 在点 P_0 处切线的斜率 $k=f'(x_0)$.

定义 2 如果

$$\lim_{\Delta x\to 0^+}\frac{\Delta y}{\Delta x}=\lim_{\Delta x\to 0^+}\frac{f(x_0+\Delta x)-f(x_0)}{\Delta x}$$

存在,则称函数 $y=f(x)$ 在点 x_0 处右可导,此极限值为函数 $f(x)$ 在 x_0 处的右导数,并记为 $f'_+(x_0)$,即

$$f'_+(x_0)=\lim_{\Delta x\to 0^+}\frac{f(x_0+\Delta x)-f(x_0)}{\Delta x}.$$

类似地,若

$$\lim_{\Delta x\to 0^-}\frac{\Delta y}{\Delta x}=\lim_{\Delta x\to 0^-}\frac{f(x_0+\Delta x)-f(x_0)}{\Delta x}$$

存在,则定义函数 $f(x)$ 在 x_0 处的左导数为

$$f'_-(x_0)=\lim_{\Delta x\to 0^-}\frac{f(x_0+\Delta x)-f(x_0)}{\Delta x}.$$

由第一章极限的知识可知,函数 $y=f(x)$ 在 x_0 处可导的充要条件为 $f(x)$ 在 x_0 处的左右导数均存在且相等,即

$$f'_+(x_0)=f'_-(x_0).$$

如果函数 $y=f(x)$ 在开区间 I 内的每一点都可导,则称该函数在 I 内可导. 这时,对任意 $x\in I$,都有一个确定的导数值与之对应,这样便得到 I 内的一个新的函数,称它为函数 $y=f(x)$ 的导函数(也简称导数),记作 y', $f'(x)$, $\frac{\mathrm{d}y}{\mathrm{d}x}$或$\frac{\mathrm{d}f(x)}{\mathrm{d}x}$.

在式(1)中将 x_0 换成 x,便得到

$$f'(x)=\lim_{\Delta x\to 0}\frac{f(x+\Delta x)-f(x)}{\Delta x}. \tag{3}$$

必须指出,式(3)中 x 尽管可以取区间 I 内的任何数值,但作为极限运算而言,Δx 才是求极限时的变量,我们常称之为极限变量,而 x 是在 I 内任意取定的一个数值,求极限时应看作常数.

由式(1)和式(3)可见,函数 $f(x)$ 在 x_0 处的导数 $f'(x_0)$ 就是导函数 $f'(x)$ 在

$x=x_0$处的函数值,即

$$f'(x_0)=f'(x)\Big|_{x=x_0}.$$

中学里我们已经知道$(x^n)'=nx^{n-1}(x\in\mathbf{R},n\in\mathbf{N}^+)$,下面通过例题具体说明如何利用导数的定义求导数.

例 1 求函数$f(x)=C$(常数)的导数.

解 对任意$x\in\mathbf{R}$,给出增量Δx.

(1) 求函数的增量 $\Delta f=f(x+\Delta x)-f(x)=C-C=0$;

(2) 计算增量的比值 $\dfrac{\Delta f}{\Delta x}=0$;

(3) 取极限 $f'(x)=\lim\limits_{\Delta x\to 0}\dfrac{\Delta f}{\Delta x}=0.$

因此,对任意$x\in\mathbf{R}$,有

$$C'=0.$$

例 2 求函数$y=\sin x$的导函数,并求$y'\left(\dfrac{\pi}{6}\right)$.

解 对任意$x\in\mathbf{R}$,给出增量Δx.

(1) 求函数的增量 $\Delta y=\sin(x+\Delta x)-\sin x=2\sin\dfrac{\Delta x}{2}\cos\left(x+\dfrac{\Delta x}{2}\right)$;

(2) 计算增量的比值 $\dfrac{\Delta y}{\Delta x}=\dfrac{\sin\dfrac{\Delta x}{2}}{\dfrac{\Delta x}{2}}\cos\left(x+\dfrac{\Delta x}{2}\right)$;

(3) 取极限 $\lim\limits_{\Delta x\to 0}\dfrac{\Delta y}{\Delta x}=\cos x.$

因此,对任意$x\in\mathbf{R}$,有

$$(\sin x)'=\cos x.$$

而

$$(\sin x)'\Big|_{x=\frac{\pi}{6}}=\cos\frac{\pi}{6}=\frac{\sqrt{3}}{2}.$$

类似地可求得

$$(\cos x)'=-\sin x.$$

利用导数的定义求导数时,都可按例1、例2的3个步骤进行,熟练了以后,这3个步骤可以合在一起写.

例 3 求函数$y=\ln x$的导数.

解 $(\ln x)'=\lim\limits_{\Delta x\to 0}\dfrac{\ln(x+\Delta x)-\ln x}{\Delta x}=\lim\limits_{\Delta x\to 0}\dfrac{\ln\left(1+\dfrac{\Delta x}{x}\right)}{\Delta x}=\lim\limits_{\Delta x\to 0}\dfrac{\dfrac{\Delta x}{x}}{\Delta x}=\dfrac{1}{x}$,

即

$$(\ln x)'=\frac{1}{x}\ (x>0).$$

例 4　讨论函数$f(x)=\begin{cases}\dfrac{e^{x^2}-1}{x}, & x\neq 0,\\ 0, & x=0\end{cases}$在 $x=0$ 处的可导性.

解　因为

$$\lim_{x\to 0}\frac{f(x)-f(0)}{x-0}=\lim_{x\to 0}\frac{\dfrac{e^{x^2}-1}{x}-0}{x}=\lim_{x\to 0}\frac{e^{x^2}-1}{x^2}=1,$$

所以,$f(x)$在 $x=0$ 处可导,且$f'(0)=1$.

例 5　讨论函数$f(x)=|x|$在 $x=0$ 处的可导性.

解　由于

$$f'_+(0)=\lim_{\Delta x\to 0^+}\frac{|0+\Delta x|-|0|}{\Delta x}=\lim_{\Delta x\to 0^+}\frac{\Delta x}{\Delta x}=1,$$

$$f'_-(0)=\lim_{\Delta x\to 0^-}\frac{|0+\Delta x|-|0|}{\Delta x}=\lim_{\Delta x\to 0^-}\frac{-\Delta x}{\Delta x}=-1,$$

$$f'_+(x_0)\neq f'_-(x_0),$$

故函数$f(x)=|x|$在 $x=0$ 处不可导.

例 6　证明函数 $y=x^{\frac{1}{3}}$在 $x=0$ 处不可导.

证　因为在 $x=0$ 处

$$\lim_{\Delta x\to 0}\frac{\Delta y}{\Delta x}=\lim_{\Delta x\to 0}\frac{(\Delta x)^{\frac{1}{3}}-0}{\Delta x}=\lim_{\Delta x\to 0}\frac{1}{(\Delta x)^{\frac{2}{3}}}=\infty,$$

故函数 $y=x^{\frac{1}{3}}$在 $x=0$ 处不可导.

由例 4、例 5 可知,在讨论分段函数分段点处的导数时,如果分段函数在分段点处两侧邻近的函数表达式相同(如例 4),则可直接用导数定义 1 求导数

$$f'(x_0)=\lim_{x\to x_0}\frac{f(x)-f(x_0)}{x-x_0};$$

如果分段函数在分段点处两侧邻近的函数表达式不同(如例 5),则不能直接求导数,而要先计算其左右导数,再根据导数存在的充要条件讨论其可导性.

由前面的切线定义和导数定义可知,如果$f(x)$在点 x_0 可导,则它在点 x_0 的导数$f'(x_0)$就表示曲线 $y=f(x)$在点$(x_0,f(x_0))$处的切线斜率(见图 2-1),这就是导数的几何意义. 根据导数的几何意义,曲线 $y=f(x)$在点 $P_0(x_0,f(x_0))$处的切线方程为

$$y-f(x_0)=f'(x_0)(x-x_0).\tag{4}$$

当$f'(x_0)\neq 0$时，法线方程为

$$y-f(x_0)=\frac{-1}{f'(x_0)}(x-x_0). \tag{5}$$

当$f'(x_0)=0$时，法线方程为

$$x=x_0. \tag{6}$$

例7　求曲线$y=\cos x$在点$\left(\frac{\pi}{6},\frac{\sqrt{3}}{2}\right)$处的切线和法线方程.

解　由$(\cos x)'=-\sin x$，知

$$(\cos x)'\Big|_{x=\frac{\pi}{6}}=-\sin\frac{\pi}{6}=-\frac{1}{2},$$

由式(4)知，所求的切线方程为

$$y-\frac{\sqrt{3}}{2}=-\frac{1}{2}\left(x-\frac{\pi}{6}\right),$$

由式(5)知，法线方程为

$$y-\frac{\sqrt{3}}{2}=2\left(x-\frac{\pi}{6}\right).$$

例8　求曲线$y=\ln x$平行于直线$y=2x+3$的切线方程.

解　设切点为$P_0(x_0,y_0)$，则曲线在点P_0处的切线斜率为$y'(x_0)$. 由例3知，

$$y'(x_0)=(\ln x)'\Big|_{x=x_0}=\frac{1}{x_0}.$$

因为切线平行于直线$y=2x+3$，由两者斜率相等得

$$\frac{1}{x_0}=2,\ x_0=\frac{1}{2},\ y_0=-\ln 2.$$

则所求的切线方程为

$$y+\ln 2=2\left(x-\frac{1}{2}\right).$$

但应该注意，如果连续函数$y=f(x)$在x_0处不可导，那么曲线$y=f(x)$在点$M_0(x_0,f(x_0))$处没有切线，或有垂直于x轴的切线.

如例5中的函数$y=|x|$在$x=0$处不可导，曲线$y=|x|$在点(0,0)处没有切线，例6中的函数$y=x^{\frac{1}{3}}$的图形如图2-2所示，它在点O处有垂直于x轴的切线. 但函数$y=x^{\frac{1}{3}}$在$x=0$处不可导.

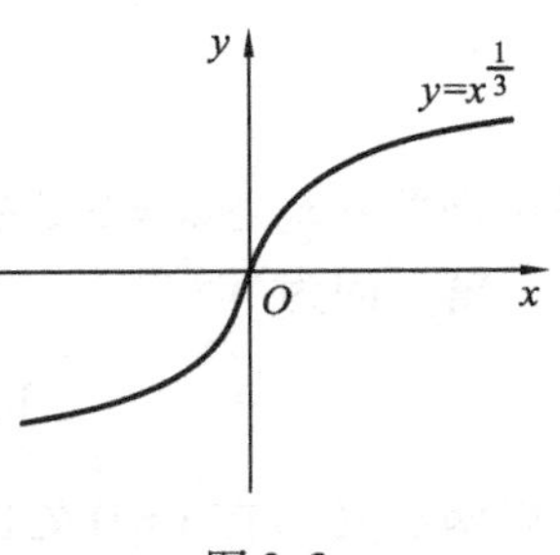

图2-2

本段最后指出，在经济学中某函数$f(x)$的导数通常称为该函数的边际函数；在点$x=x_0$处的导数值$f'(x_0)$称为$f(x)$在点$x=x_0$处的边际函数值. 例如，

成本函数 $C=C(x)$(x 是产量)的导数 $C'(x)$ 称为边际成本函数,收入函数的导数 $R'(x)$ 称为边际收入函数,利润函数的导数 $L'(x)$ 称为边际利润函数,它们实际上反映了成本、收入和利润相对产量或销售量的变化率.

三、函数的可导性与连续性的关系

函数的连续性与可导性是函数的两个重要性质,由例 5 和例 6 可知,初等函数 $y=|x|$,$y=x^{\frac{1}{3}}$ 都在 $x=0$ 处连续,但不可导. 那么连续性与可导性之间是否存在一定的关系呢?

定理　如果函数 $y=f(x)$ 在 x_0 处可导,则它必在 x_0 处连续.

证　由于 $y=f(x)$ 在 x_0 处可导,即极限 $\lim\limits_{\Delta x\to 0}\dfrac{\Delta y}{\Delta x}$ 存在,因此

$$\lim_{\Delta x\to 0}\Delta y=\lim_{\Delta x\to 0}\left(\frac{\Delta y}{\Delta x}\cdot\Delta x\right)=\left(\lim_{\Delta x\to 0}\frac{\Delta y}{\Delta x}\right)\left(\lim_{\Delta x\to 0}\Delta x\right)=0.$$

从而函数 $y=f(x)$ 在 x_0 处连续.

由定理 1 及例 5 和例 6 可得,函数连续是可导的必要条件,而不是充分条件. 如果函数 $y=f(x)$ 在 x_0 处不连续,则它在 x_0 处不可导. 可利用这一结论证明某些函数 $y=f(x)$ 在 x_0 处不可导.

例 9　设函数

$$f(x)=\begin{cases}x^2, & x\geqslant 0,\\ x+1, & x<0,\end{cases}$$

讨论函数 $f(x)$ 在 $x=0$ 处的连续性与可导性.

解　因为

$$\lim_{x\to 0^-}f(x)=\lim_{x\to 0^-}(x+1)=1\neq f(0),$$

所以函数 $f(x)$ 在 $x=0$ 处不连续,从而在 $x=0$ 处不可导.

例 10　设函数

$$f(x)=\begin{cases}x\sin\dfrac{1}{x}, & x\neq 0,\\ 0, & x=0,\end{cases}$$

讨论函数 $f(x)$ 在 $x=0$ 处的连续性与可导性.

解　因为

$$\lim_{x\to 0}f(x)=\lim_{x\to 0}x\sin\frac{1}{x}=0=f(0),$$

所以函数 $f(x)$ 在 $x=0$ 处连续.

又因为

$$\lim_{\Delta x\to 0}\frac{f(0+\Delta x)-f(0)}{\Delta x}=\lim_{\Delta x\to 0}\frac{(\Delta x)\sin\frac{1}{\Delta x}-0}{\Delta x}=\lim_{\Delta x\to 0}\sin\frac{1}{\Delta x}$$

不存在,所以函数$f(x)$在$x=0$处不可导.

例 11　设函数

$$f(x)=\begin{cases}x, & x<0,\\ \sin x, & x\geqslant 0,\end{cases}$$

讨论函数$f(x)$在$x=0$处的连续性与可导性.

解　因为

$$\lim_{x\to 0^+}f(x)=\lim_{x\to 0^+}\sin x=0=f(0),$$

$$\lim_{x\to 0^-}f(x)=\lim_{x\to 0^-}x=0=f(0),$$

所以函数$f(x)$在$x=0$处连续.

又因为

$$f'_+(0)=\lim_{\Delta x\to 0^+}\frac{f(0+\Delta x)-f(0)}{\Delta x}=\lim_{\Delta x\to 0^+}\frac{\sin(\Delta x)-0}{\Delta x}=1,$$

$$f'_-(0)=\lim_{\Delta x\to 0^-}\frac{f(0+\Delta x)-f(0)}{\Delta x}=\lim_{\Delta x\to 0^-}\frac{\Delta x-0}{\Delta x}=1,$$

$$f'_+(0)=f'_-(0)=1,$$

所以函数$f(x)$在处$x=0$处可导,且$f'(0)=1$.

由例 10、例 11 可知,当分段函数在分段点处两侧邻近的函数表达式相同时,要用连续与导数的定义分别讨论其连续性与可导性;但当分段函数在分段点处两侧邻近的函数表达式不一样时,则要先讨论其在分段点处左右两侧的连续性与可导性,再利用连续与可导的充要条件分别确定其连续性与可导性.

利用函数的导数还可以解决一类特殊的函数极限问题.

例 12　设$f'(x_0)=2$,求$\lim\limits_{h\to 0}\dfrac{f(x_0-2h)-f(x_0)}{h}$.

解　由题设可知,

$$f'(x_0)=\lim_{\Delta x\to 0}\frac{f(x_0+\Delta x)-f(x_0)}{\Delta x}=2,$$

所以

$$\begin{aligned}\lim_{h\to 0}\frac{f(x_0-2h)-f(x_0)}{h}&=\lim_{h\to 0}\left[(-2)\cdot\frac{f(x_0-2h)-f(x_0)}{-2h}\right]\\&=-2f'(x_0)=-4.\end{aligned}$$

习　题　2-1

1. 设有一根细棒位于 x 轴上的闭区间 $[0,l]$ 处,对棒上任意一点 x,细棒分布在区间 $[0,x]$ 上的质量为 $m(x)$,用导数表示细棒在 $x_0(x_0\in(0,l))$ 处的线密度(对于均匀细棒,单位长细棒的质量称为该棒的线密度).

2. 质量为 1 g 的某种金属从 0 ℃加热到 T(℃)所吸收的热量为 $Q=f(T)$,它从 T(℃)升温到 $(T+\Delta T)$(℃)所需的热量为 ΔQ,$\dfrac{\Delta Q}{\Delta T}$称为这种金属从 T(℃)到 $(T+\Delta T)$(℃)的平均比热,用导数表示该金属在 T(℃)时的比热.

3. 用导数的定义求下列函数的导数:

(1) 设 $f(x)=1-2x^2$,求 $f'(-1)$;

(2) 设 $f(x)=\sqrt{x}$,求 $f'(4)$.

4. 一物体的运动方程为 $s=t^3$,求该物体在 $t=3$ 时的瞬时速度和加速度.

5. 如果 $f(x)$ 在 x_0 处可导,按照导数定义确定下列 A 值:

(1) $\lim\limits_{\Delta x\to 0}\dfrac{f(x_0-\Delta x)-f(x_0)}{\Delta x}=A$;

(2) $\lim\limits_{\Delta x\to 0}\dfrac{f(x_0)-f(x_0-\Delta x)}{\Delta x}=A$;

(3) $\lim\limits_{h\to 0}\dfrac{f(x_0+h)-f(x_0-h)}{h}=A$;

(4) $\lim\limits_{x\to x_0}\dfrac{f(x)-f(x_0)}{x^2-x_0^2}=A\ (x_0\neq 0)$.

6. 求下列曲线满足给定条件的切线方程和法线方程:

(1) $y=\ln x$ 在点 $(e,1)$;

(2) $y=\cos x(0<x<\pi)$ 的切线垂直于直线 $\sqrt{2}x-y=1$.

7. 设函数 $f(x)=\begin{cases}x^3, & x<0,\\ x^2, & x\geqslant 0,\end{cases}$ 求导函数 $f'(x)$.

8. 讨论下列函数在指定点处的连续性与可导性:

(1) $f(x)=\begin{cases}-x, & x<0,\\ x^2, & x\geqslant 0,\end{cases}$ 在 $x=0$ 处;

(2) $g(x)=\begin{cases}x^2\sin\dfrac{1}{x}, & x\neq 0,\\ 0, & x=0,\end{cases}$ 在 $x=0$ 处;

(3) $h(x)=\begin{cases}\dfrac{\sin(x-1)}{x-1}, & x\neq 1,\\ 0, & x=1,\end{cases}$ 在 $x=1$ 处.

9. 设 $f(x)$ 在 $x=0$ 连续,且 $\lim\limits_{x\to 0}\dfrac{f(x)}{x}$ 存在,证明: $f(x)$ 在 $x=0$ 处可导.

10. 设 $f(x)=(x-a)\varphi(x)$，且其中 $\varphi(x)$ 在 $x=a$ 处连续，求 $f'(a)$.

第二节　导数公式与函数的和差积商的导数

上节利用导数的定义求得几个简单函数的导数. 对一般的函数，直接用定义求导数是困难的. 本节和后两节将建立一系列的求导法则和方法，以使一般初等函数的求导公式化、简单化.

一、常数和基本初等函数的导数公式

常数和 5 类基本初等函数的导数公式归纳如下：

(1) $C'=0$（C 为常数）；

(2) $(x^{\mu})'=\mu x^{\mu-1}(\mu\in\mathbf{R})$；

(3) $(\sin x)'=\cos x$；

(4) $(\cos x)'=-\sin x$；

(5) $(\tan x)'=\sec^2 x$；

(6) $(\cot x)'=-\csc^2 x$；

(7) $(\sec x)'=\sec x\tan x$；

(8) $(\csc x)'=-\csc x\cot x$；

(9) $(\arcsin x)'=\dfrac{1}{\sqrt{1-x^2}}$；

(10) $(\arccos x)'=\dfrac{-1}{\sqrt{1-x^2}}$；

(11) $(\arctan x)'=\dfrac{1}{1+x^2}$；

(12) $(\operatorname{arccot} x)'=\dfrac{-1}{1+x^2}$；

(13) $(\ln x)'=\dfrac{1}{x}$；

(14) $(\log_a x)'=\dfrac{1}{x\ln a}(a>0,a\neq 1)$；

(15) $(\mathrm{e}^x)'=\mathrm{e}^x$；

(16) $(a^x)'=a^x\ln a(a>0,a\neq 1)$.

其中的导数公式(1)、(3)、(4)、(13)已在上一节证明，其他的公式将在第二、第三节中给出证明.

二、函数的和差积商的导数

求导法则Ⅰ　设函数 $u=u(x)$，$v=v(x)$ 都在 x 处可导，则 $u\pm v$ 在 x 处也可导，且

$$(u\pm v)'=u'\pm v'. \tag{1}$$

求导法则Ⅱ　设函数 $u=u(x)$，$v=v(x)$ 都在 x 处可导，则 $u\cdot v$ 在 x 处也可导，且

$$(u\cdot v)'=u'\cdot v+u\cdot v'. \tag{2}$$

求导法则Ⅲ　设函数 $u=u(x)$，$v=v(x)$ 都在 x 处可导且 $v(x)\neq 0$，则 $\dfrac{u}{v}$ 在 x 处也可导，且

$$\left(\frac{u}{v}\right)'=\frac{u'v-uv'}{v^2}. \tag{3}$$

可用导数的定义和极限运算法则证明以上 3 个求导法则.

(1) 设$f(x)=u(x)+v(x)$,则由导数定义,

$$\begin{aligned} f'(x) &= \lim_{h\to 0}\frac{f(x+h)-f(x)}{h} \\ &= \lim_{h\to 0}\frac{[u(x+h)+v(x+h)]-[u(x)+v(x)]}{h} \\ &= \lim_{h\to 0}\left[\frac{u(x+h)-u(x)}{h}-\frac{v(x+h)-v(x)}{h}\right] \\ &= u'(x)+v'(x). \end{aligned}$$

函数的和的求导法则得证,类似可以证明差的求导法则.

(2) 设$f(x)=u(x)v(x)$,由条件$u(x)$和$v(x)$均在x处连续,得

$$\begin{aligned} f'(x) = (uv)' &= \lim_{h\to 0}\frac{f(x+h)-f(x)}{h} \\ &= \lim_{h\to 0}\frac{u(x+h)v(x+h)-u(x)v(x)}{h} \\ &= \lim_{h\to 0}\frac{1}{h}[u(x+h)v(x+h)-u(x)v(x+h)+u(x)v(x+h)-u(x)v(x)] \\ &= \lim_{h\to 0}\left[\frac{u(x+h)-u(x)}{h}\cdot v(x+h)+\frac{v(x+h)-v(x)}{h}\cdot u(x)\right] \\ &= u'(x)v(x)+u(x)v'(x). \end{aligned}$$

乘积求导法则得证.

(3) 设$f(x)=\dfrac{u(x)}{v(x)}$,则

$$\begin{aligned} f'(x) &= \lim_{h\to 0}\frac{f(x+h)-f(x)}{h} = \lim_{h\to 0}\frac{\dfrac{u(x+h)}{v(x+h)}-\dfrac{u(x)}{v(x)}}{h} \\ &= \lim_{h\to 0}\frac{u(x+h)v(x)-u(x)v(x+h)}{v(x+h)v(x)h} \\ &= \lim_{h\to 0}\frac{u(x+h)v(x)-u(x)v(x)+u(x)v(x)-u(x)v(x+h)}{v(x+h)v(x)h} \\ &= \frac{1}{v^2(x)}\lim_{h\to 0}\left[\frac{u(x+h)-u(x)}{h}v(x)-\frac{v(x+h)-v(x)}{h}u(x)\right] \\ &= \frac{u'(x)v(x)-u(x)v'(x)}{v^2(x)}. \end{aligned}$$

商的求导法则得证.

特别地,有

$$\left(\frac{1}{u}\right)' = -\frac{u'}{u^2}\ (u\neq 0).$$

由于常数的导数为零，因此由法则Ⅱ得以下推论：

推论1 函数 $u=u(x)$ 在点 x 处可导，C 为常数，则

$$(C\cdot u)'=Cu'. \tag{4}$$

法则Ⅰ和法则Ⅱ都可以推广到有限个可导函数的和(差)、积的情形. 如

推论2 设函数 $u=u(x)$，$v=v(x)$，$\omega=\omega(x)$ 都在 x 处可导，则 $u+v+\omega$ 和 $uv\omega$ 均在 x 处可导，且

$$(u+v+\omega)'=u'+v'+\omega', \tag{5}$$

$$(uv\omega)'=u'v\omega+uv'\omega+uv\omega'. \tag{6}$$

由求导法则Ⅲ有

$$(\tan x)'=\left(\frac{\sin x}{\cos x}\right)'=\frac{(\sin x)'\cos x-\sin x(\cos x)'}{\cos^2 x}=\frac{\cos^2 x+\sin^2 x}{\cos^2 x}=\sec^2 x,$$

即

$$(\tan x)'=\sec^2 x.$$

这就是导数公式(5).

同理可得导数公式(6)、(7)、(8)和(14).

例1 设 $f(x)=2x^2-3x+\cos\frac{\pi}{7}+\ln 3$，求 $f'(x)$，$f'(1)$.

解 注意到 $\cos\frac{\pi}{7}$，$\ln 3$ 都是常数，由式(1)、式(4)和导数公式得

$$\begin{aligned}f'(x)&=\left(2x^2-3x+\cos\frac{\pi}{7}+\ln 3\right)'\\&=(2x^2)'-(3x)'+\left(\cos\frac{\pi}{7}\right)'+(\ln 3)'\\&=2(x^2)'-3(x)'+0+0\\&=4x-3,\\f'(1)&=4\times 1-3=1.\end{aligned}$$

例2 设 $f(x)=2x^4-4\tan x+5^x$，求 $f'(x)$.

解 $$\begin{aligned}f'(x)&=(2x^4-4\tan x+5^x)'\\&=(2x^4)'-(4\tan x)'+(5^x)'\\&=8x^3-4\sec^2 x+5^x\ln 5.\end{aligned}$$

例3 设 $y=\frac{1+\tan x}{\tan x}-2\log_2 x+x\sqrt{x}$，求 $\frac{\mathrm{d}y}{\mathrm{d}x}$.

解 由于和差的导数比积商的导数容易求，故先将函数化为便于求导的和式

$$y=\cot x+1-2\log_2 x+x^{\frac{3}{2}},$$

因此

$$\frac{dy}{dx}=-\csc^2 x-\frac{2}{x\ln 2}+\frac{3}{2}\sqrt{x}.$$

例 4　设 $g(x)=\frac{(x^2-1)^2}{x^2}$,求 $g'(x)$.

解　先将原函数化为幂函数的代数和的形式.

$$g(x)=x^2-2+x^{-2},$$

因此

$$g'(x)=2x-2x^{-3}=\frac{2}{x^3}(x^4-1).$$

例 5　设 $y=\frac{\sec x}{1+\tan x}$,求$\frac{dy}{dx}$.

解　由求导法则及导数公式,有

$$\begin{aligned}\frac{dy}{dx}&=\frac{(\sec x)'(1+\tan x)-\sec x(1+\tan x)'}{(1+\tan x)^2}\\&=\frac{\sec x\tan x(1+\tan x)-\sec x\cdot\sec^2 x}{(1+\tan x)^2}\\&=\frac{\sec x(\tan x+\tan x^2-\sec^2 x)}{(1+\tan x)^2}=\frac{\sec x(\tan x-1)}{(1+\tan x)^2}.\end{aligned}$$

例 6　求曲线 $y=x^3-2x$ 垂直于直线 $x+y+2=0$ 的切线方程.

解　直线 $x+y+2=0$ 的斜率为 -1,故所求切线的斜率为 1. 设切点为 (x_0,y_0),由于 $k=y'=3x^2-2$,则有

$$3x_0^2-2=1,$$

解得

$$x_0=\pm 1.$$

当 $x_0=1$ 时,$y_0=-1$;当 $x_0=-1$ 时,$y_0=1$. 故所求的切线方程为

$$y+1=x-1\quad 和\quad y-1=x+1.$$

即

$$y=x-2\quad 和\quad y=x+2.$$

习　题　2-2

1. 求下列函数的导数:

(1) $y=4x-\frac{2}{x^2}+\sin 1$;　　(2) $y=\sqrt{x\sqrt{x\sqrt{x}}}$;

(3) $y=x^3\cos x$;　　(4) $y=\tan x\sec x$;

(5) $y=e^x\ln x$;　　(6) $y=(2e)^x+xe^{-x}$;

(7) $y=\frac{x-1}{x+1}$;　　(8) $s=\frac{1-\cos t}{1+\sin t}$;

(9) $\rho=\theta\cdot e^{\theta}\cot\theta$;　　(10) $y=x\arcsin x$;

(11) $y=2\sqrt{2}(x^3-x+1)$;　　(12) $y=3\cos x\ln x$;

(13) $y=\sqrt{x}\ln x$;　　(14) $y=(x^2-3x+1)\ln x$;

(15) $y=\sin x\cos x$;　　(16) $\rho=\tan\theta\cdot\log_2\theta$;

(17) $y=\frac{\ln x}{x^2}$;　　(18) $y=\frac{\cot x}{1+\sqrt{x}}$.

2. 在括号内填入适当的函数:

(1) $(\quad)'=6x^2$;　　(2) $(\quad)'=\frac{-2}{1+x^2}$;

(3) $(\quad)'=\frac{\sin x}{\cos^2 x}$;　　(4) $(\quad)'=\frac{1}{x\ln 3}$;

(5) $(\quad)'=\sqrt{x}-\frac{1}{x}$;　　(6) $(\quad)'=2^x\ln 8$.

3. (1) 设 $y=\frac{\cos x}{x}$,求 $y'\left(\frac{\pi}{2}\right)$;

(2) 设 $y=(1+x^3)(5-x^{-2})$,求 $y'(1)$,$[y(1)]'$.

4. 求下列函数的导数(设f可导):

(1) $y=\frac{x^2}{f(x)}$;　　(2) $y=\frac{1+xf(x)}{\sqrt{x}}$.

5. 求曲线 $y=x^2+x-2$ 的切线方程,使该切线平行于直线 $x+y+1=0$.

6. 设以初速度 v_0 上抛的物体,其上升的高度 h(m)与时间 t(s)的关系为$h(t)=v_0t-\frac{1}{2}gt^2$. 求:

(1) 上抛物体的速度 $v(t)\left(t\in\left(0,\frac{v_0}{g}\right)\right)$;

(2) 经过多少时间它的速度为零.

7. 求曲线 $y=2^x$ 上的一点 M,使曲线在该点 M 处的切线与直线 $y=(2\ln 2)x+3$ 平行.

8. 设函数 $f(x)=\begin{cases}\sin x, & x\geqslant 0,\\ \cos x, & x<0,\end{cases}$ 求导函数 $f'(x)$.

9. 确定 a,b,c,d 的值,使曲线 $y=ax^4+bx^3+cx^2+d$ 与直线 $y=11x-5$ 在点(1,6)处相切,经过点(−1,8)并在点(0,3)处有一水平切线.

10. 设某厂每天生产产品 x 件时,总成本函数为

$$C(x)=\frac{1}{4}x^2+8x+4\,900(\text{元}),$$

求最低平均成本和相应产量的边际成本.

第三节　反函数和复合函数的导数

一、反函数的求导法则

求导法则Ⅳ　设单调连续函数 $x=\varphi(y)$ 在某区间 I_y 可导且 $\varphi'(y)\neq 0$,则 $x=\varphi(y)$ 的反函数 $y=f(x)$ 在对应的区间 I_x 处可导,且

$$f'(x)=\frac{1}{\varphi'(y)} \text{ 或 } \frac{dy}{dx}=\frac{1}{\frac{dx}{dy}}.$$

证　设反函数 $y=f(x)$ 的自变量 x 的增量为 Δx,它的相应函数 $x=\varphi(y)$ 的增量为 Δy. 由反函数的连续性可知,$y=f(x)$ 在对应的 x 处单调、连续,即当 $\Delta x\to 0$ 时,$\Delta y\to 0$. 且当 $\Delta x\neq 0$ 时,$\Delta y\neq 0$. 对于任意给定的 x,设 $\Delta x\neq 0$,则 $\Delta y\neq 0$,故有

$$f'(x)=\lim_{\Delta x\to 0}\frac{\Delta y}{\Delta x}=\lim_{\Delta x\to 0}\frac{1}{\frac{\Delta x}{\Delta y}}=\frac{1}{\lim\limits_{\Delta y\to 0}\frac{\Delta x}{\Delta y}}=\frac{1}{\varphi'(y)}.$$

例 1　证明导数公式(9):$|x|<1$ 时,$(\arcsin x)'=\dfrac{1}{\sqrt{1-x^2}}$.

证　$|x|<1$ 时,$y=\arcsin x$ 的反函数 $x=\sin y$ 在 $\left(-\dfrac{\pi}{2},\dfrac{\pi}{2}\right)$ 内单调连续,对于任意 $x\in(-1,1)$,相应的 $y=\arcsin x\in\left(-\dfrac{\pi}{2},\dfrac{\pi}{2}\right)$,且 $\dfrac{dx}{dy}=\cos y>0$,由求导法则Ⅳ得

$$(\arcsin x)'=y'=\frac{1}{\frac{dx}{dy}}=\frac{1}{\cos y}=\frac{1}{\sqrt{1-\sin^2 y}}=\frac{1}{\sqrt{1-x^2}},$$

即

$$(\arcsin x)'=\frac{1}{\sqrt{1-x^2}},\quad x\in(-1,1).$$

类似例 1 的证法,可求得导数公式(10)—(12).

例 2　对于函数 $y=a^x(a>0,a\neq 1)$,证明导数公式(16):$(a^x)'=a^x\ln a$.

证　$y=a^x(a>0,a\neq 1)$ 的反函数为

$$x=\log_a y=\frac{\ln y}{\ln a},$$

它在 $(0,\infty)$ 内单调连续,对于任意的 $x\in(-\infty,\infty)$,相应的 $y=a^x\in(0,+\infty)$,且

$$\frac{dx}{dy}=\frac{1}{\ln a\cdot y}\neq 0,$$

由求导法则Ⅳ得

$$(a^x)'=y'=\frac{1}{\frac{\mathrm{d}x}{\mathrm{d}y}}=y\ln a=a^x\ln a,$$

即

$$(a^x)'=a^x\ln a.$$

特别地，当 $a=\mathrm{e}$ 时，得导数公式(15)

$$(\mathrm{e}^x)'=\mathrm{e}^x.$$

二、复合函数的求导法则

对于形如 $\ln(\cot x)$，a^{x^5}，$\sin\sqrt{2}x$ 等函数的求导可借助于复合函数求导法则.

求导法则Ⅴ　设函数 $u=\varphi(x)$ 在 x 处可导，函数 $y=f(u)$ 在相应的点 u 处可导，则复合函数 $y=f[\varphi(x)]$ 在 x 处也可导，且

$$\{f[\varphi(x)]\}'=f'(u)\varphi'(x)\quad 或\quad \frac{\mathrm{d}y}{\mathrm{d}x}=\frac{\mathrm{d}y}{\mathrm{d}u}\cdot\frac{\mathrm{d}u}{\mathrm{d}x}.$$

证　由于 $y=f(u)$ 在 u 处可导，则

$$\lim_{\Delta u\to 0}\frac{\Delta y}{\Delta u}=f'(u),$$

由函数的极限与无穷小的关系，得

$$\frac{\Delta y}{\Delta u}=f'(u)+\alpha,\tag{1}$$

其中 α 是 $\Delta u\to 0$ 时的无穷小，上式中 $\Delta u\neq 0$，则由式(1)得

$$\Delta y=f'(u)\Delta u+\alpha\Delta u.\tag{2}$$

设函数 $y=f[\varphi(x)]$ 的自变量在 x 处有增量 Δx，变量 $u=\varphi(x)$ 有相应的增量 Δu，进而函数 $y=f(u)$ 又有相应的增量 Δy. 这里的中间变量 u 的增量 Δu 有可能为零，但这时 $\Delta y=0$，只要取 $\alpha(0)=0$，式(2)也成立. 在式(2)两端同除以 Δx，并令 $\Delta x\to 0$，由于 $u=\varphi(x)$ 在 x 处可导，从而 $u=\varphi(x)$ 在 x 处连续，即有 $\Delta u\to 0$，于是

$$\{f[\varphi(x)]\}'=\lim_{\Delta x\to 0}\frac{\Delta y}{\Delta x}=f'(u)\lim_{\Delta x\to 0}\frac{\Delta u}{\Delta x}+\lim_{\Delta u\to 0}\alpha\cdot\lim_{\Delta x\to 0}\frac{\Delta u}{\Delta x}=f'(u)\varphi'(x),$$

即

$$\frac{\mathrm{d}y}{\mathrm{d}x}=\frac{\mathrm{d}y}{\mathrm{d}u}\cdot\frac{\mathrm{d}u}{\mathrm{d}x}.$$

这里必须注意，$\{f[\varphi(x)]\}'$ 表示复合函数 $f[\varphi(x)]$ 对自变量 x 的导数，而 $f'[\varphi(x)]$ 表示复合函数 y 对中间变量 u 的导数.

由于两个函数的复合仍是一个函数，因此求导法则Ⅴ可以推广到有限个函数

复合的情形.

推论　设函数 $y=f(u)$, $u=\varphi(v)$, $v=\psi(x)$, 复合成函数 $y=f\{\varphi[\psi(x)]\}$, 若 $f(u)$, $\varphi(v)$, $\psi(x)$ 均可导, 则复合函数 $f\{\varphi[\psi(x)]\}$ 也可导, 且有

$$\frac{\mathrm{d}y}{\mathrm{d}x}=\frac{\mathrm{d}y}{\mathrm{d}u}\cdot\frac{\mathrm{d}u}{\mathrm{d}v}\cdot\frac{\mathrm{d}v}{\mathrm{d}x}. \tag{3}$$

上式右端的求导, 按 y—u—v—x 的顺序, 就像一条链子一样, 因此通常将复合函数的求导法则Ⅴ及推论称为链式法则.

例 3　函数 $y=\sin\sqrt{2}x$, 求 y'.

解　函数 $y=\sin\sqrt{2}x$ 不是基本初等函数, 不能直接用基本初等函数的导数公式求导. 而 $y=\sin\sqrt{2}x$ 是由 $y=\sin u$ 及 $u=\sqrt{2}x$ 复合而成的函数, 由复合函数的链式法则得到

$$y'=(\sin u)'(\sqrt{2}x)'=\cos u\cdot\sqrt{2}=\sqrt{2}\cos\sqrt{2}x.$$

例 4　函数 $y=(2x-\tan x)^2$, 求 y'.

解　由于函数 $y=(2x-\tan x)^2$ 是 $y=u^2$, $u=2x-\tan x$ 的复合函数, 由链式法则得

$$y'=2u(2x-\tan x)'=2(2x-\tan x)(2-\sec^2 x).$$

例 5　函数 $y=\mathrm{e}^{\sin\frac{1}{x}}$, 求 y'.

解　先将 $\sin\frac{1}{x}$ 看作中间变量, 有

$$y'=(\mathrm{e}^{\sin\frac{1}{x}})'=\mathrm{e}^{\sin\frac{1}{x}}\left(\sin\frac{1}{x}\right)'.$$

求 $\left(\sin\frac{1}{x}\right)'$ 时, 再将 $\frac{1}{x}$ 看作中间变量, 于是

$$y'=\mathrm{e}^{\sin\frac{1}{x}}\cos\frac{1}{x}\left(\frac{1}{x}\right)'=-\frac{1}{x^2}\mathrm{e}^{\sin\frac{1}{x}}\cos\frac{1}{x}.$$

例 5 中的函数 $y=\mathrm{e}^{\sin\frac{1}{x}}$ 实际上是 $y=\mathrm{e}^u$, $u=\sin v$, $v=\frac{1}{x}$ 的复合, 但求导数时, 为了简单明了, 并不写出以上的两步复合过程, 而是对 $y=\mathrm{e}^u$, $u=\sin\frac{1}{x}$ 按链式法则求导, 使求导部分 $(\mathrm{e}^{\sin\frac{1}{x}})'$ 转化成了较简单的 $\left(\sin\frac{1}{x}\right)'$, 然后对 $\left(\sin\frac{1}{x}\right)'$ 再用一次链式法则将它转化成更简单的 $\left(\frac{1}{x}\right)'$. 这种求导方法特别对多次复合的函数简便有效.

求复合函数的导数熟练后, 可不写出中间变量的导数形式而直接写出其结果.

例 6　证明导数公式(2): $(x^\mu)'=\mu x^{\mu-1}$, $\mu\in\mathbf{R}$.

证 因为 $x^{\mu}=\mathrm{e}^{\mu\ln x}$,所以

$$(x^{\mu})'=(\mathrm{e}^{\mu\ln x})'=\mathrm{e}^{\mu\ln x}(\mu\ln x)'=\mu x^{\mu-1}.$$

至此,上一节给出的16个导数公式全部给出了证明.

例7 设函数 $y=\ln|x|$,求 y'.

解 因为

$$\ln|x|=\begin{cases}\ln x, & x>0,\\ \ln(-x), & x<0,\end{cases}$$

所以,当 $x>0$ 时,

$$[\ln|x|]'=(\ln x)'=\frac{1}{x};$$

当 $x<0$ 时,

$$(\ln|x|)'=[\ln(-x)]'=\frac{1}{-x}(-1)=\frac{1}{x}.$$

综合以上结果,得到

$$[\ln|x|]'=\frac{1}{x}. \tag{4}$$

式(4)也是一个常用的导数公式.

例8 函数 $y=\sin nx\cdot\sin^{n}x(n\in\mathbf{R})$,求 y'.

解 $y'=\cos nx\cdot n\cdot\sin^{n}x+\sin nx\cdot n\sin^{n-1}x\cdot\cos x$

$=n\sin^{n-1}x(\sin x\cos nx+\cos x\sin nx)$

$=n\sin^{n-1}x\cdot\sin(n+1)x.$

例9 设 $f(u)$ 是可导函数,$y=\ln|f(x)|$,求 y'.

解 由式(4)可得

$$y'=[\ln|f(x)|]'=\frac{1}{f(x)}f'(x).$$

例10 设 $f(u)$ 是可导函数,且 $f^{2}(x)+f(x^{2})\neq 0$,求函数 $y=\sqrt{f^{2}(x)+f(x^{2})}$ 的导数.

解 由题设可得

$$\begin{aligned}y'&=\frac{1}{2\sqrt{f^{2}(x)+f(x^{2})}}[2f(x)\cdot f'(x)+f'(x^{2})\cdot 2x]\\&=\frac{f(x)f'(x)+xf'(x^{2})}{\sqrt{f^{2}(x)+f(x^{2})}}.\end{aligned}$$

习　题　2-3

1. 在以下括弧内填入适当的函数:

(1) $(\sin^2 x)' = 2\sin x(\quad)' = (\quad)$;

(2) $[(2x+3)^n]' = n(2x+3)^{n-1}(\quad)' = (\quad)$;

(3) $(e^{-\cos x})' = e^{-\cos x}(\quad)' = (\quad)$;

(4) $[\ln(\tan x)]' = \cot x(\quad)' = (\quad)$.

2. 求下列函数的导数:

(1) $y = 5\tan\frac{x}{5} + \tan\frac{\pi}{8}$;

(2) $y = \sqrt{1-x^2}$;

(3) $y = e^{-x}\tan 3x$;

(4) $y = \ln(1+2^x)$;

(5) $y = \sin^2(2x-1)$;

(6) $y = \arccos\frac{1}{x}$;

(7) $y = A\sin(\omega t+\varphi)$ (A,ω,φ 为常数);

(8) $y = \ln\sqrt{\frac{x}{1+x^2}}$;

(9) $y = x\sec^2 x - \tan x$;

(10) $y = \frac{x}{\sqrt{x^2-1}}$;

(11) $y = \sqrt[3]{1+\cos 2x}$;

(12) $y = (\ln x^2)^3$;

(13) $y = \arctan\sqrt{x^2-1}$;

(14) $y = \frac{\sin x^2}{\sin^2 x}$;

(15) $y = \ln(\ln x)$;

(16) $y = \ln\left|\tan\frac{x}{2}\right|$;

(17) $y = \frac{e^x - e^{-x}}{e^x + e^{-x}}$;

(18) $y = 3^{\sin x}$;

(19) $y = e^{\tan\frac{1}{x}}$;

(20) $y = \arctan\frac{x+1}{x-1}$;

(21) $y = \sqrt{1+\ln^2 x}$.

(22) $y = \sin^2(3x)\cdot\cos^3 x$.

3. 求下列函数在指定点处的导数:

(1) $y = \cos 2x + x\tan 3x$,在 $x = \frac{\pi}{4}$ 处;

(2) $y = \cot\sqrt{1+x^2}$,在 $x = 0$ 处;

(3) $y = \ln\frac{\sqrt{x+1}-1}{\sqrt{x+1}+1}$,在 $x = 1$ 处;

(4) $y = \frac{1}{\sqrt{2\pi}\sigma}e^{-\frac{(x-\mu)^2}{2\sigma^2}}$ (μ,σ 是常数,$\sigma > 0$),在 $x = \mu$ 处.

4. 设 $f(x)$ 是可导函数,$f(x) > 0$,求下列导数:

(1) $y = \ln f(2x)$;

(2) $y = f^2(e^x)$;

(3) $y = f(\sin 2x)$;

(4) $y = f(e^x)\cdot e^{f(x)}$.

5. 在曲线 $y=\ln(e+x^2)$ 上求一点，使通过该点的切线平行于 x 轴.

6. 已知 $f\left(\frac{1}{x}\right)=\frac{x}{1+x}$，求 $f'(x)$.

第四节　隐函数和参数式函数的导数、相关变化率

前面讨论的函数表达方式的特点是，因变量在等式的左边，而等式的右边是一个关于自变量的式子，这种函数称为显函数. 但函数的表达方式是多样的，隐函数、参数方程等也是函数的重要表现形式. 下面着重讨论这种函数的导数及相关变化率的问题.

一、隐函数的导数

1. 隐函数求导法

一般地，如果方程 $F(x,y)=0$ 在一定条件下，当 x 在某区间内任取一值时，相应地总有满足这个方程的唯一的 y 值存在，那么，就称方程 $F(x,y)=0$ 在该区间上确定了一个隐函数 $y=y(x)$. 把一个隐函数化为显函数，称为隐函数的显化. 例如，方程 $x^3+y^3=4$ 确定的函数可显化为 $y=\sqrt[3]{4-x^3}$. 但隐函数的显化有时是困难的，甚至是不可能的. 在实际问题中，有时需要计算隐函数的导数，此时，只要将方程 $F(x,y)=0$ 中的 y 看成是 x 的函数，方程两端分别求对 x 求导，就可得到一个关于 $\frac{dy}{dx}$ 的方程，再解出 $\frac{dy}{dx}$ 即可.

例 1　求由方程 $e^x=\frac{y}{2}+\sin(xy)$ 确定的隐函数 $y=y(x)$ 的导数 y' 及 $y'\Big|_{(0,2)}$.

解　方程两边分别对 x 求导（注意 y 是 x 的函数），得

$$e^x=\frac{1}{2}y'+\cos(xy)(y+xy'),$$

解得

$$y'=\frac{2[e^x-y\cos(xy)]}{1+2x\cos(xy)}.$$

将 $x=0,y=2$ 代入上式，得到 $y'=-2$，即

$$y'\Big|_{(0,2)}=-2.$$

例 2　求曲线 $4x^2-xy+y^2=6$ 在点 $(1,-1)$ 处的切线方程.

解　方程两端分别对 x 求导，得

$$8x-y-xy'+2yy'=0,$$

将 $x=1,y=-1$ 代入上式,得 $y'\Big|_{(1,-1)}=3$.

故所求切线方程为

$$y+1=3(x-1).$$

2. 取对数求导法

对幂指函数 $u(x)^{v(x)}(u(x)>0)$ 或由几个含有变量的式子的乘、除、乘方、开方运算构成的函数求导时,运用隐函数求导的思想,再通过取对数求导法,可以求出它们的导数.

设函数 $y=f(x)$ 是适用取对数求导法的函数,在 $y=f(x)$ 的两端取绝对值后再取对数,得到方程

$$\ln|y|=\ln|f(x)|.$$

对等式的右端用对数的性质进行化简,然后用隐函数求导法求 $\frac{\mathrm{d}y}{\mathrm{d}x}$.

例 3　设 $y=(2x-1)^2\sqrt{\frac{x-2}{x-3}}$,求 y'.

解　在等式两边取绝对值后再取对数,有

$$\ln|y|=2\ln|2x-1|+\frac{1}{2}\ln|x-2|-\frac{1}{2}\ln|x-3|,$$

两边分别对 x 求导,有

$$\frac{y'}{y}=2\cdot\frac{2}{2x-1}+\frac{1}{2}\cdot\frac{1}{x-2}-\frac{1}{2}\cdot\frac{1}{x-3},$$

所以

$$y'=(2x-1)^2\sqrt{\frac{x-2}{x-3}}\left[\frac{4}{2x-1}+\frac{1}{2(x-2)}-\frac{1}{2(x-3)}\right].$$

容易验证,在例 3 的解法中省略取绝对值的一步,所得的结果不变. 因此使用对数求导法时,习惯上常略去取绝对值的步骤.

例 4　设 $y=x^{\sin x}(x>0)$,求 y'.

解　等式两端取对数,有

$$\ln y=\sin x\cdot\ln x,$$

两端对 x 求导,得

$$\frac{y'}{y}=\cos x\cdot\ln x+\frac{\sin x}{x},$$

由此,得

$$y'=x^{\sin x}\left(\frac{\sin x}{x}+\cos x\cdot\ln x\right).$$

二、参数式函数的导数

设由参数方程$\begin{cases}x=\varphi(t),\\ y=\psi(t)\end{cases}$$(t\in(\alpha,\beta))$确定了函数$y=f(x)$，其中函数$\varphi(t)$，$\psi(t)$可导且$\varphi'(t)\neq 0$（这一条件包含$\varphi(t)$连续且单调，见第三章第一节），则反函数$t=\varphi^{-1}(x)$存在，从而$y=\psi(t)=\psi[\varphi^{-1}(x)]$可视作$t$为中间变量的复合函数. 利用复合函数求导法则可得：

求导法则Ⅵ　由参数方程$\begin{cases}x=\varphi(t),\\ y=\psi(t)\end{cases}$$(t\in(\alpha,\beta))$确定的函数$y=f(x)$的求导公式为

$$\frac{\mathrm{d}y}{\mathrm{d}x}=\frac{\mathrm{d}y}{\mathrm{d}t}\frac{\mathrm{d}t}{\mathrm{d}x}=\frac{\mathrm{d}y}{\mathrm{d}t}\frac{1}{\frac{\mathrm{d}x}{\mathrm{d}t}}=\frac{\psi'(t)}{\varphi'(t)}\ (t\in(\alpha,\beta)).$$

例5　求摆线$\begin{cases}x=a(t-\sin t),\\ y=a(1-\cos t)\end{cases}$（$a$为常数）在$t=\frac{\pi}{2}$时的切线方程.

解　摆线上$t=\frac{\pi}{2}$时对应的点为$M_0\left(\frac{(\pi-2)a}{2},a\right)$，又

$$\frac{\mathrm{d}y}{\mathrm{d}x}=\frac{[a(1-\cos t)]'}{[a(t-\sin t)]'}=\frac{\sin t}{1-\cos t}=\cot\frac{t}{2},$$

故摆线在M_0处切线斜率$y'\Big|_{t=\frac{\pi}{2}}=1$，所求的切线方程为

$$y-a=x-\frac{(\pi-2)a}{2},$$

即

$$x-y+\frac{(4-\pi)a}{2}=0.$$

例6　设炮弹从地平线上某点射出时，初速的大小为v_0，方向与地平线成α角，如果不计空气阻力，求：

（1）炮弹在时刻t的速度；

（2）如果中弹点A也在地平线上，求炮弹的射程.

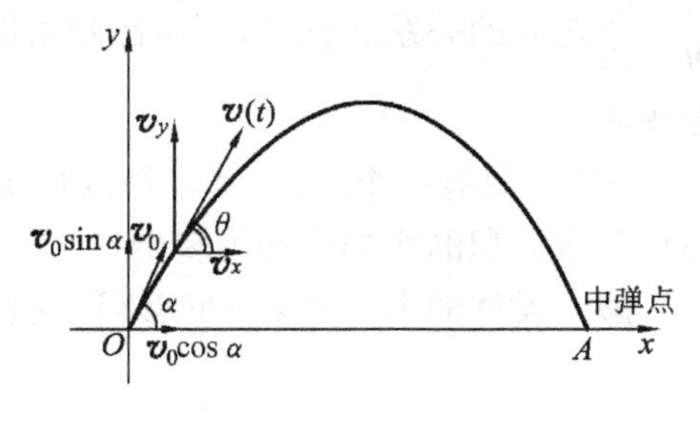

图 2-3

解　以发射点为原点O，地平线为x轴，如图2-3建立坐标系，设时刻t炮弹所在位置为$(x(t),y(t))$，则

$$\begin{cases}x(t)=v_0t\cos\alpha,\\ y(t)=v_0t\sin\alpha-\dfrac{1}{2}gt^2.\end{cases}$$

(1) 炮弹的运动是变速的曲线运动,它在时刻 t 的速度可由水平分速度 $v_x(t)$ 和垂直分速度 $v_y(t)$ 表示. 而

$$v_x(t)=x'(t)=v_0\cos\alpha,$$

$$v_y(t)=y'(t)=v_0\sin\alpha-gt,$$

因此炮弹在时刻 t 的速度大小

$$|v|=\sqrt{v_x^2+v_y^2}=\sqrt{v_0^2-2v_0(\sin\alpha)gt+g^2t^2},$$

速度的方向(与 x 轴的夹角记为 θ)满足

$$\tan\theta=\frac{\mathrm{d}y}{\mathrm{d}x}=\frac{y'(t)}{x'(t)}=\frac{v_0\sin\alpha-gt}{v_0\cos\alpha}.$$

(2) 中弹点 A 在 x 轴上,所以 $y=0$,即

$$v_0t\sin\alpha-\frac{1}{2}gt^2=0,$$

解此方程得中弹点 A 对应的时刻 $t_0=\dfrac{2v_0\sin\alpha}{g}$,射程 $x(t_0)=\dfrac{v_0^2}{g}\sin 2\alpha$.

三、相关变化率

设函数 $x=\varphi(t)$,$y=\psi(t)$ 都可导,如果在某个实际问题中变量 x 与 y 间又存在某种函数关系,从而变化率也存在某种关系,这两个相互依赖的变化率称为相关变化率. 求相关变化率的一般步骤如下:首先根据题意确立 x 与 y 的函数关系式;然后在该关系式的两端分别对变量 t 求导(注意 x,y 都是 t 的函数),由此得到 $\dfrac{\mathrm{d}x}{\mathrm{d}t}$ 与 $\dfrac{\mathrm{d}y}{\mathrm{d}t}$ 之间的关系式;最后利用已知条件根据已知的变化率即可解出所求的未知变化率.

例 7 设有一个球体,其半径以 0.02 m/s 的速度增加,求当其半径为 2 m 时,体积及表面积的增加率各为多少?

解 设球的半径为 R,则其体积及表面积分别为

$$V=\frac{4}{3}\pi R^3,$$

$$S=4\pi R^2,$$

其中变量 V,S,R 都是时间 t 的函数,上面两式分别对 t 求导,得

$$\frac{dV}{dt}=4\pi R^2\cdot R'(t),$$

$$\frac{dS}{dt}=8\pi R\cdot R'(t).$$

将 $R'(t)=0.02$ m/s，$R(t)=2$ m 代入上面两式，得

$$\frac{dV}{dt}=4\pi\times 2^2\times 0.02=0.32\pi(m^3/s),$$

即为所求体积的增加率；

$$\frac{dS}{dt}=8\pi\times 2\times 0.02=0.32\pi(m^2/s).$$

即为所求表面积的增加率.

例 8　一台摄影机安装在距离热气球起飞平台 200 m 处，假设当热气球起飞后铅直升空到距地面 150 m 时，其速度达到 4.2 m/s. 求：

（1）此时热气球与摄影机之间距离的增加率是多少？

（2）如果摄影机镜头始终对准热气球，那么此时摄影机仰角的增加率是多少？

解　设热气球升空 t(s) 时，其高度为 h(m)，热气球与摄影机间的距离为 S(m)，摄影机的仰角为 α(rad)，则热气球与摄影机间的距离为

$$S=\sqrt{200^2+h^2}.$$

（1）上式两端对 t 求导，得

$$\frac{dS}{dt}=\frac{h}{\sqrt{200^2+h^2}}\cdot\frac{dh}{dt}.$$

设当 $t=t_0$ 时，热气球升空的高度达到 150 m，据题意，有

$$\left.\frac{dh}{dt}\right|_{t=t_0}=4.2(m/s),$$

从而

$$\left.\frac{dS}{dt}\right|_{t=t_0}=\frac{150}{\sqrt{200^2+150^2}}\times 4.2=2.52(m/s).$$

（2）摄影机仰角满足

$$\tan\alpha=\frac{h}{200},$$

上式两端对 t 求导，得

$$\sec^2\alpha\cdot\frac{d\alpha}{dt}=\frac{1}{200}\cdot\frac{dh}{dt},$$

当 $h=150$ m 时，$\sec^2\alpha=1+\tan^2\alpha=\frac{25}{16}$，$\frac{dh}{dt}=4.2(m/s)$，从而

$$\left.\frac{\mathrm{d}\alpha}{\mathrm{d}t}\right|_{t=t_0}=\frac{1}{200}\times\frac{16}{25}\times 4.2\approx 0.013(\mathrm{rad/s}).$$

习　题　2-4

1. 求由下列方程确定的隐函数的导数 y' 或在指定点的导数：

(1) $\sqrt{x}+\sqrt{y}=\sqrt{a}\ (a>0)$；　　(2) $xy=x+\ln y$；

(3) $\cos(xy)=y$；　　(4) $x^2+2xy-y^2=2x$，在点 $(2,0)$ 处；

(5) $y=2+\mathrm{e}^{xy}$；　　(6) $y\sin x-\cos(x-y)=0$，在点 $\left(0,\frac{\pi}{2}\right)$ 处；

(7) $\arctan\frac{y}{x}=\ln\sqrt{x^2+y^2}$；　　(8) $2^x+2y=2^{x+y}$.

2. 求曲线 $x^3+y^5+2xy=0$ 在点 $(-1,-1)$ 处的切线方程.

3. 用对数求导法求下列函数的导数：

(1) $y=(1+\cos x)^{\frac{1}{x}}$；　　(2) $y=(x-1)\sqrt[3]{\frac{(x-2)^2}{x-3}}$；

(3) $y=(\sin x)^{\cos x}\left(x\in\left(0,\frac{\pi}{2}\right)\right)$；　　(4) $y=\frac{\mathrm{e}^{2x}(x+3)}{\sqrt{(x-4)(x+5)}}$.

4. 求下列参数式函数的导数 $\frac{\mathrm{d}y}{\mathrm{d}x}$ 或在指定点的导数：

(1) $\begin{cases}x=t\cos t,\\ y=t\sin t;\end{cases}$　　(2) $\begin{cases}x=1+\mathrm{e}^{a\varphi},\\ y=a\varphi+\mathrm{e}^{-a\varphi},\end{cases}\left.\frac{\mathrm{d}y}{\mathrm{d}x}\right|_{\varphi=1}$；

(3) $\begin{cases}x=2t-t^2,\\ y=3t-t^3;\end{cases}$　　(4) $\begin{cases}x=t-\arctan t,\\ y=\ln(1+t^2),\end{cases}\left.\frac{\mathrm{d}y}{\mathrm{d}x}\right|_{t=1}$.

5. 求下列各曲线上在给定的参数对应的点处的切线与法线方程：

(1) $\begin{cases}x=1+2\mathrm{e}^t,\\ y=\mathrm{e}^{-t}-1,\end{cases}\ t=0$；

(2) $\begin{cases}x=2\cos t,\\ y=\sqrt{3}\sin t,\end{cases}\ t=\frac{\pi}{3}$.

6. 已知曲线 $\begin{cases}x=t^2+at+b,\\ y=c\mathrm{e}^t-\mathrm{e}\end{cases}$ 在 $t=1$ 时过原点，且曲线在原点的切线平行于直线 $2x-y+1=0$，求 a,b,c.

7. 一个气球的体积以 $40\ \mathrm{m^3/s}$ 的速度增加，当球半径为 10 m 时，求球半径的增长率为多少？

8. 溶液从深为 18 cm、顶直径为 12 cm 的圆锥形漏斗中漏入直径为 10 cm 的圆柱形筒中(见图 2-4). 当溶液在漏斗中深为 12 cm 时，液面下降的速度为 1 cm/min，问此时筒中液面上升的速度是多少？

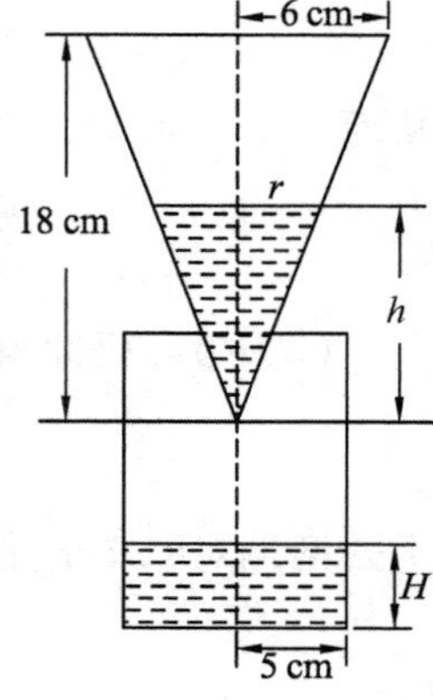

图 2-4

第五节 高阶导数

一、函数的高阶导数

我们已经知道速度函数 $v(t)$ 是位置函数 $s(t)$ 对时间 t 的导数,即

$$v(t)=\frac{\mathrm{d}s}{\mathrm{d}t} \text{ 或 } v(t)=s'(t).$$

经同样的分析可以知道,加速度函数 $a(t)$ 是速度函数 $v(t)$ 对时间 t 的导数,即

$$a(t)=\frac{\mathrm{d}v}{\mathrm{d}t}=\frac{\mathrm{d}}{\mathrm{d}t}\left(\frac{\mathrm{d}s}{\mathrm{d}t}\right) \text{ 或 } a(t)=v'(t)=[s'(t)]'.$$

因此加速度函数 $a(t)$ 是位置函数 $s(t)$ 对时间 t 的导数的导数.

一般地,函数 $y=f(x)$ 的导函数 $y'=f'(x)$ 仍是 x 的函数,若导函数 $y'=f'(x)$ 的导数存在,则称导函数 $y'=f'(x)$ 的导数 $(y')'$ 为函数 $y=f(x)$ 的二阶导数,记作 y'' 或 $f''(x)$ 或 $\frac{\mathrm{d}^2y}{\mathrm{d}x^2}$,即

$$y''=(y')' \text{ 或 } \frac{\mathrm{d}^2y}{\mathrm{d}x^2}=\frac{\mathrm{d}}{\mathrm{d}x}\left(\frac{\mathrm{d}y}{\mathrm{d}x}\right).$$

由导数定义可知

$$f''(x)=\lim_{\Delta x\to 0}\frac{f'(x+\Delta x)-f'(x)}{\Delta x}.$$

相应地,把函数 $y=f(x)$ 的导数 $y'=f'(x)$ 称为函数 $y=f(x)$ 的一阶导数.

一般地,若函数 $f(x)$ 的 $n-1$ 阶导数的导数存在,称这个导数为函数 $f(x)$ 的 n 阶导数,并记作 $y^{(n)}$,$f^{(n)}(x)$ 或 $\frac{\mathrm{d}^ny}{\mathrm{d}x^n}$.

显然有

$$f^{(n)}(x)=\lim_{\Delta x\to 0}\frac{f^{(n-1)}(x+\Delta x)-f^{(n-1)}(x)}{\Delta x}.$$

若函数 $y=f(x)$ 具有 n 阶导数,也常称函数 $y=f(x)$ n 阶可导. 由导数的定义可知,如果 $f(x)$ 在 x 处有 n 阶导数,则 $f(x)$ 在点 x 的某一邻域内具有所有低于 n 阶的导数.

二阶及二阶以上的导数统称为高阶导数.

在研究实际问题的过程中,以及在讨论函数的特性时,高阶导数有重要的应用,下一章将讨论这方面的内容.

由高阶导数的定义可知,求高阶导数就是对函数进行连续多次通常意义上的求导运算,因此仍可用前面学过的求导方法计算高阶导数.

例 1　求函数 $y=\ln(x+\sqrt{a^2+x^2})$ 的二阶导数 y''.

解　$y'=\dfrac{1}{x+\sqrt{a^2+x^2}}\cdot\left(1+\dfrac{2x}{2\sqrt{a^2+x^2}}\right)=\dfrac{1}{\sqrt{a^2+x^2}}$,

$$y''=[(a^2+x^2)^{-\frac{1}{2}}]'=-\frac{1}{2}(a^2+x^2)^{-\frac{3}{2}}(a^2+x^2)'$$

$$=\frac{-x}{(a^2+x^2)\sqrt{a^2+x^2}}.$$

例 2　设 $f(x)$ 二阶可导,且 $y=f(e^x)$,求 $\dfrac{d^2y}{dx^2}$.

解　因为 $\dfrac{dy}{dx}=e^xf'(e^x)$,所以

$$\frac{d^2y}{dx^2}=\frac{d}{dx}(e^xf'(e^x))=e^xf'(e^x)+e^xf''(e^x)\cdot e^x=e^xf'(e^x)+e^{2x}f''(e^x).$$

例 3　求 $y=x^n(n\in\mathbf{N}^+)$ 的 m 阶导数.

解　当 $m\leqslant n$ 时,$y^{(m)}=n(n-1)\cdots(n-m+1)x^{n-m}$;

当 $m>n$ 时,$y^{(m)}=0$.

例 4　设 $y=\sin x$,求 $y^{(n)}$.

解　$y'=\cos x=\sin\left(x+\dfrac{\pi}{2}\right)$,

$$y''=\left[\cos\left(x+\frac{\pi}{2}\right)\right]\cdot\left(x+\frac{\pi}{2}\right)'=\sin\left(x+2\cdot\frac{\pi}{2}\right),$$

$$y'''=\cos\left(x+2\cdot\frac{\pi}{2}\right)=\sin\left(x+3\cdot\frac{\pi}{2}\right),$$

一般地,$y^{(n)}=\sin\left(x+n\cdot\dfrac{\pi}{2}\right)$,即

$$(\sin x)^{(n)}=\sin\left(x+n\cdot\frac{\pi}{2}\right).$$

类似可得

$$(\cos x)^{(n)}=\cos\left(x+n\cdot\frac{\pi}{2}\right).$$

例 5　设函数 $y=(1+x)^{\mu}(\mu\in\mathbf{R})$,求 $y^{(n)}$.

解　(1) 当 $\mu\notin\mathbf{N}^+$ 时,

$$y'=\mu(1+x)^{\mu-1},$$

$$y''=\mu(\mu-1)(1+x)^{\mu-2},$$

一般地,

$$y^{(n)}=\mu(\mu-1)\cdots(\mu-n+1)(1+x)^{\mu-n}.$$

(2) 当$\mu\in\mathbf{N}^+$时,若$n\leqslant\mu$,则

$$y^{(n)}=\mu(\mu-1)\cdots(\mu-n+1)(1+x)^{\mu-n};$$

若$n>\mu$,则

$$y^{(n)}=0.$$

例6 设函数$y=\ln(1+x)$,求$y^{(n)}$.

解

$$y'=\frac{1}{1+x}=(1+x)^{-1},$$

由例5,得

$$\begin{aligned}y^{(n)}&=[(1+x)^{-1}]^{(n-1)}=(-1)(-2)\cdots[-1-(n-1)+1](1+x)^{-1-(n-1)}\\&=(-1)^{n-1}\frac{(n-1)!}{(1+x)^n}.\end{aligned}$$

设$u=u(x)$,$v=v(x)$都是n阶可导,显然有

$$(u\pm v)^{(n)}=u^{(n)}\pm v^{(n)}.$$

乘积的n阶导数的求导法则比较复杂,如果规定$u^{(0)}=u$,$v^{(0)}=v$,则

$$\begin{aligned}&(uv)^{(1)}=(uv)'=u'v+uv'=u^{(1)}v^{(0)}+u^{(0)}v^{(1)};\\&(uv)^{(2)}=(uv)''=u''v+2u'v'+uv''=u^{(2)}v^{(0)}+2u^{(1)}v^{(1)}+u^{(0)}v^{(2)};\\&\quad\vdots\end{aligned}$$

一般地,

$$(uv)^{(n)}=\sum_{k=0}^{n}\mathrm{C}_n^k u^{(n-k)}v^{(k)}=u^{(n)}v+\mathrm{C}_n^1u^{(n-1)}v'+\cdots+\mathrm{C}_n^ku^{(n-k)}v^{(k)}+\cdots+uv^{(n)}.$$

这一求导法则称为莱布尼茨公式.

例7 设函数$y=\dfrac{1}{x^2+x}$,求$y^{(20)}$.

解 $y=\dfrac{1}{x^2+x}=\dfrac{1}{x(1+x)}=\dfrac{1}{x}-\dfrac{1}{1+x}$,

$$\begin{aligned}y^{(20)}&=\left(\frac{1}{x}-\frac{1}{1+x}\right)^{(20)}=\left(\frac{1}{x}\right)^{(20)}-\left(\frac{1}{1+x}\right)^{(20)}\\&=\frac{(-1)^{20}20!}{x^{21}}-\frac{(-1)^{20}20!}{(1+x)^{21}}\\&=20!\left[\frac{1}{x^{21}}-\frac{1}{(1+x)^{21}}\right].\end{aligned}$$

例8 设函数$y=x\mathrm{e}^x$,求$y^{(n)}$.

解 因为$(\mathrm{e}^x)^{(n)}=\mathrm{e}^x$, $(x)^{(n)}=\begin{cases}1, & n=1,\\0, & n\geqslant 2,\end{cases}$代入莱布尼茨公式,得

$$\begin{aligned}y^{(n)}&=(x\mathrm{e}^x)^n=(\mathrm{e}^x)^{(n)}x+n(\mathrm{e}^x)^{(n-1)}x'\\&=x\mathrm{e}^x+n\mathrm{e}^x=(x+n)\mathrm{e}^x.\end{aligned}$$

二、隐函数的二阶导数

求隐函数的二阶导数$\frac{d^2y}{dx^2}$时,只要将y看作是x的函数,对含有一阶导数的式子再对x求导,就可得到一个含有隐函数的二阶导数的方程,再将已知的$\frac{dy}{dx}$代入二阶导数方程,并从中解出$\frac{d^2y}{dx^2}$.

例 9 设由方程$y=1+xe^y$确定函数$y=y(x)$,求$\frac{d^2y}{dx^2}$.

解 方程两端对x求导,得

$$y'=e^y+xe^yy',$$

由此解得

$$y'=\frac{e^y}{1-xe^y}=\frac{e^y}{2-y}.$$

上式再对x求导,得

$$y''=\left(\frac{e^y}{2-y}\right)'=\frac{e^yy'(2-y)+e^yy'}{(2-y)^2}\xlongequal{y'=\frac{e^y}{2-y}}\frac{(3-y)e^{2y}}{(2-y)^3}.$$

三、参数式函数的二阶导数

设参数方程$\begin{cases}x=\varphi(t),\\y=\psi(t)\end{cases}$确定了函数$y=y(x)$,则利用参数方程求导法则Ⅵ得

$$y''(x)=\frac{d}{dx}\left(\frac{dy}{dx}\right)=\frac{d}{dt}\left(\frac{\psi'(t)}{\varphi'(t)}\right)\frac{dt}{dx}. \tag{1}$$

如果将式(1)的求导结果写出,则有

$$y''(x)=\frac{\psi''(t)\varphi'(t)-\psi'(t)\varphi''(t)}{[\varphi'(t)]^2}\cdot\frac{1}{\varphi'(t)}=\frac{\psi''(t)\varphi'(t)-\psi'(t)\varphi''(t)}{[\varphi'(t)]^3}. \tag{2}$$

通常用式(1)而不用式(2)求参数方程的高阶导数.

例 10 设$\begin{cases}x=t\sin t,\\y=\cos t,\end{cases}$求$\left.\frac{d^2y}{dx^2}\right|_{t=\frac{\pi}{2}}$.

解 $\frac{dy}{dx}=\frac{-\sin t}{\sin t+t\cos t}$,

$$\frac{d^2y}{dx^2}=\frac{d}{dt}\left(\frac{-\sin t}{\sin t+t\cos t}\right)\cdot\frac{dt}{dx}=\frac{\sin t\cos t-t}{(\sin t+t\cos t)^2}\cdot\frac{1}{(\sin t+t\cos t)}$$

$$=\frac{\sin t\cos t-t}{(\sin t+t\cos t)^3},$$

故

$$\left.\frac{d^2y}{dx^2}\right|_{t=\frac{\pi}{2}} = -\frac{\pi}{2}.$$

例 11 求由参数方程$\begin{cases} x = 2\ln(\cot t), \\ y = \tan t \end{cases}$确定的函数 $y = y(x)$ 的二阶导数$\frac{d^2y}{dx^2}$.

解 $\frac{dy}{dx} = \frac{y'(t)}{x'(t)} = \frac{\sec^2 t}{\frac{-2\csc^2 t}{\cos t}} = -\frac{\sin t}{2\cos t} = -\frac{1}{2}\tan t$,

$$\frac{d^2y}{dx^2} = \frac{\left(-\frac{1}{2}\tan t\right)}{[2\ln(\cot t)]'} = -\frac{1}{2}\sec^2 t \cdot \left(-\frac{1}{2}\sin t\cos t\right) = \frac{1}{4}\tan t.$$

习 题 2-5

1. 求下列函数的二阶导数:

(1) $y = x^2 + 2^x$;

(2) $y = \sqrt{a^2 - x^2}$ (a 是常数);

(3) $y = (1 + x^2)\arctan x$;

(4) $y = \ln(x + \sqrt{1 + x^2})$;

(5) $y = e^{-t}\cos 2t$;

(6) $y = xe^{x^2}$;

(7) $y = \ln\sqrt{1 - x^2}$;

(8) $y = (\arccos x)^2$.

2. 求下列函数在指定点的二阶导数:

(1) $y = \ln(\ln x), x = e^2$;

(2) $y = \tan\frac{x}{2}, x = \frac{2\pi}{3}$.

3. 求下列函数的 n 阶导数:

(1) $y = \frac{1 - x}{1 + x}$;

(2) $y = x\ln x$;

(3) $y = \frac{5}{x^2 - 3x - 4}$;

(4) $y = x\sin 2x$.

4. 设 $f(x) = x^2 e^{-x}$,求 $f^{(10)}(x)$.

5. 求下列隐函数与参数式函数的二阶导数:

(1) $y^3 - x^2 y = 2$;

(2) $y = x + \arctan y$;

(3) $\frac{x^2}{a^2} + \frac{y^2}{b^2} = 1$;

(4) $\begin{cases} x = a\cos^3 t, \\ y = a\sin^3 t \end{cases}$ (a 为常数);

(5) $\begin{cases} x = \ln(1 + t^2), \\ y = t - \arctan t; \end{cases}$

(6) $\begin{cases} x = at\cos t, \\ y = at\sin t \end{cases}$ (a 为常数).

第六节　微分及其应用

前几节讨论了函数的导数概念及基本初等函数的导数公式与求导法则. 本节将讨论微分学中另一个基本概念——微分. 实际问题中,有时需要研究自变量发生微小改变量所引起的函数增量的大小,微分提供了表达这种函数增量的一种简便方法.

一、微分的概念

先考察一个实例.

例 1　一块正方形金属薄片,因环境温度的变化,其边长由 x_0 变化为 $x_0+\Delta x$,此时薄片的面积改变了多少?

解　设金属薄片的边长为 x,则薄片的面积 $A=x^2$,当边长在 x_0 处改变了 Δx 时,对应面积的改变量为

$$\Delta A=(x_0+\Delta x)^2-x_0^2=2x_0\Delta x+(\Delta x)^2.$$

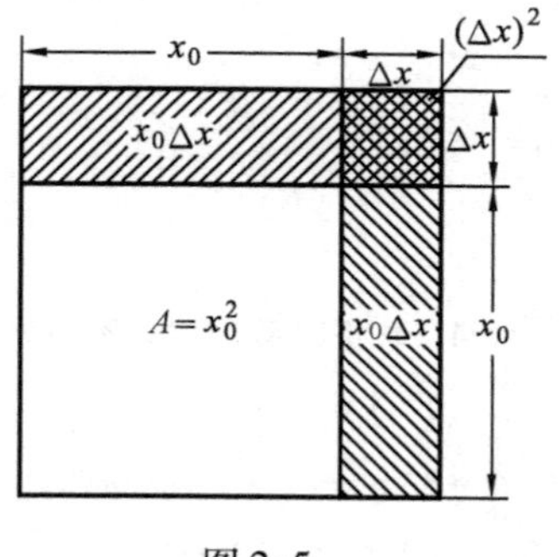

图 2-5

从上式可知,ΔA 由两部分组成,一部分是 Δx 的线性函数 $2x_0\Delta x$,即图 2-5 中带有斜阴影线的两个矩形面积之和;另一个是 $(\Delta x)^2$,即图 2-5 中带有交叉斜线的小正方形的面积. 当 $|\Delta x|$ 很小时,$2x_0\Delta x$ 是 ΔA 的主要部分,特别当 $\Delta x\to 0$ 时,$(\Delta x)^2$ 是比 Δx 高阶的无穷小. 可见,用 $2x_0\Delta x$ 作为 ΔA 的近似值时其误差为 $o(\Delta x)$,即

$$\Delta A\approx 2x_0\Delta x.$$

由此给出如下函数的微分的定义:

定义　设 $y=f(x)$ 在 x_0 的某邻域 $U(x_0,\delta)$ 内有定义,Δx 为自变量 x 的增量,且 $x_0+\Delta x\in U(x_0,\delta)$,若相应的函数增量 $\Delta y=f(x_0+\Delta x)-f(x_0)$ 可表示为

$$\Delta y=A\Delta x+o(\Delta x),\tag{1}$$

其中 A 是与 Δx 无关的常量,则称函数 $y=f(x)$ 在点 x_0 可微,$A\Delta x$ 是函数 $y=f(x)$ 在 x_0 处相应于自变量增量 Δx 的微分,记作 $\mathrm{d}y\big|_{x=x_0}$,即

$$\mathrm{d}y\big|_{x=x_0}=A(x_0)\Delta x.$$

当 $A\neq 0$ 时,$A\Delta x$ 是 Δy 的主要部分($\Delta x\to 0$),由于 $A\Delta x$ 是关于 Δx 的线性表示式,因此微分 $\mathrm{d}y=A\Delta x$ 称为 Δy 的线性主部($\Delta x\to 0$);且当 $|\Delta x|$ 很小时,有 $\Delta y\approx \mathrm{d}y$.

关于函数在某点可微的等价条件和 A 的简便计算方法,有下面的定理.

定理 1　函数 $y=f(x)$ 在 x_0 处可微的充要条件是 $y=f(x)$ 在 x_0 处可导且

$$\mathrm{d}y\big|_{x=x_0}=f'(x_0)\Delta x.$$

证　(1) 先证充分性.

设函数 $y=f(x)$ 在点 x_0 处可导,即

$$\lim_{\Delta x\to 0}\frac{f(x_0+\Delta x)-f(x_0)}{\Delta x}=f'(x_0),$$

则

$$\frac{f(x_0+\Delta x)-f(x_0)}{\Delta x}=f'(x_0)+\alpha(\Delta x)\ \left(\lim_{\Delta x\to 0}\alpha(\Delta x)=0\right),$$

因此

$$\Delta y=f(x_0+\Delta x)-f(x_0)=f'(x_0)\Delta x+\Delta x\cdot\alpha(\Delta x),$$

上式中 $f'(x_0)$ 与 Δx 无关,且 $\Delta x\cdot\alpha(\Delta x)=o(\Delta x)$,故 $y=f(x)$ 在点 x_0 处可微,且

$$\mathrm{d}y\big|_{x=x_0}=f'(x_0)\Delta x.$$

(2) 再证必要性.

设函数 $y=f(x)$ 在 x_0 点可微,则由微分定义得

$$\Delta y=A\Delta x+o(\Delta x).$$

故

$$\frac{\Delta y}{\Delta x}=A+\frac{o(\Delta x)}{\Delta x},$$

则有

$$\lim_{\Delta x\to 0}\frac{\Delta y}{\Delta x}=A.$$

即 $y=f(x)$ 在点 x_0 处可导,且 $f'(x_0)=A$.

对于函数 $y=x$,由于 $y'=1$,则其微分为 $\mathrm{d}x=\Delta x$,因此,常把 $\mathrm{d}x$ 称为自变量 x 的微分,由此函数 $y=f(x)$ 在 x 处的微分公式常写为

$$\mathrm{d}y=f'(x)\mathrm{d}x. \tag{2}$$

例如,函数 $y=\tan x$ 在 x 处的微分为

$$\mathrm{d}y=\sec^2x\mathrm{d}x.$$

在微分公式(2)中,$\mathrm{d}y$, $f'(x)$, $\mathrm{d}x$ 是 3 个具有独立意义的量,由微分公式(2)可得

$$f'(x)=\frac{\mathrm{d}y}{\mathrm{d}x}.$$

这就表示可以将导数 $f'(x)$ 看作是微分 $\mathrm{d}y$ 与 $\mathrm{d}x$ 的商,所以导数也称为微商. 由此可以体会到导数与微分内在的、本质的联系.

设 $y=f(x)$ 在 x 的集合 I 中每一点都可微,利用微分与导数的关系,只要把导数基本公式与求导法则稍加变换,就可得到求微分的基本公式(见表 2-1)与运算法则. 由微分公式及基本初等函数的导数公式,便得基本初等函数的微分公式,为

了便于对照,列表如下:

导数公式	微分公式
$(x^{\mu})'=\mu x^{\mu-1}$	$d(x^{\mu})=\mu x^{\mu-1}dx$
$(\sin x)'=\cos x$	$d(\sin x)=\cos x dx$
$(\cos x)'=-\sin x$	$d(\cos x)=-\sin x dx$
$(\tan x)'=\sec^2 x$	$d(\tan x)=\sec^2 x dx$
$(\cot x)'=-\csc^2 x$	$d(\cot x)=-\csc^2 x dx$
$(\sec x)'=\sec x\tan x$	$d(\sec x)=\sec x\tan x dx$
$(\csc x)'=-\csc x\cot x$	$d(\csc x)=-\csc x\cot x dx$
$(a^x)'=a^x\ln a$	$d(a^x)=a^x\ln a dx$
$(e^x)'=e^x$	$d(e^x)=e^x dx$
$(\log_a x)'=\frac{1}{x\ln a}$	$d(\log_a x)=\frac{1}{x\ln a}dx$
$(\ln x)'=\frac{1}{x}$	$d(\ln x)=\frac{1}{x}dx$
$(\arcsin x)'=\frac{1}{\sqrt{1-x^2}}$	$d(\arcsin x)=\frac{1}{\sqrt{1-x^2}}dx$
$(\arccos x)'=-\frac{1}{\sqrt{1-x^2}}$	$d(\arccos x)=-\frac{1}{\sqrt{1-x^2}}dx$
$(\arctan x)'=\frac{1}{1+x^2}$	$d(\arctan x)=\frac{1}{1+x^2}dx$
$(\text{arccot}\, x)'=-\frac{1}{1+x^2}$	$d(\text{arccot}\, x)=-\frac{1}{1+x^2}dx$

例 2 求 $y=x^3$ 当 $x=2,\Delta x=0.02$ 时的微分.

解 $y'=3x^2, dy=3x^2\cdot\Delta x$. 将 $x=2,\Delta x=0.02$ 代入上式得

$$dy\Big|_{\substack{x=2\\ \Delta x=0.02}}=3\times2^2\times0.02=0.24.$$

例 3 求函数 $y=\ln(\cos\sqrt{x})$ 的微分.

解 因为

$$y'=\frac{-\sin\sqrt{x}}{\cos\sqrt{x}}\cdot\frac{1}{2\sqrt{x}}=-\frac{\tan\sqrt{x}}{2\sqrt{x}},$$

所以

$$dy=-\frac{\tan\sqrt{x}}{2\sqrt{x}}dx.$$

例 4　将单摆的摆长 l 由 100 cm 增长 1 cm，求单摆的周期 T 的增量与微分.

解　因为周期 T 与摆长 l 的函数关系是

$$T=2\pi\sqrt{\frac{l}{g}},\ \frac{\mathrm{d}T}{\mathrm{d}l}=\frac{\pi}{\sqrt{gl}},$$

于是

$$\Delta T=2\pi\sqrt{\frac{101}{g}}-2\pi\sqrt{\frac{100}{g}}\approx 0.010\,010,$$

$$\mathrm{d}T=T'(100)\Delta l=\frac{\pi}{10\sqrt{g}}\approx 0.010\,035.$$

由上面的计算可知 ΔT 与 $\mathrm{d}T$ 很接近，但 $\mathrm{d}T$ 的计算比 ΔT 简便得多.

二、微分的几何意义

在曲线 $y=f(x)$ 上取相邻两点 $M_0(x_0,y_0)$，$N(x_0+\Delta x,y_0+\Delta y)$，如图 2-6 所示，则 $M_0Q=\Delta x$，$QN=\Delta y$. 过点 M_0 作曲线的切线 M_0T 交 QN 于点 P，设切线 M_0T 的倾角为 α，则在 $M_0(x_0,y_0)$ 处有 $\tan\alpha=f'(x_0)$. 因此，

$$QP=M_0Q\cdot\tan\alpha=\Delta x\cdot\tan\alpha=f'(x_0)\Delta x,$$

即

$$QP=\mathrm{d}y.$$

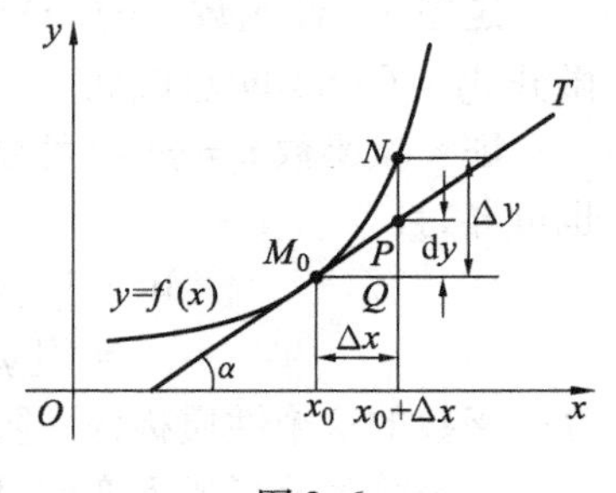

图 2-6

从图 2-6 中可知，微分的几何意义是，微分 $\mathrm{d}y$ 表示曲线 $y=f(x)$ 在点 M_0 处的切线上点的纵坐标相应于 Δx 的增量.

对于可微函数 $y=f(x)$，Δy 是曲线上纵坐标的增量，$\mathrm{d}y$ 是切线上纵坐标的增量，当 $|\Delta x|$ 很小时，$|\Delta y-\mathrm{d}y|$ 也很小，则 $\Delta y\approx\mathrm{d}y$，即 $QN\approx QP$. 因此，微分的意义为在 M_0 点邻近，可用切线段上纵坐标的增量近似代替曲线段上纵坐标的增量，简单地说就是用切线段来近似代替曲线段，即曲线可局部线性化.

三、微分的运算法则

虽然微分可以通过导数计算，但在微分的应用中，特别是在积分计算中，需要用到微分的运算法则.

1. 函数的和差积商的微分法则

由函数的和差积商的求导法则及导数与微分的关系，便得函数的和差积商的微分法则.

定理 2　设函数 $u(x)$，$v(x)$ 均可微，则

(1) $\mathrm{d}(u\pm v)=\mathrm{d}u\pm\mathrm{d}v$；

(2) $d(uv)=v\cdot du+u\cdot dv, d(Cu)=C\cdot du$ (C 为常数);

(3) $d\left(\frac{u}{v}\right)=\frac{vdu-udv}{v^2}$ $(v\neq 0)$.

下面以法则(2)为例加以证明,其他由读者自证.

证 由定理1知 $u(x),v(x)$ 可微必可导,则乘积函数 $u(x)\cdot v(x)$ 也可导,且

$$(u\cdot v)'=u'\cdot v+u\cdot v',$$

则

$$\begin{aligned}d(u\cdot v)&=(u'\cdot v+u\cdot v')dx\\&=v\cdot(u'\cdot dx)+u\cdot(v'\cdot dx)\\&=v\cdot du+u\cdot dv.\end{aligned}$$

故结论成立.

2. 复合函数的微分法则

定理3 设函数 $y=f(u)$ 可导,无论 u 是自变量还是另一个变量的可导函数,微分 $dy=f'(u)du$ 总成立.

证 设函数 $u=\varphi(x)$ 可导,所以 $y=f(u)$ 与 $u=\varphi(x)$ 的复合函数 $y=f[\varphi(x)]$ 也可导,且

$$\begin{aligned}dy&=\{f[\varphi(x)]\}'dx=f'[\varphi(x)]\varphi'(x)dx\\&=f'[\varphi(x)]d[\varphi(x)]=f'(u)du.\end{aligned}$$

复合函数的这个性质称为一阶微分形式不变性.

由一阶微分形式不变性可知,当前面微分公式中的 x 换成任何可微函数 $\varphi(x)$ 时,这些公式仍成立,如

$$d\sin\varphi(x)=\cos\varphi(x)d\varphi(x)=[\cos\varphi(x)]\varphi'(x)dx$$

例5 函数 $y=\cos^2 2x$,求 dy.

解一 把 $\cos 2x$ 看成中间变量,由微分形式不变性得

$$dy=d(\cos^2 2x)=2\cos 2x d(\cos 2x).$$

求 $d(\cos 2x)$ 时,再把 $2x$ 看成中间变量,有

$$dy=2\cos 2x(-\sin 2x)\cdot d(2x)=-2\sin 4x dx.$$

解二 由于 $(\cos^2 2x)'=2\cos 2x(-\sin 2x)\cdot 2=-2\sin 4x$,从而

$$dy=-2\sin 4x dx.$$

四、微分的应用

利用微分可以求当自变量有微小变化时函数对应的增量的近似值或函数的近似值.

1. 用于求当自变量有微小变化时函数对应的增量的近似值

当 $f'(x_0)\neq 0$, $|\Delta x|$ 很小时, $\Delta y\approx dy$,即

$$\Delta y \approx f'(x_0)\Delta x. \tag{3}$$

例 6　求当 x 由 $45°$ 变到 $45°10'$ 时，函数 $y=\tan x$ 的增量的近似值.

解　设 $x_0=45°=\frac{\pi}{4}$，$\Delta x=10'=\frac{10}{60}\times\frac{\pi}{180}=\frac{\pi}{1\,080}$，由于

$$\Delta y \approx f'(x_0)\Delta x=\sec^2 x_0\Delta x.$$

将 $x_0=\frac{\pi}{4}$，$\Delta x=\frac{\pi}{1\,080}$代入上式得

$$\Delta y \approx (\sqrt{2})^2\times\frac{\pi}{1\,080}=\frac{\pi}{540}\approx 0.005\,8.$$

2. 用于求当自变量有微小变化时函数对应的近似值

若函数 $y=f(x)$ 在 x_0 处可微且 $f'(x_0)\neq 0$，则

$$\Delta y=f(x_0+\Delta x)-f(x_0)\approx f'(x_0)\Delta x, \tag{4}$$

记 $x_0+\Delta x=x$，由式(4)可得

$$f(x)\approx f(x_0)+f'(x_0)(x-x_0). \tag{5}$$

例 7　计算 $\sqrt[6]{67}$的近似值.

解　因为用近似公式(5)，要求 $|x-x_0|$ 较小，所以先作恒等变形再用公式(5). 由

$$\sqrt[6]{67}=\sqrt[6]{2^6+3}=2\cdot\sqrt[6]{1+\frac{3}{64}},$$

取 $f(x)=\sqrt[6]{1+x}$，$x_0=0$，$x=\frac{3}{64}$，则

$$f'(x)=\frac{1}{6}(1+x)^{-\frac{5}{6}},\ f'(0)=\frac{1}{6}.$$

利用式(5)，

$$f(x)\approx f(0)+f'(0)x=1+\frac{1}{6}\times\frac{3}{64}=1\frac{1}{128},$$

所以

$$\sqrt[6]{67}=2\cdot f(x)=2.016.$$

式(5)表示了用微分近似计算函数值的公式. 在式(5)中令 $x_0=0$，得

$$f(x)\approx f(0)+f'(0)\cdot x. \tag{6}$$

应用式(6)可得工程上常用的几个近似公式：当 $|x|$ 很小时，有

① $\sqrt[n]{1+x}\approx 1+\frac{x}{n}$；　② $\sin x\approx x$（x 以弧度为单位）；

③ $e^x\approx 1+x$；　④ $\tan x\approx x$（x 以弧度为单位）；

⑤ $\ln(1+x)\approx x$.

习 题 2-6

1. 设函数 $y=x^3$,计算在 $x=2$ 处,Δx 分别等于 $-0.1, 0.01$ 时的增量 Δy 及微分 dy.

2. 求下列函数的微分 dy:

(1) $y=\dfrac{x}{1-x}$;　　(2) $y=\ln\left(\sin\dfrac{x}{2}\right)$;

(3) $y=2\ln^2 x+x$;　　(4) $y=\tan^2(1+2x)$;

(5) $y=(x^2+2x)(x-4)$;　　(6) $y=\dfrac{\sin x}{x}$;

(7) $y=\arcsin\sqrt{1-x^2}$;　　(8) $y=e^{-x}\cos(3-x)$;

(9) $y^2+\ln y=x^4$;　　(10) $y=\sin^2 u, u=\ln(3x+1)$;

(11) $y=x^{\sin x}(x>0)$;　　(12) $y^2\cos x=a^2\sin 3x$.

3. 将适当的函数填入括号内使等式成立:

(1) $x\mathrm{d}x=\mathrm{d}(\quad)$;　　(2) $\dfrac{\mathrm{d}x}{1+x}=\mathrm{d}(\quad)$;

(3) $\sin 2x\mathrm{d}x=\mathrm{d}(\quad)$;　　(4) $e^{-3x}\mathrm{d}x=\mathrm{d}(\quad)$;

(5) $\mathrm{d}(\arctan e^{2x})=(\quad)\mathrm{d}(e^{2x})=(\quad)\mathrm{d}x$;

(6) $\mathrm{d}[\sin(\cos x)]=(\quad)\mathrm{d}(\cos x)=(\quad)\mathrm{d}x$.

4. 用微分求由方程 $x+y=\arctan(x-y)$ 确定的函数 $y=y(x)$ 的微分与导数.

5. 用微分求由参数方程 $x=t-\arctan t, y=\ln(1+t^2)$ 确定的函数 $y=y(x)$ 的导数.

6. 利用微分求下列近似值:

(1) $\tan 46°$;　　(2) $e^{1.01}$;

(3) $\sqrt[3]{996}$;　　(4) $\ln 1.001$.

7. 证明:当 $|x|$ 很小时,有

(1) $\sin x\approx x$ (x 以弧度为单位);　　(2) $e^x\approx 1+x$;

(3) $\tan x\approx x$ (x 以弧度为单位);　　(4) $\ln(1+x)\approx x$.

8. 已知单摆的振动周期 $T=2\pi\sqrt{\dfrac{l}{g}}$,其中 $g=980\ \mathrm{cm/s^2}$,l 为摆长(单位为 cm),设原摆长为 20 cm,为使周期 T 增大 0.05 s,摆长约需加长多少?

9. 一平面圆环,其内半径为 10 cm,宽为 0.1 cm,求其面积的精确值与近似值.

10. 设扇形的圆心角 $\alpha=60°$,半径 $R=100$ cm,如果 R 不变,α 减少 $30'$,问扇形面积大约改变多少?又如果 α 不变,R 增加 1 cm,问扇形的面积大约改变多少?

第七节　综合例题与应用

例 1　已知函数 $f(x)$ 在 $x=0$ 处可导,求 $\lim\limits_{x\to 0}\dfrac{f(x)-f(-x)}{x}$.

解　因为

$$\lim_{x\to 0}\frac{f(x)-f(0)}{x}=f'(0),\ \lim_{x\to 0}\frac{f(-x)-f(0)}{-x}=f'(0),$$

所以

$$\lim_{x\to 0}\frac{f(x)-f(-x)}{x}=\lim_{x\to 0}\left[\frac{f(x)-f(0)}{x}+\frac{f(-x)-f(0)}{-x}\right]=2f'(0).$$

例 2　求函数 $y=\lim\limits_{x\to\infty}t\left(1+\dfrac{1}{x}\right)^{2xt}$ 的导数.

解　先求极限得

$$y=t\cdot\lim_{x\to\infty}\left[\left(1+\frac{1}{x}\right)^{x}\right]^{2t}=te^{2t},$$

所以

$$y'=e^{2t}+t\cdot 2e^{2t}=(1+2t)e^{2t}.$$

例 3　设 $f(x)=\max\ [x,x^2],0<x<2$,求 $f'(x)$.

解　由题设条件可知

$$f(x)=\begin{cases}x, & 0<x\leqslant 1,\\ x^2, & 1<x<2.\end{cases}$$

当 $x\neq 1$ 时,

$$f'(x)=\begin{cases}1, & 0<x<1,\\ 2x, & 1<x<2.\end{cases}$$

当 $x=1$ 时,

$$f'_{+}(1)=\lim_{\Delta x\to 0^{+}}\frac{(1+\Delta x)^2-1}{\Delta x}=\lim_{\Delta x\to 0^{+}}(2+\Delta x)=2,$$

$$f'_{-}(1)=\lim_{\Delta x\to 0^{-}}\frac{(1+\Delta x)-1}{\Delta x}=1.$$

因为 $f'_{+}(1)\neq f'_{-}(1)$,故 $f'(1)$ 不存在.

由例 3 可知,对于分段函数求导函数的问题,分段点需分别考虑,特别在分段点的导数要用导数的定义求导.

例 4　求 a,b 的值,使

$$f(x)=\begin{cases}\sin[a(x-1)], & x\leqslant 1,\\ \ln x+b, & x>1\end{cases}$$

在 $x=1$ 处可导,并求 $f'(1)$.

解　由已知条件 $f(x)$ 在 $x=1$ 处可导,则 $f(x)$ 在 $x=1$ 处连续,又 $f(1)=0$,因此有

$$f(1)=\lim_{x\to 1^{+}}f(x)=\lim_{x\to 1^{+}}(\ln x+b)=b=0.$$

又
$$f'_-(1)=\lim_{x\to1^-}\frac{f(x)-f(1)}{x-1}=\lim_{x\to1^-}\frac{\sin a(x-1)-0}{x-1}=a,$$
$$f'_+(1)=\lim_{x\to1^+}\frac{f(x)-f(1)}{x-1}=\lim_{x\to1^+}\frac{\ln x-0}{x-1}=\lim_{x\to1^+}\frac{\ln[1+(x-1)]}{x-1}=1,$$
由$f(x)$在$x=1$处可导知,$f'_-(1)=f'_+(1)$,因此有$a=1$.

从而当$a=1,b=0$时,$f(x)$在$x=1$处可导,且
$$f'(1)=f'_-(1)=f'_+(1)=1.$$

例5　设函数$f(x)$在$x=1$处连续,且$\lim\limits_{x\to1}\frac{f(x)}{2(x-1)}=3$,求$f'(1)$.

解　$\lim\limits_{x\to1}f(x)=\lim\limits_{x\to1}\left[\frac{f(x)}{2(x-1)}\cdot2(x-1)\right]=\lim\limits_{x\to1}\frac{f(x)}{2(x-1)}\cdot\lim\limits_{x\to1}2(x-1)=0.$

由于$f(x)$在$x=1$处连续,因此$f(1)=\lim\limits_{x\to1}f(x)=0$,从而
$$f'(1)=\lim_{x\to1}\frac{f(x)-f(1)}{x-1}=\lim_{x\to1}\frac{f(x)}{x-1}=6.$$

例6　设$y=f(x)$是可导的偶函数,证明$f'(0)=0$.

证法一　因为$y=f(x)$是偶函数,则对于任意$x\in\mathbf{R}$,$f(-x)=f(x)$. 两端求导,得
$$f'(x)=[f(-x)]'=-f'(-x),$$
即$y=f'(x)$是奇函数. 令$x=0$,得$f'(0)=-f'(0)$,从而$f'(0)=0$.

证法二　用定义证.
$$f'(0)=\lim_{x\to0}\frac{f(x)-f(0)}{x}=\lim_{x\to0}\frac{f(-x)-f(0)}{x}=-\lim_{x\to0}\frac{f(-x)-f(0)}{-x}=-f'(0),$$
从而$f'(0)=0$.

例7　已知$y=f\left(\frac{3x-2}{3x+2}\right)$,$f'(x)=\arcsin x^2$,求$\left.\frac{\mathrm{d}y}{\mathrm{d}x}\right|_{x=0}$.

解　记$u=\frac{3x-2}{3x+2}$,则有复合函数$y=f(u)$,$u=\frac{3x-2}{3x+2}$,所以
$$\frac{\mathrm{d}y}{\mathrm{d}x}=\frac{\mathrm{d}y}{\mathrm{d}u}\cdot\frac{\mathrm{d}u}{\mathrm{d}x}=f'(u)\cdot\frac{12}{(3x+2)^2},$$
$$\left.\frac{\mathrm{d}y}{\mathrm{d}x}\right|_{x=0}=f'(-1)\cdot\frac{12}{4}=3f'(-1)=3\arcsin(-1)^2=3\cdot\frac{\pi}{2}=\frac{3}{2}\pi.$$

例8　已知$f(x)$是周期为5的连续函数,它在$x=0$的某个领域满足
$$f(1+\sin x)-3f(1-\sin x)=8x+\alpha(x),$$
其中$\alpha(x)$是当$x\to0$时x的高阶无穷小,且$f(x)$在$x=1$处可导,求曲线$y=f(x)$在点$(6,f(6))$处的切线方程.

解　对等式

$$f(1+\sin x)-3f(1-\sin x)=8x+\alpha(x)$$

两端取 $x\to0$ 时的极限，由 $f(x)$ 连续得

$$\lim_{x\to0}[f(1+\sin x)-3f(1-\sin x)]=\lim_{x\to0}(8x+\alpha(x))=0,$$

即 $f(1)-3f(1)=0$，可得 $f(1)=0$. 由原等式，当 $\sin x\neq0$ 时，有

$$\frac{f(1+\sin x)-3f(1-\sin x)}{\sin x}=\frac{8x+\alpha(x)}{\sin x}.$$

上式两端取 $x\to0$ 的极限，得 $4f'(1)=8$，从而有 $f'(1)=2$. 又因为 $f(x)$ 是以 5 为周期的周期函数，则 $f'(x)$ 也是以 5 为周期的周期函数，则

$$f'(6)=2\ \text{且}\ f(6)=f(1)=0,$$

因此切线方程为

$$y-0=2(x-6),$$

即

$$2x-y-12=0.$$

例 9　若曲线 $y=x^2+ax+b$ 和 $2y=-1+xy^3$ 在点 $(1,-1)$ 处相切，求常数 a,b 之值.

解　两曲线在点 $(1,-1)$ 相切，所以它们都要过该点，即

$$\begin{cases}-1=1+a+b,\\-2=-1+(-1),\end{cases}$$

由此解得 $a+b=-2$.

另外，由两曲线在点 $(1,-1)$ 处相切，两切线的斜率相同，得

$$\begin{cases}y'\big|_{\substack{x=1\\y=-1}}=2+a,\\2y'\big|_{\substack{x=1\\y=-1}}=(y^3+3xy^2y')\big|_{\substack{x=1\\y=-1}},\end{cases}$$

由此解得 $a=-1$，此时 $b=-1$.

例 10　一架飞机沿抛物线 $y=x^2+1$ 的轨道向地面俯冲（如图 2-7 所示），x 轴取在地面上，飞机到地面的距离以 100 m/s 的速度减少，问飞机离地面 2 501 m 时，飞机的影子在地面上运动的速度是多少（假设太阳光线是垂直地面照射的）？

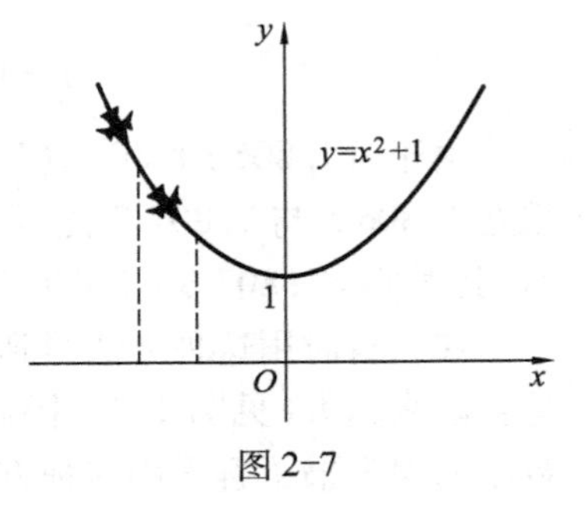

图 2-7

解　这是一类相关变化率问题，即变量 x 及变量 y 都是变量 t 的未知函数，而 x 与 y 之间有函数关系，已知 x（或 y）关于 t 的变化率，求 y（或 x）关于 t 的变化率. 解这类问题应遵循如下步骤：先根据题意确立 x 与 y 间的函数关系式，然后在该式两端分别对 t 求导（注意 x,y 都是 t 的函数），再解出 y（或 x）对 t 的导数.

由于太阳光线是垂直照向地面,因此飞机影子在地面上的运动速度即飞机的水平速度$\frac{dx}{dt}$. 现在已知飞机垂直下降的速度$\frac{dy}{dt}=-100$及条件

$$y=x^2+1. \tag{1}$$

式(1)两端分别对t求导,有$\frac{dy}{dt}=2x\frac{dx}{dt}$. 又当$y=2\,501$时,$x=-50$. 因此

$$\frac{dx}{dt}=\frac{1}{2x}\frac{dy}{dt}=1\ \text{m/s}.$$

作为导数的一种应用,下面介绍求解方程近似解的一种方法——切线法.

设要求解方程$f(x)=0$的根为β,其近似值为x_0,令$\Delta x=\beta-x_0$,则由

$$0=f(\beta)=f(x_0+\Delta x)\approx f(x_0)+f'(x_0)\Delta x$$

知

$$\Delta x\approx-\frac{f(x_0)}{f'(x_0)},$$

从而有

$$\beta=x_0+\Delta x=x_1\approx x_0-\frac{f(x_0)}{f'(x_0)}.$$

x_1就是x_0作为近似根的一个改进. 对x_1同样进行改进,并将过程继续进行下去,除特殊情形外,一般地就可得到越来越接近β的近似根. 从几何上看,x_1是曲线$y=f(x)$在点$(x_0,f(x_0))$处的切线与x轴的交点的坐标. 因此常把这种求方程近似解的方法称为切线法.

例如,设$f(x)=x^3+2x^2-3x-7$,且取$x_0=1.8$为方程实根的近似值(方程只有一个实根),用切线法可得

$$x_1=1.8-\frac{f(1.8)}{f'(1.8)}=1.806,$$

$$x_2=1.806-\frac{f(1.806)}{f'(1.806)}=1.806\,3,\cdots$$

由于$f(1.806\,3)<0$, $f(1.807\,0)>0$,故方程的实根在1.806 3与1.807 0之间,因此用x_2作为近似根时,其误差$<1.807\,0-1.806\,3<0.001$.

注 有时用这种方法得到的根的近似值与β的偏差会越来越大(见图2-8). 因此,读者可参考有关计算数学的参考书了解采用这种方法的条件是什么.

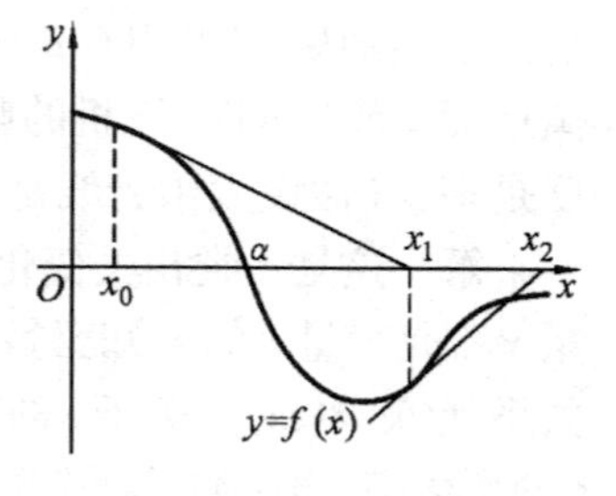

图2-8

习　题　2-7

1. 利用导数定义,计算下列各题:

(1) 已知$f(a)=0$, $f'(a)=1$,求$\lim\limits_{n\to\infty} nf\left(a-\dfrac{1}{n}\right)$;

(2) 设$f'(a)$存在,且$f(a)\neq 0$,求$\lim\limits_{n\to\infty}\left[\dfrac{f\left(a+\dfrac{1}{n}\right)}{f(a)}\right]^n$.

2. 求下列函数的导数:

(1) 设$f(x)$在点$x=1$处可导,且$\lim\limits_{\Delta x\to 0}\dfrac{f(1+2\Delta x)-f(1)}{\Delta x}=\dfrac{1}{2}$,求$f'(1)$;

(2) 设$f(x)=(x^2+x+1)^{100}$,求$f'(-1)$;

(3) 设$f(x)$在$x=1$处连续且$\lim\limits_{x\to 1}\dfrac{f(x)}{(x^2-1)}=3$,求$f'(1)$;

(4) 设$\varphi(t)=f(x_0+at)$, $f'(x_0)=a$,求$\varphi'(0)$.

3. 设函数$y=f(x)$为可导的偶函数,已知$f'(1)=3$,证明$f'(-1)=-3$.

4. 设函数

$$g(x)=\begin{cases}x^2(x-1), & x\geqslant 1,\\ x-1, & x<1,\end{cases}$$

求导函数$g'(x)$.

5. 设$f(x)=3x^3+x^2|x|$,问$f^{(n)}(0)$存在的最大数n为多少?

6. 设$\begin{cases}x=f(t)-\pi,\\ y=f(e^{3t}-1),\end{cases}$其中$f$可导且$f'(0)\neq 0$,求$\left.\dfrac{dy}{dx}\right|_{t=0}$.

7. 设$y=f(x+y)$,其中f具有二阶导数,且一阶导数不等于1,求$\dfrac{d^2y}{dx^2}$.

8. 设$f(x)=\begin{cases}a+bx, & x\geqslant 0,\\ e^x, & x<0,\end{cases}$试确定$a,b$,使得$f(x)$在$x=0$处可导,并求曲线在$x=0$处的切线方程与法线方程.

9. 问a等于多少时,曲线$y=\ln x$与曲线$y=ax^2$相切(即在交点处有公共的切线)?

10. 向深8 m,上顶直径为8 m的正圆锥体容器中注水,其速率为4 m^3/min,当水深为5 m时,问其表面上升的速率为多少?

第三章　微分中值定理和导数的应用

上一章已经提出了导数概念,并讨论了导数的求法.本章将利用导数研究函数以及曲线的整体性态.并将这些知识运用到实际问题中.其中,微分中值定理起着重要的作用.

第一节　拉格朗日中值定理和函数的单调性

本节先介绍罗尔(Rolle)定理,再由它推出一般情形下的拉格朗日(Lagrange)中值定理.

一、罗尔定理

定理1(罗尔定理)　若函数$f(x)$在闭区间$[a,b]$上连续,在开区间(a,b)内可导,且$f(a)=f(b)$,则在(a,b)内至少存在一点ξ,使得$f'(\xi)=0$.

证　由连续函数在闭区间上的性质可知,连续函数$f(x)$在$[a,b]$上必取到最大值M和最小值m.

如果$M=m$,则$f(x)$在$[a,b]$上恒为常数,由此,对任意$x\in(a,b)$有$f'(x)=0$.因此,ξ可取(a,b)内任一点.

如果$M>m$,由$f(a)=f(b)$可知,最大值M和最小值m中至少有一个在开区间(a,b)内部取得,不妨设最大值M在点$\xi\in(a,b)$取得,即设$M=f(\xi)\geqslant f(x)$,$x\in(a,b)$.下证$f'(\xi)=0$.

当$\xi+\Delta x\in(a,b)$时,总有$f(\xi+\Delta x)-f(\xi)=f(\xi+\Delta x)-M\leqslant 0$.于是有

$$\frac{\Delta y}{\Delta x}=\frac{f(\xi+\Delta x)-f(\xi)}{\Delta x}\leqslant 0,\ \Delta x>0;$$

$$\frac{\Delta y}{\Delta x}=\frac{f(\xi+\Delta x)-f(\xi)}{\Delta x}\geqslant 0,\ \Delta x<0.$$

而由$f(x)$在(a,b)内可导,有

$$f'(\xi)=\lim_{\Delta x\to 0^+}\frac{\Delta y}{\Delta x}\leqslant 0,\ f'(\xi)=\lim_{\Delta x\to 0^-}\frac{\Delta y}{\Delta x}\geqslant 0,$$

因而$f'(\xi)=0$.

综上所述,在(a,b)内至少存在一点ξ,使得$f'(\xi)=0$. 定理得证.

如图 3-1 所示,罗尔定理的几何意义为:若连续曲线$y=f(x)$的弧$\overset{\frown}{AB}$上,除端点外处处有不垂直于x轴的切线,则弧上除端点外至少有一点C,在该点C处曲线的切线平行于x轴,从而平行于弦AB.

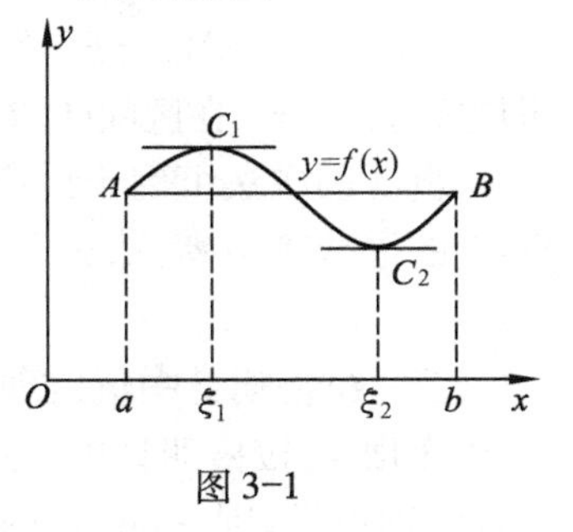

图 3-1

必须指出,罗尔定理中的 3 个条件是使结论成立的充分条件而非必要条件. 如函数

$$y=\begin{cases}x^2, & -1\leqslant x\leqslant 1,\\ 2x, & 1<x\leqslant 2,\end{cases}$$

在闭区间$[-1,2]$上有定义,但由于在$x=1$处不连续,从而也不可导,又$f(-1)\neq f(2)$,即罗尔定理的 3 个条件都不满足,但容易验证有$\xi=0\in(-1,2)$,使$f'(\xi)=0$.

罗尔定理的 3 个条件中如果有一个不具备,结论有可能不成立,反例留给读者思考.

例 1　对函数$f(x)=x^3-3x+1$在闭区间$[-\sqrt{3},\sqrt{3}]$上验证罗尔定理.

解　由于$f'(x)=3x^2-3$在$[-\sqrt{3},\sqrt{3}]$上成立. 所以函数$f(x)=x^3-3x+1$在$[-\sqrt{3},\sqrt{3}]$上连续、可导. 又$f(-\sqrt{3})=f(\sqrt{3})=1$,因此函数$f(x)$在$[-\sqrt{3},\sqrt{3}]$上满足罗尔定理的 3 个条件,从而存在$\xi\in(-\sqrt{3},\sqrt{3})$使得$f'(\xi)=0$. 事实上由

$$f'(\xi)=3\xi^2-3,$$

当$\xi=1$或$\xi=-1$时,都有$f'(\xi)=0$. 显然$\pm1\in(-\sqrt{3},\sqrt{3})$,故罗尔定理得到验证.

讨论方程的根有着重要和广泛的实际意义,利用罗尔定理可以帮助讨论某些形如$f'(x)=0$方程的根的情形. 对可导函数$y=f(x)$在区间(a,b)内,如果$f(x)$有两个等值点(如零点),由罗尔定理可知,方程$f'(x)=0$在(a,b)内至少有一个根在两个等值点之间;如果$f(x)$有 3 个等值点,则方程$f'(x)=0$在(a,b)内至少有两个根;以此类推.

例 2　不求函数$f(x)=(x-3)(x-4)(x-6)$的导数,说明方程$f'(x)=0$有几个实根.

解　函数$f(x)$在$\mathbf{R}$上可导,由于$f(x)$有 3 个零点:$x_1=3,x_2=4,x_3=6$. 因此方程$f'(x)=0$至少有两个实根;又$f'(x)=0$是二次方程,则方程$f'(x)=0$至多有两个实根. 所以方程$f'(x)=0$有且仅有分别落在区间$(3,4)$,$(4,6)$内的两个实根.

例 3　证明方程$x^5+2x-10=0$在区间$(0,2)$内有且仅有一个实根.

证　设$f(x)=x^5+2x-10$,则$f(x)$在$[0,2]$上连续,

$$f(0)\cdot f(2)=-260<0,$$

由零值定理,$f(x)$在$(0,2)$内至少有一个零点x_1. 假设$f(x)$在$(0,2)$内还有另一个零点x_2,由罗尔定理可知,其导函数$f'(x)$在$(x_1,x_2)\subset(0,2)$内至少有一个零点,这与$f'(x)=5x^4+2>0(x\in\mathbf{R})$矛盾,由此可知函数$f(x)$在$(0,2)$内的零点$x_1$是唯一的,即方程$f(x)=0$在区间$(0,2)$内有且仅有一个实根.

例3的方法可用于讨论一般函数方程的根的唯一性. 即如果函数$f(x)$在某区间上的导数不为零,那么方程$f(x)=0$如果有根,则最多只有一个.

二、拉格朗日中值定理

定理2(拉格朗日中值定理) 若函数$f(x)$在闭区间$[a,b]$上连续,在开区间(a,b)内可导,则在(a,b)内至少存在一点ξ,使得

$$f(b)-f(a)=f'(\xi)(b-a). \tag{1}$$

分析 式(1)等价于

$$f'(\xi)-\frac{f(b)-f(a)}{b-a}=0, \tag{2}$$

对照罗尔定理,只要把式(2)的左端化成一个函数在ξ处的导数. 事实上,式(2)即

$$\left[f(x)-\frac{f(b)-f(a)}{b-a}x\right]'_{x=\xi}=0.$$

取辅助函数$\varphi(x)$为上式左端方括号内的式子,验证$\varphi(x)$在$[a,b]$上满足罗尔定理即可证得.

证 取辅助函数

$$\varphi(x)=f(x)-\frac{f(b)-f(a)}{b-a}x,$$

由定理的条件和一次函数性质可知函数$\varphi(x)$在闭区间$[a,b]$上连续,在开区间(a,b)内可导,又

$$\varphi(a)=f(a)-\frac{f(b)-f(a)}{b-a}\cdot a=\frac{bf(a)-af(b)}{b-a},$$

$$\varphi(b)=f(b)-\frac{f(b)-f(a)}{b-a}\cdot b=\frac{bf(a)-af(b)}{b-a},$$

即

$$\varphi(a)=\varphi(b)=\frac{bf(a)-af(b)}{b-a}.$$

所以$\varphi(x)$在$[a,b]$上满足罗尔定理的条件. 因此,存在$\xi\in(a,b)$,使得$\varphi'(\xi)=0$,即

$$f'(\xi)=\frac{f(b)-f(a)}{b-a}. \tag{3}$$

证毕.

式(3)也常写成

$$f(b)-f(a)=f'(\xi)(b-a), \tag{4}$$

若设 $a=x_0, b=x_0+\Delta x$,则式(3)可以表达为

$$f(x_0+\Delta x)-f(x_0)=f'(x_0+\theta\Delta x)\cdot\Delta x\ (0<\theta<1). \tag{5}$$

拉格朗日中值定理是罗尔定理的推广情形. 当 $f(a)=f(b)$ 时,则拉格朗日中值定理即成为罗尔定理,所以罗尔定理是拉格朗日中值定理的特例. 这两个定理也是微分学中十分重要的定理,又称为微分中值定理.

由于 $\dfrac{f(b)-f(a)}{b-a}$ 表示曲线两端连线的斜率,故拉格朗日中值定理的几何意义为:若连续曲线 $y=f(x)$ 的弧 $\overset{\frown}{AB}$ 上除端点外处处有不垂直于 x 轴的切线,则弧上除端点外至少有一点 C,在该点处曲线的切线平行于弦 AB(见图 3-2).

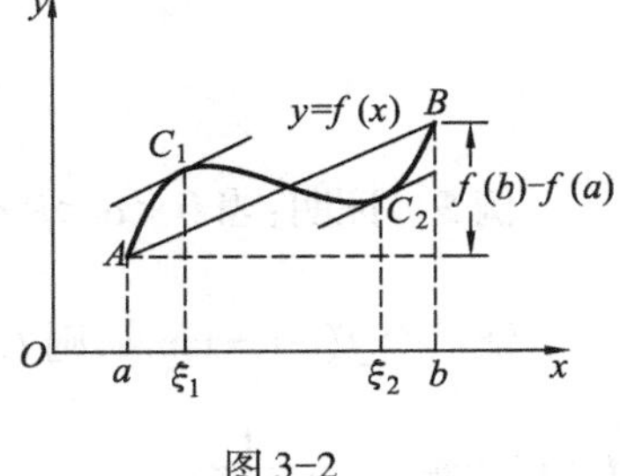

图 3-2

与罗尔定理一样,拉格朗日中值定理只确定了"中值 ξ"的存在性,对于不同的函数,ξ 的具体位置一般是不同的.

由拉格朗日中值定理可得在积分学中有着重要应用的推论.

推论 1　设函数 $f(x)$ 在闭区间 $[a,b]$ 上连续,在开区间 (a,b) 内可导且 $f'(x)\equiv 0$,则 $f(x)=C$(C 为常数),$x\in[a,b]$.

证　取任意的 $x_1,x_2\in[a,b]$,$f(x)$ 在 $[x_1,x_2]$ 上满足拉格朗日中值定理的条件,故存在 $\xi\in(x_1,x_2)$,使得

$$f(x_1)-f(x_2)=f'(\xi)(x_2-x_1)=0$$

故

$$f(x_1)=f(x_2).$$

由 x_1,x_2 的任意性,得

$$f(x)=C\ (C\ \text{为常数}),\ x\in[a,b]$$

由推论 1 可得到如下推论 2.

推论 2　若在区间 (a,b) 内,$f'(x)=g'(x)$,则 $f(x)=g(x)+C$(C 为常数),$x\in(a,b)$.

证明留给读者练习.

例 4　设 $x\in[-1,1]$,证明:$\arcsin x+\arccos x=\dfrac{\pi}{2}$.

证　设 $f(x)=\arcsin x+\arccos x$,则 $f(x)$ 是初等函数,它在 $[-1,1]$ 上连续,在 $(-1,1)$ 内可导,且

$$f'(x)=\frac{1}{\sqrt{1-x^2}}+\frac{-1}{\sqrt{1-x^2}}=0.$$

由推论1得,

$$f(x)=C,\ x\in[-1,1].$$

又 $x=0$ 时,

$$f(0)=\arcsin 0+\arccos 0=\frac{\pi}{2}.$$

因此 $x\in[-1,1]$时,

$$\arcsin x+\arccos x=\frac{\pi}{2}.$$

例5 证明:当 $0<\alpha<\beta<\frac{\pi}{2}$时,$\frac{\beta-\alpha}{\cos^2\alpha}<\tan\beta-\tan\alpha<\frac{\beta-\alpha}{\cos^2\beta}$.

证 令$f(x)=\tan x$,则$f(x)$是初等函数在区间$[\alpha,\beta]\left(\subset\left(0,\frac{\pi}{2}\right)\right)$上可导,且 $f'(x)=\sec^2 x=\frac{1}{\cos^2 x}$.

$f(x)$在区间$[\alpha,\beta]$上连续,在区间(α,β)内可导,根据拉格朗日中值定理,存在$\xi\in(\alpha,\beta)$,使得

$$\tan\beta-\tan\alpha=\sec^2\xi\cdot(\beta-\alpha)\ (\alpha<\xi<\beta).$$

由于

$$\frac{1}{\cos^2\alpha}<\sec^2\xi<\frac{1}{\cos^2\beta},$$

则

$$\frac{\beta-\alpha}{\cos^2\alpha}<\tan\beta-\tan\alpha<\frac{\beta-\alpha}{\cos^2\beta}.$$

例6 证明:当 $0<a<b$ 时,有 $1-\frac{a}{b}<\ln\frac{b}{a}<\frac{b}{a}-1$.

证 令$f(x)=\ln x,x\in[a,b]$,则

$$f'(x)=\frac{1}{x}.$$

$f(x)$区间在$[a,b]$上连续,在区间(a,b)内可导,根据拉格朗日中值定理,知存在$\xi\in(a,b)$,使得

$$\ln\frac{b}{a}=\ln b-\ln a=\frac{1}{\xi}(b-a),$$

因为

$$\frac{1}{b}<\frac{1}{\xi}<\frac{1}{a},$$

所以

$$1-\frac{a}{b}<\ln\frac{b}{a}<\frac{b}{a}-1.$$

三、函数的单调性

函数的单调性是函数的主要性质之一，由拉格朗日中值定理可得到用导数判断函数单调性的重要方法.

从图 3-3a 中可看出，当沿着单调增函数的曲线从左向右移动时，曲线逐渐上升，它的切线的倾斜角 α 总是锐角，即这时斜率 $f'(x)>0$；从图 3-3b 中可看出，当沿着单调减函数的曲线从左向右移动时，曲线逐渐下降，其切线的倾斜角 α 总是钝角，即这时斜率 $f'(x)<0$.

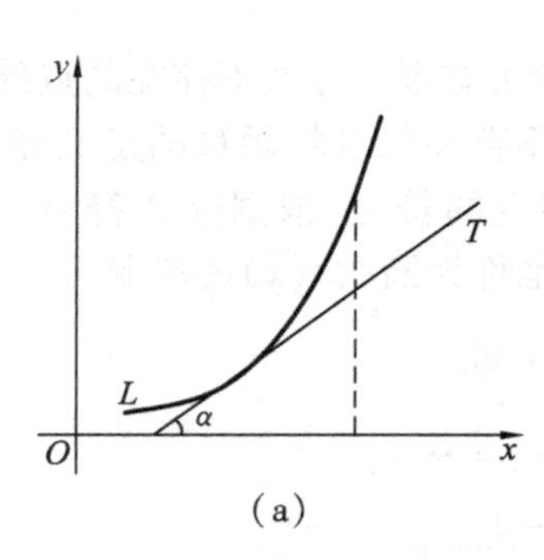

(a)

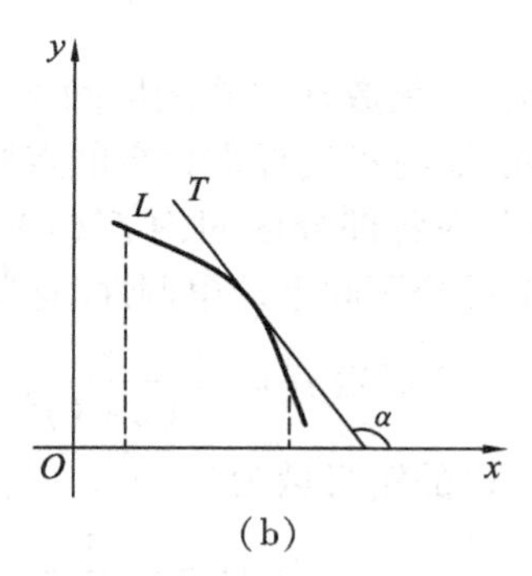

(b)

图 3-3

从上面的几何直观图中可以看出，函数在某一区间内的导数恒为正时，函数在区间内是单调增函数；导数恒为负时，函数在区间内是单调减函数.

定理 3　设函数 $f(x)$ 在闭区间 $[a,b]$ 上连续，在开区间 (a,b) 内可导.

(1) 若在 (a,b) 内恒有 $f'(x)>0$，则函数 $f(x)$ 在闭区间 $[a,b]$ 上单调增加；

(2) 若在 (a,b) 内恒有 $f'(x)<0$，则函数 $f(x)$ 在闭区间 $[a,b]$ 上单调减少.

证　(1) $\forall x_1,x_2\in(a,b)$，且 $x_1<x_2$，由题设可知 $y=f(x)$ 在 $[x_1,x_2]$ 上满足拉格朗日中值定理的条件，因此，存在 $\xi\in(x_1,x_2)\subset(a,b)$，使得

$$f(x_2)-f(x_1)=f'(\xi)(x_2-x_1)\ (x_1<\xi<x_2).$$

由题设中条件(1)可知，$f'(\xi)>0$，故

$$f(x_2)-f(x_1)>0,$$

所以函数 $f(x)$ 在 $[a,b]$ 上单调增加.

(2) 同理可证，当 $f'(x)<0$ 时，$f(x)$ 在 $[a,b]$ 上单调减少.

定理证毕.

从证明过程中可看出：

(1) 如果定理 3 中的闭区间换成了其他各种区间(包括无穷区间),那么结论也成立;

(2) 如果在定理 3 中保留函数在$[a,b]$上连续的条件,而函数的可导性条件仅在有限个点处不成立,即函数可以在(a,b)内有限个点处不可导或导数为零,可以证明定理 3 的结论仍成立.

例 7　讨论函数$f(x)=2x^3-6x^2-18x-7$的单调性.

解　$f(x)$在$(-\infty,+\infty)$内连续且可导,对$f(x)$求导,得

$$f'(x)=6x^2-12x-18=6(x+1)(x-3).$$

可见,当$x\in(-\infty,-1)$时,$f'(x)>0$,$f(x)$单调增加;当$x\in(-1,3)$时,$f'(x)<0$,$f(x)$单调减少;当$x\in(3,+\infty)$时,$f'(x)>0$,$f(x)$单调增加.

综上所述,$f(x)$在区间$(-\infty,-1]$及$[3,+\infty)$上单调增加,在$(-1,3)$内单调减少.

一般地,若函数$f(x)$在闭区间上连续,除去有限个导数不存在的点外,$f(x)$的导数均存在.这时可用导数为零的点和导数不存在的点将函数的定义域划分成若干部分区间,在各部分区间内$f'(x)$保持固定的符号,根据这些符号,就可确定$f(x)$在每个部分区间上的单调性.这些区间也称为函数$f(x)$的单调区间.

例 8　确定函数$f(x)=\dfrac{x}{(x+1)^2}$的单调区间.

解　$f(x)$的定义域为$(-\infty,-1)\cup(-1,+\infty)$,

$$f'(x)=\frac{1}{(x+1)^2}+x\frac{-2}{(x+1)^3}=\frac{1-x}{(x+1)^3}.$$

由上式可知,$x=-1$及$x=1$分别为$f'(x)$不存在及$f'(x)=0$的点,它们将$f(x)$的定义域分成了 3 个部分区间,下面列表讨论$f'(x)$与$f(x)$在各部分区间内的符号与单调性.

x	$(-\infty,-1)$	-1	$(-1,1)$	1	$(1,+\infty)$
$f'(x)$	$-$	不存在	$+$	0	$-$
$f(x)$	↘		↗		↘

由上表可见,在区间$(-\infty,-1)$与$[1,+\infty)$上,函数$f(x)$单调减少;在区间$(-1,1)$上,函数$f(x)$单调增加.故函数$f(x)$的单调减少区间为$(-\infty,-1)$与$[1,+\infty)$;函数$f(x)$单调增加区间为$(-1,1]$.

利用函数的单调性还可证明一些不等式.

例如,当$f(x)$在(a,b)上恒有$f'(x)\geqslant 0$时,由定理 3,可判定$f(x)$在$[a,b]$上单调增加,则当$f(a)\geqslant 0$时,就有$f(x)>f(a)\geqslant 0(x\in(a,b))$,从而可证得不等式$f(x)>0$成立.

例 9　证明：$e^x \geqslant 1+x$.

证　令 $f(x)=e^x-1-x$，则 $f(x)$ 在 $(-\infty,+\infty)$ 内连续、可导，且 $f(0)=0$，又

$$f'(x)=e^x-1.$$

当 $x\geqslant 0$ 时，$f'(x)\geqslant 0$，则 $f(x)$ 在 $[0,+\infty)$ 内单调递增，因此

$$f(x)\geqslant f(0)=0;$$

当 $x<0$ 时，$f'(x)<0$，则 $f(x)$ 在 $(-\infty,0)$ 内单调递减. 因此

$$f(x)>f(0)=0.$$

综上可知，$\forall x\in\mathbf{R}$，恒有 $f(x)\geqslant 0$，即

$$e^x\geqslant 1+x.$$

利用函数的单调性还可讨论某些方程的根的情形.

由于函数 $y=f(x)$ 在每个单调区间上的图形至多与 x 轴有一个交点，因此可由函数的单调区间的个数推得方程 $f(x)=0$ 至多有几个实根；然后在每个单调区间上用零值定理等方法检验，即可确定方程有几个实根.

例 10　证明方程 $2x^3-3x^2-12x+25=0$ 有且仅有一个实根.

证　令 $y=2x^3-3x^2-12x+25$，显然 y 处处可导，且

$$y'=6(x^2-x-2)=6(x+1)(x-2).$$

令 $y'=0$，解得 $x=-1$ 或 $x=2$. 则 y'，y 在各部分区间上的符号列表如下：

x	$(-\infty,-1)$	-1	$(-1,2)$	2	$(2,+\infty)$
y'	+	0	−	0	+
y	↗		↘		↗

由上表可见，函数 y 在 $(-\infty,-1]$，$[2,+\infty)$ 上都单调增加，在 $[-1,2]$ 上单调减少. 由于 $y(2)=5>0$，因此在区间 $[-1,2]$，$[2,+\infty)$ 上恒有 $y>y(2)>0$，故原方程在区间 $[-1,2]$，$[2,+\infty)$ 上没有根；而 $y(-1)=32>0$，又由 $y(-3)=-20<0$，因此在单调区间 $(-\infty,-1)$ 内原方程有且仅有一个根. 综上所述，原方程有且仅有一个实根.

习　题　3-1

1. 验证下列函数在指定区间上满足罗尔定理条件，并求出所有满足定理结论的 ξ 值：

(1) $f(x)=\sin 2x, x\in\left[0,\dfrac{\pi}{2}\right]$；

(2) $f(x)=x^2(x^2-2), x\in[-1,1]$；

(3) $f(x)=\sin x+\cos x, x\in[0,2\pi]$.

2. 对函数$f(x)=\ln(1+x)$在区间$[0,e-1]$上应用拉格朗日中值定理,求ξ的值.

3. 证明函数$y=x^2+3x+2$在任一区间$[a, b]$上应用拉格朗日中值定理所求得的ξ都是$\frac{1}{2}(a+b)$.

4. 不求函数$f(x)=x(x-1)(x-2)(x-3)$的导数,说明方程$f'(x)=0$有几个实根,并指出实根所在的区间.

5. 证明方程$x^6+x^2-1=0$有且仅有两个实根.

6. 设函数$f(x)$在$[a, b]$上连续,点$c\in(a, b)$, $f'(c)=0$,在(a, b)内除c以外的点,有$f'(x)>0$,证明函数$f(x)$在$[a, b]$上单调增加.

7. 证明下列恒等式:

(1) $\arcsin x+\arccos x=\frac{\pi}{2}\ (-1\leqslant x\leqslant 1)$;

(2) $\arctan x-\frac{1}{2}\arccos\frac{2x}{1+x^2}=\frac{\pi}{4}\ (x\geqslant 1)$.

8. 判定函数$f(x)=x+\cos x(0\leqslant x\leqslant 2\pi)$的单调性.

9. 求下列函数的单调区间:

(1) $y=2x^3-2x+5$;

(2) $y=x^4-2x^2-5$;

(3) $y=\sqrt{2x-x^2}$;

(4) $y=\frac{x^2-2x+2}{x-1}$;

(5) $y=x\cdot\sqrt{x-x^2}$;

(6) $y=x+\cos x$;

(7) $y=x^4\cdot e^{-2x}$;

(8) $y=\ln(x+\sqrt{1+x^2})$.

10. 证明下列不等式:

(1) 当$x>1$时,$2\sqrt{x}>3-\frac{1}{x}$;

(2) 当$x>0$时,$\ln(1+x)<x$;

(3) 当$x>0$时,$1+\frac{x}{2}>\sqrt{1+x}$;

(4) 当$0<x<\frac{\pi}{2}$时,$\tan x>x+\frac{x^3}{3}$.

11. 讨论方程$2x^3-9x^2+12x-3=0$的实根个数.

12. 证明方程$\ln x=\frac{x}{e}-1$有且仅有两个实根.

第二节 函数的极值与最值

在许多实际问题中,需要求函数在指定区间上的极值与最值,因此讨论函数的极值与最值有重要的应用价值.

一、函数的极值及其求法

定义　设函数$f(x)$在x_0的某邻域内有定义,如果对于去心邻域$\mathring{U}(x_0)$内的任意的x,恒有

$$f(x)<f(x_0)\ \left(\text{或}f(x)>f(x_0)\right),$$

则称$f(x_0)$为函数$f(x)$的一个极大值(或极小值).函数的极大值与极小值统称为函数的极值.使函数取得极值的点x_0称为函数的极值点.

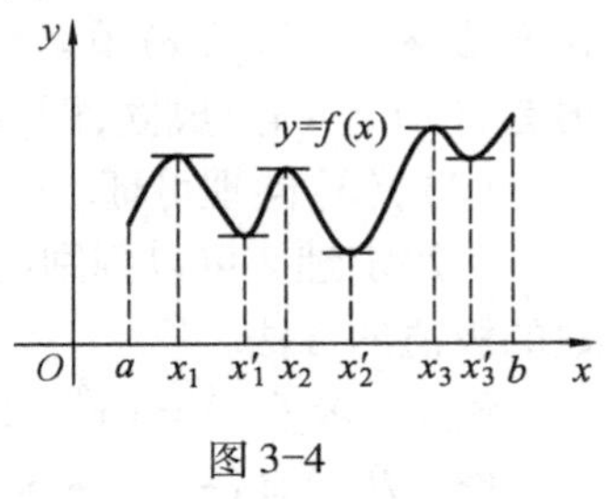

图 3-4

如图3-4所示,x_1,x_2,x_3为函数$f(x)$在区间$[a,b]$上的极大值点,x_1',x_2',x_3'为$f(x)$在区间$[a,b]$上的极小值点.由图可知,函数在一个区间内可能有几个极大值与极小值.函数在点x_2处的极大值$f(x_2)$比在x_3'处的极小值$f(x_3')$小,这是可能的.因为我们讨论的函数极值是局部概念,只将它与该点左右邻近的函数值比较,函数的极值未必是指定区间上的最值.下面讨论连续函数极值点的求法.

由本章第一节中罗尔定理的证明过程可以得到:

定理1(必要条件)　若点x_0是函数$y=f(x)$的极值点,且函数在x_0可导,则必有$f'(x_0)=0$.

函数导数为零的点称为函数的驻点.

注　①$f'(x_0)=0$是可导函数取极值的必要条件,但不是充分条件,即驻点不一定是函数的极值点.如函数$y=x^3$在$x=0$处导数为零,但不是函数的极值点,如图3-5所示.

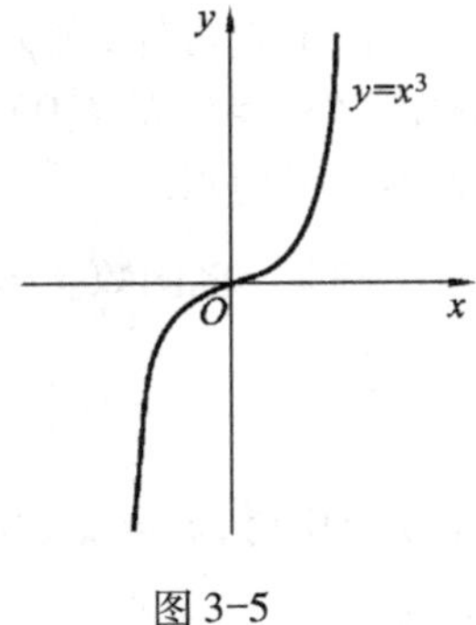

图 3-5

② 函数不可导的点也有可能是极值点.如图3-4所示,在极值点x_2,x_2',x_3,x_3'处函数的导数为零,在极值点x_1,x_1'处,函数的导数不存在.又如,对于函数$y=|x|$,显然$x=0$是极小值点,但函数在该点不可导.

观察图3-4可见,函数的极值点是其单调增加与单调减少区间的分界点.由单调性的判定定理可得极值点的第一判定定理.

定理2(第一充分条件)　设函数$f(x)$在x_0处连续,且在x_0的某去心邻域$\mathring{U}(x_0,\delta)$内可导.

(1) 若$x\in(x_0-\delta,x_0)$时,$f'(x)>0$,而$x\in(x_0,x_0+\delta)$时,$f'(x)<0$,则$f(x_0)$为$f(x)$的一个极大值;

(2) 若$x\in(x_0-\delta,x_0)$时,$f'(x)<0$,而$x\in(x_0,x_0+\delta)$时,$f'(x)>0$,则$f(x_0)$为$f(x)$的一个极小值;

(3) 若当 $x \in \mathring{U}(x_0,\delta)$ 时, $f'(x)$ 恒为正或恒为负, 则 $f(x_0)$ 不是 $f(x)$ 的极值点.

证 (1) 当 $x \in (x_0-\delta, x_0)$ 时,由于 $x < x_0$, $f'(x) > 0$,故在 x_0 的左侧邻近, $f(x)$ 单调增加,即有 $f(x) < f(x_0)$;当 $x \in (x_0, x_0+\delta)$ 时,由于 $x > x_0$, $f'(x_0) < 0$,则在 x_0 的右邻近, $f(x)$ 单调减少,即有 $f(x) < f(x_0)$. 故 x 在 x_0 的左右两侧邻近时,恒有 $f(x) < f(x_0)$ 成立,即 $f(x_0)$ 为 $f(x)$ 的一个极大值.

(2),(3)同理可证.

利用定理 2 可以判别函数的驻点与不可导点是否为极值点,从而提供了求函数的极值的方法.

例 1 求 $f(x) = (x^2-1)^3+1$ 的极值.

解 $f(x)$ 在 $(-\infty,+\infty)$ 内连续且可导,由

$$f'(x) = 3(x^2-1)^2 \cdot 2x = 6x(x^2-1)^2 = 0,$$

求得 $f(x)$ 有 3 个驻点: $x_1=1, x_2=-1, x_3=0$,它们将 $(-\infty,+\infty)$ 分成 3 个部分区间, $f'(x)$ 在这 3 个部分区间上的符号如下表所示:

x	$(-\infty,-1)$	-1	$(-1,0)$	0	$(0,1)$	1	$(1,+\infty)$
$f'(x)$	$-$	0	$-$	0	$+$	0	$+$
$f(x)$	↘		↘	极小	↗		↗

由上表可知,在 $x_3=0$ 的两侧邻近, $f'(x)$ 异号,且 $x<0$ 时, $f'(x)<0$, $x>0$ 时, $f'(x)>0$,故 $f(0)=0$ 是 $f(x)$ 的极小值. 而在 $x=\pm 1$ 两侧邻近, $f'(x)$ 不变号,故不是极值点.

例 2 求函数 $y = x^{\frac{1}{3}}(1-x)^{\frac{2}{3}}$ 的极值.

解

$$y' = \frac{1-3x}{3x^{\frac{2}{3}}(1-x)^{\frac{1}{3}}}.$$

由 $y'=0$ 得, $x_1=\frac{1}{3}$;由 y' 不存在,即由 $3x^{\frac{2}{3}}(1-x)^{\frac{1}{3}}=0$ 解得 $x_2=0, x_3=1$. 列表如下:

x	$(-\infty,0)$	0	$\left(0,\frac{1}{3}\right)$	$\frac{1}{3}$	$\left(\frac{1}{3},1\right)$	1	$(1,+\infty)$
y'	$+$	不存在	$+$	0	$-$	不存在	$+$
y	↗		↗	极大	↘	极小	↗

由上表可知,在 $x=0$ 的两侧邻近,都有 $y'>0$,因此 $x=0$ 不是 y 的极值点;由于当 $0<x<\frac{1}{3}$ 时, $y'>0$,且当 $\frac{1}{3}<x<1$ 时, $y'<0$,因此 $x=\frac{1}{3}$ 是 y 的极大值点,且

极大值 $y\left(\frac{1}{3}\right)=\frac{\sqrt[3]{4}}{3}$；又由于当 $x>1$ 时，$y'>0$，因此 $x=1$ 是 y 的极小值点，且极小值 $y(1)=0$.

当函数在其驻点 x_0 处的二阶导数易求且不为零时，有更简便的极值判别方法.

定理3(第二充分条件)　设 $f(x)$ 在 x_0 处具有二阶导数且 $f'(x_0)=0$，$f''(x_0)\neq 0$，则

(1) 当 $f''(x_0)<0$ 时，函数 $f(x)$ 在 x_0 处取得极大值；

(2) 当 $f''(x_0)>0$ 时，函数 $f(x)$ 在 x_0 处取得极小值.

证　(1) 因为 $f''(x_0)<0$ 且 $f'(x_0)=0$，由二阶导数定义得

$$f''(x_0)=\lim_{x\to x_0}\frac{f'(x)-f'(x_0)}{x-x_0}=\lim_{x\to x_0}\frac{f'(x)}{x-x_0}<0,$$

再由极限的局部保号性可知，存在 $\mathring{U}(x_0,\delta)$，使得对任意的 $x\in\mathring{U}(x_0,\delta)$，有

$$\frac{f'(x)}{x-x_0}<0.$$

这说明在 x_0 的某空心邻域内，当 $x>x_0$ 时，$f'(x)<0$，函数单调减少；当 $x<x_0$ 时，$f'(x)>0$，函数单调增加，利用定理2可知，这时 $f(x_0)$ 为极大值.

类似可证情形(2).

需要指出的是，在使用定理3时，首先要检验 x_0 是不是函数 $f(x)$ 的驻点；其次对于驻点 x_0，若有 $f''(x_0)=0$，则 x_0 可能是极大值点，也可能是极小值点，还可能不是极值点. 例如，对于函数 $y=-x^4$，$y=x^4$ 与 $y=x^3$，由于它们在 $x=0$ 处都有 $y'(0)=0$，$y''(0)=0$，定理3不能判别，而根据定理2可知，这3个函数在 $x=0$ 处分别取得极大值、极小值和不取得极值.

例3　求函数 $f(x)=2x^3-9x^2+12x-3$ 的极值.

解　$f(x)$ 在 $(-\infty,+\infty)$ 内处处连续、可导，

$$f'(x)=6x^2-18x+12=6(x-1)(x-2),$$

$$f''(x)=12x-18=6(2x-3),$$

由 $f'(x)=0$ 解得 $x_1=1$，$x_2=2$. 又

$$f''(1)=-6<0,\ f''(2)=6>0.$$

由定理3可知，$f(1)=2$ 是 $f(x)$ 的极大值，$f(2)=1$ 是 $f(x)$ 的极小值.

例4　利用第二充分条件，求函数 $f(x)=(x^2-1)^3+1$ 的极值.

解　由于 $f(x)$ 是偶函数，因此先讨论 $x\geqslant 0$ 的情形. 由

$$f'(x)=6x(x^2-1)^2=0,$$

解得 $f(x)$ 的驻点为

$$x_1=0,\ x_2=1.$$

又 $$f''(x)=6(x^2-1)(5x^2-1),$$

由于$f''(0)=6>0$,故$f(x)$有极小值$f(0)=0$;由于$f''(1)=0$,故不能用定理3判断.但由于在$x=1$的左右邻近恒有$f'(x)>0$,由定理2,$x=1$不是$f(x)$的极值点.函数$f(x)$的图形如图3-6所示.综上所述,函数$f(x)$只有一个极小值$f(0)=0$.

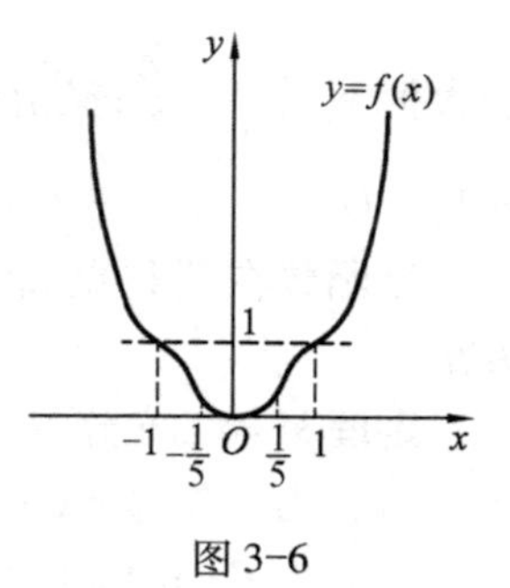

图3-6

二、函数的最值及其求法

1. 连续函数在闭区间上的最大值与最小值

由连续函数的性质可知,闭区间上连续的函数必存在最大值与最小值.该最大值与最小值可能出现在区间的端点,也可能出现在区间的内部,若出现在区间的内部,则它必定是函数的极值.因此,若要求得函数在闭区间上的最大值、最小值,只需把区间内的所有可能极值点以及端点处的函数值都求出来,则它们中的最大值、最小值分别就是函数在闭区间上的最大值、最小值.

综上所述,求连续函数$f(x)$在闭区间$[a,b]$上的最大值、最小值的步骤如下:

(1) 求出函数$f(x)$的所有驻点和不可导的点;

(2) 计算出驻点与不可导点处对应的函数值及端点处的函数值$f(a)$,$f(b)$;

(3) 将上述函数值进行比较,其中的最大值、最小值分别就是函数$f(x)$在闭区间上的最大值、最小值.

例5 求$f(x)=x^3-3x^2-9x+5$在闭区间$[-2,4]$上的最大值与最小值.

解 $f(x)$在闭区间$[-2,4]$上连续,

$$f'(x)=3x^2-6x-9=3(x-3)(x+1),$$

由$f'(x)=0$解得$x_1=-1$,$x_2=3$.又

$$f(-1)=10,\ f(3)=-22,\ f(-2)=3,\ f(4)=-15,$$

因此,在区间$[3,4]$上,函数在$x=-1$处取得最大值10;在$x=3$处取得最小值-22.

2. 连续函数在开区间上的最大值与最小值

在开区间(a,b)内连续的函数不一定能在该区间内取得最大值与最小值.例如函数$y=x^2$,在区间$(-1,2)$内的$x=0$处取得最小值0,但无最大值;而在区间$(1,2)$内函数$y=x^2$既无最大值也无最小值.

若x_0是函数$f(x)$在开区间内的唯一可能极值点,且是极大(小)值点,可以证明x_0也是$f(x)$的最大(小)值点.

特别地,在实际问题中,如果函数在(a,b)内部只有一个驻点,而从实际意义分析中可判断函数在(a,b)内有最大(小)值存在,则这个驻点就是所要求的最大(小)值点.

例 6　制造容积为 50 m^3 的圆柱形密闭容器，应取怎样的底半径与高，使用料最省（表面积最小）？

解　设圆柱形密闭容器的底半径为 R(m)，高为 h(m)，则其表面积

$$S=2\pi Rh+2\pi R^2,\ R\in(0,+\infty).$$

由容积 $\pi R^2h=50$，得 $h=\dfrac{50}{\pi R^2}$. 并将它代入上式得

$$S=2\pi R\cdot\frac{50}{\pi R^2}+2\pi R^2=\frac{100}{R}+2\pi R^2,$$

$$\frac{\mathrm{d}S}{\mathrm{d}R}=-\frac{100}{R^2}+4\pi R.$$

由此可得唯一的驻点 $R_0=\sqrt[3]{\dfrac{25}{\pi}}$. 又由于制造固定容积的圆柱形密闭容器时，一定存在一个底半径，使得容器的表面积最小. 因此，当 $R_0=\sqrt[3]{\dfrac{25}{\pi}}$ 时，$S(R)$ 在该点取得最小值. 此时，相应的高

$$h_0=\frac{50}{\pi R^2}=2\sqrt[3]{\frac{25}{\pi}}=2R_0.$$

即当圆柱形容器的高与底直径都等于 $2\sqrt[3]{\dfrac{25}{\pi}}$ 时，表面积最小，从而使用料最省.

习　题　3-2

1. 判断题

(1) 二阶可导的函数 $f(x)$ 在 x_0 取得极值，则 $f''(x_0)\neq 0$；

(2) 可导函数的极值点必是函数的驻点；

(3) 若函数 $f(x)$ 在 x_0 取得极值，则曲线 $y=f(x)$ 在点 $(x_0, f(x_0))$ 处必有平行于 x 轴的切线；

(4) 若在区间 (a, b) 内可导的函数只有一个极大值点，则这个极大值点是 $f(x)$ 在 (a, b) 内的最大值点.

2. 根据下面给出的 $f'(x)$ 的图形（见图 3-7、图 3-8），指出 $f(x)$ 的极值点是极大值点还是极小值点：

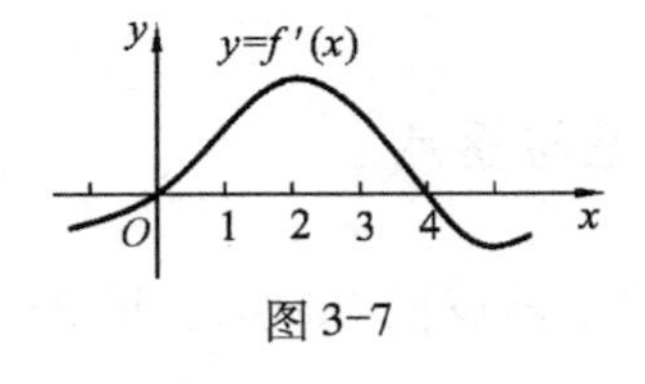

图 3-7

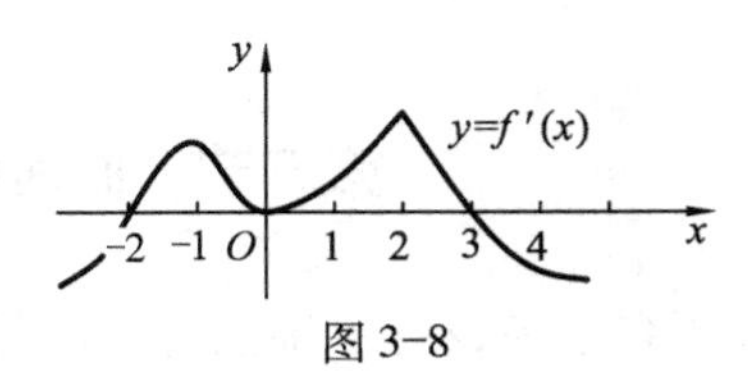

图 3-8

3. 求下列函数的极值点与极值：

(1) $y=2x^3-3x^2-12x+25$；　　(2) $y=x-1+\dfrac{1}{x-1}$；

(3) $y=x-\arctan x$；　　(4) $y=x^{\frac{1}{x}}$；

(5) $y=\dfrac{x}{\ln x}$；　　(6) $y=x^2\mathrm{e}^{-x^2}$.

4. 设函数 $f(x)=a\ln x+bx^2+x$ 在 $x_1=1, x_2=2$ 处都取得极值，求 a, b 的值并讨论 $f(x)$ 在 x_1, x_2 处是取得极大值还是极小值.

5. 试问 a 为何值时，函数 $f(x)=a\sin x+\dfrac{1}{3}\sin 3x$ 在 $x=\dfrac{\pi}{3}$ 处取得极值，它是极大值还是极小值？并求此极值.

6. 求下列函数在给定区间上的最值：

(1) $y=x^4-8x^2+2,\ x\in[-1,3]$；　　(2) $y=x+\sqrt{1-x},\ x\in[0,1]$；

(3) $y=x^2-\dfrac{54}{x},\ x\in(-\infty,0)$；　　(4) $y=|x^2-3x+2|,\ x\in[-3,4]$.

7. 在曲线 $y=x^2-x$ 上求一点 P，使点 P 到定点 $A(0,1)$ 的距离最近.

8. 求内接于椭圆 $\dfrac{x^2}{a^2}+\dfrac{y^2}{b^2}=1$. 两邻边分别平行于坐标轴的长方形的最大面积.

9. 半径为 R 的圆形薄片中剪去一个扇形(见图 3-9)，问留下的扇形的中心角 φ 多大时使卷起所得的圆锥形容器具有最大容积.

10. 把一根直径为 30 cm 的圆木锯成截面为矩形的梁(见图 3-10)，已知梁的抗弯截面模量 $W=\dfrac{1}{6}bh^2$，其中 b,h 分别为梁的截面矩形的宽和高，问 b 和 h 各为多少时才能使梁的抗弯截面模量最大？

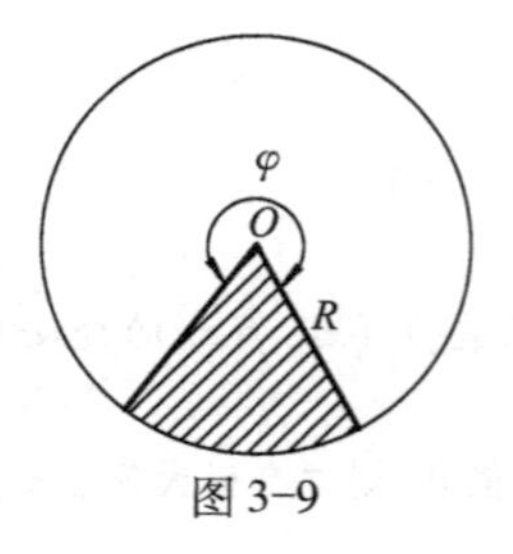

图 3-9

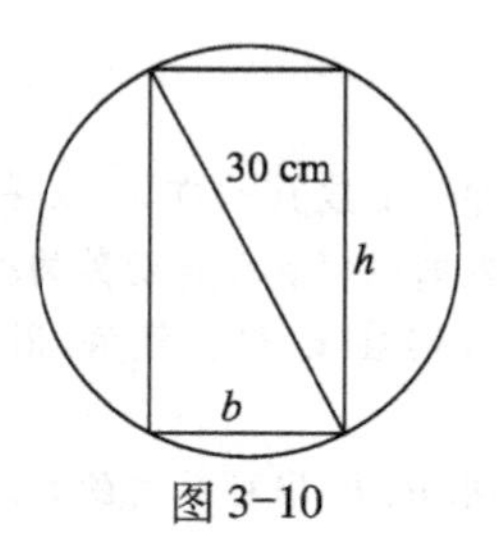

图 3-10

11. 设圆柱的底面半径与高的和为 30 cm，求它的半径为多少时，圆柱的体积最大.

12. 对任意 $x\in\mathbf{R}$，证明 $x^4+(1-x)^4\geqslant\dfrac{1}{8}$.

第三节　曲线的凹凸性与拐点

上节研究了函数的单调性，但仅了解这一点是不够的. 例如，在图 3-11 中有两条曲线弧$\overset{\frown}{AB}$与$\overset{\frown}{CD}$,他们都是单调上升的曲线,但图形却有显著的不同,$\overset{\frown}{AB}$是向下凹陷的,$\overset{\frown}{CD}$是向上凸起的,它们的凹凸性各不相同.那么图形的凹凸性有什么本质属性,又如何判定呢?

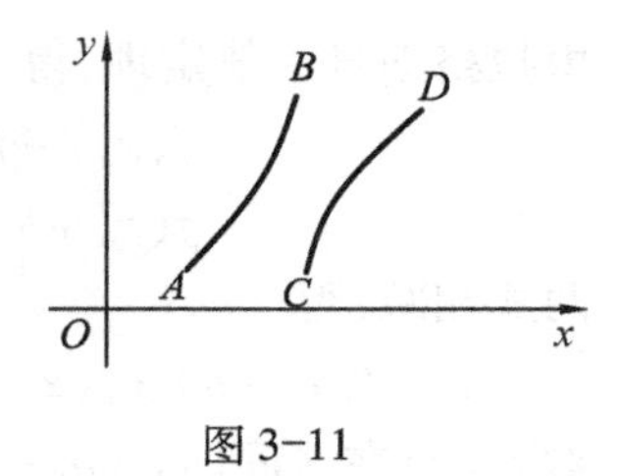

图 3-11

一、曲线的凹凸性

从几何上看到,在凹陷的弧上(见图 3-12),任意两点的连线段总位于这两点间的弧段的上方,若每一点处的切线总存在则都位于曲线的下方;而在向上凸起的曲线上,其情形正好相反(见图 3-13).曲线的这种凹陷、凸起的图形性质,称之为曲线的凹凸性.

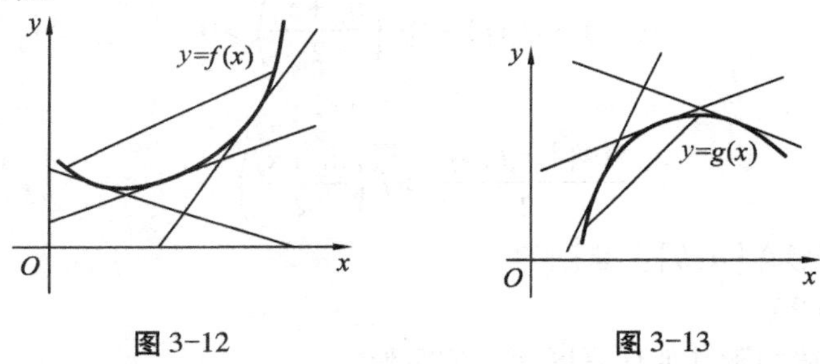

图 3-12　　图 3-13

定义 1　设$f(x)$在区间(a,b)内连续,对(a,b)内的任意两点x_1,x_2,如果恒有

$$f\left(\frac{x_1+x_2}{2}\right)<\frac{f(x_1)+f(x_2)}{2},$$

则称$f(x)$在区间(a,b)内的图形是(向上)凹的(或凹弧);如果恒有

$$f\left(\frac{x_1+x_2}{2}\right)>\frac{f(x_1)+f(x_2)}{2},$$

则称$f(x)$在(a,b)内的图形是(向上)凸的(或凸弧).

从图 3-12 与图 3-13 可看出,当曲线处处有切线时,凹(凸)弧切线的斜率随着自变量x的增大而变大(小).如果函数$y=f(x)$是二阶可导的,则这一特性(导数$f'(x)$的单调性)可由$f''(x)$的符号判别,由此可得判断曲线凹凸性的一个常用的方法.

定理　设$f(x)$在$[a,b]$内连续,在(a,b)内具有一阶和二阶导数,那么

(1) 若在(a,b)内$f''(x)>0$,则$f(x)$在$[a,b]$上的图形是凹的;

(2) 若在(a,b)内$f''(x)<0$,则$f(x)$在$[a,b]$上的图形是凸的.

证　(1) 设$\forall x_1,x_2\in(a,b)$,且$x_1<x_2$,记$x_0=\frac{x_1+x_2}{2},h=\frac{x_2-x_1}{2}$.则

$$x_1=x_0-h,\ \ x_2=x_0+h.$$

由拉格朗日中值定理,得

$$f(x_0)-f(x_0-h)=f'(x_0-\theta_1 h)h \quad (0<\theta_1<1),$$
$$f(x_0+h)-f(x_0)=f'(x_0+\theta_2 h)h \quad (0<\theta_2<1).$$

两式相减,得

$$f(x_0+h)+f(x_0-h)-2f(x_0)=[f'(x_0+\theta_2 h)-f'(x_0-\theta_1 h)]h.$$

对$f'(x)$在区间$[x_0-\theta_1 h, x_0+\theta_2 h]$上应用拉格朗日中值定理,得

$$f'(x_0+\theta_2 h)-f'(x_0-\theta_1 h)=f''(\xi)(\theta_1+\theta_2)h,$$

其中$x_0-\theta_1 h<\xi<x_0+\theta_2 h$. 由$f''(\xi)>0$,得

$$f(x_0+h)+f(x_0-h)-2f(x_0)=f''(\xi)\cdot(\theta_1+\theta_2)h^2>0.$$

由此得到

$$f(x_2)+f(x_1)-2f\left(\frac{x_1+x_2}{2}\right)>0,$$

即

$$\frac{f(x_1)+f(x_2)}{2}>f\left(\frac{x_1+x_2}{2}\right).$$

从而$f(x)$的图形在$[a,b]$上是凹的.

同理可证(2).

此定理也适用于其他任意区间上的情形.

例 1 判定曲线$y=x^3$的凹凸性.

解 $y'=3x^2, y''=6x$.

当$x>0$时,$y''=6x>0$,故曲线在$[0,+\infty)$上是凹的;

当$x<0$时,$y''=6x<0$,曲线在$(-\infty,0]$上是凸的.

例 2 判定曲线$y=\ln(x^2+1)$的凹凸性.

解 在区间$(-\infty,+\infty)$内,

$$y'=\frac{2x}{x^2+1},\ y''=\frac{2(x^2+1)-(2x)^2}{(x^2+1)^2}=\frac{2(1-x^2)}{(x^2+1)^2},$$

由$y''=0$,求得$x_1=-1, x_2=1$. 它们将函数的定义域分成3个部分区间,在每个部分区间上函数y的特性列表如下:

x	$(-\infty,-1)$	-1	$(-1,1)$	1	$(1,+-\infty)$
y''	$-$	0	$+$	0	$-$
y	⌒		⌣		⌒

"⌒"代表凸弧,"⌣"代表凹弧.

从上表可知,曲线在$(-1,1)$内是凹的;在$[1,+\infty)$与$(-\infty,-1]$上是凸的.

二、曲线的拐点

由例1、例2可知，曲线 $y=x^3$ 在点 $x=0$ 处，$y''=0$，且曲线经过点 $x=0$ 的左右两侧时，图形由凸变成凹；曲线 $y=\ln(1+x^2)$ 在点 $x_1=-1$ 与 $x_2=1$ 处也有 $y''=0$，且其左右两侧的凹凸性也都不同.

定义2　设函数 $y=f(x)$ 在 $U(x_0)$ 内连续，若曲线 $y=f(x)$ 在经过点 $(x_0,f(x_0))$ 时，曲线由凹弧变为凸弧或由凸弧变为凹弧，这样的点 $(x_0,f(x_0))$ 称为该曲线的拐点.

如果函数 $y=f(x)$ 在 $\mathring{U}(x_0)$ 内具有二阶导数，且 $f''(x_0)=0$ 或 $f''(x_0)$ 不存在，但 $f''(x)$ 在 x_0 的左右两侧邻近的符号相反，则说明函数 $f(x)$ 在点 $(x_0,f(x_0))$ 的左右两侧邻近的凹凸性不同，故点 $(x_0,f(x_0))$ 就是曲线 $y=f(x)$ 的一个拐点.

因此，可按如下步骤求函数的凹凸区间及其拐点：

(1) 求 $f''(x)$，并求出 $f''(x)=0$ 在定义区间内的实根与 $f''(x)$ 不存在的点；

(2) 用(1)中的点将定义区间分成若干个部分区间，考察函数在这些部分区间上 $f''(x)$ 的符号；

(3) 利用 $f''(x)$ 的符号，再根据定理及定义2可求得曲线的凹凸区间与拐点.

例3　求曲线 $y=(x-2)^{\frac{5}{3}}-\frac{5}{9}x^2$ 的凹凸区间和拐点.

解　函数的定义域为 $(-\infty,+\infty)$，由

$$y'=\frac{5}{3}(x-2)^{\frac{2}{3}}-\frac{10}{9}x,$$

$$y''=\frac{10[1-(x-2)^{\frac{1}{3}}]}{9(x-2)^{\frac{1}{3}}}$$

可知，当 $x_1=3$ 时，$y''=0$；当 $x_2=2$ 时，y'' 不存在，列表如下：

x	$(-\infty,2)$	2	$(2,3)$	3	$(3,+\infty)$
y''	-	不存在	+	0	-
y	⌒	拐点	⌣	拐点	⌒

由上表可知，区间 $(-\infty,2]$，$[3,+\infty)$ 是曲线的凸区间，区间 $[2,3]$ 是曲线的凹区间；点 $\left(2,-\frac{20}{9}\right)$ 与点 $(3,-4)$ 是曲线的两个拐点.

例4　问 a,b 为何值时，点 $(1,3)$ 是曲线 $y=ax^4+bx^3$ 的拐点？

解　$y'=4ax^3+3bx^2$，$y''=12ax^2+6bx$.

由于点 $(1,3)$ 在该曲线上，将 $y(1)=3$ 代入，得

$$a+b=3,$$

又点 $(1,3)$ 为曲线的拐点，故 $y''(1)=0$，即

$$12a+6b=0.$$

由上面两式解得

$$a=-3,\ b=6.$$

所以当 $a=-3, b=6$ 时,点$(1,3)$是曲线 $y=ax^4+bx^3$ 的拐点.

习　题　3-3

1. 求下列曲线的凹凸区间和拐点:

(1) $y=3x^4-4x^3+1$;　　(2) $y=\ln(1+x^2)$;

(3) $y=\dfrac{x^3}{x^2+12}$;　　(4) $y=(1+x^2)e^x$;

(5) $y=xe^{-x}$;　　(6) $y=x^4(12\ln x-7)$.

2. 求曲线 $y=x^3-3x^2+24x-19$ 在拐点处的切线方程和法线方程.

3. 试确定常数 a,b 使$(1,2)$是曲线 $y=ax^3+bx^2+1$ 的拐点.

4. 设曲线 $y=ax^3+bx^2+cx+d$ 过点$(-2,44)$,点$(1,-10)$为其拐点,且在$x=-2$处该曲线有水平的切线,求 a,b,c,d 的值.

5. 设曲线 $y=k(x^2-3)^2$ 的拐点处的法线通过原点,求 k 的值.

6. 利用函数的凹凸性,证明下列不等式:

(1) $\dfrac{e^x+e^y}{2}>e^{\frac{x+y}{2}}(x>0,y>0,x\neq y)$;

(2) $x\ln x+y\ln y>(x+y)\ln\dfrac{x+y}{2}\ (x>0,y>0,x\neq y)$.

7. 证明:曲线 $y=\dfrac{x+1}{x^2+1}$有 3 个拐点,且它们位于同一条直线上.

第四节　函数图形的描绘

一、曲线的渐近线

对于范围无限的曲线,如果有渐近线,则可以了解曲线无限延伸时的性态,这对于描绘曲线是很有帮助的. 因此有必要讨论曲线的渐近线.

定义　若曲线上的点沿曲线趋于无穷远时,此点与某一直线的距离趋近于零,则称此直线为曲线的一条渐近线.

渐近线分为水平渐近线、垂直渐近线和斜渐近线 3 种. 下面依次讨论它们的求法.

1. 垂直渐近线

利用定义可证明,如果当 $x\to x_0$(或 $x\to x_0^+$ 或 $x\to x_0^-$)时, $f(x)\to\infty$,即$\lim\limits_{x\to x_0}f(x)=\infty$

(或 $\lim\limits_{x\to x_0^+} f(x)=\infty$ 或 $\lim\limits_{x\to x_0^-} f(x)=\infty$),则直线 $x=x_0$ 是曲线 $y=f(x)$ 的一条垂直渐近线(见图 3-14).

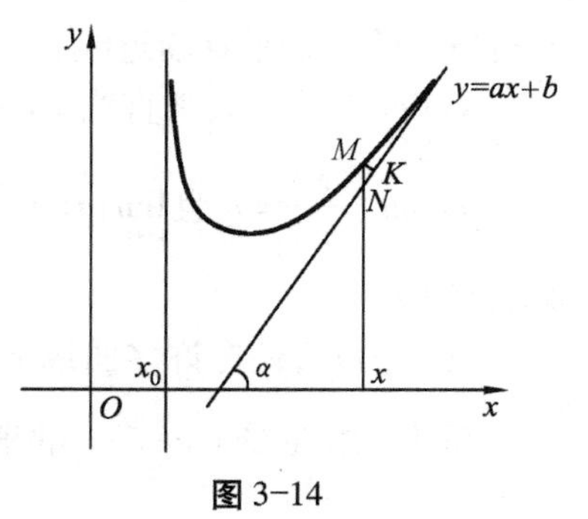

图 3-14

例如,对曲线 $y=\ln x$,当 $x\to 0^+$ 时,$\ln x\to-\infty$,所以直线 $x=0$ 为曲线 $y=\ln x$ 的一条垂直渐近线.

又如曲线 $y=\dfrac{1}{x-1}$,当 $x\to 1$ 时,$y\to\infty$,所以 $x=1$ 为该曲线的一条垂直渐近线.

2. 斜渐近线

设直线 $y=ax+b$(其倾斜角 $\alpha\neq\dfrac{\pi}{2}$)为曲线 $y=f(x)$ 的一条斜渐近线(见图 3-14).曲线上的点 M 与直线 $y=ax+b$ 的距离为 $|MK|$,由渐近线的定义可知

$$\lim_{x\to\infty}|MK|=0.$$

在 Rt△MKN 中,$|MN|=\dfrac{|MK|}{|\cos\alpha|}$,因此,$\lim\limits_{x\to\infty}|MN|=0$. 又因

$$MN=f(x)-(ax+b).$$

所以

$$\lim_{x\to\infty}[f(x)-(ax+b)]=0. \tag{1}$$

由此,曲线 $y=f(x)$ 的斜渐近线的存在及求法问题归结为确定 a,b 的值,使它满足式(1).为此将式(1)化为

$$\lim_{x\to\infty} x\left[\frac{f(x)}{x}-a-\frac{b}{x}\right]=0.$$

从而

$$\lim_{x\to\infty}\left[\frac{f(x)}{x}-a-\frac{b}{x}\right]=0,$$

即得

$$a=\lim_{x\to\infty}\frac{f(x)}{x}, \tag{2}$$

再由式(1)得

$$b=\lim_{x\to\infty}[f(x)-ax]. \tag{3}$$

从而可求得曲线 $y=f(x)$ 的斜渐近线为 $y=ax+b$.

特别地,若 $a=0$,且 $b=\lim\limits_{x\to\infty} f(x)$ 存在,则 $y=b$ 为 $f(x)$ 的一条水平渐近线.

综上所述,可得渐近线的求法如下:

若 $\lim\limits_{x\to x_0} f(x)=\infty$(或 $\lim\limits_{x\to x_0^+} f(x)=\infty$ 或 $\lim\limits_{x\to x_0^-} f(x)=\infty$),则直线 $x=x_0$ 是曲线

$y=f(x)$ 的一条垂直渐近线；

若$\lim\limits_{x\to\infty}f(x)=b$,则直线 $y=b$ 是曲线 $y=f(x)$ 的一条水平渐近线；

若$\lim\limits_{x\to\infty}\frac{f(x)}{x}=a$ 且$\lim\limits_{x\to\infty}[f(x)-ax]=b$,则直线 $y=ax+b$ 是曲线 $y=f(x)$ 的一条斜渐近线.

注　另外,还有许多曲线 $y=f(x)$ 是没有渐近线的.

例 1　求曲线 $y=\frac{x^2}{x^2-4}$的渐近线.

解　因为$\lim\limits_{x\to\infty}\frac{x^2}{x^2-4}=1$,所以 $y=1$ 是该曲线的一条水平渐近线；

又因为$\lim\limits_{x\to 2}\frac{x^2}{x^2-4}=\infty$,且函数 y 是偶函数,所以 $x=\pm 2$ 是曲线的两条关于 y 轴对称的垂直渐近线.

例 2　求曲线 $y=\frac{x^2}{x+1}$的渐近线.

解　因为$\lim\limits_{x\to -1}\frac{x^2}{x+1}=\infty$,所以直线 $x=-1$ 为该曲线的一条垂直渐近线.
因为

$$a=\lim_{x\to\infty}\frac{y}{x}=\lim_{x\to\infty}\frac{x}{x+1}=1,$$

这时

$$b=\lim_{x\to\infty}(y-ax)=\lim_{x\to\infty}\left(\frac{x^2}{x+1}-x\right)=\lim_{x\to\infty}\frac{-x}{x+1}=-1,$$

所以该曲线的斜渐近线为 $y=x-1$.

二、函数图形的描绘

若要比较准确地描绘出函数的图形,仅用描点作图一般是不行的. 为了提高作图的准确性,可将前面讨论的函数性态应用到曲线的作图上,即利用函数的一阶、二阶导数,分析其整体性态,求出曲线的渐近线后,再描点作图,称这种作图的方法为分析作图法. 函数作图步骤大致如下：

(1) 确定 $f(x)$ 的定义域并讨论函数的性质(奇偶性、周期性、连续性等)；

(2) 在定义域内求函数 $f(x)$ 的一阶、二阶导数为零或不存在的点,并用这些点将定义域划分成若干部分区间；

(3) 在每个部分区间内确定一阶、二阶导数的符号,并由此确定函数在这些区间内的单调性和凹凸性,并求得函数的极值点与拐点；

(4) 求出函数 $f(x)$ 的渐近线(如果有)；

（5）计算若干关键点（与坐标轴交点、极值点、拐点等）的函数值，综合上面讨论的图形性质，描绘函数的简图.

例 3　描绘函数 $y=\frac{1}{\sqrt{2\pi}}e^{-\frac{x^2}{2}}$的图形.

解　（1）函数的定义域为 **R**，且是偶函数，因此只要在$[0,+\infty)$上作出该函数的图形，再利用对称性可得函数的整个图形.

（2）$y'=-\frac{1}{\sqrt{2\pi}}xe^{-\frac{x^2}{2}}$，$y''=\frac{x^2-1}{\sqrt{2\pi}}e^{-\frac{x^2}{2}}$.

由 $y'=0$ 得，驻点 $x_1=0$；由 $y''=0$，得 $x_2=1$.

（3）列表.

x	0	$(0,1)$	1	$(1,+\infty)$
y'	0	−	−	−
y''	−	−	0	+
曲线 $y=f(x)$	极大值点	⌒	拐点 $(1,f(1))$	⌣

（4）又 $\lim\limits_{x\to+\infty}f(x)=0$，所以 $y=0$ 为函数图形的水平渐近线.

（5）由 $y(0)=\frac{1}{\sqrt{2\pi}}=0.399$，$y(1)=\frac{1}{\sqrt{2\pi e}}=0.242$，$y(2)=\frac{1}{\sqrt{2\pi e^2}}=0.054$，得到图形上的点 $M_1(0,0.399)$，$M_2(1,0.242)$，$M_3(2,0.054)$，结合以上表格，描出函数在$[0,+\infty)$上的图形，再作其关于 y 轴的对称图形，如图 3-15 所示.

函数 $y=\frac{1}{\sqrt{2\pi}}e^{-\frac{x^2}{2}}$的图形是概率统计中有重要应用的标准正态分布曲线.

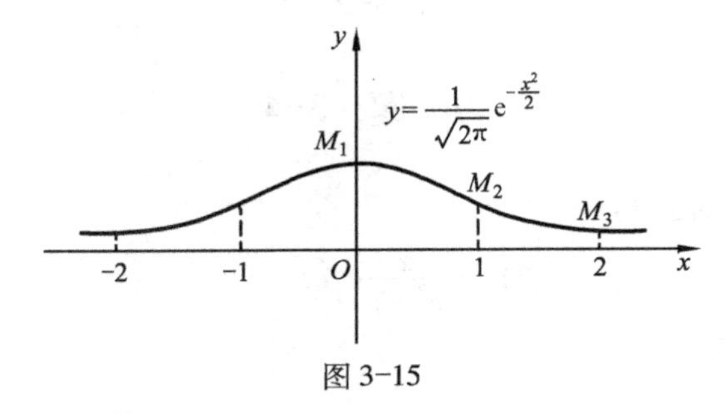

图 3-15

例 4　描绘函数 $y=\frac{x}{\sqrt[3]{x^2-1}}$的图形.

解　（1）函数的定义域为 $x\neq\pm1$ 的一切实数，该函数是奇函数，所以先讨论 $x\geqslant0$ 部分的图形.

(2) $y'=\dfrac{x^2-3}{3(x^2-1)^{\frac{4}{3}}}$, $y''=\dfrac{2x(9-x^2)}{9(x^2-1)^{\frac{7}{3}}}$.

在区间$[0,1)\cup(1,+\infty)$内,函数有一阶、二阶导数,驻点为$x_1=\sqrt{3}$, $y''=0$的点有$x_2=0$, $x_3=3$.

(3) 列表.

x	0	$(0,1)$	$(1,\sqrt{3})$	$\sqrt{3}$	$(\sqrt{3},3)$	3	$(3,+\infty)$
y'	−	−	−	0	+	+	+
y''	0	−	+	+	+	0	−
曲线 $y=f(x)$		↘	↘	极小值点	↗	拐点 $(1,f(1))$	↗

(4) 又$\lim\limits_{x\to1}y=\infty$,所以$x=1$为函数图形的垂直渐近线.

(5) $y(0)=0$, $y(\sqrt{3})=\dfrac{\sqrt{3}}{\sqrt[3]{2}}\approx1.37$, $y(3)=1.5$,得到图上3个点,结合渐近线和以上表格,在区间$[0,1)$和$(1,+\infty)$上描出函数的图形,最后作它关于原点O的对称图形,得到函数的整个图形,如图3-16所示.

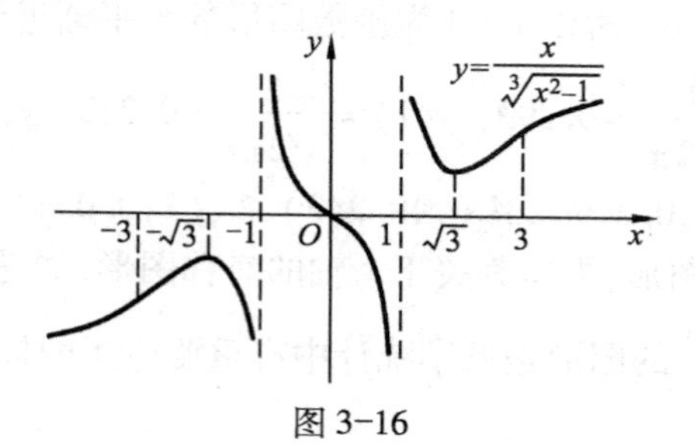

图3-16

习　题　3-4

1. 求下列曲线的渐近线:

(1) $y=\left(\dfrac{1+x}{1-x}\right)^4$;　　(2) $y=\dfrac{x}{x^2-1}$;

(3) $y=\dfrac{2x(x-1)}{x+3}$.

2. 描绘下列函数的图形:

(1) $y=x^3-3x^2$;　　(2) $y=x^2+\dfrac{2}{x}$;

(3) $y=1+\dfrac{36x}{(x+3)^2}$;　　(4) $y=xe^{-x}$.

第五节　弧微分与曲率

在许多实际问题中，常常需要知道曲线的弯曲程度，如在设计铁路或公路的弯道时，必须考虑弯道处的弯曲程度；建筑工程中使用的弓形梁的受力强度也与弯道处的弯曲程度有关. 这些实际问题都对应同一个数学问题，即光滑曲线 $y=f(x)$ 的弯曲程度. 为此，本节先给出函数的弧微分的概念，然后再研究曲线的弯曲程度的数学表达式.

一、曲线弧的微分

如果函数 $y=f(x)$ 在区间 (a,b) 内有连续的导数，则称曲线 $y=f(x)$ 是 (a,b) 内的光滑曲线. 理论上可以证明光滑曲线弧是可以求长度的.

在曲线 $y=f(x)$ 上取定一点 $M_0(x_0,y_0)$ 作为度量曲线弧长的基点（见图3-17），并规定沿 x 增大的方向为曲线的正方向（弧长增加的方向），对曲线上任意点 $M(x,y)$，规定有向弧段 $\overset{\frown}{M_0M}$ 的值 $s(x)$（简称弧函数 $s(x)$）如下：$s(x)$ 的绝对值等于弧 $\overset{\frown}{M_0M}$ 的长度，当有向弧段 $\overset{\frown}{M_0M}$ 的方向与曲线的正向一致时 $s(x)>0$，相反时 $s(x)<0$. 由此得到一个定义在区间 (a,b) 内的弧函数 $s(x)$.

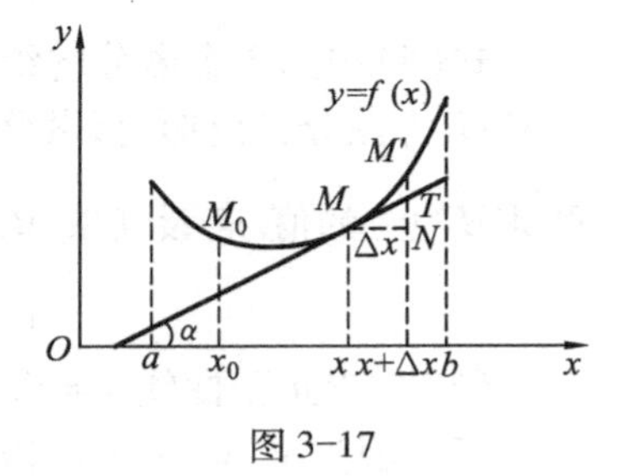

图 3-17

若也用 $\overset{\frown}{M_0M}$ 表示弧 $\overset{\frown}{M_0M}$ 的长度，则

$$s(x)=\begin{cases}\overset{\frown}{M_0M}, & x\geqslant x_0,\\ -\overset{\frown}{M_0M}, & x<x_0.\end{cases}$$

显然 $s(x)$ 是 x 的单调增加函数. 下面给出弧函数 $s(x)$ 的导数及微分公式.

设点 x 与 $x+\Delta x$ 在区间 (a,b) 内，它们对应曲线 $y=f(x)$ 上相应的两点 $M(x,f(x))$ 与 $M'(x+\Delta x,f(x+\Delta x))$，函数 $y=f(x)$ 相应的增量是 Δy，弧函数 $s(x)$ 相应的增量 $\Delta s=\overset{\frown}{MM'}$. 由于 $s(x)$ 是 x 的单调增加函数，因此

$$\frac{\Delta s}{\Delta x}=\left|\frac{\Delta s}{\Delta x}\right|=\left|\frac{\overset{\frown}{MM'}}{\Delta x}\right|=\left|\frac{\overset{\frown}{MM'}}{MM'}\right|\cdot\left|\frac{MM'}{\Delta x}\right|=\left|\frac{\overset{\frown}{MM'}}{MM'}\right|\sqrt{1+\left(\frac{\Delta y}{\Delta x}\right)^2}. \tag{1}$$

令 $\Delta x\to 0$，则 $M'\to M$.

由于 $\lim\limits_{M'\to M}\left|\frac{\overset{\frown}{MM'}}{MM'}\right|=1$，$\lim\limits_{\Delta x\to 0}\frac{\Delta y}{\Delta x}=y'$，因此由式（1）

$$\frac{\mathrm{d}s}{\mathrm{d}x}=\lim_{\Delta x\to 0}\frac{\Delta s}{\Delta x}=\lim_{\Delta x\to 0}\sqrt{1+\left(\frac{\Delta y}{\Delta x}\right)^2}=\sqrt{1+y'^2},$$

$$ds = \sqrt{1+y'^2}dx, \tag{2}$$

式(2)称为曲线 $y=f(x)$ 的弧微分公式.

当曲线用参数方程 $x=x(t)$, $y=y(t)$ 表示时,式(2)可化为

$$ds = \sqrt{(dx)^2+(dy)^2},$$

得

$$ds = \sqrt{x'^2(t)+y'^2(t)}dt; \tag{3}$$

当曲线用极坐标方程 $r=r(\theta)$ 表示时,由直角坐标与极坐标的关系有

$$\begin{cases} x=r(\theta)\cos\theta, \\ y=r(\theta)\sin\theta. \end{cases}$$

式(3)可化为

$$ds = \sqrt{r^2(\theta)+r'^2(\theta)}d\theta. \tag{4}$$

又由式(2)可得

$$(ds)^2 = (dx)^2+(dy)^2. \tag{5}$$

式(5)中的3个微分的绝对值构成了图3-17的Rt$\triangle MNT$的3条边,因此称$\triangle MNT$为微分三角形. 弧微分是微分三角形的有向斜边(在切线 MT 上而不是在弦 MM'上)的值. 若设切线 MT 的倾角为 $\alpha\left(|\alpha|<\dfrac{\pi}{2}\right)$,由微分三角形 MNT 可得

$$dx = ds\cos\alpha,\ dy = ds\sin\alpha.$$

例1　求正弦曲线 $y=\sin x$ 的弧微分.

解　因为 $y'=\cos x$,所以

$$ds = \sqrt{1+y'^2}dx = \sqrt{1+\cos^2 x}dx.$$

例2　求第一象限内星形线 $x=a\cos^3 t$, $y=a\sin^3 t\left(0\leqslant t\leqslant\dfrac{\pi}{2}\right)$的弧微分.

解　因为 $x'(t)=-3a\cos^2 t\sin t$, $y'(t)=3a\sin^2 t\cos t$,所以

$$\begin{aligned} ds &= \sqrt{x'^2(t)+y'^2(t)}dt = \sqrt{9a^2(\cos^4 t\sin^2 t+\sin^4 t\cos^2 t)}dt \\ &= 3a\sin t\cos t dt. \end{aligned}$$

二、曲率与曲率半径

如图3-18所示,设 L 与 L_1 为平面上两条连续光滑的曲线,在 L 与 L_1 上分别取长度都等于 Δs 的弧段$\widehat{PQ}$与$\widehat{PQ_1}$(见图3-18a). 在曲线 L 上动点沿弧$\widehat{PQ}$从点 P 移动到点 Q 时,其切线也连续转动. 设其倾角的改变量(即弧段$\widehat{PQ}$两端切线正向的夹角)为 $\Delta\alpha$. 同样设曲线 L_1 上动点沿弧$\widehat{PQ_1}$从点 P 移动到点 Q_1 时,其切线的倾角的改变量(弧段$\widehat{PQ_1}$两端切线正向的夹角)为 $\Delta\alpha_1$. 从图3-18a可看出,虽然弧$\widehat{PQ}$与

$\overset{\frown}{PQ_1}$的长度相等，但显然弧$\overset{\frown}{PQ}$的弯曲程度比$\overset{\frown}{PQ_1}$的弯曲程度小，相应地，曲线上切线的倾角的改变量 $\Delta\alpha$ 也比 $\Delta\alpha_1$ 小. 这说明曲线的弯曲程度与其切线的倾角的改变量 $\Delta\alpha$ 成正比.

从图 3-18b 上可看出，当 L 与 L_1上的动点处的切线转过同样的角度 $\Delta\alpha$ 时，弧长较短的弧$\overset{\frown}{PQ}$的弯曲程度比弧长较长的$\overset{\frown}{P_1Q_1}$的弯曲程度大，这说明曲线的弯曲程度与弧段的长度 Δs 成反比.

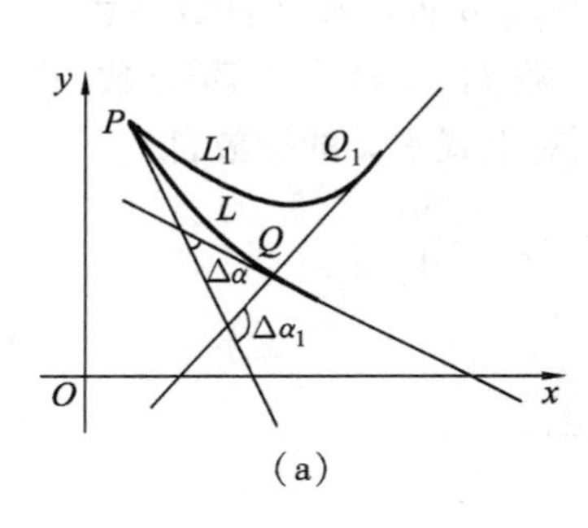

(a)

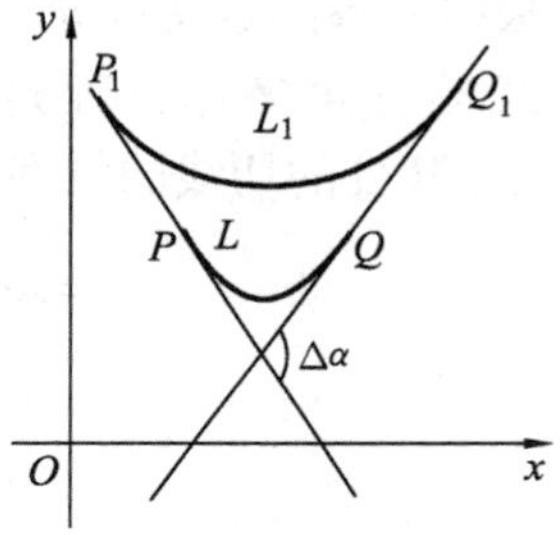

(b)

图 3-18

在光滑的曲线 L 上取点 M 与 M'（见图 3-19），过 M 与 M'分别作曲线的切线，设切线正向转过的角度为 $\Delta\alpha$，弧长$\overset{\frown}{MM'}$为 Δs，用比值$\dfrac{|\Delta\alpha|}{|\Delta s|}$表示弧$\overset{\frown}{MM'}$的平均弯曲程度，也称此比值为弧$\overset{\frown}{MM'}$的平均曲率，记作

$$\overline{K}=\frac{|\Delta\alpha|}{|\Delta s|}.$$

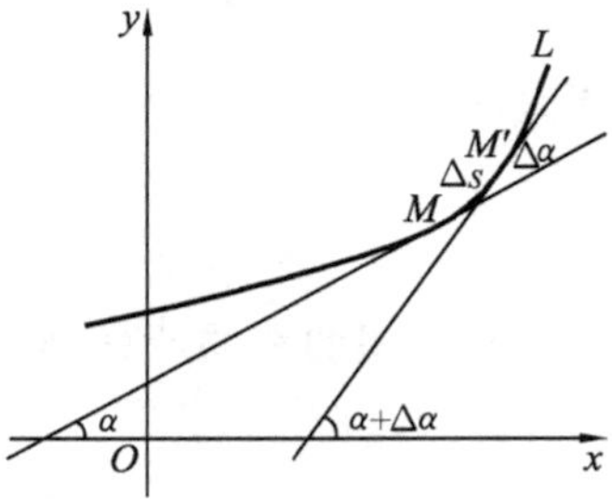

图 3-19

下面给出曲线 L 在点 M 处的曲率的定义.

定义　设 M,M'为光滑曲线 L 上的两点，$\overset{\frown}{MM'}=\Delta s$，从点 M 沿曲线 L 到 M'时其切线转过的角度为 $\Delta\alpha$，当 $\Delta s\to 0$ 时，如果弧段$\overset{\frown}{MM'}$的平均曲率的极限存在，则称此极限为曲线 L 在点 M 处的曲率，记作 K，即

$$K=\lim_{\Delta s\to 0}\frac{|\Delta\alpha|}{|\Delta s|}.$$

当导数$\dfrac{\mathrm{d}\alpha}{\mathrm{d}s}$存在时，则 $K=\left|\dfrac{\mathrm{d}\alpha}{\mathrm{d}s}\right|$.

直线的切线与该直线本身重合. 当点沿直线移动时，切线的倾角 α 不变，即 $\Delta\alpha=0$，从而直线上任意点 M 处的曲率都等于零，这与“直线是不弯曲的”这一事实相一致.

对于半径为 R 的圆周上任意点 M,它与其邻近点 M'构成的圆弧$\overset{\frown}{MM'}$对应的中心角记作 $\Delta\alpha$,则 $\Delta s=\overset{\frown}{MM'}=R\Delta\alpha$,从而$\frac{\Delta\alpha}{\Delta s}=\frac{1}{R}$. 由曲率的定义

$$K=\frac{1}{R}$$

可知,圆周上各点处的曲率处处相等,都等于$\frac{1}{R}$,与圆的几何图形相符.

下面根据曲率的定义推导一般曲线上任意点 M 处曲率的计算公式.

设曲线的直角坐标方程是 $y=f(x)$,函数 $f(x)$ 具有二阶导数. 由于曲线 $y=f(x)$ 在点 M 处的切线的斜率为 $y'=\tan\alpha$. 对上式求 x 的导数,得

$$y''=\sec^2\alpha\cdot\frac{\mathrm{d}\alpha}{\mathrm{d}x}=(1+y'^2)\frac{\mathrm{d}\alpha}{\mathrm{d}x},$$

解得

$$\mathrm{d}\alpha=\frac{y''}{1+y'^2}\mathrm{d}x.$$

又弧微分

$$\mathrm{d}s=\sqrt{1+y'^2}\,\mathrm{d}x,$$

于是有

$$\frac{\mathrm{d}\alpha}{\mathrm{d}s}=\frac{y''}{(1+y'^2)^{\frac{3}{2}}}.$$

从而得曲率的计算公式为

$$K=\frac{|y''|}{(1+y'^2)^{\frac{3}{2}}}. \tag{6}$$

例 3　求抛物线 $y^2=4x$ 在点 $M(1,2)$ 处的曲率.

解　由 $y^2=4x$,得 $y=\pm2\sqrt{x}$. 点 $M(1,2)$ 在曲线 $y=2\sqrt{x}$上,故取 $y=2\sqrt{x}$,则

$$y'=\frac{1}{\sqrt{x}},\ y''=-\frac{1}{2}x^{-\frac{3}{2}}=-\frac{1}{2x\sqrt{x}}.$$

再根据曲率的计算公式,得

$$K\Big|_{(1,2)}=\frac{|y''|}{(1+y'^2)^{\frac{3}{2}}}\Bigg|_{(1,2)}=\left|\frac{\frac{1}{2x\sqrt{x}}}{\left(1+\frac{1}{x}\right)^{\frac{3}{2}}}\right|_{(1,2)}=\left|\frac{\frac{1}{2}}{2^{\frac{3}{2}}}\right|=\frac{\sqrt{2}}{8}.$$

如果曲线 L 由参数方程$\begin{cases}x=x(t),\\y=y(t)\end{cases}$给出,则由参数式函数的求导法则可得曲线的曲率

$$K=\left|\frac{\dfrac{y''(t)x'(t)-x''(t)y'(t)}{(x'(t))^3}}{\left(1+\dfrac{y'^2(t)}{x'^2(t)}\right)^{\frac{3}{2}}}\right|=\frac{|y''(t)x'(t)-x''(t)y'(t)|}{(x'^2(t)+y'^2(t))^{\frac{3}{2}}}. \tag{7}$$

如果曲线 L 由极坐标方程 $r=r(\theta)$ 给出,则可求得曲线的曲率

$$K=\frac{|r^2+2r_\theta'^2-rr_\theta''|}{(r^2+r_\theta'^2)^{\frac{3}{2}}}. \tag{8}$$

公式(8)请读者自证.

三、曲线的曲率圆、曲率半径、曲率中心

设曲线 $y=f(x)$ 在点 $M(x,y)$ 处的曲率为 $K(>0)$. 在点 M 处的曲线的法线上,于凹的一侧取一点 $M_0(x_0,y_0)$,使 $|MM_0|=\dfrac{1}{K}=\rho$. 以 ρ 为半径,$M_0(x_0,y_0)$ 为圆心作一个圆,则称此圆为曲线 $y=f(x)$ 在点 $M(x,y)$ 处的曲率圆,ρ 称为曲线在点 $M(x,y)$ 处的曲率半径,$M_0(x_0,y_0)$ 称为曲线在点 $M(x,y)$ 处的曲率中心(见图 3-20).

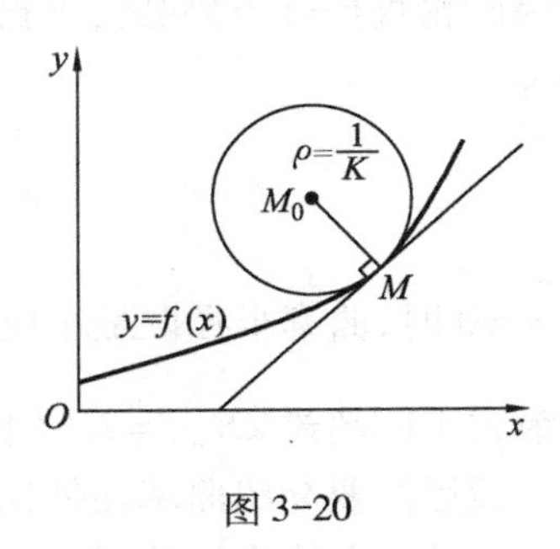

图 3-20

由上述定义可知,曲线 $y=f(x)$ 在点 $M(x,y)$ 处的曲率 K 与该点处的曲率半径 ρ 互为倒数,即

$$\rho=\frac{1}{K}.$$

如果设曲线 $y=f(x)$ 在 $M(x,y)$ 处的曲率圆方程为

$$(x-\alpha)^2+(y-\beta)^2=R^2,$$

则可求得该曲率圆的圆心为

$$\begin{cases}\alpha=x-\dfrac{y'(1+y'^2)}{y''},\\[2mm]\beta=y+\dfrac{1+y'^2}{y''}.\end{cases}$$

显然,曲线 L 与其曲率圆有相同的切线、凹凸性与曲率;因此,当曲线上某点处的曲率为 $K(>0)$ 时,常常可以借助半径为 $\dfrac{1}{K}$ 的曲率圆形象地表示曲线在该点的弯曲程度.

在实际问题中,常用曲线的曲率圆在点 M 邻近的一段圆弧近似替代该点邻近的曲线弧使问题简单化.

例 4　求曲线 $xy=4$ 在点 $M(2,2)$ 处的曲率圆.

解 因为 $y=\frac{4}{x}$,易求得在点 $M(2,2)$ 处,$y'=-1, y''=1, R=2\sqrt{2}$. 且

$$\alpha=2-\frac{-1(1+1)}{1}=4,\ \beta=2+\frac{(1+1)}{1}=4.$$

所求的曲率圆方程为

$$(x-4)^2+(y-4)^2=8.$$

例5 设有一金属工件的内表面截线为抛物线 $y=0.4x^2$,要将其内侧表面打磨光滑,问应该选用多大直径的砂轮比较合适?

解 根据实际问题,如果砂轮直径过大,将会造成加工点附近部分磨去太多,如果砂轮直径过小势必会延长打磨时间造成浪费. 由于抛物线 $y=0.4x^2$ 的曲率半径为

$$R=\frac{1}{K}=\frac{[1+(0.8x)^2]^{\frac{3}{2}}}{0.8},$$

当 $x=0$ 时,曲率半径取最小值,$R_{\min}=\frac{1}{0.8}=1.25$(长度单位). 因此,选用的砂轮直径最大不能超过 $2R_{\min}=2.5$(长度单位).

最后简要介绍曲率在铁路的弯道设计中的一点应用. 铁轨由直道转弯时,必须通过转向曲线来连接. 假设火车在由直道(设为 x 轴)行驶到原点接转向曲线,不仅要求方向连续变化,还要求火车受到的离心力也连续变化,才能保证火车平稳行驶. 这就要求曲率是连续变化的,因此弯道设计中不能直接采用圆弧连接,常用立方抛物线弧(这是为什么? 留给读者考虑).

习 题 3-5

1. 求下列曲线的弧微分:

(1) 悬链线 $y=\frac{a}{2}(e^{\frac{x}{a}}+e^{-\frac{x}{a}})\ (a>0)$;

(2) $y=x^3+1$;

(3) 旋轮线 $x=a(t-\sin t), y=a(1-\cos t)\ (a>0)$.

2. 求下列曲线在给定点处的曲率及曲率半径:

(1) $y=x^4-4x^3-18x^2$ 在点 $O(0,0)$ 处;

(2) 抛物线 $y=x^2-4x+3$ 在其顶点处;

(3) 椭圆 $4x^2+y^2=4$ 在点 $A(0,2)$ 处;

(4) 曲线 $x=t^2, y=t^3$ 在点 $B(1,1)$ 处.

第六节　柯西定理与洛必达法则

由第一章第五节可知，如果当$x\to a$（或$x\to\infty$）时，两个函数$f(x)$，$g(x)$都趋于零或都趋于无穷大，此时极限$\lim\limits_{\substack{x\to a\\(x\to\infty)}}\dfrac{f(x)}{g(x)}$可能存在，也可能不存在. 通常称这样的极限$\lim\limits_{\substack{x\to a\\(x\to\infty)}}\dfrac{f(x)}{g(x)}$为$\dfrac{0}{0}$型或$\dfrac{\infty}{\infty}$型的未定式. 例如：$\lim\limits_{x\to 0}\dfrac{\sin x}{x}$是$\dfrac{0}{0}$型，$\lim\limits_{x\to+\infty}\dfrac{\ln x}{x}$是$\dfrac{\infty}{\infty}$型. 但这两种未定式的极限都不能直接用商的极限运算法则求，本节以柯西定理为基础，推出一种利用导数求这类极限的简便方法.

一、柯西(Cauchy)定理

定理1（柯西定理）　若函数$f(x)$和$F(x)$在闭区间$[a,\ b]$上连续，在开区间$(a,\ b)$内可导，且$F'(x)$在$(a,\ b)$内处处不为零，则至少有一点$\xi\in(a,\ b)$使

$$\frac{f(b)-f(a)}{F(b)-F(a)}=\frac{f'(\xi)}{F'(\xi)}.$$

证　作辅助函数

$$\varphi(x)=[f(b)-f(a)]F(x)-[F(b)-F(a)]f(x),$$

则$\varphi(x)$在$[a,\ b]$上连续，在$(a,\ b)$内可导，且

$$\varphi(a)=\varphi(b)=F(a)f(b)-F(b)f(a).$$

由罗尔定理，存在$\xi\in(a,\ b)$，使得$\varphi'(\xi)=0$，即

$$[f(b)-f(a)]F'(\xi)-[F(b)-F(a)]f'(\xi)=0.$$

注意到$F'(x)$在$(a,\ b)$内处处不为零，所以$F(b)-F(a)\neq 0$，从而

$$\frac{f(b)-f(a)}{F(b)-F(a)}=\frac{f'(\xi)}{F'(\xi)}.$$

柯西定理与罗尔定理、拉格朗日中值定理有类似的几何意义. 以x为参数，方程

$$\begin{cases}X=F(x),\\ Y=f(x)\end{cases}\quad(a\leqslant x\leqslant b)$$

表示的曲线是xOy面上的曲线弧$\overset{\frown}{AB}$，如图3-21所示，比值$\dfrac{f(b)-f(a)}{F(b)-F(a)}$是弦$AB$的斜率，而$\dfrac{f'(\xi)}{F'(\xi)}=\left.\dfrac{\mathrm{d}Y}{\mathrm{d}x}\right|_{x=\xi}$，即$\dfrac{f'(\xi)}{F'(\xi)}$是曲线弧

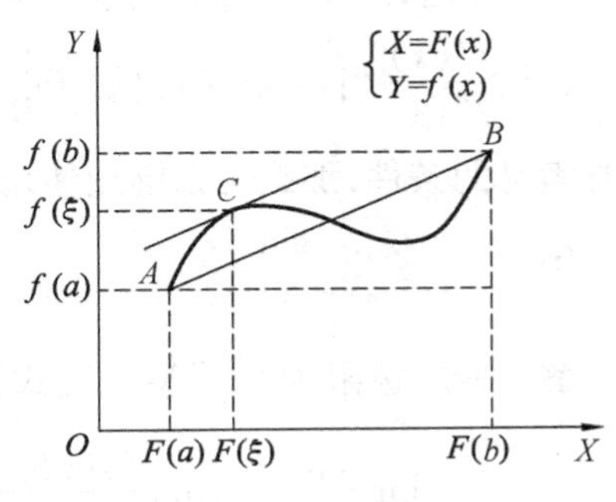

图 3-21

$\overset{\frown}{AB}$上的一点 $C(F(\xi), f(\xi))$处切线的斜率,所以柯西定理的几何意义是参数方程 $X=F(x)$, $Y=f(x)$ $(a\leqslant x\leqslant b)$ 表示的曲线弧$\overset{\frown}{AB}$上至少有一点 C,曲线在 C 点处的切线平行于弦 AB.

罗尔定理、拉格朗日中值定理、柯西定理都涉及函数在开区间(a,b)内一点 ξ 的导数值,因此这 3 个定理都称为微分中值定理.

柯西定理把两个函数的增量的比转化成两个函数的导数值的比,由此可得有重要应用的洛必达(L'Hospital)法则.

二、洛必达法则

本节着重讨论 $x\to x_0$ 时未定式$\dfrac{0}{0}$型的情形,此情形下有如下定理.

定理 2 设 (1) $\lim\limits_{x\to x_0}f(x)=\lim\limits_{x\to x_0}F(x)=0$;

(2) 在 x_0 的某个去心邻域内, $f'(x)$, $F'(x)$存在且 $F'(x)\neq 0$;

(3) $\lim\limits_{x\to x_0}\dfrac{f'(x)}{F'(x)}=A$ (A 为有限数或无穷大),

则

$$\lim_{x\to x_0}\frac{f(x)}{F(x)}=\lim_{x\to x_0}\frac{f'(x)}{F'(x)}=A.$$

证 因为求极限$\lim\limits_{x\to x_0}\dfrac{f(x)}{F(x)}$时,与函数$f(x)$, $F(x)$在 $x=x_0$ 时的状态无关,所以不妨设$f(x_0)=F(x_0)=0$.

设 x 是 x_0 的去心邻域内的任一点,由条件(1),(2),函数$f(x)$, $F(x)$在以 x_0, x 为端点的闭区间上满足柯西定理的条件,因此有

$$\frac{f(x)}{F(x)}=\frac{f(x)-f(x_0)}{F(x)-F(x_0)}=\frac{f'(\xi)}{F'(\xi)}\ (\xi\text{ 在 }x_0\text{ 与 }x\text{ 之间}).$$

由于 $x\to x_0$ 时,$\xi\to x_0$. 对上式求 $x\to x_0$ 时的极限,由条件(3)即得要证明的结论.

如果$\dfrac{f'(x)}{F'(x)}$当 $x\to x_0$ 时仍属于$\dfrac{0}{0}$型,且$f'(x)$, $F'(x)$满足定理中$f(x)$, $F(x)$所要满足的条件,那么可以继续使用洛必达法则.

例 1 计算$\lim\limits_{x\to\pi}\dfrac{\sin 5x}{\sin 3x}$.

解 所求极限为“$\dfrac{0}{0}$”型未定式,运用洛必达法则,有

$$\lim_{x\to\pi}\frac{\sin 5x}{\sin 3x}=\lim_{x\to\pi}\frac{(\sin 5x)'}{(\sin 3x)'}=\lim_{x\to\pi}\frac{5\cos 5x}{3\cos 3x}=\frac{5\cos 5\pi}{3\cos 3\pi}=\frac{5}{3}.$$

例 2　计算$\lim\limits_{x\to 0}\dfrac{x-\sin x}{x^3}$.

解　$\lim\limits_{x\to 0}\dfrac{x-\sin x}{x^3}\overset{\left(\frac{0}{0}\right)}{=}\lim\limits_{x\to 0}\dfrac{1-\cos x}{3x^2}\overset{\left(\frac{0}{0}\right)}{=}\lim\limits_{x\to 0}\dfrac{\sin x}{6x}=\dfrac{1}{6}$.

注　不是未定式的极限决不能用洛必达法则. 如上式中的$\lim\limits_{x\to\pi}\dfrac{5\cos 5x}{3\cos 3x}$不是未定式,若用洛必达法则将出现错误.

定理 2 对于 $x\to\infty$ 时的未定式$\dfrac{0}{0}$型或 $x\to x_0$, $x\to\infty$ 时的未定式$\dfrac{\infty}{\infty}$型仍然成立.

例 3　计算$\lim\limits_{x\to 0^+}\dfrac{\ln(\tan 3x)}{\ln(\tan 2x)}$.

解　$$\lim\limits_{x\to 0^+}\dfrac{\ln(\tan 3x)}{\ln(\tan 2x)}\overset{\left(\frac{\infty}{\infty}\right)}{=}\lim\limits_{x\to 0^+}\dfrac{\tan 2x\cdot 3\sec^2 3x}{\tan 3x\cdot 2\sec^2 2x}$$
$$=\dfrac{3}{2}\lim\limits_{x\to 0^+}\dfrac{\tan 2x}{\tan 3x}=\dfrac{3}{2}\lim\limits_{x\to 0^+}\dfrac{2x}{3x}=1.$$

例 3 中解的第一步使用洛必达法则后,由于$\lim\limits_{x\to 0^+}\sec^2 3x=1\neq 0$, $\lim\limits_{x\to 0^+}\sec^2 2x=1\neq 0$,所以这里必须利用极限的运算性质将它们先求出,然后再做下一步的计算.

例 4　求$\lim\limits_{x\to+\infty}\dfrac{\ln x}{x^\alpha}$(常数 $\alpha>0$).

解　$\lim\limits_{x\to+\infty}\dfrac{\ln x}{x^\alpha}\overset{\left(\frac{\infty}{\infty}\right)}{=}\lim\limits_{x\to+\infty}\dfrac{1}{\alpha x^\alpha}=0$.

例 5　$\lim\limits_{x\to+\infty}\dfrac{x^n}{e^{\lambda x}}$($n\in\mathbf{N}$,常数 $\lambda>0$).

解　$\lim\limits_{x\to+\infty}\dfrac{x^n}{e^{\lambda x}}\overset{\left(\frac{\infty}{\infty}\right)}{=}\lim\limits_{x\to+\infty}\dfrac{nx^{n-1}}{\lambda e^{\lambda x}}\overset{\left(\frac{\infty}{\infty}\right)}{=}\lim\limits_{x\to+\infty}\dfrac{n(n-1)x^{n-2}}{\lambda^2 e^{\lambda x}}=\cdots=\lim\limits_{x\to+\infty}\dfrac{n!}{\lambda^n e^{\lambda x}}=0$.

由例 4、例 5 可见, $x\to+\infty$ 时,对数函数 $\ln x$、幂函数 x^α $(\alpha>0)$、指数函数 $e^{\lambda x}$ $(\lambda>0)$都是无穷大,但 x^α 增大快于 $\ln x$,而 $e^{\lambda x}$增大的速度快于 x^α $(\alpha>0,\lambda>0)$.

例 6　求$\lim\limits_{n\to\infty}n^2e^{-n}$.

解　这是数列极限的未定式,将 n 换成连续变量 x, $n\to\infty$ 换成 $x\to+\infty$,再用洛必达法则. 由例 5 可知

$$\lim\limits_{x\to+\infty}x^2e^{-x}=\lim\limits_{x\to+\infty}\dfrac{x^2}{e^x}=\lim\limits_{x\to+\infty}\dfrac{2x}{e^x}=\lim\limits_{x\to+\infty}\dfrac{2}{e^x}=0,$$

故$\lim\limits_{n\to\infty}n^2e^{-n}=0$.

注　① 在连续使用洛必达法则时,必须首先检查分子、分母是否含有非零因子,若有则先求出非零因子.

② 洛必达法则的条件是充分而不必要的，若$\lim\limits_{x\to x_0}\dfrac{f'(x)}{F'(x)}$不存在时，不能断定$\lim\limits_{x\to x_0}\dfrac{f(x)}{F(x)}$不存在，这时应使用其他方法求解.

例如，计算$\lim\limits_{x\to\infty}\dfrac{x+\cos x}{x}$. 由于$\lim\limits_{x\to\infty}\dfrac{(x+\cos x)'}{x'}=\lim\limits_{x\to\infty}(1-\sin x)$不存在，不满足洛必达法则的条件(3)，所以不能用洛必达法则求此极限. 我们可用下面方法计算：

$$\lim_{x\to\infty}\frac{x+\cos x}{x}=\lim_{x\to\infty}\left(1+\frac{1}{x}\cos x\right)=1+0=1.$$

注　未定式的极限除了基本情形"$\frac{0}{0}$"、"$\frac{\infty}{\infty}$"型外，还有"$0\cdot\infty$"、"$\infty-\infty$"、"1^{∞}"、"∞^{0}"、"0^{0}"型等非基本情形，它们可以通过恒等变形化为基本情形，再用洛必达法则求此极限.

例 7　求$\lim\limits_{x\to 0^+}x\ln x$.

解　这是$0\cdot\infty$型未定式，注意到$x\ln x=\dfrac{\ln x}{\frac{1}{x}}$，当$x\to 0^+$时，上式右端未定式是$\frac{\infty}{\infty}$型，应用洛必达法则，得

$$\lim_{x\to 0^+}x\ln x=\lim_{x\to 0^+}\frac{\ln x}{\frac{1}{x}}=\lim_{x\to 0^+}\frac{\frac{1}{x}}{-\frac{1}{x^2}}=-\lim_{x\to 0^+}x=0.$$

例 8　求$\lim\limits_{x\to 1^+}\left(\dfrac{x}{x-1}-\dfrac{1}{\ln x}\right)$.

解　这是$\infty-\infty$型未定式，常常先通分，化为"$\frac{0}{0}$"或"$\frac{\infty}{\infty}$"型未定式，再用洛必达法则求此极限.

$$\lim_{x\to 1^+}\left(\frac{x}{x-1}-\frac{1}{\ln x}\right)=\lim_{x\to 1^+}\left[\frac{x\ln x-x+1}{(x-1)\ln x}\right]\overset{\left(\frac{0}{0}\right)}{=}\lim_{x\to 1^+}\frac{\ln x}{\ln x+\frac{x-1}{x}}$$

$$\overset{\left(\frac{0}{0}\right)}{=}\lim_{x\to 1^+}\frac{\frac{1}{x}}{\frac{1}{x}+\frac{1}{x^2}}=\frac{1}{2}.$$

例 9　求$\lim\limits_{x\to 0^+}(\cot x)^{\frac{1}{\ln x}}$.

解　这是“∞^0”型幂指函数形式的未定式,可以用对数恒等式将它的底变为常数,再用洛必达法则.

由于

$$(\cot x)^{\frac{1}{\ln x}}=e^{\frac{\ln(\cot x)}{\ln x}},$$

而

$$\lim_{x\to0^+}\frac{\ln(\cot x)}{\ln x}\overset{\left(\frac{\infty}{\infty}\right)}{=}\lim_{x\to0^+}\frac{-x\csc^2x}{\cot x}=-\lim_{x\to0^+}\frac{x}{\cos x\sin x}=-1,$$

因此

$$\lim_{x\to0^+}(\cot x)^{\frac{1}{\ln x}}=e^{-1}.$$

为了运算简捷,应用洛必达法则求极限时,通常与其他求极限方法结合起来,如用无穷小代换.

例 10　求 $\lim\limits_{x\to0}\frac{1-x^2-e^{-x^2}}{x\ln(1+x^3)}$.

解　$$\lim_{x\to0}\frac{1-x^2-e^{-x^2}}{x\ln(1+x^3)}=\lim_{x\to0}\frac{1-x^2-e^{-x^2}}{x^4}$$

$$=\lim_{x\to0}\frac{-2x+2xe^{-x^2}}{4x^3}$$

$$=\frac{1}{2}\lim_{x\to0}\frac{e^{-x^2}-1}{x^2}=-\frac{1}{2}.$$

习　题　3-6

1. 求下列极限:

(1) $\lim\limits_{x\to\pi}\frac{\sin 3x}{\tan 5x}$;

(2) $\lim\limits_{x\to a}\frac{\sin x-\sin a}{x^2-a^2}\ (a\neq0)$;

(3) $\lim\limits_{x\to0}\frac{e^x-2^x}{x}$;

(4) $\lim\limits_{x\to0}\frac{\cos\alpha x-\cos\beta x}{x^2}\ (\alpha\beta\neq0)$;

(5) $\lim\limits_{x\to a}\frac{x^m-a^m}{x^n-a^n}\ (a\neq0,n\neq0)$;

(6) $\lim\limits_{x\to1}(1-x)\tan\frac{\pi x}{2}$;

(7) $\lim\limits_{x\to+\infty}\frac{\ln\left(1+\frac{1}{x}\right)}{\operatorname{arccot} x}$;

(8) $\lim\limits_{x\to0}\frac{x-\tan x}{\sin x^3}$;

(9) $\lim\limits_{x\to\frac{\pi}{2}}\frac{\ln(\sin x)}{(\pi-2x)^2}$;

(10) $\lim\limits_{x\to0}\left[\frac{1}{\ln(1+x)}-\frac{1}{x}\right]$;

(11) $\lim\limits_{x\to0}\left(\frac{1}{x\sin x}-\frac{1}{x^2}\right)$;

(12) $\lim\limits_{x\to\infty}\left[x-x^2\ln\left(1+\frac{1}{x}\right)\right]$;

(13) $\lim\limits_{x\to 0^+} x^{\frac{3}{3+4\ln x}}$;　　(14) $\lim\limits_{x\to 1} x^{\frac{1}{1-x}}$;

(15) $\lim\limits_{n\to\infty} n^{\tan\frac{1}{n}}$;　　(16) $\lim\limits_{x\to+\infty}\left[x^3\cdot\left(\sin\frac{1}{x}-\frac{1}{2}\sin\frac{2}{x}\right)\right]$.

2. 说明下面用洛必达法则的运算错在哪里,给出正确的解法.

$$\lim_{x\to\infty}\frac{x-\sin x}{x+\sin x}=\lim_{x\to\infty}\frac{1-\cos x}{1+\cos x}=\lim_{x\to\infty}\frac{\sin x}{-\sin x}=-1.$$

3. 证明:$\lim\limits_{x\to+\infty}\frac{e^x-e^{-x}}{e^x+e^{-x}}=1$,说明求此极限为什么不能用洛必达法则.

第七节　泰勒定理与函数的多项式逼近

上一章第六节曾经用微分作近似计算,当函数$f(x)$在x_0处可导,$f'(x_0)\neq 0$,$|x-x_0|$很小时,有

$$f(x)\approx f(x_0)+f'(x_0)(x-x_0). \tag{1}$$

式(1)右端是一个x的一次函数,记作$P_1(x)$,显然$P_1(x)$满足:$P_1(x_0)=f(x_0)$,$P_1'(x_0)=f'(x_0)$且$f(x)-P_1(x)=o(x-x_0)$.

从几何上看,式(1)表示函数$y=f(x)$的图形在点$M_0(x_0,f(x_0))$的邻近,可用M_0处的切线代替.

式(1)这样的近似有两点不足:其一,精度不高,只要$|x-x_0|$不是很小,由式(1)算得的近似值,误差会比较大;其二,无法估计误差. 这使得在实际应用中受到很大的限制. 现在我们希望有一个$n(n\geqslant 2)$次多项式函数

$$P_n(x)=a_0+a_1(x-x_0)+a_2(x-x_0)^2+\cdots+a_n(x-x_0)^n \tag{2}$$

满足

$$P_n(x_0)=f(x_0),\ P_n^{(k)}(x_0)=f^{(k)}(x_0)\ (k=1,2,\cdots,n) \tag{3}$$

且

$$f(x)-P_n(x)=o((x-x_0)^n).$$

从几何上看,函数$y=P_n(x)$的图形与曲线$y=f(x)$不仅有公共点M_0,且在M_0处有相同的切线、凹凸方向、曲率等. 这样的$P_n(x)$逼近$f(x)$的效果比$P_1(x)$要好得多.

下面首先分析满足条件(3)的$P_n(x)$是否存在,如果存在,其系数$a_k(k=0,1,2,\cdots,n)$如何确定.

对式(2)两端分别求一阶、二阶、…、n阶导数,有

$$P_n'(x)=a_1+2a_2(x-x_0)+\cdots+na_n(x-x_0)^{n-1}, \tag{4.1}$$

$$P_n''(x)=2!a_2+3\cdot 2a_3(x-x_0)+\cdots+n(n-1)a_n(x-x_0)^{n-2}, \tag{4.2}$$

……

$$P_n^{(n)}(x)=n!a_n. \tag{4.n}$$

在式(2),式(4.1),式(4.2),…,式(4.n)中分别令 $x=x_0$,得

$$P_n(x_0)=a_0, P_n'(x_0)=a_1, P_n''(x_0)=2!a_2, \cdots, P_n^{(n)}(x_0)=n!a_n.$$

再由式(3)可得

$$a_0=f(x_0),\ a_1=f'(x_0),\ a_2=\frac{1}{2!}f''(x_0), \cdots,\ a_n=\frac{1}{n!}f^{(n)}(x_0). \tag{5}$$

由以上分析可见,当函数$f(x)$在 x_0 处有 n 阶导数时,存在满足条件(3)的 n 次多项式 $P_n(x)$具有形式

$$P_n(x)=f(x_0)+f'(x_0)(x-x_0)+\frac{f''(x_0)}{2!}(x-x_0)^2+\cdots+\frac{f^{(n)}(x_0)}{n!}(x-x_0)^n. \tag{6}$$

形如式(6)的 n 次多项式 $P_n(x)$称为函数$f(x)$在 x_0 处的 n 阶泰勒(Taylor)多项式,容易证明函数$f(x)$的泰勒多项式 $P_n(x)$是唯一存在的.

当 n 足够大时,用 $P_n(x)$表达$f(x)$可以达到预想的精度,因此常用泰勒多项式 $P_n(x)$近似表达$f(x)$,其数学思想就是函数的多项式逼近. 即

$$f(x)=f(x_0)+f'(x_0)(x-x_0)+\frac{f''(x_0)}{2!}(x-x_0)^2+\cdots+\frac{f^{(n)}(x_0)}{n!}(x-x_0)^n+R_n(x), \tag{7}$$

即

$$R_n(x)=f(x)-P_n(x).$$

式(7)称为函数$f(x)$按 $x-x_0$ 的幂展开的 n 阶泰勒公式,其中的 $R_n(x)$称为余项.

下面讨论函数的泰勒公式的性质.

定理 1　若函数$f(x)$在 x_0 处有 n 阶导数,则

$$f(x)=f(x_0)+f'(x_0)(x-x_0)+\frac{f''(x_0)}{2!}(x-x_0)^2+\cdots+\frac{f^{(n)}(x_0)}{n!}(x-x_0)^n+o((x-x_0)^n) \tag{8}$$

式(8)称为函数$f(x)$在 x_0 处带佩亚诺(Peano)型余项的 n 阶泰勒公式.

当 $x_0=0$ 时,由式(8)得

$$f(x)=f(0)+f'(0)x+\frac{f''(0)}{2!}x^2+\cdots+\frac{f^{(n)}(0)}{n!}x^n+o(x^n). \tag{9}$$

式(9)称为函数$f(x)$带佩亚诺型余项的 n 阶麦克劳林(Maclaurin)公式.

证明从略.

定理 1 给出的带佩亚诺型余项的泰勒公式是函数$f(x)$在 x_0 邻近用 n 次多项式函数 $P_n(x)$逼近的一种方式,产生的误差$|R_n(x)|=o((x-x_0)^n)$是定性的,而

要估计误差的范围,可用下面带拉格朗日型余项的泰勒公式.

定理2(泰勒定理)　若函数$f(x)$在含有x_0的某区间(a,b)内具有$n+1$阶导数,则对于任意$x\in(a,b)$,有

$$f(x)=f(x_0)+f'(x_0)(x-x_0)+\frac{f''(x_0)}{2!}(x-x_0)^2+\cdots+\frac{f^{(n)}(x_0)}{n!}(x-x_0)^n+\frac{f^{(n+1)}(\xi)}{(n+1)!}(x-x_0)^{n+1},\tag{10}$$

其中,ξ在x_0与x之间.

证明从略.

式(10)即式(7)中的余项$R_n(x)=\frac{f^{(n+1)}(\xi)}{(n+1)!}(x-x_0)^{n+1}$的情形,这种形式的余项称为拉格朗日型余项.式(10)称为函数$f(x)$在x_0处带拉格朗日型余项的n阶泰勒公式.

式(10)中若$x_0=0$,这时ξ在0与x之间,可记为$\theta x(0<\theta<1)$,有

$$f(x)=f(0)+f'(0)x+\cdots+\frac{f^{(n)}(0)}{n!}x^n+\frac{f^{(n+1)}(\theta x)}{(n+1)!}x^{n+1}\quad(0<\theta<1).\tag{11}$$

式(11)称为带拉格朗日型余项的n阶麦克劳林公式.

在式(10)中取$n=0$,得到拉格朗日定理的表示形式

$$f(x)=f(x_0)+f'(\xi)(x-x_0).$$

因此,泰勒定理是拉格朗日定理的推广,也称为微分中值定理.

定理2给出的带拉格朗日型余项的泰勒公式,是在整个区间(a,b)内用n次多项式函数$P_n(x)$逼近$f(x)$,产生的误差是$|R_n(x)|$,如果对取定的n,任意$x\in(a,b)$都有$|f^{(n+1)}(x)|\leqslant M$(正常数),则有误差估计式

$$|R_n(x)|\leqslant\frac{M}{(n+1)!}|x-x_0|^{n+1}.$$

带佩亚诺型余项的n阶麦克劳林公式在$x\to0$时,讨论无穷小关于x的阶、$\frac{0}{0}$型的极限计算等方面有重要应用;带拉格朗日型余项的泰勒公式在预给精度的函数近似值的计算等方面有重要应用.

例1　写出函数$f(x)=\mathrm{e}^x$带拉格朗日型余项的n阶麦克劳林公式,计算e的近似值,精确到10^{-6}.

解　因为$f(x)=f^{(k)}(x)=\mathrm{e}^x(k=1,2,\cdots,n+1)$,所以

$$f(0)=f'(0)=\cdots=f^{(n)}(0)=1.$$

代入式(11),得e^x带拉格朗日型余项的麦克劳林公式

$$\mathrm{e}^x=1+x+\frac{x^2}{2!}+\cdots+\frac{x^n}{n!}+\frac{\mathrm{e}^{\theta x}}{(n+1)!}x^{n+1}\quad(0<\theta<1).$$

令 $x=1$，得

$$e=1+1+\frac{1}{2!}+\cdots+\frac{1}{n!}+\frac{e^{\theta}}{(n+1)!}\quad(0<\theta<1),$$

$$|R_n|=\frac{e^{\theta}}{(n+1)!}<\frac{e}{(n+1)!}.$$

要使 $|R_n|<10^{-6}$，由于

$$n=8\text{ 时，得 }|R_8|=\frac{e^{\theta}}{9!}>\frac{1}{9!}>10^{-6};$$

$$n=9\text{ 时，得 }|R_9|=\frac{e^{\theta}}{10!}<\frac{3}{10!}<10^{-6}.$$

因此取 $n=9$，$e\approx1+1+\frac{1}{2!}+\cdots+\frac{1}{9!}\approx2.718\ 282$.

可用类似例 1 的方法，求一些函数的麦克劳林公式，下面列出几个常用函数的麦克劳林公式（$0<\theta<1$）：

（1）$e^x=1+x+\frac{x^2}{2!}+\cdots+\frac{x^n}{n!}+R_n(x)$，

$$R_n(x)=\frac{e^{\theta x}}{(n+1)!}x^{n+1}\quad(x\in R);$$

（2）$\sin x=x-\frac{x^3}{3!}+\cdots+(-1)^{n-1}\frac{x^{2n-1}}{(2n-1)!}+R_{2n}(x)$，

$$R_{2n}(x)=\frac{\sin\left[\theta x+(2n+1)\cdot\frac{\pi}{2}\right]}{(2n+1)!}x^{2n+1}\quad(x\in R);$$

（3）$\cos x=1-\frac{x^2}{2!}+\cdots+(-1)^n\frac{x^{2n}}{(2n)!}+R_{2n+1}(x)$，

$$R_{2n+1}(x)=\frac{\cos\left[\theta x+(2n+2)\cdot\frac{\pi}{2}\right]}{(2n+2)!}x^{2n+2}\quad(x\in R);$$

（4）$\ln(1+x)=x-\frac{x^2}{2}+\cdots+(-1)^{n-1}\frac{x^n}{n}+R_n(x)$，

$$R_n(x)=\frac{(-1)^n}{(n+1)(1+\theta x)^{n+1}}x^{n+1}\quad(x\in(-1,1]);$$

（5）$(1+x)^{\alpha}=1+\alpha x+\frac{\alpha(\alpha-1)}{2!}x^2+\cdots+\frac{\alpha(\alpha-1)\cdots(\alpha-n+1)}{n!}x^n+R_n(x)$ $(\alpha\in\mathbf{R})$，

$$R_n(x)=\frac{\alpha(\alpha-1)\cdots(\alpha-n)(1+\theta x)^{\alpha-n-1}}{(n+1)!}x^{n+1}\quad(x\in(-1,1)).$$

例 2　$x\to0$ 时,确定无穷小 $x-\sin x$ 关于 x 的阶.

解　要确定 $x-\sin x$ 在 $x\to0$ 时关于 x 的阶,在用 $\sin x$ 带佩亚诺型余项的麦克劳林公式时,只要保留到与 x 不同的第一项,取

$$\sin x=x-\frac{x^3}{3!}+o(x^3),$$

因此

$$x-\sin x=\frac{x^3}{6}+o(x^3),$$

故 $x\to0$ 时,$x-\sin x$ 是关于 x 的 3 阶无穷小.

例 3　求极限 $\lim\limits_{x\to0}\dfrac{x\cos x-\sin x}{x^2\sin x}$.

解　由于分式的分母 $x^2\sin x\sim x^3(x\to0)$,故只需分别将分子中的 $\cos x,\sin x$ 展成带佩亚诺余项的 2,3 阶麦克劳林展式,即

$$\sin x=x-\frac{x^3}{3!}+o(x^3),$$

$$\cos x=1-\frac{x^2}{2!}+o(x^2).$$

于是

$$x\cos x-\sin x=\left[x-\frac{x^3}{2!}+o(x^3)\right]-\left[x-\frac{x^3}{3!}+o(x^3)\right]=-\frac{1}{3}x^3+o(x^3).$$

此处运算时两个 $o(x^3)$ 的运算仍记作 $o(x^3)$,故

$$\lim_{x\to0}\frac{x\cos x-\sin x}{x^2\sin x}=\lim_{x\to0}\frac{-\frac{1}{3}x^3+o(x^3)}{x^3}=-\frac{1}{3}.$$

习　题　3-7

1. 将下列函数在指定点展开为 n 阶泰勒公式:

(1) $f(x)=x^5-2x^2+3x-5,\ x_0=1$;

(2) $f(x)=\sqrt{x},\ x_0=1$;

(3) $f(x)=\mathrm{e}^{-x},x_0=5$;

(4) $f(x)=\ln(1-x),x_0=\dfrac{1}{2}$.

2. 求下列函数的指定阶的麦克劳林公式(带佩亚诺余项):

(1) $f(x)=\ln(1-x^2),\ n=2$ 阶;

(2) $f(x)=x\mathrm{e}^{-x},\ n$ 阶.

3. 将函数 $f(x)=x^2\ln x$ 在 $x_0=2$ 点展开成 3 阶带拉格朗日余项的泰勒公式.

4. $x\to 0$ 时,求无穷小 $\sin x^2+\ln(1-x^2)$ 关于 x 的阶数.

5. 用 $\sin x\approx x-\frac{x^3}{6}$ 计算 $\sin 18°$ 的近似值,并估计其误差(提示:用弧度制).

6. 求 $\sqrt[3]{30}$ 的近似值,要求误差不超过 10^{-4}.

7. 利用泰勒公式求极限:

(1) $\lim\limits_{x\to 0}\frac{x-\sin x}{x^2(e^x-1)}$;

(2) $\lim\limits_{x\to 0}\frac{\cos x-e^{-\frac{x^2}{2}}}{x^2\cdot[x+\ln(1-x)]}$.

第八节　综合例题与应用

例 1　设 $f(0)=0$, $f'(0)=1$, $f''(0)=2$,求 $\lim\limits_{x\to 0}\frac{f(x)-x}{x^2}$.

分析　极限式中含有抽象函数 $f(x)$, $f(x)$ 在 $x=0$ 处有二阶导数,从而在 $x=0$ 的某邻域内可导,因此可用洛必达法则求解.

$$\lim_{x\to 0}\frac{f(x)-x}{x^2}\overset{\left(\frac{0}{0}\right)}{=}\lim_{x\to 0}\frac{f'(x)-1}{2x}=\frac{1}{2}\lim_{x\to 0}\frac{f'(x)-f'(0)}{x}=\frac{1}{2}f''(0)=1.$$

例 2　利用泰勒公式计算极限 $\lim\limits_{x\to 0}\frac{\frac{x^2}{2}+1-\sqrt{1+x^2}}{(\cos x-e^{x^2})\sin x^2}$.

解　这是 $\frac{0}{0}$ 型未定式极限,若直接利用洛必达法则求极限将非常烦琐,本题可利用泰勒公式求极限,较为简便.

由于

$$\sqrt{1+x^2}=1+\frac{1}{2}x^2+\frac{1}{2!}\cdot\frac{1}{2}\left(\frac{1}{2}-1\right)x^4+o(x^4)=1+\frac{1}{2}x^2-\frac{1}{8}x^4+o(x^4),$$

$$\cos x=1-\frac{1}{2!}x^2+o(x^2),$$

$$e^{x^2}=1+x^2+o(x^2),$$

又当 $x\to 0$ 时, $\sin x^2\sim x^2$,故有

$$\lim_{x\to 0}\frac{\frac{x^2}{2}+1-\sqrt{1+x^2}}{(\cos x-e^{x^2})\sin x^2}=\lim_{x\to 0}\frac{\frac{x^2}{2}+1-\left[1+\frac{1}{2}x^2-\frac{1}{8}x^4+o(x^4)\right]}{\left\{\left[1-\frac{1}{2}x^2+o(x^2)\right]-\left[1+x^2+o(x^2)\right]\right\}\cdot x^2}$$

$$=\lim_{x\to 0}\frac{\frac{1}{8}x^4-o(x^4)}{-\frac{3}{2}x^4+o(x^4)}=-\frac{1}{12}.$$

例 3 设函数$f(x)$和$g(x)$在$[a, b]$上2阶可导,且$f(a)=g(a)$,$f'_+(a)=g'_+(a)$,$a<x<b$时,$f''(x)<g''(x)$.证明:$a<x\leqslant b$时,$f(x)<g(x)$.

证 设$F(x)=g(x)-f(x)$,由题设可知

$$F(a)=F'_+(a)=0.$$

且$F'(x)$在$[a, b]$上可导,$a<x<b$时,有

$$[F'(x)]'=g''(x)-f''(x)>0.$$

从而,导数$F'(x)$在$[a, b]$上单调增加,于是当$a<x\leqslant b$时,

$$F'(x)>F'_+(a)(=0).$$

因此$F(x)$在$[a, b]$上单调增加,则$a<x\leqslant b$时,

$$F(x)>F(a)(=0).$$

从而

$$f(x)<g(x).$$

例 4 已知函数$f(x)$在$(-\infty,+\infty)$上连续,$y'=f'(x)$的图形如图3-22所示,求函数$f(x)$的极值点.

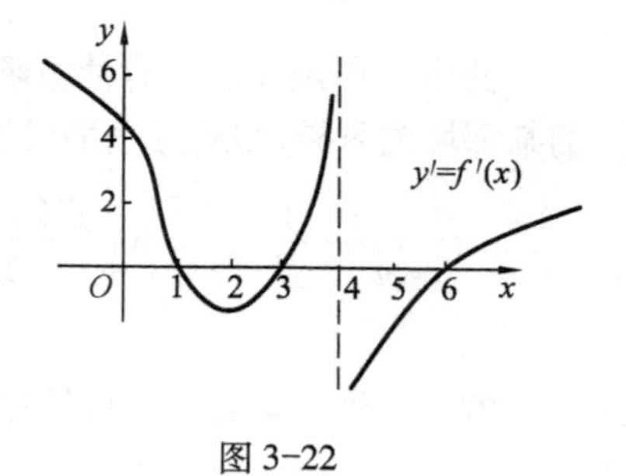

图 3-22

解 由图3-22可见,

当$x<1$时,$y'>0$;

当$1<x<3$时,$y'<0$;

当$3<x<4$时,$y'>0$;

当$4<x<6$时,$y'<0$;

当$x>6$时,$y'>0$.

又函数$f(x)$在$(-\infty,+\infty)$上连续,因此函数$f(x)$在$(-\infty,+\infty)$有极大值点$x_1=1$,$x_2=4$,极小值点$x_3=3$,$x_4=6$.

例 5 设函数$f(x)$与$g(x)$均在$[a,b]$上连续,在(a,b)内可导,且

$$f(b)-f(a)=g(b)-g(a),$$

试证:在(a,b)内至少存在一点ξ,使得$f'(\xi)=g'(\xi)$.

证 令$F(x)=f(x)-g(x)$,由题意可知,$f(x)$在$[a,b]$上连续,在(a,b)内可导,又由

$$f(b)-f(a)=g(b)-g(a),$$

得

$$f(b)-g(b)=f(a)-g(a),$$

即

$$F(b)=F(a).$$

由罗尔定理,存在$\xi\in(a,b)$,使得$F'(\xi)=0$成立,即

$$f'(\xi)=g'(\xi).$$

利用罗尔定理不仅可以讨论类似例5这样的“ξ的存在性命题”，还可以讨论导数方程“$f'(x)=0$”的根的存在性.

例6　设函数$f(x)$在$[0,1]$上连续，在$(0,1)$内可导，且$f(0)=f(1)=0$，试证明：方程$(x^2+1)f'(x)-2xf(x)=0$在$(0,1)$内有根.

证　作辅助函数

$$F(x)=\frac{f(x)}{x^2+1}.$$

据题示条件，易知$F(x)$在$[0,1]$上连续，在$(0,1)$内可导，且

$$F(0)=F(1)=0,$$

所以$F(x)$在$[0,1]$上满足罗尔定理条件，可推出存在$\xi\in(0,1)$使得

$$F'(x)\big|_{\xi}=\left.\frac{(x^2+1)f'(x)-2xf(x)}{(x^2+1)^2}\right|_{\xi}=0.$$

由于$(\xi^2+1)^2\neq0$，所以必有

$$(\xi^2+1)f'(\xi)-2\xi f(\xi)=0,$$

即方程

$$(x^2+1)f'(x)-2xf(x)=0$$

在$(0,1)$内有根.

例7　设函数$f(x)$在闭区间$[a,b]$上连续，在开区间(a,b)内可导，证明：在(a,b)内至少存在一点ξ，使得

$$\frac{bf(b)-af(a)}{b-a}=f(\xi)+\xi f'(\xi).$$

分析　由等式的左端可以看出，令$F(x)=xf(x)$，可用拉格朗日中值定理证明.

证　令$F(x)=xf(x)$，则函数$F(x)$在区间$[a,b]$上满足拉格朗日中值定理的条件，存在$\xi\in(a,b)$，使得

$$\frac{f(b)-F(a)}{b-a}=F'(\xi).$$

又$F'(x)=f(x)+xf'(x)$，从而

$$\frac{bf(b)-af(a)}{b-a}=f(\xi)+\xi f'(\xi).$$

例8　设$a>b>\mathrm{e}$，证明$a^b>b^a$.

分析　因为当$a>b>\mathrm{e}$时，$a^b>b^a$等价于$b\ln a<a\ln b$，又等价于$\frac{\ln a}{a}<\frac{\ln b}{b}$.

因此可设$\varphi(x)=x\ln b-b\ln x$，则$\varphi(b)=0$，只要证明$\varphi(x)$在$[b,+\infty)$上单调增加即可得证.

或者令 $F(x)=\dfrac{\ln x}{x}$,证明 $F(x)$ 在 $(\mathrm{e},+\infty)$ 上单调减少.

证明留给读者练习.

例 9 设函数 $y=f(x)$ 由方程 $x^3-3xy^2+2y^3=32$ 确定,试求出 $f(x)$ 的极值.

解 方程两边对 x 求导,得

$$3x^2-3y^2-6xy\cdot y'+6y^2y'=0,$$

即

$$(x-y)(x+y-2yy')=0.$$

若 $x-y=0$,即 $x=y$,代入原方程中,可知它不满足方程,因此 $x-y\neq 0$. 则

$$x+y-2yy'=0,$$

即

$$\frac{\mathrm{d}y}{\mathrm{d}x}=\frac{x+y}{2y}.$$

由 $\dfrac{\mathrm{d}y}{\mathrm{d}x}=0$ 解得 $y=-x$. 将 $y=-x$ 代入原方程中,解得

$$x=-2,\ y=2.$$

故 $x=-2$ 为函数 $y=f(x)$ 的一个驻点,又

$$\frac{\mathrm{d}^2y}{\mathrm{d}x^2}=\frac{y-x\cdot y'}{2y^2},$$

故

$$\left.\frac{\mathrm{d}^2y}{\mathrm{d}x^2}\right|_{(-2,2)}=\frac{1}{4}>0,$$

所以 $f(x)$ 有极小值 $f(-2)=2$,无极大值.

例 10 设 $0\leqslant x\leqslant 1,p>1$,证明不等式:$\dfrac{1}{2^{p-1}}\leqslant x^p+(1-x)^p\leqslant 1$.

证 令 $f(x)=x^p+(1-x)^p(0\leqslant x\leqslant 1)$, 则

$$f'(x)=px^{p-1}+p(1-x)^{p-1}(-1)=p[x^{p-1}-(1-x)^{p-1}].$$

由 $f'(x)=0$,得驻点 $x=\dfrac{1}{2}$,又

$$f(0)=f(1)=1,$$

$$f\left(\frac{1}{2}\right)=\frac{1}{2^{p-1}}\ (p>1),$$

所以 $f(x)$ 在 $[0,1]$ 上的最大值为 1,最小值为 $\dfrac{1}{2^{p-1}}$,从而

$$\frac{1}{2^{p-1}}\leqslant x^p+(1-p)^p\leqslant 1.$$

例 11　问 a 为何值时,方程 $e^x - 2x - a = 0$ 有实根?

分析　本题可利用函数的极值与最值讨论方程的根.

解　设 $f(x) = e^x - 2x - a\ (x \in \mathbf{R})$,则

$$f'(x) = e^x - 2,\ f''(x) = e^x.$$

由 $f'(x) = 0$,解得 $x = \ln 2$. 由

$$f''(\ln 2) = e^{\ln 2} = 2 > 0,$$

可知 $f(\ln 2)$ 为 $f(x)$ 的极小值. 又

$$\lim_{x \to -\infty} f(x) = +\infty,\quad \lim_{x \to +\infty} f(x) = +\infty,$$

所以

$$\min_{x \in (-\infty, +\infty)} f(x) = f(\ln 2) = e^{\ln 2} - 2\ln 2 - a = 2 - a - 2\ln 2.$$

因此要使 $f(x)$ 有零点,必须 $f(\ln 2) \leqslant 0$,即

$$2 - a - 2\ln 2 \leqslant 0,$$

由此得

$$a \geqslant 2 - 2\ln 2.$$

则当 $a > 2 - 2\ln 2$ 时, $f(\ln 2) < 0$,此时原方程有两个不同的实根;当 $a = 2 - 2\ln 2$ 时, $f(\ln 2) = 0$,此时原方程有唯一的实根.

下面讨论一些应用问题.

例 12　一盏灯悬挂在半径为 r 的圆桌中心的正上方,问悬挂的高度为多少时,桌子边缘有最强的照度(照度与光线入射角 α 的余弦成正比,与离光源的距离的平方成反比)?

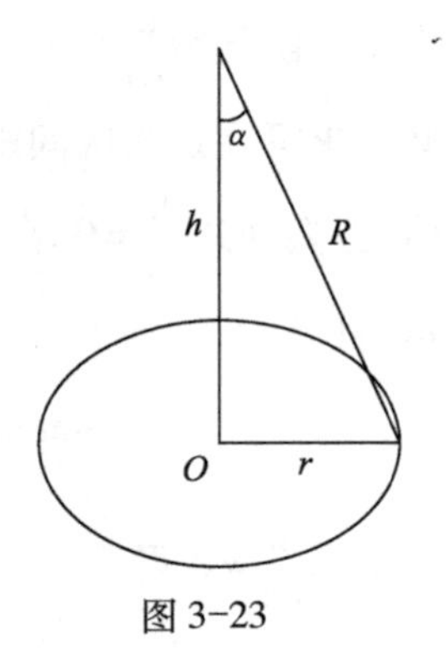

图 3-23

解　如图 3-23 所示,设灯与桌面的距离为 h、与桌面边缘的距离为 R,则桌面边缘的照度

$$A = k \cdot \frac{\cos \alpha}{R^2} = \frac{kh}{R^3} = k\frac{h}{(r^2 + h^2)^{3/2}}\ (h > 0),$$

$$A' = k\frac{r^2 - 2h^2}{(r^2 + h^2)^{\frac{5}{2}}}.$$

由 $A' = 0$ 得 $h = \frac{\sqrt{2}\, r}{2}$. A 有唯一的可能极值点 $h = \frac{\sqrt{2}\, r}{2}$. 由于灯泡一定存在一个悬吊的高度,使桌面边缘的照度最强,因此所求的高度 $h = \frac{\sqrt{2}\, r}{2}$.

例 13　某人在陆地上骑自行车的速度为 v_1,在河上划船的速度为 v_2,现在要从点 A_1 骑自行车到河边,然后划船去对岸的点 A_2(见图 3-24),问应在何处上船,耗时最少?

解　设 P 为所求的上船地点,如图3-24所示,则由点 A_1 到点 P,再由点 P 到点

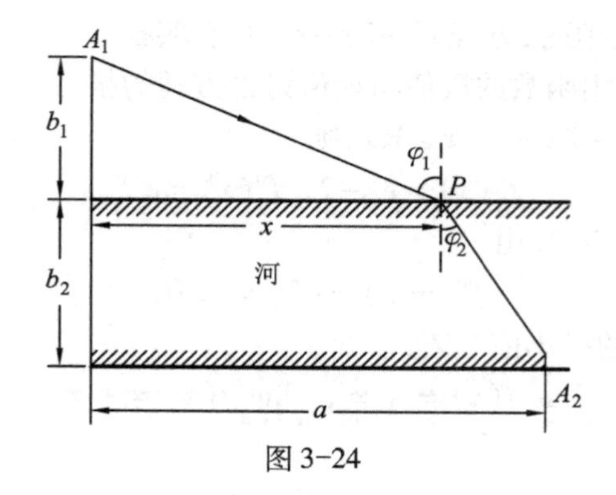

图 3-24

A_2 共需时间为

$$t(x)=\frac{1}{v_1}\sqrt{b_1^2+x^2}+\frac{1}{v_2}\sqrt{b_2^2+(a-x)^2},0\leqslant x\leqslant a.$$

其中变量 x 与常量 b_1,b_2,a 的意义如图3-24所示. 对上式求导得

$$\frac{\mathrm{d}t}{\mathrm{d}x}=\frac{1}{v_1}\frac{x}{\sqrt{b_1^2+x^2}}-\frac{1}{v_2}\frac{a-x}{\sqrt{b_2^2+(a-x)^2}},$$

$$\frac{\mathrm{d}^2t}{\mathrm{d}x^2}=\frac{1}{v_1}\frac{b_1^2}{\sqrt{(b_1^2+x^2)^3}}+\frac{1}{v_2}\frac{b_2^2}{\sqrt{(b_2^2+(a-x)^2)^3}}>0.$$

由于一阶导数$\frac{\mathrm{d}t}{\mathrm{d}x}$在 $x=0$ 与 $x=a$ 处的值异号,而二阶导数$\frac{\mathrm{d}t}{\mathrm{d}x}$大于零,所以由$\frac{\mathrm{d}t}{\mathrm{d}x}=0$必可求得在定义区间内的唯一驻点 x_0,且 $t(x)$在 x_0 处取得极小值,用时也是最小值. 但要通过$\frac{\mathrm{d}t}{\mathrm{d}x}=0$ 求驻点 x_0 比较烦琐,下面引入两个角 φ_1 与 φ_2,如图 3-25 所示,且易知

$$\sin\varphi_1=\frac{x}{\sqrt{b_1^2+x^2}},\ \sin\varphi_2=\frac{a-x}{\sqrt{b_2^2+(a-x)^2}}.$$

于是由$\frac{\mathrm{d}t}{\mathrm{d}x}=0$ 得

$$\frac{1}{v_1}\sin\varphi_1=\frac{1}{v_2}\sin\varphi_2,$$

即

$$\frac{\sin\varphi_1}{\sin\varphi_2}=\frac{v_1}{v_2}.$$

当 φ_1 与 φ_2 满足上式时,从点 A_1 到点 A_2 所需时间最少.

在这个例子中,如果把 A_1P 和 PA_2 设想为在Ⅰ,Ⅱ两种介质中分别以速度 v_1,v_2 行进的光线(见图 3-25),平面 π 为两种介质的分界面;A_1P 为入射光线,PA_2 为折射光线(点 A_1,P,A_2 共面);φ_1 与 φ_2 分别为入射角与折射角. 那么由例 13 可

知,当

$$\frac{\sin\varphi_1}{\sin\varphi_2}=\frac{v_1}{v_2}$$

时,光线从 A_1 进行到 A_2 所需时间最少. 这就是中学物理中的光线折射定律. 这类问题可概括为:设在直线 L 的两侧有 A 与 B 两点,试在 L 上找一点 C,使

$$\frac{AC}{\lambda}+\frac{CB}{\mu}$$

最小,其中 λ,μ 为两个不等的正常数(见图 3-26). 这类问题统称为折射问题.

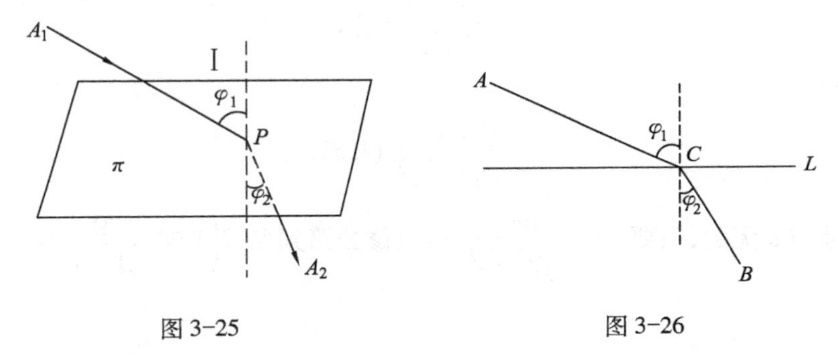

图 3-25　　　　图 3-26

有些实际问题,表面上看,似乎与折射问题不同,其实它是折射问题中比较特殊的情形,下面的水陆联运问题就是一例.

例 14　有一工厂 A 距运河为 a(km),运河线上的 B 城与运河上离 A 厂最近的点 D 为 b(km)(见图 3-27),今欲修一公路 AC 到运河边,将 A 厂的产品经由公路运到 C,再水运到与 B 城,设每吨每公里的水、陆运费分别为 α 与 β 元($\alpha<\beta$),问 C 的位置应在何处才能使运费最省.

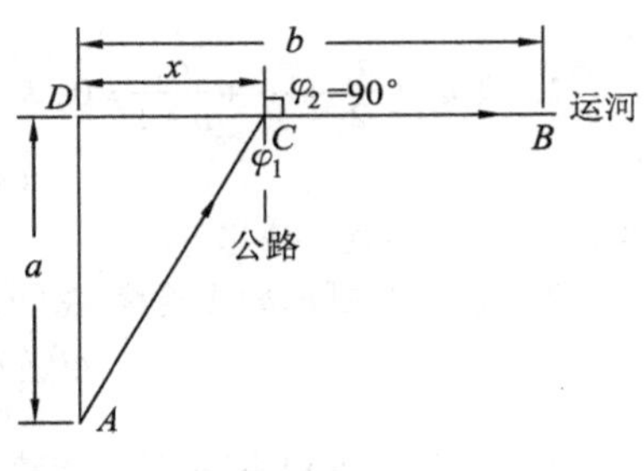

图 3-27

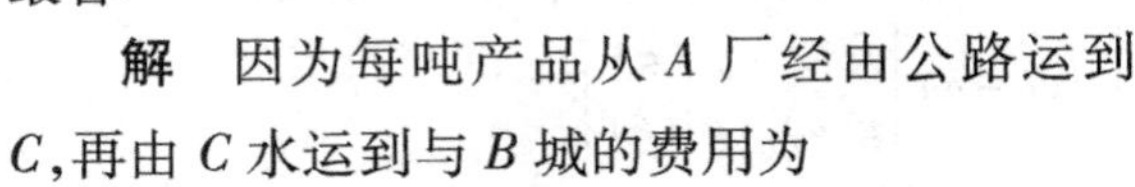

解　因为每吨产品从 A 厂经由公路运到 C,再由 C 水运到与 B 城的费用为

$$\alpha BC+\beta AC,$$

即

$$\frac{BC}{\frac{1}{\alpha}}+\frac{AC}{\frac{1}{\beta}}.$$

根据题意,要确定 C 的位置使得上式表达的运费最小,这显然是一个折射问题.

设 $DC=x$,那么 $BC=b-x$, $\varphi_2=\frac{\pi}{2}$. 根据折射定律可知,当

$$\frac{\sin\varphi_1}{\sin\varphi_2}=\frac{\frac{1}{\beta}}{\frac{1}{\alpha}},$$

又

$$\sin\varphi_1=\frac{x}{\sqrt{a^2+x^2}},$$

从而有

$$\frac{x}{\sqrt{a^2+x^2}}=\frac{\alpha}{\beta},$$

由此解得

$$x=\frac{a\alpha}{\sqrt{\beta^2-\alpha^2}}(\mathrm{km}).$$

上面结果与 b 无关,只要 $b>\frac{a\alpha}{\sqrt{\beta^2-\alpha^2}}$,就应修公路到点 $C\left(x=\frac{a\alpha}{\sqrt{\beta^2-\alpha^2}}\right)$.

习 题 3-8

1. 设 $a_0+\frac{a_1}{2}+\cdots+\frac{a_n}{n+1}=0$,证明多项式

$$f(x)=a_0+a_1x+\cdots+a_nx^n$$

在(0,1)内至少有一个零点.

2. 设 $f(x)$ 在 $[a,b]$ 上连续,在 (a,b) 内可导,且 $0<a<b$,证明在 (a,b) 内有一点 ξ,使得

$$\frac{af(b)-bf(a)}{a-b}=f(\xi)-\xi f'(\xi).$$

3. 设 $f(x),g(x)$ 在 $[a,b]$ 上连续,在 (a,b) 内可导,证明在 (a,b) 内有一点 ξ,使得

$$\begin{vmatrix} f(a) & f(b) \\ g(a) & g(b) \end{vmatrix}=(b-a)\begin{vmatrix} f(a) & f'(\xi) \\ g(a) & g'(\xi) \end{vmatrix}.$$

4. 讨论函数

$$f(x)=\begin{cases}\left[\dfrac{(1+x)^{\frac{1}{x}}}{\mathrm{e}}\right]^{\frac{1}{x}}, & x>0,\\ \mathrm{e}^{\frac{-1}{2}}, & x\leqslant 0\end{cases}$$

在点 $x=0$ 处的连续性.

5. 讨论方程 $x\mathrm{e}^x=a$(a 为参数)有几个实根.

6. 证明下列不等式:

(1) 当 $0<x<\frac{\pi}{2}$ 时,$\sin x>x-\frac{x^3}{6}$;

(2) 对任意的正整数 n，恒有 $\frac{1}{n+1} < \ln\left(1+\frac{1}{n}\right) < \frac{1}{n}$；

(3) 当 $-1 < x < 1$ 时，$x\ln\frac{1+x}{1-x} + \cos x \geqslant 1 + \frac{x^2}{2}$.

7. 已知函数 $y=f(x)$ 对一切 x 满足 $xf''(x)+3x[f'(x)]^2=1-\mathrm{e}^{-x}$. 若 $f'(x_0)=0(x_0\neq 0)$，证明 $f(x_0)$ 是 $f(x)$ 的极小值.

8. 设 $y=f(x)$ 由方程 $2y^3-2y^2+2xy-x^2=1$ 所确定，求函数 $y=f(x)$ 的驻点，并判断其是否为极值点.

9. 求数列 $\left\{\frac{(1+n)^3}{(1-n)^2}\right\}$ 的最小项.

10. 曲线 $y=4-x^2$ 与直线 $y=2x+1$ 相交于 A,B 两点，又 C 为曲线弧 $\overset{\frown}{AB}$ 上任意一点，求 $\triangle ABC$ 的面积的最大值.

11. 用仪器测量某种零件的长度 n 次，所得数据为 $x_1,x_2,\cdots,x_n$，证明：用 $\bar{x}=\frac{1}{n}(x_1+x_2+\cdots+x_n)$ 作为该零件的长度，可使平方和 $(x-x_1)^2+(x-x_2)^2+\cdots+(x-x_n)^2$ 达到最小（这个量 $\bar{x}$ 称为"最可靠值"）.

12. 某地为改进现有的运输状况，使更大的长江轮能进入内河. 计划将内河加宽并使之与长江垂直交汇，设长江宽 a(m)，加宽后的内河宽 b(m)，试问能够驶入内河的长江轮的最大长度是多少？

13. 位于野外的旅行者想尽快返回城市，在其所在 A 地的正前方 3 km 处有条公路，在公路右方 9 km 的 B 处有个汽车站，假定该旅行者在野地中的行进速度是 6 km/h，沿公路行进的速度是 8 km/h，为了尽快返回城市他选择沿 $A\to C\to B$ 的路径（如图 3-28 所示）. 问旅行者要尽快赶到点 B 的车站，点 C 应该选在公路右方多远处？旅行者最快能在多少时间内到达点 B 的车站？

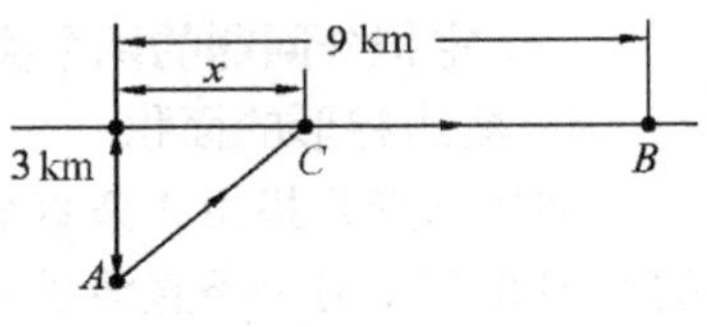

图 3-28

第四章　积分及其计算

前面两章讨论了微积分中的微分学部分,下面两章将讨论微积分中积分学部分. 本章首先从实际问题出发,引入定积分的概念,并给出定积分的一些性质;然后在引入原函数与不定积分的基础上,建立了微积分基本定理,并重点介绍不定积分与定积分的计算方法;最后简要介绍反常积分的概念与基本算法.

第一节　定积分的概念与性质

一、定积分问题的两个实例

1. 曲边梯形的面积

曲边梯形是指由 3 条直线段和 1 条连续曲线段围成的图形,该图形中有两条直线段垂直于另一条直线段. 如图 4-1 所示,曲边梯形由连续曲线 $y=f(x)(\geqslant 0)$、x 轴、直线 $x=a$、$x=b(a<b)$ 围成. 现讨论它的面积问题.

当连续曲线 $y=f(x)$ 是常数时,曲边梯形就是一个矩形,其面积 = 高 × 宽. 而当 $y=f(x)$ 非常数时,便无法利用上述公式求其面积. 然而,由于曲边梯形的高 $f(x)$ 在区间 $[a, b]$ 上是连续的,在很小一段区间上它的变化很小,近似于不变,因此,如果把区间 $[a, b]$ 划分为许多小区间,在每个小区间上用其中某一点处的高近似代替同一个小区间上的窄曲边梯形上变化的高,那么,每个窄曲边梯形的面积就可用窄矩形的面积近似. 求出所有这些窄矩形的面积之和,就得到曲边梯形面积的近似值. 显然,这些小曲边梯形的区间越小,个数越多,曲边梯形面积的近似值就越接近其真实值. 把区间 $[a, b]$ 无限“细”分下去,即使每个小区间的宽度都趋于零,这时所有窄矩形面积之和的极限就可定义为曲边梯形的面积. 具体而言,可以用以下方法

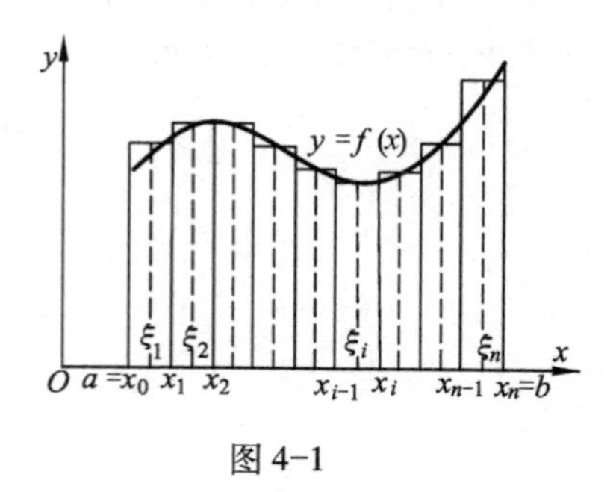

图 4-1

定义并计算曲边梯形的面积 A.

(1) 分割　在区间$[a,b]$内任意插入 $n-1$ 个分点

$$a=x_0<x_1<x_2<\cdots<x_{n-1}<x_n=b,$$

得到 n 个小区间$[x_0,x_1],[x_1,x_2],\cdots,[x_{n-1},x_n]$,记 $\Delta x_i=x_i-x_{i-1}$ 为第 $i(i=1,2,\cdots,n)$个小区间的长度. 过各分点作 x 轴的垂线,把曲边梯形分成 n 个窄曲边梯形(见图 4-1);

(2) 取近似(以直代曲)　由于$f(x)$连续,当分割较细时,在每个小区间内$f(x)$的值变化很小,可以近似地看作不变. 从而在第 i 个小区间$[x_{i-1},x_i]$上任取一点 ξ_i,将第 i 个窄曲边梯形的面积 ΔA_i 用与它同底、高为$f(\xi_i)$的小矩形面积近似代替,即 $\Delta A_i\approx f(\xi_i)\Delta x_i$;

(3) 求和　将 n 个小矩形面积相加,得到曲边梯形面积的近似值,即 $A\approx\sum\limits_{i=1}^{n}f(\xi_i)\Delta x_i$;

(4) 取极限　为了得到 A 的精确值,必须让每个小区间的长度都无限缩短. 用 λ 表示 n 个小区间长度中的最大值,即 $\lambda=\max\{\Delta x_1,\Delta x_2,\cdots,\Delta x_n\}$. 令 $\lambda\to0$,则有

$$A=\lim_{\lambda\to0}\sum_{i=1}^{n}f(\xi_i)\Delta x_i. \tag{1}$$

2. 变速直线运动的路程

设质点做变速直线运动,已知其速度 $v(t)$是时间间隔$[T_1,T_2]$上的一个连续函数,求这段时间内质点通过的路程 s.

对于匀速直线运动,其公式为

路程 = 速度 × 时间.

但是,这里质点做的是变速运动,因此,其路程不能直接按匀速直线运动的路程公式计算. 由于已知速度函数是连续的,在很短一段时间内,速度变化很小,可近似于匀速. 因此,可以采用类似上例中“分割、近似、求和、取极限”的方法求 s.

(1) 分割　在时间区间$[T_1,T_2]$内插入 $n-1$ 个分点

$$T_1=t_0<t_1<t_2<\cdots<t_{n-1}<t_n=T_2,$$

得到 n 个小区间$[t_{i-1},t_i]$,小区间长记为 $\Delta t_i=t_i-t_{i-1}$,这时路程 s 相应地被分为 n 个小路程 $\Delta s_i(i=1,2,\cdots,n)$;

(2) 取近似　在时间间隔$[t_{i-1},t_i]$上任取一个时刻 τ_i,用时刻 τ_i 的速度 $v(\tau_i)$ 近似代替在$[t_{i-1},t_i]$上各时刻的速度,则 $\Delta s_i\approx v(\tau_i)\Delta t_i$;

(3) 求和　$s=\sum\limits_{i=1}^{n}\Delta s_i\approx\sum\limits_{i=1}^{n}v(\tau_i)\Delta t_i$;

(4) 取极限　设 $\lambda=\max\{\Delta t_1,\Delta t_2,\cdots,\Delta t_n\}$. 令 $\lambda\to0$,则有

$$s=\lim_{\lambda\to0}\sum_{i=1}^{n}v(\tau_i)\Delta t_i. \tag{2}$$

以上两个例子的实际意义虽然不同,但解决的方法从数学角度上看是一样的,计算的量都归结为具有相同结构的一种特定和的极限.将这些问题的具体意义进行抽象,就得到了定积分的概念.

二、定积分的定义

定义 设函数$f(x)$在闭区间$[a,b]$上有界,在(a,b)内任意插入$n-1$个分点

$$a=x_0<x_1<x_2<\cdots<x_n=b,$$

把区间$[a,b]$分成n个小区间$[x_{i-1},x_i]$,其长度$\Delta x_i=x_i-x_{i-1}(i=1,2,\cdots,n)$.在每个小区间$[x_{i-1},x_i]$上任取一点$\xi_i$,作积$f(\xi_i)\Delta x_i(i=1,2,\cdots,n)$,并作和

$$\sum_{i=1}^{n} f(\xi_i)\Delta x_i \text{(称为积分和或黎曼(Riemann)和)}.$$

记$\lambda=\max\{\Delta x_1,\Delta x_2,\cdots,\Delta x_n\}$,若不论区间$[a,b]$如何分割,$\xi_i$如何取法,当$\lambda\to0$时,积分和总趋于确定的常数$I$,则称函数$f(x)$在$[a,b]$上可积,并称极限$I$为函数$f(x)$在$[a,b]$上的定积分,记作$\int_a^b f(x)\mathrm{d}x$,即

$$\int_a^b f(x)\mathrm{d}x=I=\lim_{\lambda\to0}\sum_{i=1}^{n} f(\xi_i)\Delta x_i,$$

并称$f(x)$为被积函数,$f(x)\mathrm{d}x$为被积表达式,x为积分变量,$[a,b]$为积分区间,a和b分别称为积分下限和上限,$\int$为积分号.

由上述定义,连续曲线$y=f(x)(\geqslant0)$、直线$x=a$、$x=b(a<b)$和x轴所围成的曲边梯形面积

$$A=\int_a^b f(x)\mathrm{d}x;$$

以连续的速度$v(t)(\geqslant0)$做变速直线运动的质点,从时刻T_1到T_2通过的路程

$$s=\int_{T_1}^{T_2} v(t)\mathrm{d}t.$$

根据定义,有如下几点说明:

(1) 定积分$\int_a^b f(x)\mathrm{d}x$是积分和的极限.当此极限存在时,它仅与被积函数$f(x)$、积分区间$[a,b]$有关,而与积分变量的x的记号选择无关,即

$$\int_a^b f(x)\mathrm{d}x=\int_a^b f(t)\mathrm{d}t=\int_a^b f(u)\mathrm{d}u;$$

(2) 可以证明:若函数$f(x)$在$[a,b]$上连续或者在$[a,b]$上除有限个第一类间断点外处处连续,则$f(x)$在闭区间$[a,b]$上可积;

(3) 由于区间分割的任意性和ξ_i取法的任意性,因此,如果已知$f(x)$在闭区间$[a,b]$上可积,用定积分的定义求$\int_a^b f(x)\mathrm{d}x$时,为了简化计算,对闭区间$[a,b]$

可采用特殊的分法,并对 ξ_i 取特殊的值进行计算;

(4) 为了讨论的方便,补充规定

$$\int_a^a f(x)\,\mathrm{d}x = 0,\ \int_b^a f(x)\,\mathrm{d}x = -\int_a^b f(x)\,\mathrm{d}x.$$

例 1 利用定义计算定积分 $\int_0^1 (1-x^2)\,\mathrm{d}x$.

解 因为被积函数 $f(x)=1-x^2$ 在区间 $[0,1]$ 上连续,因而可积. 为便于计算,将区间 $[0,1]$ n 等分,分点为 $x_i=\frac{i}{n}(i=1,2,\cdots,n-1)$. 这样,每个小区间 $[x_{i-1},x_i]$ 的长度 $\lambda=\Delta x_i=\frac{1}{n}(i=1,2,\cdots,n)$;取 $\xi_i=x_i(i=1,2,\cdots,n)$. 于是得积分和

$$\begin{aligned}\sum_{i=1}^{n} f(\xi_i)\Delta x_i &= \sum_{i=1}^{n}(1-\xi_i^2)\Delta x_i = \sum_{i=1}^{n}\left[1-\left(\frac{i}{n}\right)^2\right]\frac{1}{n} = \sum_{i=1}^{n}\frac{1}{n}-\frac{1}{n^3}\sum_{i=1}^{n} i^2 \\ &= 1-\frac{n(n+1)(2n+1)}{6n^3}.\end{aligned}$$

由定积分定义,得

$$\int_0^1 (1-x^2)\,\mathrm{d}x = \lim_{\lambda\to 0}\sum_{i=1}^{n} f(\xi_i)\Delta x_i = 1-\lim_{n\to\infty}\frac{n(n+1)(2n+1)}{6n^3} = \frac{2}{3}.$$

三、定积分的几何意义

在闭区间 $[a,b]$ 上,若函数 $f(x)\geqslant 0$,则定积分 $\int_a^b f(x)\,\mathrm{d}x$ 在几何上表示由曲线 $y=f(x)$、直线 $x=a$、$x=b$ 和 x 轴围成的曲边梯形的面积;在闭区间 $[a,b]$ 上,若函数 $f(x)\leqslant 0$,根据定义进行分析,$\int_a^b f(x)\,\mathrm{d}x$ 在几何上表示由曲线 $y=f(x)$、直线 $x=a$、$x=b$ 和 x 轴围成的曲边梯形(在 x 轴下方)的面积的相反数;在闭区间 $[a,b]$ 上,若函数 $f(x)$ 有正有负时,则由曲线 $y=f(x)$、直线 $x=a$、$x=b$ 和 x 轴围成图形既有在 x 轴上方部分的,也有在 x 轴下方部分的,这时 $\int_a^b f(x)\,\mathrm{d}x$ 在几何上表示 x 轴上方部分面积减去 x 轴下方部分面积所得之差,即为介于曲线 $y=f(x)$、直线 $x=a$、$x=b$ 和 x 轴之间的各部分面积的代数和(如图 4-2 所示),即

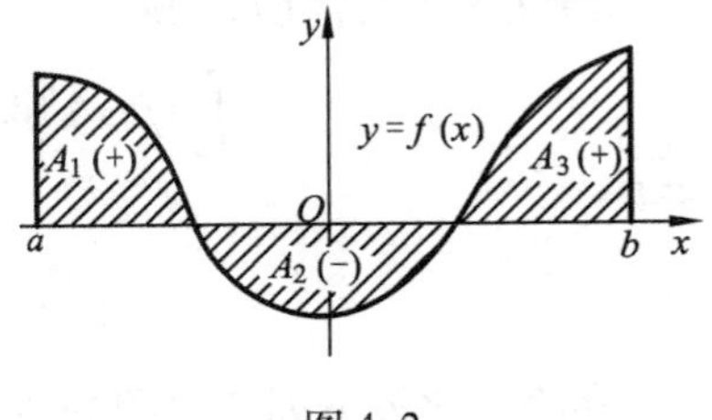

图 4-2

$$\int_a^b f(x)\,\mathrm{d}x = A_1 - A_2 + A_3.$$

例 2　函数 $y=f(x)$ 的图形如图 4-3 所示,利用定积分的几何意义求 $\int_{-1}^{1}f(x)\mathrm{d}x$, $\int_{0}^{2}f(x)\mathrm{d}x$.

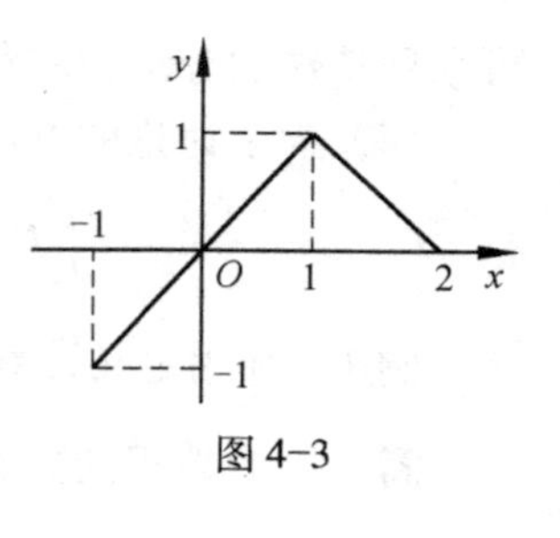

图 4-3

解　由定积分的几何意义,可得

$$\int_{-1}^{1}f(x)\mathrm{d}x=-\frac{1}{2}\times1\times1+\frac{1}{2}\times1\times1=0,$$

$$\int_{0}^{2}f(x)\mathrm{d}x=\frac{1}{2}\times2\times1=1.$$

四、定积分的性质

由定积分的定义、极限的性质和运算法则,可得定积分性质(这里假定涉及的定积分都是存在的)如下:

性质 1　$\int_a^b k\mathrm{d}x=k(b-a)$ (k 为常数).

性质 2　$\int_a^b[f(x)\pm g(x)]\mathrm{d}x=\int_a^b f(x)\mathrm{d}x\pm\int_a^b g(x)\mathrm{d}x.$

性质 3　对任意的 $k\in\mathbf{R}$, $\int_a^b kf(x)\mathrm{d}x=k\int_a^b f(x)\mathrm{d}x.$

性质 4(对积分区间的可加性)　设 a,b,c 为常数,则

$$\int_a^b f(x)\mathrm{d}x=\int_a^c f(x)\mathrm{d}x+\int_c^b f(x)\mathrm{d}x.$$

性质 5(积分比较定理)　如果在区间 $[a,b]$ 上,有 $f(x)\leqslant g(x)$,则

$$\int_a^b f(x)\mathrm{d}x\leqslant\int_a^b g(x)\mathrm{d}x.$$

推论　$\left|\int_a^b f(x)\mathrm{d}x\right|\leqslant\int_a^b|f(x)|\mathrm{d}x.$

证　由绝对值的性质,知

$$-|f(x)|\leqslant f(x)\leqslant|f(x)|\quad(a\leqslant x\leqslant b),$$

因此由性质 3 与性质 5,得

$$-\int_a^b|f(x)|\mathrm{d}x\leqslant\int_a^b f(x)\mathrm{d}x\leqslant\int_a^b|f(x)|\mathrm{d}x.$$

于是

$$\left|\int_a^b f(x)\mathrm{d}x\right|\leqslant\int_a^b|f(x)|\mathrm{d}x.$$

例 3　比较下列各对积分值的大小:

(1) $\int_0^1 x^2\mathrm{d}x$ 与 $\int_0^1 x^3\mathrm{d}x$;　　(2) $\int_0^{\frac{\pi}{2}}\cos x\mathrm{d}x$ 与 $\int_0^{\pi}\cos x\mathrm{d}x$.

解　(1) 因为 $x\in[0,1]$ 时, $x^2\geqslant x^3$,所以由性质 5 知,

$$\int_0^1 x^2 \mathrm{d}x \geqslant \int_0^1 x^3 \mathrm{d}x.$$

(2) 由性质 4 知，

$$\int_0^{\pi} \cos x \mathrm{d}x = \int_0^{\frac{\pi}{2}} \cos x \mathrm{d}x + \int_{\frac{\pi}{2}}^{\pi} \cos x \mathrm{d}x.$$

而当 $x \in \left[\frac{\pi}{2}, \pi\right]$时，$\cos x \leqslant 0$，所以由性质 5 知，$\int_{\frac{\pi}{2}}^{\pi} \cos x \mathrm{d}x \leqslant 0$，从而

$$\int_0^{\frac{\pi}{2}} \cos x \mathrm{d}x \geqslant \int_0^{\pi} \cos x \mathrm{d}x.$$

由性质 1 和性质 5 可得：

性质 6（积分估值定理）　设函数$f(x)$在区间$[a,b]$上的最大值为 M，最小值为 m，则

$$m(b-a) \leqslant \int_a^b f(x) \mathrm{d}x \leqslant M(b-a).$$

性质 7（积分中值定理）　设函数$f(x)$在闭区间$[a,b]$上连续，则存在$\xi \in [a,b]$，使得

$$\int_a^b f(x) \mathrm{d}x = f(\xi)(b-a).$$

证　因为$f(x)$在闭区间$[a,b]$上连续，所以$f(x)$在闭区间$[a,b]$上有最大值 M 和最小值 m，由性质 6

$$m(b-a) \leqslant \int_a^b f(x) \mathrm{d}x \leqslant M(b-a).$$

记

$$c = \frac{1}{b-a}\int_a^b f(x) \mathrm{d}x,$$

则 $m \leqslant c \leqslant M$. 由闭区间上连续函数的介值定理，存在 $\xi \in [a,b]$，使得

$$f(\xi) = c,$$

即

$$\int_a^b f(x) \mathrm{d}x = f(\xi)(b-a).$$

当 $b \leqslant a$ 时，显然上式也是成立的.

积分中值定理有以下的几何解释：设在区间$[a,b]$上的连续函数$f(x) \geqslant 0$，则在区间$[a,b]$上至少存在一点 ξ，使得以区间$[a,b]$为底边、曲线 $y=f(x)$ 为曲边的曲边梯形的面积等于相同底边、高为$f(\xi)$的矩形的面积，如图 4-4 所示.

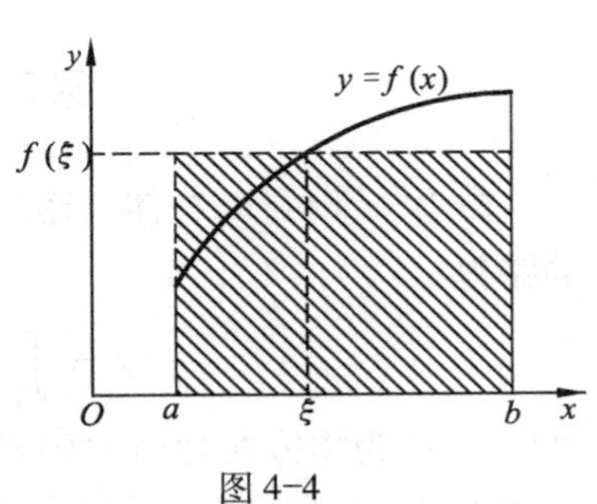

图 4-4

数值 $\frac{1}{b-a}\int_a^b f(x) \mathrm{d}x$ 称为函数 $f(x)$ 在区间

$[a,b]$上的平均值. 例如,图 4-4 中,$f(\xi)$可以看作图中曲边梯形的平均高度. 又如,以连续速度 $v(t)(\geqslant 0)$ 做变速直线运动的质点,从时刻 T_1 到 T_2 通过的路程 $s=\int_{T_1}^{T_2}v(t)\mathrm{d}t$, 因此,数值

$$\frac{1}{T_2-T_1}\int_{T_1}^{T_2}v(t)\mathrm{d}t$$

便是运动质点从时刻 T_1 到 T_2 这段时间内的平均速度.

习　题　4-1

1. 用定积分表示下列量:

(1) 由曲线 $y=x^2$ 与 $y=x^3$ 所围成区域的面积;

(2) 一根位于 x 轴区间$[a,b]$上的细棒的质量,设棒上任一点 x 处的线密度$\rho(x)=1+|x|$;

(3) 在时间间隔$[T_1,T_2]$内流过导线横截面的电量 q,已知时刻 t 时导线的电流强度 $i(t)=2\sin\omega t$.

2. 利用定积分的几何意义,计算下列定积分:

(1) $\int_0^1 2x\mathrm{d}x$;　　(2) $\int_0^{\pi}\cos t\mathrm{d}t$;

(3) $\int_0^1\sqrt{1-x^2}\mathrm{d}x$;　　(4) $\int_{-1}^2|x|\mathrm{d}x$.

3. 已知 $\int_0^1 f(x)\mathrm{d}x=3$, $\int_0^2 f(x)\mathrm{d}x=4$, $\int_0^2 g(x)\mathrm{d}x=-2$, 求定积分 $\int_1^2 f(x)\mathrm{d}x$, $\int_0^1 2f(t)\mathrm{d}t$, $\int_0^2[3f(x)-2g(x)]\mathrm{d}x$.

4. 设 $f(x)$ 为区间$[a,b]$上的单调增加的连续函数,证明:

$$f(a)(b-a)\leqslant\int_a^b f(x)\mathrm{d}x\leqslant f(b)(b-a).$$

5. 证明: $\frac{1}{2}\leqslant\int_0^{\frac{1}{2}}\frac{1}{\sqrt{2x^2-x+1}}\mathrm{d}x\leqslant\frac{\sqrt{14}}{7}$.

第二节　微积分基本公式

由上一节可知,物体以速度 $v(t)$ 做变速直线运动,在时间间隔$[T_1,T_2]$内通过的路程

$$s=\int_{T_1}^{T_2}v(t)\mathrm{d}t=s(T_2)-s(T_1),$$

其中,$s(t)$为物体在时刻 t 的位置函数,满足:$s'(t)=v(t)$. 本节将这一结果推广到一般情形,得到微积分基本公式,即牛顿-莱布尼茨公式. 为此,先介绍原函数与不

定积分的基本概念.

一、原函数与不定积分

1. 基本概念

定义 1　设$f(x)$为定义在区间I内的已知函数，若函数$F(x)$满足$F'(x)=f(x)(x\in I)$，则称$F(x)$为$f(x)$在I内的一个原函数.

不难证明，若$f(x)$在区间I内有一个原函数$F(x)$，则$F(x)+C$（C为任意常数）为$f(x)$的全部原函数.

定义 2　若$F(x)$是$f(x)$在区间I内的一个原函数，则$f(x)$的原函数的一般表达式$F(x)+C$（C为任意常数）称为$f(x)$在I内的不定积分，记作$\int f(x)\mathrm{d}x$，即

$$\int f(x)\mathrm{d}x=F(x)+C.$$

根据定义，$\int \cos x\mathrm{d}x=\sin x+C$.

注　不定积分是函数，而定积分是常数，这两者有本质区别.

2. 不定积分的性质

由不定积分的定义，可直接得到如下性质：

(1) $\int[f(x)\pm g(x)]\mathrm{d}x=\int f(x)\mathrm{d}x\pm\int g(x)\mathrm{d}x$；

(2) $\int kf(x)\mathrm{d}x=k\int f(x)\mathrm{d}x$（$k$为非零常数）；

(3) $\frac{\mathrm{d}}{\mathrm{d}x}\left[\int f(x)\mathrm{d}x\right]=f(x)$ 或 $\mathrm{d}\left[\int f(x)\mathrm{d}x\right]=f(x)\mathrm{d}x$；

(4) $\int f'(x)\mathrm{d}x=F(x)+C$ 或 $\int \mathrm{d}F(x)=F(x)+C$.

由此可见，求导运算与不定积分的运算是互逆的. 利用这种互逆关系及导数基本公式，可得到相应的不定积分基本公式.

3. 基本积分公式

(1) $\int k\mathrm{d}x=kx+C$（k是常数）；

(2) $\int x^{\mu}\mathrm{d}x=\frac{x^{\mu+1}}{\mu+1}+C\ (\mu\neq-1)$；

(3) $\int\frac{\mathrm{d}x}{x}=\ln|x|+C$；

(4) $\int a^{x}\mathrm{d}x=\frac{a^{x}}{\ln a}+C$；

(5) $\int \mathrm{e}^{x}\mathrm{d}x=\mathrm{e}^{x}+C$；

(6) $\int\cos x\mathrm{d}x=\sin x+C$；

(7) $\int\sin x\mathrm{d}x=-\cos x+C$；

(8) $\int\sec^{2}x\mathrm{d}x=\tan x+C$；

(9) $\int\csc^{2}x\mathrm{d}x=-\cot x+C$；

(10) $\int\sec x\tan x\mathrm{d}x=\sec x+C$；

(11) $\int \csc x\cot x\mathrm{d}x = -\csc x + C$;

(12) $\int \dfrac{\mathrm{d}x}{\sqrt{1-x^2}} = \arcsin x + C = -\arccos x + C_1$;

(13) $\int \dfrac{\mathrm{d}x}{1+x^2} = \arctan x + C = -\operatorname{arccot} x + C_1$;

(14) $\int \tan x\mathrm{d}x = -\ln|\cos x| + C$;

(15) $\int \cot x\mathrm{d}x = \ln|\sin x| + C$;

(16) $\int \sec x\mathrm{d}x = \ln|\sec x + \tan x| + C$;

(17) $\int \csc x\mathrm{d}x = \ln|\csc x - \cot x| + C$;

(18) $\int \dfrac{\mathrm{d}x}{\sqrt{a^2-x^2}} = \arcsin \dfrac{x}{a} + C\ (a>0)$;

(19) $\int \dfrac{\mathrm{d}x}{a^2+x^2} = \dfrac{1}{a}\arctan \dfrac{x}{a} + C$;

(20) $\int \dfrac{\mathrm{d}x}{x^2-a^2} = \dfrac{1}{2a}\ln\left|\dfrac{x-a}{x+a}\right| + C$;

(21) $\int \dfrac{\mathrm{d}x}{\sqrt{x^2 \pm a^2}} = \ln\left|x + \sqrt{x^2 \pm a^2}\right| + C.$

直接利用不定积分的性质和基本积分公式,可进行一些简单的不定积分计算.

例 1　求 $\int x\sqrt{x\sqrt{x}}\mathrm{d}x$.

解　对被积函数恒等变形,化为基本积分公式中的情形,即

$$\int x\sqrt{x\sqrt{x}}\mathrm{d}x = \int x^{\frac{7}{4}}\mathrm{d}x = \frac{4}{11}x^{\frac{11}{4}} + C.$$

例 2　求 $\int (\mathrm{e}^x - 2\tan^2 x)\mathrm{d}x$.

解　用三角公式把被积函数化为基本积分公式中的情形,即

$$\begin{aligned}\int (\mathrm{e}^x - 2\tan^2 x)\mathrm{d}x &= \int \mathrm{e}^x\mathrm{d}x - 2\int \tan^2 x\mathrm{d}x = \mathrm{e}^x - 2\int (\sec^2 x - 1)\mathrm{d}x \\ &= \mathrm{e}^x - 2\left(\int \sec^2 x\mathrm{d}x - x\right) = \mathrm{e}^x - 2\tan x + 2x + C.\end{aligned}$$

例 3　求 $\int \dfrac{\mathrm{d}x}{\sin^2 x\cos^2 x}$.

解 $\int \frac{dx}{\sin^2 x\cos^2 x} = \int \frac{\sin^2 x + \cos^2 x}{\sin^2 x\cos^2 x}dx = \int \frac{dx}{\cos^2 x} + \int \frac{dx}{\sin^2 x}$

$$= \tan x - \cot x + C.$$

例 4 求 $\int \frac{dx}{x^2(x^2+1)}$.

解 当被积函数是分式有理函数时,常常将它拆成分母较简单、易于积分的分式之和,即

$$\int \frac{dx}{x^2(x^2+1)} = \int \frac{(x^2+1)-x^2}{x^2(x^2+1)}dx = \int \frac{dx}{x^2} - \int \frac{dx}{x^2+1}$$

$$= \int x^{-2}dx - \arctan x = -\frac{1}{x} - \arctan x + C.$$

4. 不定积分的几何意义

设 $F(x)$ 是 $f(x)$ 的一个原函数,则曲线 $y=F(x)$ 称为 $f(x)$ 的一条积分曲线. $f(x)$ 的不定积分的几何意义就是 $f(x)$ 的一个积分曲线族. 它的特点是,在横坐标相同的点处,各积分曲线切线的斜率都是相同的,都等于 $f(x)$,所以各切线相互平行,如图 4-5 所示.

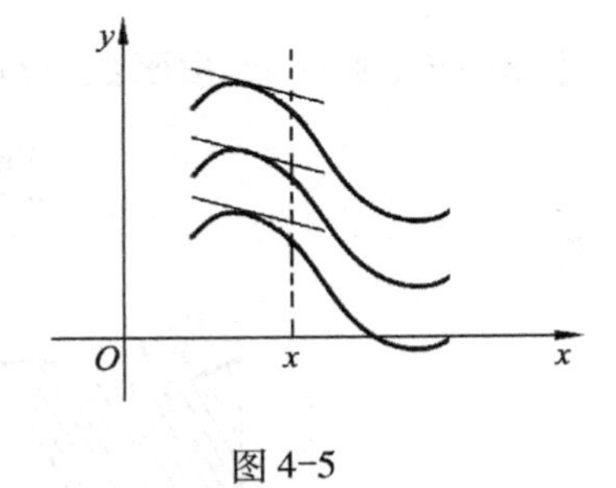

图 4-5

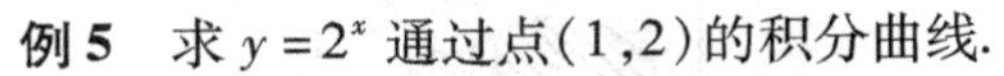
例 5 求 $y=2^x$ 通过点(1,2)的积分曲线.

解 $y=2^x$ 的积分曲线为

$$y = \int 2^x dx = \frac{1}{\ln 2}2^x + C.$$

代入条件 $x=1, y=2$,可得

$$C = 2 - \frac{2}{\ln 2}.$$

因此,所求积分曲线为

$$y = \frac{1}{\ln 2}2^x + 2 - \frac{2}{\ln 2}.$$

二、原函数存在定理

现讨论什么样的函数一定具有原函数.

定义 3 设函数 $f(t)$ 在 $[a,b]$ 上可积,$x \in [a,b]$,则称函数 $\int_a^x f(t)dt$ 为积分上限函数,记作 $\Phi(x)$.

必须指出,积分上限函数 $\int_a^x f(t)dt$ 是 x 的函数,对取定的 x,它有确定的值(定积分的值),与积分变量 t 无关. 积分上限函数的几何意义如图 4-6 所示,它具有如

下的重要性质.

定理 1 设函数$f(x)$在区间$[a,b]$上连续,则积分上限函数$\Phi(x)=\int_a^x f(t)\mathrm{d}t$在区间$[a,b]$上可导,且

$$\Phi'(x)=\left[\int_a^x f(t)\mathrm{d}t\right]'=f(x). \tag{1}$$

证 设$x\in[a,b]$且有增量$\Delta x(x+\Delta x\in[a,b])$,函数$\Phi(x)$的相应增量为$\Delta\Phi$(见图 4-7),则

$$\Delta\Phi=\Phi(x+\Delta x)-\Phi(x)=\int_a^{x+\Delta x}f(t)\mathrm{d}t-\int_a^x f(t)\mathrm{d}t=\int_x^{x+\Delta x}f(t)\mathrm{d}t.$$

由积分中值定理得,$\Delta\Phi=f(\xi)\Delta x$($\xi$在$x$与$x+\Delta x$之间),于是

$$\frac{\Delta\Phi}{\Delta x}=f(\xi).$$

令$\Delta x\to0$,则$\xi\to x$,由函数$f(t)$在x处连续,有

$$\lim_{\Delta x\to0}\frac{\Delta\Phi}{\Delta x}=\lim_{\xi\to x}f(\xi)=f(x),$$

即

$$\Phi'(x)=f(x).$$

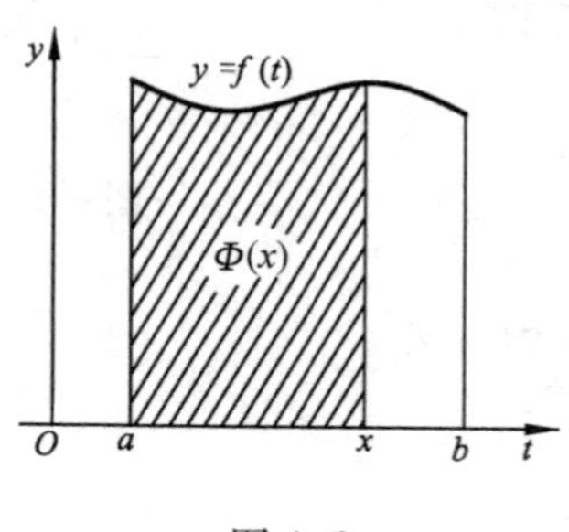

图 4-6

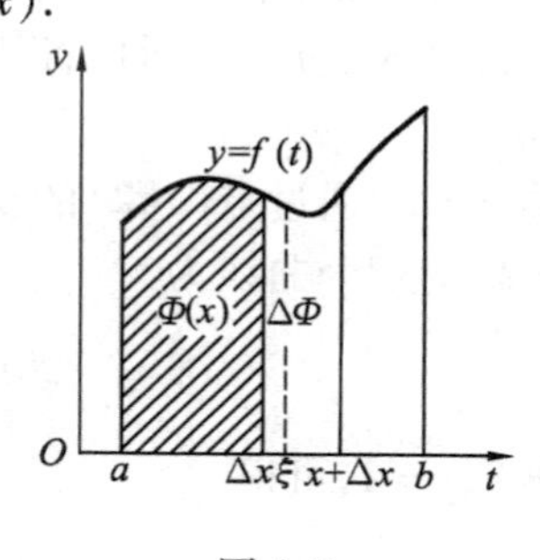

图 4-7

定理 1 表明:若函数$f(x)$在区间$[a,b]$上连续,则$f(x)$在该区间上必存在原函数. 因此,定理 1 也称为连续函数的原函数存在定理.

对于一般的积分限函数,有如下的结论:

推论 设函数$f(x)$在区间$[a,b]$上连续,$a(x)$,$b(x)$在$[a,b]$上可导,且

$$a\leqslant a(x),\ b(x)\leqslant b,\ x\in[a,b].$$

则积分限函数$F(x)=\int_{a(x)}^{b(x)}f(t)\mathrm{d}t$在$[a,b]$上可导,且

$$F'(x)=f[b(x)]b'(x)-f[a(x)]a'(x). \tag{2}$$

证 设$\Phi(x)=\int_a^x f(t)\mathrm{d}t$,则

$$F(x)=\int_a^{b(x)}f(t)\mathrm{d}t-\int_a^{a(x)}f(t)\mathrm{d}t=\Phi[b(x)]-\Phi[a(x)].$$

由定理 1 知 $F(x)$ 可导,再利用复合函数求导法则及公式(1)即得公式(2).

例 6 $\Phi(x)=\int_a^x e^{t^2}\cos t\mathrm{d}t$, 求 $\Phi'(0)$.

解 由定理 1 得,$\Phi'(x)=e^{x^2}\cos x$,所以 $\Phi'(0)=1$.

例 7 求极限 $\lim\limits_{x\to 0}\dfrac{\int_{x^2}^{x^3}\sin(t^2+1)\mathrm{d}t}{x^2}$.

解 利用洛必达法则,得

$$\text{原式}=\lim_{x\to 0}\frac{(x^3)'\sin(x^6+1)-(x^2)'\sin(x^4+1)}{2x}$$

$$=\lim_{x\to 0}\frac{3x\sin(x^6+1)-2\sin(x^4+1)}{2}=-\sin 1.$$

三、微积分基本公式

定理 2 设 $f(x)$ 在 $[a,b]$ 上连续,$F(x)$ 是 $f(x)$ 在 $[a,b]$ 上的一个原函数,则

$$\int_a^b f(x)\mathrm{d}x=F(b)-F(a). \tag{3}$$

证 由定理 1 知,$\Phi(x)=\int_a^x f(t)\mathrm{d}t$ 是 $f(x)$ 在区间 $[a,b]$ 上的一个原函数,又题设 $F(x)$ 也是 $f(x)$ 在区间 $[a,b]$ 上的原函数,由原函数的性质

$$\Phi(x)=F(x)+C\ (a\leqslant x\leqslant b, C\text{ 为某个常数}).$$

在上式中分别令 $x=a,x=b$,可求得

$$\Phi(b)-\Phi(a)=F(b)-F(a).$$

又 $\Phi(b)=\int_a^b f(x)\mathrm{d}x$,$\Phi(a)=0$, 所以

$$\int_a^b f(x)\mathrm{d}x=F(b)-F(a).$$

为了书写的方便,以后把 $F(b)-F(a)$ 写成 $[F(x)]_a^b$. 于是式(3)可记为

$$\int_a^b f(x)\mathrm{d}x=[F(x)]_a^b \text{ 或 } \int_a^b F'(x)\mathrm{d}x=[F(x)]_a^b.$$

公式(3)称为微积分基本公式,又叫牛顿-莱布尼茨公式,它将定积分的计算归结为被积函数原函数增量的计算,这为定积分的计算提供了一种有效而简便的方法.

例 8 求 $\int_0^1\dfrac{1}{\sqrt{x^2+4}}\mathrm{d}x$.

解 由牛顿-莱布尼茨公式,得

$$\int_0^1\frac{1}{\sqrt{x^2+4}}\mathrm{d}x=[\ln(x+\sqrt{x^2+4})]_0^1=\ln\frac{1+\sqrt{5}}{2}.$$

例 9　求 $\int_0^2 |1-x|\,\mathrm{d}x$.

解　被积函数是$|1-x|$,不能直接用基本积分公式,由于$0\leqslant x\leqslant 2$,$1-x$可正可负,因此由定积分对积分区间的可加性,有

$$\int_0^2 |1-x|\,\mathrm{d}x = \int_0^1 (1-x)\,\mathrm{d}x + \int_1^2 (x-1)\,\mathrm{d}x = \left[x-\frac{x^2}{2}\right]_0^1 + \left[\frac{x^2}{2}-x\right]_1^2 = 1.$$

必须指出,如果函数$f(x)$在区间$[a,b]$上除第一类间断点$c(a<c<b)$外,在其余点都连续,由定积分的定义,则定积分$\int_a^b f(x)\,\mathrm{d}x$可按以下方法计算:

$$\int_a^b f(x)\,\mathrm{d}x = \int_a^c f(x)\,\mathrm{d}x + \int_c^b f(x)\,\mathrm{d}x.$$

在计算$\int_a^c f(x)\,\mathrm{d}x$时,视作$f(c)=f(c^-)$,在计算$\int_c^b f(x)\,\mathrm{d}x$时,视作$f(c)=f(c^+)$,这样$f(x)$是区间$[a,c]$,$[c,b]$上的连续函数,分别按牛顿-莱布尼茨公式计算. 如果函数$f(x)$在区间$[a,b]$上有几个第一类间断点,在其余点连续,则可用类似上述的方法计算.

例 10　设函数

$$f(x)=\begin{cases}\dfrac{1}{x}, & x\leqslant -1,\\[2mm] \dfrac{1}{x^2+4}, & x>-1,\end{cases}$$

求$\int_{-3}^2 f(x)\,\mathrm{d}x$.

解　$f(x)$在$[-3,2]$上除$x=-1$是它的第一类间断点外处处连续,则

$$\int_{-3}^2 f(x)\,\mathrm{d}x = \int_{-3}^{-1} f(x)\,\mathrm{d}x + \int_{-1}^2 f(x)\,\mathrm{d}x = \int_{-3}^{-1}\frac{1}{x}\mathrm{d}x + \int_{-1}^2 \frac{1}{x^2+4}\mathrm{d}x$$

$$= [\ln|x|]_{-3}^{-1} + \left[\frac{1}{2}\arctan\frac{x}{2}\right]_{-1}^2 = -\ln 3 + \frac{1}{2}\left(\frac{\pi}{4}+\arctan\frac{1}{2}\right).$$

例 11　火车以 72 km/h 的速度行驶,在到达某车站前以加速度$a=-2.5\ \mathrm{m/s^2}$刹车,问火车需要在到站前多少距离时开始刹车,才可使火车停稳.

解　首先计算开始刹车到停车所需的时间,即匀减速运动从$v_0=72$ km/h 到$v(t)=0$所需的时间. 初速度大小为

$$v_0=\frac{72\times 1\,000}{3\,600}=20\ (\mathrm{m/s}).$$

由匀减速运动的速度$v(t)=v_0+at=20-2.5t=0$,得$t=8(\mathrm{s})$.
从火车开始刹车的地方到车站的距离应为

$$\int_0^8 v(t)\,\mathrm{d}t = \int_0^8 (20-2.5t)\,\mathrm{d}t = \left[20t-\frac{5}{4}t^2\right]_0^8 = 80(\mathrm{m}).$$

例 12　某城市商品房价格预计从现在开始 t 个月，平均增长率为 $p'(t)=30\sqrt{t+1}$（元/（m^2·月））. 如果目前平均房价为 5 000 元/m^2，问：8 个月后的平均房价为多少？

解　因为房价为 $p(t)$（元），$p(0)=5\ 000$，所以 8 个月后的平均房价为

$$p(8)=p(0)+\int_0^8 p'(t)\mathrm{d}t=5\ 000+30\int_0^8\sqrt{t+1}\mathrm{d}t=5\ 000+30\times\frac{2}{3}\left[(t+1)^{\frac{3}{2}}\right]_0^8$$

$$=5\ 520(\text{元}/\mathrm{m}^2).$$

习　题　4-2

1. 填空题：

（1）$\int \mathrm{d}(\cos x^2)=$ ________，$\mathrm{d}\left(\int\cos x^2\mathrm{d}x\right)=$ ________，$\frac{\mathrm{d}}{\mathrm{d}x}\int\cos x^2\mathrm{d}x=$ ________，$\int(\cos x^2)'\mathrm{d}x=$ ________；

（2）已知 $f(x)$ 一个原函数为 e^{2x}，则 $\int f(x)\mathrm{d}x$ ________，$f(x)=$ ________，$f'(x)=$ ________；

（3）$\frac{\mathrm{d}}{\mathrm{d}x}\int_{-x}^{1}\sin t^2\mathrm{d}t=$ ________，$\frac{\mathrm{d}}{\mathrm{d}x}\int_0^1\sin x^2\mathrm{d}x=$ ________.

2. 求下列不定积分：

（1）$\int\left(\frac{1}{x}+\frac{x}{2}\right)^2\mathrm{d}x$；　　（2）$\int\frac{\sqrt{x}-x^3\mathrm{e}^x+x^2}{x^3}\mathrm{d}x$；

（3）$\int\frac{1+\sqrt{4+x^2}}{4+x^2}\mathrm{d}x$；　　（4）$\int\frac{x^2+x+4}{x(4+x^2)}\mathrm{d}x$；

（5）$\int\cot^2x\mathrm{d}x$；　　（6）$\int\frac{1+\cos^2x}{1+\cos 2x}\mathrm{d}x$；

（7）$\int\cos^2\frac{x}{2}\mathrm{d}x$；　　（8）$\int\sec x(\sec x-\tan x)\mathrm{d}x$；

（9）$\int\sqrt{1-\sin 2x}\mathrm{d}x\left(0<x<\frac{\pi}{4}\right)$；　　（10）$\int\frac{\cos 2x}{\cos^2x\sin^2x}\mathrm{d}x$.

3. 求下列极限：

（1）$\lim\limits_{x\to0}\frac{\int_0^x\ln(1+t^2)\mathrm{d}t}{1-\cos x}$；　　（2）$\lim\limits_{x\to0}\frac{\int_x^{2x}\sin t^2\mathrm{d}t}{x^3}$；

（3）$\lim\limits_{x\to0}\frac{\int_0^{x^2}\sin t^2\mathrm{d}t}{\int_0^x\ln(1+t^5)\mathrm{d}t}$.

4. 求下列导数$\frac{dy}{dx}$:

(1) $y=\int_{x}^{2x}\ln(1+t^2)dt$;

(2) $x=\int_0^t\sqrt{s}\sin s ds, y=\sin^2 t(t>0)$.

5. 计算下列定积分:

(1) $\int_0^1\frac{2\cdot 3^x-5\cdot 2^x}{3^x}dx$;　　(2) $\int_1^4\sqrt{x}(1-\sqrt{x})dx$;

(3) $\int_1^e\frac{dx}{x(1+x)}$;　　(4) $\int_1^{\sqrt{3}}\frac{2x^2+1}{x^2(4+x^2)}dx$;

(5) $\int_0^1\frac{dx}{\sqrt{4+x^2}}$;　　(6) $\int_0^{\frac{1}{2}}\frac{dx}{\sqrt{1-x^2}}$;

(7) $\int_0^{\frac{\pi}{4}}\tan^2\theta d\theta$;　　(8) $\int_0^{\frac{\pi}{2}}\sin^2\frac{x}{2}dx$;

(9) $\int_0^{\frac{\pi}{4}}\frac{\sin x}{\cos^2 x}dx$;

(10) $f(x)=\begin{cases}x+1, & x\leqslant 1,\\ \frac{x+1}{x}, & x>1,\end{cases}$ 求$\int_0^3 f(x)dx$;

(11) $\int_1^4|x-2|dx$;　　(12) $\int_0^2\max\{1,x^2\}dx$;

(13) $\int_0^{\pi}\sqrt{1-\sin 2x}dx$;　　(14) $\int_0^{\pi}\sqrt{1-\cos 2x}dx$.

6. 已知连续函数$f(x)$满足$f(x)=x+2\int_0^1 f(x)dx$, 求$f(x)$.

7. 一质点自静止时自由落下,速度$v(t)=gt$,求从$t=0$ s 到$t=6$ s 秒这段时间内的平均速度.

8. 人体对某种药剂的反应值可以用函数$F(M)=\frac{1}{3}(kM^2-M^3)(0\leqslant M\leqslant k)$测定,其中$k$为正的常数,$M$表示人体血液中的药剂量.人体对该药剂的敏感度可用$F(M)$的导数$F'(M)$表示.

(1) 证明:当$M=\frac{2}{3}k$时,人体对该药剂最敏感;

(2) 当人体血液中的药剂量从0增加到$\frac{2}{3}k$时,计算人体对该药的平均反应值.

第三节　换元积分法

在上节中,直接利用基本积分公式及不定积分的性质,给出了计算不定积分的基本方法;而根据牛顿-莱布尼茨公式,连续函数定积分的计算可以利用不定积分的计算解决.但是,有些不定积分无法用上述方法进行计算,而需要其他方法解决. 本节将介绍积分运算中另一种重要方法——换元积分法.

一、不定积分的换元法

1. 第一换元法

设$f(u)$具有原函数$F(u)$,即

$$F'(u)=f(u),\ \int f(u)\mathrm{d}u=F(u)+C.$$

如果$u=\varphi(x)$是中间变量,且$\varphi(x)$可微,根据复合函数的求导法则,有

$$\mathrm{d}F[\varphi(x)]=f[\varphi(x)]\varphi'(x)\mathrm{d}x, \tag{1}$$

又由不定积分的定义,直接得到

$$\int f[\varphi(x)]\varphi'(x)\mathrm{d}x=F[\varphi(x)]+C.$$

由此得到不定积分的第一换元法.

定理 1　设$\int f(u)\mathrm{d}u=F(u)+C, u=\varphi(x)$可导,则

$$\int f[\varphi(x)]\varphi'(x)\mathrm{d}x=F[\varphi(x)]+C=\left[\int f(u)\mathrm{d}u\right]_{u=\varphi(x)}. \tag{2}$$

由此定理可见,虽然$\int f[\varphi(x)]\varphi'(x)\mathrm{d}x$是一个整体的记号,但形式上来看,可将被积表达式"$f[\varphi(x)]\varphi'(x)\mathrm{d}x$"中的$\varphi'(x)\mathrm{d}x$当作$\varphi(x)$的微分$\mathrm{d}\varphi(x)$,从而可将"$f[\varphi(x)]\varphi'(x)\mathrm{d}x$"表示为$f[\varphi(x)]\mathrm{d}\varphi(x)=f(u)\mathrm{d}u\Big|_{u=\varphi(x)}$.

利用式(2)计算不定积分时,可按以下步骤进行:

$$\int g(x)\mathrm{d}x\xlongequal[\text{恒等变形}]{}\int f[\varphi(x)]\varphi'(x)\mathrm{d}x\xlongequal[\text{凑微分}]{}\int f[\varphi(x)]\mathrm{d}\varphi(x)$$

$$\xlongequal[\text{换元}]{}\left[\int f(u)\mathrm{d}u\right]_{u=\varphi(x)}\xlongequal[\text{积分}]{}[F(u)]_{u=\varphi(x)}+C\xlongequal[\text{回代}]{}F[\varphi(x)]+C.$$

这样,函数$g(x)$的积分就转化为函数$f(u)$的积分. 如果能求得$f(u)$的原函数,那么也就得到了$g(x)$的原函数. 在上面的恒等变形中,要将原被积函数$g(x)$分解出$\varphi'(x)$,进而与$\mathrm{d}x$凑成微分$\mathrm{d}\varphi(x)$,因此不定积分的第一换元法又称为凑微分法.

例 1　求$\int x\mathrm{e}^{x^2}\mathrm{d}x$.

解　因为$x\mathrm{e}^{x^2}\mathrm{d}x=\frac{1}{2}\mathrm{e}^{x^2}\mathrm{d}x^2$,所以令$u=x^2$,则

$$\int x\mathrm{e}^{x^2}\mathrm{d}x=\frac{1}{2}\int\mathrm{e}^u\mathrm{d}u=\frac{1}{2}\mathrm{e}^u+C=\frac{1}{2}\mathrm{e}^{x^2}+C.$$

第一换元积分法使用熟练后,常常不必写出换元过程,如例 1 的求解可写为

$$\int x\mathrm{e}^{x^2}\mathrm{d}x=\frac{1}{2}\int\mathrm{e}^{x^2}\mathrm{d}(x^2)=\frac{1}{2}\mathrm{e}^{x^2}+C.$$

例 2 求 $\int \sin(3x+2)\,dx$.

解 $\int \sin(3x+2)\,dx = \frac{1}{3}\int \sin(3x+2)\,d(3x+2) = -\frac{1}{3}\cos(3x+2)+C$.

例 3 求 $\int \frac{\cos\frac{1}{x}}{x^2}dx$.

解 $\int \frac{\cos\frac{1}{x}}{x^2}dx. = -\int \cos\frac{1}{x}d\left(\frac{1}{x}\right) = -\sin\frac{1}{x}+C$.

例 4 求 $\int \frac{dx}{x(2+3\ln x)}$.

解 $\int \frac{dx}{x(2+3\ln x)} = \frac{1}{3}\int \frac{d(2+3\ln x)}{2+3\ln x} = \frac{1}{3}\ln|2+3\ln x|+C$.

以上几例都是直接用凑微分求积分的,熟悉一些"凑微分"非常有用.下面介绍几个凑微分的等式供参考(以下 a,b 为常数,$a\neq0$).

(1) $dx=\frac{1}{a}d(ax+b)$;

(2) $xdx=\frac{1}{2}d(x^2)=\frac{1}{2a}d(ax^2+b)$;

(3) $\frac{dx}{x^2}=-d\left(\frac{1}{x}\right)$;

(4) $\frac{dx}{x}=\frac{1}{a}d(a\ln|x|+b)$;

(5) $\frac{dx}{\sqrt{x}}=2d(\sqrt{x})=\frac{2}{a}d(a\sqrt{x}+b)$;

(6) $e^x dx=d(e^x)$;

(7) $\cos x dx=d(\sin x)$;

(8) $\sin x dx=-d(\cos x)$;

(9) $\sec x\tan x dx=d(\sec x)$;

(10) $\sec^2 x dx=d(\tan x)$;

(11) $\frac{dx}{\sqrt{1-x^2}}=d(\arcsin x)$;

(12) $\frac{dx}{1+x^2}=d(\arctan x)$.

例 5 求 $\int \sec^6 x\,dx$.

解 原式 $=\int \sec^4 x\sec^2 x\,dx = \int(\tan^2 x+1)^2 d(\tan x)$

$$=\int(\tan^4 x+2\tan^2 x+1)d(\tan x) = \frac{1}{5}\tan^5 x+\frac{2}{3}\tan^3 x+\tan x+C.$$

例 6 求 $\int \sin 3x\cos 2x\,dx$.

解 本题不能直接凑微分,可由三角函数中的积化和差公式

$$\sin 3x\cos 2x=\frac{1}{2}(\sin 5x+\sin x)$$

转化成与例 3 类似的积分.

$$\int \sin 3x\cos 2x\mathrm{d}x = \frac{1}{2}\int \sin 5x\mathrm{d}x + \frac{1}{2}\int \sin x\mathrm{d}x = -\frac{1}{10}\cos 5x - \frac{1}{2}\cos x + C.$$

上述方法适用于 $\int \sin mx\cos nx\mathrm{d}x, \int \cos mx\cos nx\mathrm{d}x, \int \sin mx\sin nx\mathrm{d}x (m \neq n)$ 的计算.

例 7　求 $\int \sin^2 3x\mathrm{d}x$.

解　此题可看作 $\int \sin mx\sin nx\mathrm{d}x$ 的特例，但由于被积函数是正弦函数的偶次幂，一般可先用倍角公式进行“降幂”，然后再进行积分.

$$\int \sin^2 3x\mathrm{d}x = \frac{1}{2}\int (1 - \cos 6x)\mathrm{d}x = \frac{x}{2} - \frac{1}{12}\sin 6x + C.$$

例 8　求 $\int \sin^3(2x+1)\mathrm{d}x$.

解　由于被积函数是正弦函数的奇次幂，而

$$\begin{aligned}\sin^3(2x+1)\mathrm{d}x &= \sin^2(2x+1)\cdot\sin(2x+1)\mathrm{d}x\\ &= \frac{1}{2}[\cos^2(2x+1)-1]\mathrm{d}[\cos(2x+1)],\end{aligned}$$

于是

$$\begin{aligned}\int \sin^3(2x+1)\mathrm{d}x &= \frac{1}{2}\int [\cos^2(2x+1)-1]\mathrm{d}[\cos(2x+1)]\\ &= \frac{1}{6}\cos^3(2x+1) - \frac{1}{2}\cos(2x+1) + C.\end{aligned}$$

比较例 7 和例 8，读者能否总结出计算 $\int \sin^m(ax+b)\mathrm{d}x, \int \cos^m(ax+b)\mathrm{d}x$ 的一般方法？

2. 第二换元法

以上介绍的第一换元法是通过变量代换 $u = \varphi(x)$，将不定积分 $\int f[\varphi(x)]\varphi'(x)\mathrm{d}x$ 转化为不定积分 $\int f(u)\mathrm{d}u$. 但有些不定积分，如 $\int \frac{\mathrm{d}x}{\sqrt{x^2+a^2}}(a \neq 0), \int \frac{\mathrm{d}x}{1+\sqrt[3]{x}}$ 等，则需要通过形如 $x = \psi(t)$ 的变量代换来求解，这种方法称为第二换元法.

定理 2　函数 $x = \psi(t)$ 是单调的、可导的，且 $\psi'(t) \neq 0$，又设函数 $f[\psi(t)]\psi'(t)$ 有原函数，则有换元公式

$$\int f(x)\mathrm{d}x = \left[\int f[\psi(t)]\psi'(t)\mathrm{d}t\right]_{t=\psi^{-1}(x)}. \tag{3}$$

设 $F(t)$ 是 $f[\psi(t)]\psi'(t)$ 的一个原函数，由不定积分的定义，为证得式(3)，只

要验证$\frac{\mathrm{d}}{\mathrm{d}x}F[\psi^{-1}(x)]=f(x)$即可,证略.

如同第一换元法,在使用第二换元法作变换 $x=\psi(t)$ 时,最后一定要把 t 代回为 x.

使用第二换元法计算不定积分,需要针对不同类型的被积函数作不同的变量代换.当被积函数含有根式时,除可以尝试使用基本积分公式或凑微分外,其基本方法是通过变量代换将根式函数有理化.特别是,当被积函数含有二次根式 $\sqrt{a^2-x^2}$, $\sqrt{x^2+a^2}$, $\sqrt{x^2-a^2}(a>0)$时,可分别用三角代换:$x=a\sin t$, $x=a\tan t$, $x=a\sec t$ 去掉根式.

例 9 求$\int\sqrt{a^2-x^2}\mathrm{d}x(a>0)$.

解 由三角公式 $\sin^2 t+\cos^2 t=1$,令 $x=a\sin t\left(-\frac{\pi}{2}<t<\frac{\pi}{2}\right)$,则

$$\sqrt{a^2-x^2}=\sqrt{a^2-a^2\sin^2 t}=a|\cos t|=a\cos t,\ \mathrm{d}x=a\cos t\mathrm{d}t,$$

于是

$$\begin{aligned}\int\sqrt{a^2-x^2}\mathrm{d}x&=a^2\int\cos^2 t\mathrm{d}t=\frac{a^2}{2}\int(1+\cos 2t)\mathrm{d}t\\&=\frac{a^2}{2}\left(t+\frac{1}{2}\sin 2t\right)+C\\&=\frac{a^2}{2}(t+\sin t\cos t)+C.\end{aligned}$$

为了把最后一式还原为 x 的表达式,可以根据

$$-\frac{\pi}{2}<t<\frac{\pi}{2},\ \sin t=\frac{x}{a}$$

求 t 的其他三角函数值,由于它们的表达式在一、四象限内相同,因此可利用 t 是锐角时作辅助直角三角形(见图4-8)求得

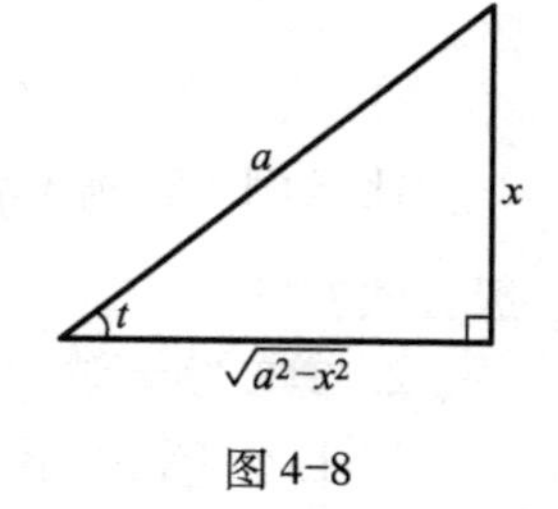

图 4-8

$$t=\arcsin\frac{x}{a},\ \cos t=\frac{\sqrt{a^2-x^2}}{a}.$$

因此

$$\int\sqrt{a^2-x^2}\mathrm{d}x=\frac{a^2}{2}\arcsin\frac{x}{a}+\frac{x}{2}\sqrt{a^2-x^2}+C.$$

例 10 求$\int\frac{\mathrm{d}x}{\sqrt{x^2+a^2}}(a>0)$.

解 由三角公式 $\tan^2 t+1=\sec^2 t$,令 $x=a\tan t\left(-\frac{\pi}{2}<t<\frac{\pi}{2}\right)$,则 $\sqrt{x^2+a^2}=a\sec t$, $\mathrm{d}x=a\sec^2 t\mathrm{d}t$,

于是

$$\int \frac{\mathrm{d}x}{\sqrt{x^2+a^2}} = \int \frac{a\sec^2 t}{a\sec t}\mathrm{d}t = \int \sec t\mathrm{d}t = \ln|\sec t+\tan t| + C_1.$$

根据$\frac{x}{a}=\tan t$,作辅助直角三角形(见图4-9),有

$$\sec t = \frac{\sqrt{x^2+a^2}}{a}.$$

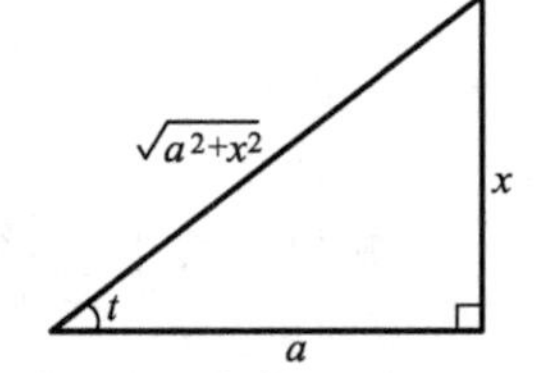

图4-9

因此

$$\int \frac{\mathrm{d}x}{\sqrt{x^2+a^2}} = \ln\frac{x+\sqrt{x^2+a^2}}{a} + C_1 = \ln(x+\sqrt{x^2+a^2}) + C,$$

其中,$C=C_1-\ln a$.

例11 求$\int \frac{\mathrm{d}x}{\sqrt{x^2-a^2}}(a>0)$.

解 由三角公式 $\sec^2 t-1=\tan^2 t$,令 $x=a\sec t\left(0<t<\frac{\pi}{2}或\pi<t<\frac{3\pi}{2}\right)$,则

$\sqrt{x^2-a^2}=a\tan t$, $\mathrm{d}x=a\sec t\tan t\mathrm{d}t$,

于是

$$\int \frac{\mathrm{d}x}{\sqrt{x^2-a^2}} = \int \sec t\mathrm{d}t = \ln|\sec t+\tan t| + C_1.$$

根据$\sec t=\frac{x}{a}$作辅助直角三角形(见图4-10),有

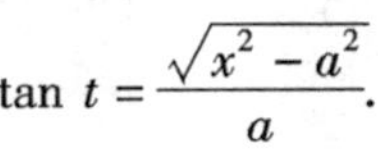

$$\tan t = \frac{\sqrt{x^2-a^2}}{a}.$$

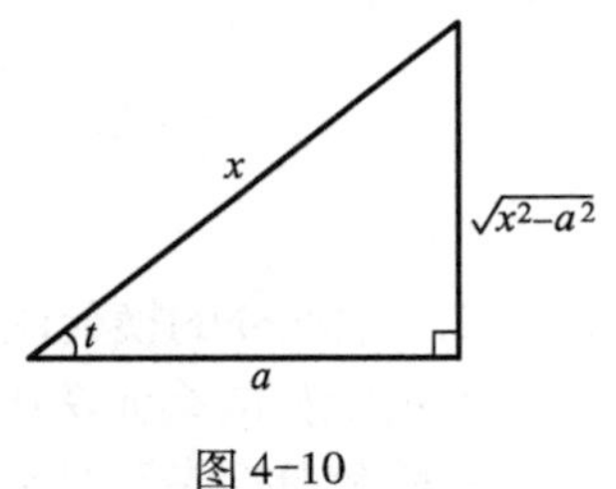

图4-10

因此,

$$\int \frac{\mathrm{d}x}{\sqrt{x^2-a^2}} = \ln\frac{\left|x+\sqrt{x^2-a^2}\right|}{a} + C_1$$

$$= \ln(x+\sqrt{x^2-a^2}) + C,$$

其中,$C=C_1-\ln a$.

当被积函数仅含有简单根式$\sqrt[n]{\frac{cx+d}{ax+b}}$时,可以作变量代换$\sqrt[n]{\frac{cx+d}{ax+b}}=t$.

例12 求$\int \frac{1}{1+\sqrt[3]{x+2}}\mathrm{d}x$.

解 令$\sqrt[3]{x+2}=t$,则$x=t^3-2$, $\mathrm{d}x=3t^2\mathrm{d}t$,于是

$$\int \frac{1}{1+\sqrt[3]{x+2}}\mathrm{d}x = \int \frac{3t^2}{1+t}\mathrm{d}t = 3\int\left(t-1+\frac{1}{1+t}\right)\mathrm{d}t$$
$$= \frac{3}{2}t^2 - 3t + 3\ln(1+t) + C.$$
$$= \frac{3}{2}\sqrt[3]{(x+2)^2} - 3\sqrt[3]{x+2} + 3\ln(1+\sqrt[3]{x+2}) + C.$$

例 13 求 $\int \frac{\mathrm{d}x}{\sqrt{x}+\sqrt[3]{x}}$.

解 为了同时化去根式 $\sqrt{x}$ 和 $\sqrt[3]{x}$,令 $\sqrt[6]{x}=t$,则 $x=t^6$,$\mathrm{d}x=6t^5\mathrm{d}t$,于是

$$\int \frac{\mathrm{d}x}{\sqrt{x}+\sqrt[3]{x}} = \int \frac{6t^5}{t^3+t^2}\mathrm{d}t = 6\int \frac{t^3}{t+1}\mathrm{d}t = 6\int \frac{(t^3+1)-1}{t+1}\mathrm{d}t$$
$$= 6\int\left(t^2-t+1-\frac{1}{t+1}\right)\mathrm{d}t = 2t^3-3t^2+6t-6\ln|t+1|+C$$
$$= 2\sqrt{x}-3\sqrt[3]{x}+6\sqrt[6]{x}-6\ln(\sqrt[6]{x}+1)+C.$$

例 14 求 $\int \frac{1}{x}\sqrt{\frac{1+x}{x}}\mathrm{d}x\ (x>0)$.

解 为了使根式有理化,令 $\sqrt{\frac{x+1}{x}}=t$,则 $x=\frac{1}{t^2-1}$,$\mathrm{d}x=-\frac{2t}{(t^2-1)^2}\mathrm{d}t$,于是

$$\int \frac{1}{x}\sqrt{\frac{1+x}{x}}\mathrm{d}x = -2\int \frac{t^2}{t^2-1}\mathrm{d}t = -2\int\left(1+\frac{1}{t^2-1}\right)\mathrm{d}t = -2t-\ln\left|\frac{t-1}{t+1}\right|+C$$
$$= -2t-\ln\frac{(t-1)^2}{|t^2-1|}+C = -2\sqrt{\frac{1+x}{x}}-2\ln\left(\sqrt{\frac{1+x}{x}}-1\right)-\ln x+C.$$

二、定积分的换元法

不定积分的换元法极大提高了求被积函数原函数的能力,但该方法最重要的一个步骤就是变量代换中的变量一定要代回,因为代回的结果才是原被积函数所要求的原函数. 可是利用牛顿-莱布尼茨公式计算定积分时,由于定积分是常数,所以不定积分的换元法中变量代回这一步可以省去而代之在作变量代换时将积分的上下限作相应的代换. 这就是下面介绍的定积分换元法.

定理 3 定积分 $\int_a^b f(x)\mathrm{d}x$,$\int_\alpha^\beta f[\varphi(t)]\varphi'(t)\mathrm{d}t$,满足

(1) 函数 $x=\varphi(t)$ 在区间 $[\alpha,\beta]$(或 $[\beta,\alpha]$)上有连续的导数,$\varphi(\alpha)=a$,$\varphi(\beta)=b$;

(2) 函数 $f(x)$ 在 $\varphi(t)$ 的值域上连续,则

$$\int_a^b f(x)\mathrm{d}x = \int_\alpha^\beta f[\varphi(t)]\varphi'(t)\mathrm{d}t. \tag{4}$$

证　由假设可知,式(4)两端的被积函数都在相应的积分区间上连续,因此都存在原函数.

设 $F(x)$ 是 $f(x)$ 的一个原函数,由牛顿-莱布尼茨公式

$$\int_a^b f(x)\,\mathrm{d}x = F(b) - F(a).$$

设 $\Phi(t)=F[\varphi(t)]$,则

$$\Phi'(t)=F'[\varphi(t)]\varphi'(t)=f[\varphi(t)]\varphi'(t),$$

因此 $\Phi(t)$ 是 $f[\varphi(t)]\varphi'(t)$ 的一个原函数,于是

$$\int_\alpha^\beta f[\varphi(t)]\varphi'(t)\,\mathrm{d}t = \Phi(\beta) - \Phi(\alpha) = F[\varphi(\beta)] - F[\varphi(\alpha)] = F(b) - F(a)$$

从而

$$\int_a^b f(x)\,\mathrm{d}x = \int_\alpha^\beta f[\varphi(t)]\varphi'(t)\,\mathrm{d}t.$$

式(4)称为定积分的换元公式. 定积分 $\int_a^b f(x)\,\mathrm{d}x$ 本来是一个完整的记号,由式(4)可见,与不定积分一样,被积表达式也可理解为函数 $f(x)$ 与微分 $\mathrm{d}x$ 的乘积.

公式(4)由左往右用时,与不定积分的第二换元法类似;公式(4)由右往左用时,与不定积分的第一换元法类似. 无论是相应于第一换元法还是第二换元法,都要注意以下两点:

(1)"换元同时换限",通过关系式 $x=\varphi(t)$,关于 x 和 t 的两个定积分上(下)限对应上(下)限.

(2) 换元后,无须像不定积分时那样,回代到原积分变量,只要对新积分变量直接用牛顿-莱布尼茨公式,计算出定积分的值.

例 15　求 $\int_1^{e^2} \frac{\mathrm{d}t}{t\sqrt{1+\ln t}}$.

解一　先求出不定积分 $\int \frac{\mathrm{d}t}{t\sqrt{1+\ln t}}$. 由于 $(1+\ln t)'=\frac{1}{t}$,因此可用 $\frac{\mathrm{d}t}{t}$ 凑微分. 令 $1+\ln t=x$,则

$$\int \frac{\mathrm{d}t}{t\sqrt{1+\ln t}} = \int \frac{\mathrm{d}x}{\sqrt{x}} = 2\sqrt{x} + C = 2\sqrt{1+\ln t} + C.$$

再利用牛顿-莱布尼茨公式,得

$$\int_1^{e^2} \frac{\mathrm{d}t}{t\sqrt{1+\ln t}} = \left[2\sqrt{1+\ln t}\right]_1^{e^2} = 2(\sqrt{3}-1).$$

解二　直接利用定积分的换元法. 令 $1+\ln t=x$,则 $\mathrm{d}x=\frac{\mathrm{d}t}{t}$. $t:1\to e^2$ 时,$x:1\to 3$. 于是

$$\int_1^{e^2}\frac{dt}{t\sqrt{1+\ln t}}=\int_1^3\frac{dx}{\sqrt{x}}=\left[2\sqrt{x}\right]_1^3=2(\sqrt{3}-1).$$

显然,由于解法二省去了把新变量 x 换回到原变量 t 的回代过程,使得运算过程得到了简化.另外,在解法一中,由于没有作变量代换,因此积分上下限保持不变.计算过程如下:

$$\int_1^{e^2}\frac{dt}{t\sqrt{1+\ln t}}=\int_1^{e^2}\frac{d(1+\ln t)}{\sqrt{1+\ln t}}=\left[2\sqrt{1+\ln t}\right]_1^{e^2}=2(\sqrt{3}-1).$$

例 16 求 $\int_{-\frac{\pi}{2}}^{\frac{\pi}{2}}\sqrt{\cos x-\cos^3 x}dx$.

解

$$\begin{aligned}\int_{-\frac{\pi}{2}}^{\frac{\pi}{2}}\sqrt{\cos x-\cos^3 x}dx&=\int_{-\frac{\pi}{2}}^{\frac{\pi}{2}}\sqrt{\cos x}\,|\sin x|\,dx\\&=\int_{-\frac{\pi}{2}}^{0}\sqrt{\cos x}\,(-\sin x)dx+\int_0^{\frac{\pi}{2}}\sqrt{\cos x}\sin x dx\\&=\int_{-\frac{\pi}{2}}^{0}(\cos x)^{\frac{1}{2}}d(\cos x)-\int_0^{\frac{\pi}{2}}(\cos x)^{\frac{1}{2}}d(\cos x)\\&=\frac{2}{3}\left[\cos^{\frac{3}{2}}x\right]_{-\frac{\pi}{2}}^{0}-\frac{2}{3}\left[\cos^{\frac{3}{2}}x\right]_0^{\frac{\pi}{2}}=\frac{4}{3}.\end{aligned}$$

例 17 求 $\int_0^{\frac{1}{2}}\frac{x^2dx}{\sqrt{1-x^2}}$.

解 设 $x=\sin t$,则 $dx=\cos t dt$. $x:0\to\frac{1}{2}$时,$t:0\to\frac{\pi}{6}$. 于是,

$$\int_0^{\frac{1}{2}}\frac{x^2dx}{\sqrt{1-x^2}}=\int_0^{\frac{\pi}{6}}\sin^2 t dt=\frac{1}{2}\int_0^{\frac{\pi}{6}}(1-\cos 2t)dt=\frac{1}{2}\left[t-\frac{1}{2}\sin 2t\right]_0^{\frac{\pi}{6}}=\frac{\pi}{12}-\frac{\sqrt{3}}{8}.$$

由以上两例可见,除了积分限的差别以外,定积分的换元法与不定积分的换元法在方法上基本相似.

例 18 设函数 $f(x)=\begin{cases}\frac{e^{-\sqrt{x}}}{\sqrt{x}}, & x\geqslant 1,\\ \sqrt{1-x}, & x<1,\end{cases}$ 求 $\int_2^6 f(x-2)dx$.

解 令 $x-2=t$,则 $dx=dt$. $x:2\to 6$ 时,$t:0\to 4$. 于是

$$\begin{aligned}\int_2^6 f(x-2)dx&=\int_0^4 f(t)dt=\int_0^1\sqrt{1-t}dt+\int_1^4\frac{e^{-\sqrt{t}}}{\sqrt{t}}dt\\&=-\int_0^1\sqrt{1-t}d(1-t)+2\int_1^4 e^{-\sqrt{t}}d\sqrt{t}\\&=-\frac{2}{3}\left[(1-t)^{\frac{3}{2}}\right]_0^1-2\left[e^{-\sqrt{t}}\right]_1^4=\frac{2}{3}-2(e^{-2}-e^{-1}).\end{aligned}$$

例 19 设函数$f(x)$在闭区间$[-a,a]$上连续,证明:

$$\int_{-a}^{a} f(x)\,dx = \int_{0}^{a} f(-x)\,dx + \int_{0}^{a} f(x)\,dx = \int_{0}^{a} [f(-x) + f(x)]\,dx.$$

特别地,

(1) 当$f(x)$为奇函数时,$\int_{-a}^{a} f(x)\,dx = 0$;

(2) 当$f(x)$为偶函数时,$\int_{-a}^{a} f(x)\,dx = 2\int_{0}^{a} f(x)\,dx$.

证 $\int_{-a}^{a} f(x)\,dx = \int_{-a}^{0} f(x)\,dx + \int_{0}^{a} f(x)\,dx.$

对$\int_{-a}^{0} f(x)\,dx$,令$x=-t$,则$dx=-dt$. x: $-a\to 0$ 时,t: $a\to 0$. 于是

$$\int_{-a}^{0} f(x)\,dx = \int_{a}^{0} -f(-t)(dt) = \int_{0}^{a} f(-t)\,dt = \int_{0}^{a} f(-x)\,dx.$$

从而

$$\int_{-a}^{a} f(x)\,dx = \int_{0}^{a} f(-x)\,dx + \int_{0}^{a} f(x)\,dx = \int_{0}^{a} [f(-x) + f(x)]\,dx.$$

(1) 若$f(x)$为奇函数,有$f(-x)+f(x)=0$,所以

$$\int_{-a}^{a} f(x)\,dx = 0;$$

(2) 若$f(x)$为偶函数,有$f(-x)+f(x)=2f(x)$,所以

$$\int_{-a}^{a} f(x)\,dx = 2\int_{0}^{a} f(x)\,dx.$$

结论(1)和(2)的几何意义明显,如图 4-11,4-12 所示.

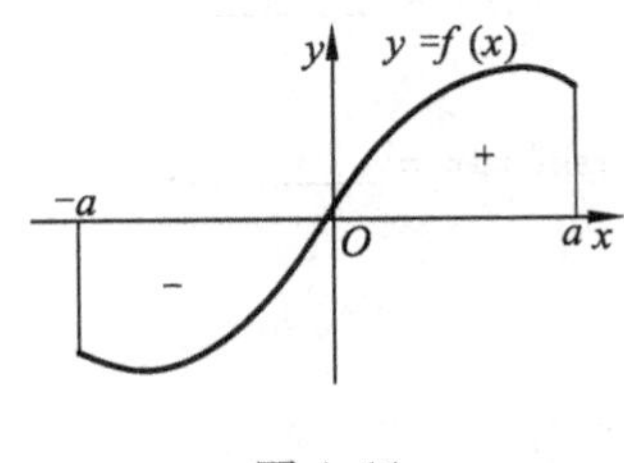

图 4-11

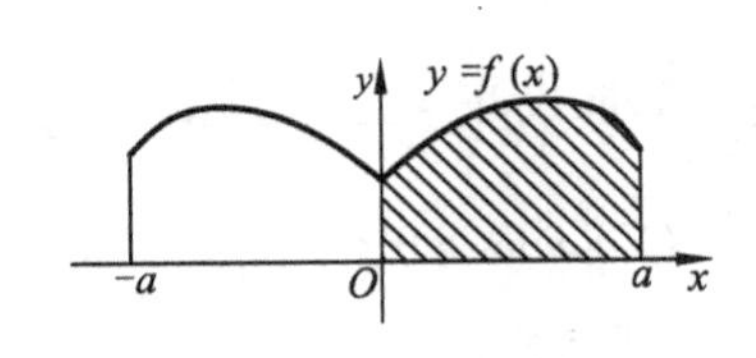

图 4-12

利用例 19 可简化奇偶函数在区间$[-a,a]$上的定积分计算. 如例 16 中的被积函数$\sqrt{\cos x - \cos^3 x}$是偶函数,于是

$$\int_{-\frac{\pi}{2}}^{\frac{\pi}{2}} \sqrt{\cos x - \cos^3 x}\,dx = 2\int_{0}^{\frac{\pi}{2}} \sqrt{\cos x - \cos^3 x}\,dx = 2\int_{0}^{\frac{\pi}{2}} (\cos x)^{\frac{1}{2}} \sin x\,dx$$

$$= -2\int_{0}^{\frac{\pi}{2}} (\cos x)^{\frac{1}{2}}\,d(\cos x) = -2\cdot\frac{2}{3}\left[\cos^{\frac{3}{2}} x\right]_{0}^{\frac{\pi}{2}} = \frac{4}{3}.$$

例 20 计算:(1) $\int_{-\frac{\pi}{4}}^{\frac{\pi}{4}} \frac{1+x^3}{\cos^2 x}\mathrm{d}x$;(2) $\int_{-1}^{1} x^2 |x| \mathrm{d}x$.

解 (1) 由于$\frac{1}{\cos^2 x}$,$\frac{x^3}{\cos^2 x}$ 分别是$\left[-\frac{\pi}{4},\frac{\pi}{4}\right]$上的偶函数、奇函数,于是由例 19 有

$$\int_{-\frac{\pi}{4}}^{\frac{\pi}{4}} \frac{1+x^3}{\cos^2 x}\mathrm{d}x = \int_{-\frac{\pi}{4}}^{\frac{\pi}{4}} \frac{\mathrm{d}x}{\cos^2 x} + \int_{-\frac{\pi}{4}}^{\frac{\pi}{4}} \frac{x^3\mathrm{d}x}{\cos^2 x} = 2\int_0^{\frac{\pi}{4}} \frac{\mathrm{d}x}{\cos^2 x} = 2\left[\tan x\right]_0^{\frac{\pi}{4}} = 2.$$

(2) 由于 $x^2|x|$ 是$[-1,1]$上的偶函数,由例 19 有

$$\int_{-1}^{1} x^2 |x| \mathrm{d}x = 2\int_0^1 x^3 \mathrm{d}x = 2\cdot\frac{1}{4}\left[x^4\right]_0^1 = \frac{1}{2}.$$

习 题 4-3

1. 填空题:

(1) $\int (2x-3)^{100}\mathrm{d}x =$ ________;

(2) $\int \frac{3}{(1-2x)^2}\mathrm{d}x =$ ________;

(3) $\int \frac{\mathrm{d}x}{\sqrt[3]{3-2x}} =$ ________;

(4) $\int \frac{\arctan x}{1+x^2}\mathrm{d}x =$ ________;

(5) $\int \frac{\ln^2(1+x)}{1+x}\mathrm{d}x =$ ________;

(6) $\int 10^{2x}\mathrm{d}x =$ ________;

(7) $\int \frac{\mathrm{e}^{\arcsin x}}{\sqrt{1-x^2}}\mathrm{d}x =$ ________;

(8) $\int_1^{\mathrm{e}} \frac{1+\ln x}{x}\mathrm{d}x =$ ________;

(9) $\int_{\frac{1}{\pi}}^{\frac{2}{\pi}} \frac{1}{y^2}\sin\frac{1}{y}\mathrm{d}y =$ ________;

(10) $\int_{-\pi}^{\pi} x\sin^6 x\mathrm{d}x =$ ________;

(11) $\int_{-1}^{1} (1+x^4\tan x)\mathrm{d}x =$ ________.

2. 求下列不定积分:

(1) $\int \tan 5x\mathrm{d}x$;

(2) $\int \cos 3x\cos 2x\mathrm{d}x$;

(3) $\int \tan^2 x\mathrm{d}x$;

(4) $\int \tan^3 x\mathrm{d}x$;

(5) $\int x^2\sqrt{1+x^3}\mathrm{d}x$;

(6) $\int \frac{2x-1}{\sqrt{1-x^2}}\mathrm{d}x$;

(7) $\int \frac{2x+1}{(x-1)^8}\mathrm{d}x$;

(8) $\int \frac{\mathrm{d}x}{(x-1)(x+2)}$;

(9) $\int \frac{\mathrm{d}x}{x^2+2x+3}$;

(10) $\int \frac{4x-1}{(2x-1)^{100}}\mathrm{d}x$;

(11) $\int \frac{dx}{\sin^2\left(2x+\frac{\pi}{4}\right)}$;

(12) $\int \frac{dx}{\sqrt{1-25x^2}}$;

(13) $\int \frac{dx}{1+9x^2}$;

(14) $\int \frac{x^2}{\sqrt{a^2-x^2}}dx$;

(15) $\int \frac{dx}{\sqrt{e^{2x}-1}}$;

(16) $\int \frac{xdx}{\sqrt{4-x^4}}$;

(17) $\int \frac{\sqrt{x^2-9}}{x}dx(x>3)$;

(18) $\int x^2\sqrt{4-x^2}dx$;

(19) $\int \frac{dx}{\sqrt{4x^2+9}}$;

(20) $\int \frac{dx}{(x^2+a^2)^{\frac{3}{2}}}$;

(21) $\int \frac{x^2}{\sqrt{1-x^2}}dx$;

(22) $\int \frac{2x-3}{x^2-2x+2}dx$;

(23) $\int \frac{2x^2-1}{x(x-4)}dx$;

(24) $\int \frac{dx}{x\sqrt{x^2-1}}$;

(25) $\int \frac{dx}{\sqrt{x}+\sqrt[4]{x}}$;

(26) $\int \frac{\sqrt{x-1}}{x}dx$;

(27) $\int \frac{dx}{x(x^6+1)}$;

(28) $\int \frac{\sin^3 x}{\cos^5 x}dx$.

3. 求下列定积分:

(1) $\int_3^4 \frac{x^2}{(x-2)^{10}}dx$;

(2) $\int_2^{-13} \frac{dx}{\sqrt[5]{(3-x)^4}}$;

(3) $\int_0^{\frac{\pi}{2}} \cos^5 x\sin 2x dx$;

(4) $\int_0^{\frac{\pi}{\omega}} \sin^2(\omega t+\varphi_0)dt$;

(5) $\int_{-2}^0 \frac{dx}{x^2+2x+2}$;

(6) $\int_0^1 \frac{dx}{e^x+e^{-x}}$;

(7) $\int_0^{\pi}(1-\sin^3\theta)d\theta$;

(8) $\int_0^1 \frac{x^{\frac{3}{2}}}{1+x}dx$;

(9) $\int_0^{\pi} \sqrt{1+\sin 2x}dx$;

(10) $\int_0^1 \frac{dx}{(e^x+e^{-x})^2}$;

(11) $\int_{-\frac{\pi}{2}}^{\frac{\pi}{2}} \frac{dx}{1+\cos x}$;

(12) $\int_{-\frac{\pi}{2}}^{\frac{\pi}{2}} \sqrt{\cos^3 x-\cos^5 x}dx$;

(13) $\int_0^{\frac{\pi}{4}} \tan^4\theta d\theta$;

(14) $\int_{\frac{\pi}{4}}^{\frac{\pi}{2}} \cot^3\theta d\theta$;

(15) $\int_4^9 \frac{\sqrt{x}}{\sqrt{x}-1}dx$;

(16) $\int_0^3 \frac{x}{1+\sqrt{1+x}}dx$;

(17) $\int_{-1}^1 \frac{x}{\sqrt{5-4x}}dx$;

(18) $\int_0^{16} \frac{dx}{\sqrt{x+9}-\sqrt{x}}$;

(19) $\int_0^1 \frac{\sqrt{x}dx}{1+\sqrt[3]{x}}$;

(20) $\int_1^{\sqrt{3}} \frac{dx}{x\sqrt{x^2+1}}$;

(21) $\int_{\sqrt{2}}^{2}\frac{dx}{\sqrt{x^2-1}}$;

(22) $\int_{\ln 3}^{\ln 8}\sqrt{1+e^x}dx$ (提示:令 $\sqrt{1+e^x}=t$);

(23) $\int_{-1}^{1}\sqrt{4-x^2}dx$.

4. 计算下列定积分:

(1) $\int_{-\frac{\pi}{3}}^{\frac{\pi}{3}}\frac{\cos x}{1+\cos x}dx$;　　(2) $\int_{-\frac{\pi}{2}}^{\frac{\pi}{2}}(x+\cos x)\sin^2 x dx$.

5. 证明以下结论,其中 m,n 为正整数:

(1) $\int_{-\pi}^{\pi}\sin mx\cos nx dx=0$;　　(2) $\int_{-\pi}^{\pi}\sin mx\sin nx dx=0\ (m\neq n)$;

(3) $\int_{-\pi}^{\pi}\cos mx\cos nx dx=0\ (m\neq n)$;　(4) $\int_{-\pi}^{\pi}\sin^2 mx dx=\pi$;

(5) $\int_{-\pi}^{\pi}\cos^2 mx dx=\pi$.

6. 已知函数

$$f(x)=\begin{cases}1+x^2, & 0\leqslant x\leqslant 2,\\ 2x, & 2<x\leqslant 4,\end{cases}$$

求 $\int_{3}^{5}f(x-2)dx$.

7. 设 $x>0$,用定积分的换元法证明:

$$\int_{x}^{1}\frac{dt}{1+t^2}=\int_{1}^{\frac{1}{x}}\frac{dt}{1+t^2}.$$

8. 一棵树移栽 x 年后的增高率为 $1+\frac{1}{(x+1)^2}$(m/年),2 年后达到 5 m. 问:该树移栽时的高度是多少?

9. 病人注射某种药物 t(h)后,病人血液中的药物残留浓度为 $C(t)=\frac{3}{(t^2+36)^{\frac{3}{2}}}$(mg/cm^3).问:注射该种药物 8 h 后,病人血液中药物残留的平均浓度为多少?

第四节　分部积分法

以复合函数求导法则为基础,可以得到换元积分法,而利用乘积求导法则可推导出计算积分的另一种重要方法——分部积分法.

一、不定积分的分部积分法

设 $u=u(x)$, $v=v(x)$ 都在某一区间 I 内可导,则由乘积函数求导法则可得

$$uv'=(uv)'-u'v.$$

若 u', v' 都在 I 内连续,对上式两端积分,则有

$$\int uv'\mathrm{d}x = \int u\mathrm{d}v = uv - \int u'v\mathrm{d}x, \tag{1}$$

它是将 $\int uv'\mathrm{d}x$ 的积分转化为$\int v'\mathrm{d}x$ 与$\int u'v\mathrm{d}x$ 两个积分，因此它称为分部积分公式. 同样

$$\int u\mathrm{d}v = uv - \int v\mathrm{d}u. \tag{2}$$

上述公式称为分部积分公式. 利用分部积分公式求积分的方法称为分部积分法.

分部积分法实际上也是一种积分转换，如果求 $\int uv'\mathrm{d}x$ 有困难，而求 $\int u'v\mathrm{d}x$ 比较容易，则可用分部积分法. 在利用该方法求积分时，先要确定 u 和 v，使得被积函数成为 uv' 的形式，然后利用分部积分公式将求原积分 $\int uv'\mathrm{d}x$ 转换为求积分 $\int u'v\mathrm{d}x$.

例 1　求 $\int x\cos 2x\mathrm{d}x$.

解　这个积分用换元积分法无法求得结果，现试用分部积分法. 首先选择 $x=u, \cos 2x = v'$ 或 $\frac{1}{2}\sin 2x = v$. 由于

$$\int v'\mathrm{d}x = \int \cos 2x\mathrm{d}x = \frac{1}{2}\sin 2x = v,$$

所以

$$\begin{aligned}\int x\cos 2x\mathrm{d}x &= \int uv'\mathrm{d}x = uv - \int u'v\mathrm{d}x \\ &= \frac{1}{2}x\sin 2x - \frac{1}{2}\int \sin 2x\mathrm{d}x \\ &= \frac{1}{2}x\sin 2x + \frac{1}{4}\cos 2x + C.\end{aligned}$$

熟悉了分部积分公式后，可以不明确写出 u 和 v'，而直接用公式(2). 如

$$\begin{aligned}\int x\cos 2x\mathrm{d}x &= \frac{1}{2}\int x\mathrm{d}\sin 2x = \frac{1}{2}x\sin 2x - \frac{1}{2}\int \sin 2x\mathrm{d}x \\ &= \frac{1}{2}x\sin 2x + \frac{1}{4}\cos 2x + C.\end{aligned}$$

读者可以思考，如何求积分 $\int x^2\cos x\mathrm{d}x, \int x\cos^2 x\mathrm{d}x$?

在例 1 中，如果设 $\cos 2x = u, x = v'$，则 $\mathrm{d}u = -2\sin 2x\mathrm{d}x, v = \frac{1}{2}x^2$，于是

$$\int x\cos 2x\mathrm{d}x = \int \cos 2x\mathrm{d}\left(\frac{1}{2}x^2\right) = \frac{1}{2}x^2\cos 2x + \int x^2\sin 2x\mathrm{d}x.$$

上式右端的积分比求原积分更为复杂.因此应用分部积分法时,恰当选择 u 和 v' (或 v)是关键.一般在选择 u 和 v' 时应考虑:① v 要容易求出;② $\int v\mathrm{d}u$ 比 $\int u\mathrm{d}v$ 容易求.假如被积函数可看作是两类基本初等函数的乘积,那么,在通常情况下可根据如下原则选择 u 和 v':选择 u 和 v' 时,可以按照反三角函数、对数函数、幂函数、指数函数、三角函数的顺序(即"反、对、幂、指、三"的顺序),把排在前面的那类函数选作 u,而把排在后面的那类函数选作 v'(再与 $\mathrm{d}x$ 一起凑成 $\mathrm{d}v$).

例 2 求 $\int(x^2+x-2)\mathrm{e}^{-x}\mathrm{d}x$.

解

$$
\begin{aligned}
\int(x^2+x-2)\mathrm{e}^{-x}\mathrm{d}x &= -\int(x^2+x-2)\mathrm{d}\mathrm{e}^{-x}\\
&= -(x^2+x-2)\mathrm{e}^{-x}+\int(2x+1)\mathrm{e}^{-x}\mathrm{d}x\\
&= -(x^2+x-2)\mathrm{e}^{-x}-\int(2x+1)\mathrm{d}\mathrm{e}^{-x}\\
&= -(x^2+x-2)\mathrm{e}^{-x}-(2x+1)\mathrm{e}^{-x}+2\int\mathrm{e}^{-x}\mathrm{d}x\\
&= -(x^2+3x-1)\mathrm{e}^{-x}-2\mathrm{e}^{-x}+C\\
&= -(x^2+3x+1)\mathrm{e}^{-x}+C.
\end{aligned}
$$

某些积分在重复使用分部积分公式以后,会重新出现原积分的形式,这时可以把等式看成以原积分为"未知量"的方程,解此"方程"即得所求的积分.

例 3 求 $\int\mathrm{e}^{2x}\cos 3x\mathrm{d}x$.

解 设 $\int\mathrm{e}^{2x}\cos 3x\mathrm{d}x = I$, 则

$$
\begin{aligned}
I &= \frac{1}{2}\int\cos 3x\mathrm{d}(\mathrm{e}^{2x}) = \frac{1}{2}\left[\mathrm{e}^{2x}\cos 3x-\int\mathrm{e}^{2x}\mathrm{d}(\cos 3x)\right]\\
&= \frac{1}{2}\mathrm{e}^{2x}\cos 3x+\frac{3}{2}\int\mathrm{e}^{2x}\sin 3x\mathrm{d}x\\
&= \frac{1}{2}\mathrm{e}^{2x}\cos 3x+\frac{3}{4}\int\sin 3x\mathrm{d}(\mathrm{e}^{2x})\\
&= \frac{1}{2}\mathrm{e}^{2x}\cos 3x+\frac{3}{4}\left[\mathrm{e}^{2x}\sin 3x-\int\mathrm{e}^{2x}\mathrm{d}(\sin 3x)\right]\\
&= \frac{1}{2}\mathrm{e}^{2x}\cos 3x+\frac{3}{4}\mathrm{e}^{2x}\sin 3x-\frac{9}{4}I.
\end{aligned}
$$

于是可得

$$
\frac{13}{4}I=\frac{1}{4}\mathrm{e}^{2x}(2\cos 3x+3\sin 3x)+C. \tag{3}
$$

从而

$$I=\frac{1}{13}e^{2x}(2\cos 3x+3\sin 3x)+C',$$

其中，$C'=\frac{4}{13}C$ 为任意常数.

例 4　设某公司销售某种产品时，月销售量与总收入 $R=R(x)$ 的变化率(即边际收入)为

$$MR=R'(x)=20+54\ln(x+1)\ (x\text{ 为销售量}).$$

试求总收入函数(假定当销售量为 0 时，总收入也为 0).

解　由已知可得，总收入函数为

$$\begin{aligned}R=R(x)&=\int[20+54\ln(x+1)]dx=20x+54\int\ln(x+1)dx\\&=20x+54\left\{x\ln(x+1)-\int xd[\ln(x+1)]\right\}\\&=20x+54x\ln(x+1)-54\int\frac{x}{x+1}dx\\&=20x+54x\ln(x+1)-54\int\left(1-\frac{1}{x+1}\right)dx\\&=20x+54x\ln(x+1)-54x+54\ln(x+1)+C\\&=54(x+1)\ln(x+1)-34x+C.\end{aligned}$$

由于 $R(0)=0$，所以 $C=0$，从而总收入函数

$$R=R(x)=54(x+1)\ln(x+1)-34x.$$

二、定积分的分部积分法

类似于不定积分的分部积分法，不难得到定积分的分部积分法. 设 $u=u(x)$，$v=v(x)$ 都在某一区间 $[a,b]$ 上有连续的导数，则有

$$\int_a^b uv'dx=\int_a^b(uv)'dx-\int_a^b u'vdx=[uv]_a^b-\int_a^b u'vdx,\tag{4}$$

或

$$\int_a^b udv=[uv]_a^b-\int_a^b vdu.\tag{5}$$

例 5　求 $\int_0^1 x\arctan x dx$.

解　$$\begin{aligned}\int_0^1 x\arctan x dx&=\frac{1}{2}\int_0^1\arctan x dx^2=\frac{1}{2}\left[x^2\arctan x\right]_0^1-\frac{1}{2}\int_0^1\frac{x^2}{1+x^2}dx\\&=\frac{\pi}{8}-\frac{1}{2}\int_0^1\left(1-\frac{1}{1+x^2}\right)dx=\frac{\pi}{8}-\frac{1}{2}[x-\arctan x]_0^1\\&=\frac{\pi}{4}-\frac{1}{2}.\end{aligned}$$

例 6 求 $\int_1^2 \frac{\ln(x+1)}{x^2}\mathrm{d}x$.

解 $\int_1^2 \frac{\ln(x+1)}{x^2}\mathrm{d}x = -\int_1^2 \ln(x+1)\mathrm{d}\left(\frac{1}{x}\right) = -\left[\frac{\ln(x+1)}{x}\right]_1^2 + \int_1^2 \frac{1}{x(x+1)}\mathrm{d}x$

$$= -\frac{\ln 3}{2} + \ln 2 + \int_1^2\left(\frac{1}{x} - \frac{1}{x+1}\right)\mathrm{d}x = \ln\frac{2}{\sqrt{3}} + \left[\ln\frac{x}{x+1}\right]_1^2$$

$$= \ln\frac{2}{\sqrt{3}} + \ln\frac{4}{3} = 3\ln 2 - \frac{3}{2}\ln 3.$$

例 7 证明:

$$\int_0^{\frac{\pi}{2}} \sin^n x\mathrm{d}x = \begin{cases} \frac{(2k-2)!!}{(2k-1)!!}, & n = 2k-1, \\ \frac{(2k-1)!!}{(2k)!!}\cdot\frac{\pi}{2}, & n = 2k \end{cases} \quad (k \in \mathbf{N}^+),$$

并求 $\int_{-\frac{\pi}{2}}^{\frac{\pi}{2}} \cos^6 x\mathrm{d}x$.

证 记 $I_n = \int_0^{\frac{\pi}{2}} \sin^n x\mathrm{d}x$, 则

$$I_n = -\int_0^{\frac{\pi}{2}} \sin^{n-1}x\mathrm{d}(\cos x) = -\left(\left[\sin^{n-1}x\cos x\right]_0^{\frac{\pi}{2}} - \int_0^{\frac{\pi}{2}} \cos x\mathrm{d}\sin^{n-1}x\right)$$

$$= (n-1)\int_0^{\frac{\pi}{2}} \sin^{n-2}x\cos^2 x\mathrm{d}x = (n-1)\left(\int_0^{\frac{\pi}{2}} \sin^{n-2}x\mathrm{d}x - \int_0^{\frac{\pi}{2}} \sin^n x\mathrm{d}x\right)$$

$$= (n-1)I_{n-2} - (n-1)I_n,$$

解得 I_n 的递推公式

$$I_n = \frac{n-1}{n}I_{n-2} \ (n \geqslant 2, n \in \mathbf{N}). \tag{6}$$

连续使用递推公式(6)直到 I_1 或 I_0,得

$$I_{2k-1} = \frac{2k-2}{2k-1}\cdot\frac{2k-4}{2k-3}\cdot\cdots\cdot\frac{4}{5}\cdot\frac{2}{3}\cdot I_1,$$

$$I_{2k} = \frac{2k-1}{2k}\cdot\frac{2k-3}{2k-2}\cdot\cdots\cdot\frac{3}{4}\cdot\frac{1}{2}I_0.$$

又

$$I_1 = \int_0^{\frac{\pi}{2}} \sin x\mathrm{d}x = -\left[\cos x\right]_0^{\frac{\pi}{2}} = 1,\ I_0 = \int_0^{\frac{\pi}{2}} \mathrm{d}x = \frac{\pi}{2}.$$

因此

$$\int_0^{\frac{\pi}{2}} \sin^n x\mathrm{d}x = \begin{cases} \frac{(2k-2)!!}{(2k-1)!!}, & n = 2k-1, \\ \frac{(2k-1)!!}{(2k)!!}\cdot\frac{\pi}{2}, & n = 2k \end{cases} \quad (k \in \mathbf{N}^+).$$

由第三节的例 21 知，$\int_0^{\frac{\pi}{2}}\cos^n x\mathrm{d}x = \int_0^{\frac{\pi}{2}}\sin^n x\mathrm{d}x$，从而

$$\int_{-\frac{\pi}{2}}^{\frac{\pi}{2}}\cos^6 x\mathrm{d}x = 2\int_0^{\frac{\pi}{2}}\cos^6 x\mathrm{d}x = 2\cdot\frac{5\cdot 3\cdot 1}{6\cdot 4\cdot 2}\cdot\frac{\pi}{2} = \frac{5\pi}{16}.$$

至此，已经介绍了积分计算中的一些主要方法. 值得指出的是，区间上的连续函数一定有原函数，但有些连续函数的原函数不是初等函数，如：$\int e^{-x^2}\mathrm{d}x$，$\int\frac{\mathrm{d}x}{\sqrt{1+x^4}}$，$\int\frac{\sin x}{x}\mathrm{d}x$，$\int\sin x^2\mathrm{d}x$，$\int\frac{\mathrm{d}x}{\ln x}$ 等，都不是初等函数. 因此，无法利用上述各种方法求出这些积分的，人们习惯上把这种情况称为“积不出”. 这里所说的“积不出”实际上是指不能用初等函数表达所求的原函数.

习 题 4-4

1. 求下列不定积分：

(1) $\int x^2\cos 2x\mathrm{d}x$；　　(2) $\int(x^2+x-2)\ln x\mathrm{d}x$；

(3) $\int\frac{x}{\cos^2 x}\mathrm{d}x$；　　(4) $\int x\sin^2 x\mathrm{d}x$；

(5) $\int\arctan x\mathrm{d}x$；　　(6) $\int x\tan^2 x\mathrm{d}x$；

(7) $\int\ln(x+\sqrt{1+x^2})\mathrm{d}x$；　　(8) $\int x\ln\frac{1+x}{1-x}\mathrm{d}x$；

(9) $\int\sin(\ln x)\mathrm{d}x$；　　(10) $\int\frac{\ln(\sin x)}{\cos^2 x}\mathrm{d}x$.

2. 求下列定积分：

(1) $\int_0^{\frac{\pi}{2}}x^2\sin x\mathrm{d}x$；　　(2) $\int_0^1(x+1)e^{2x}\mathrm{d}x$；

(3) $\int_{\frac{1}{e}}^{e}|\ln x|\mathrm{d}x$；　　(4) $\int_0^1\arccos x\mathrm{d}x$；

(5) $\int_0^{\frac{\pi}{4}}e^{2x}\cos x\mathrm{d}x$；　　(6) $\int_{-1}^1\frac{x^2+x\cos x}{1+\sqrt{1-x^2}}\mathrm{d}x$；

(7) $\int_1^4\sqrt{x}\log_2 x\mathrm{d}x$；　　(8) $\int_{\frac{\pi}{4}}^{\frac{\pi}{3}}\frac{x}{\sin^2 x}\mathrm{d}x$.

3. 已知 $f(x)=\frac{e^x}{x}$，求 $\int xf''(x)\mathrm{d}x$.

4. 设 $J_n=\int\frac{\mathrm{d}x}{(x^2+a^2)^n}\ (n\in\mathbf{N}^+)$，用分部积分法证明递推公式

$$J_{n+1}=\frac{1}{2na^2}\left[\frac{x}{(x^2+a^2)^n}+(2n-1)J_n\right]\ (n\in\mathbf{N}^+).$$

5. 设某公司在某段时间内销售某种产品时,边际收入函数为 $MR=10+18\sqrt{x}\ln(x+1)$,其中 x 为销售量.试求:

(1) 总收入函数 $R=R(x)$ 的表达式;

(2) 销售量为100时的总收入(假定当销售量为0时,总收入也为0).

第五节　两类函数的积分

上节指出,连续函数的原函数未必都能用初等函数表示,从而使得连续函数的不定积分可能"积不出".但是有两类函数,它们的不定积分一定能够求出来,本节将介绍这两类函数积分的一般方法.

一、有理函数的积分

有理函数是指由两个多项式之商所表示的函数,形如$\dfrac{P_m(x)}{Q_n(x)}$,其中 $P_m(x)$,$Q_n(x)$分别是 x 的 m 次,n 次的多项式($m,n\in\mathbf{N}$).若 $m<n$,称为真分式有理函数;$m\geqslant n$,称为假分式有理函数.利用多项式的除法,假分式有理函数都可以化成多项式函数与真分式有理函数的和,多项式函数的积分可通过逐项积分计算.因此,有理函数的积分,只要讨论如何求真分式有理函数的积分即可.为此,需要用到真分式有理函数的分解性质.

假设实系数的多项式 $Q_n(x)$ 在实数范围内能分解成如下形式的一次因式和二次质因式的乘积(理论上总是可以的):

$$Q_n(x)=b_0(x-a)^{\alpha}\cdots(x-b)^{\beta}(x^2+px+q)^{\lambda}\cdots(x^2+rx+s)^{\mu},$$

其中,$\alpha,\cdots,\beta,\lambda,\cdots,\mu\in\mathbf{N}^+$,$p^2-4q<0,\cdots,r^2-4s<0$,则真分式$\dfrac{P_m(x)}{Q_n(x)}$可以分解成如下部分分式之和:

$$\begin{aligned}\frac{P_m(x)}{Q_n(x)}=&\frac{A_\alpha}{(x-a)^\alpha}+\frac{A_{\alpha-1}}{(x-a)^{\alpha-1}}+\cdots+\frac{A_1}{x-a}+\cdots+\\&\frac{B_\beta}{(x-b)^\beta}+\frac{B_{\beta-1}}{(x-b)^{\beta-1}}+\cdots+\frac{B_1}{x-b}+\cdots+\\&\frac{M_\lambda x+N_\lambda}{(x^2+px+q)^\lambda}+\frac{M_{\lambda-1}x+N_{\lambda-1}}{(x^2+px+q)^{\lambda-1}}+\cdots+\frac{M_1x+N_1}{x^2+px+q}+\cdots+\\&\frac{R_\mu x+S_\mu}{(x^2+rx+s)^\mu}+\frac{R_{\mu-1}x+S_{\mu-1}}{(x^2+rx+s)^{\mu-1}}+\cdots+\frac{R_1x+S_1}{x^2+rx+s},\end{aligned}\tag{1}$$

其中,A_i,B_i,M_i,N_i,R_i,S_i 等都为待定常数,可以通过多项式恒等原理等方法确定.

对于上述形如$\frac{A}{(x-a)^n}$,$\frac{Ax+B}{(x^2+px+q)^n}$的部分分式,其积分都可以用凑微分和递推公式求解,从而可以求得原真分式的积分.

例 1 计算$\int\frac{x^4-2x^3+x^2+1}{x(x-1)^2}dx$.

解 被积函数是假分式,按以下步骤求解:

第一步 化假分式为整式与真分式的和,恒等变形后,得

$$\frac{x^4-2x^3+x^2+1}{x(x-1)^2}=x+\frac{1}{x(x-1)^2}.$$

第二步 由式(1)化真分式为部分分式的和.对分母的因式$(x-1)^2$,化成的部分分式有两项,其分母分别为$x-1$,$(x-1)^2$.对因式x,化成的部分分式仅一项,其分母为x.它们的分子都是待定的常数.设

$$\frac{1}{x(x-1)^2}=\frac{A}{x}+\frac{B_1}{x-1}+\frac{B_2}{(x-1)^2},$$

两端去分母,得

$$1=A(x-1)^2+B_1x(x-1)+B_2x. \tag{2}$$

在式(2)中,令$x=0$,得$A=1$;令$x=1$,得$B_2=1$;把A,B_2的值代入式(2)并令$x=2$,得$B_1=-1$.于是

$$\frac{1}{x(x-1)^2}=\frac{1}{x}-\frac{1}{x-1}+\frac{1}{(x-1)^2}.$$

第三步 积分.

$$\begin{aligned}\int\frac{x^4-2x^3+x^2+1}{x(x-1)^2}dx&=\int xdx+\int\frac{dx}{x}-\int\frac{dx}{x-1}+\int\frac{dx}{(x-1)^2}\\&=\frac{x^2}{2}+\ln|x|-\ln|x-1|-\frac{1}{x-1}+C.\end{aligned}$$

例 2 计算$\int\frac{x+5}{x^3+3x^2+3x+2}dx$.

解 被积函数是真分式有理函数,按以下步骤求解:

第一步 在实数范围内将分母因式分解,并化真分式为部分分式.由于$x^3+3x^2+3x+2=(x+2)(x^2+x+1)$,

可设

$$\frac{x+5}{x^3+3x^2+3x+2}=\frac{x+5}{(x+2)(x^2+x+1)}=\frac{A}{x+2}+\frac{Bx+C}{x^2+x+1}. \tag{3}$$

式(3)两端去分母,得

$$x+5=A(x^2+x+1)+(Bx+C)(x+2). \tag{4}$$

可以用例 1 的方法,令x为一些特殊的值,解得A,B,C.这里介绍另一种常用的方

法. 将式(4)的两端都表示成 x 的多项式形式,有

$$x+5=(A+B)x^2+(A+2B+C)x+(A+2C). \tag{5}$$

比较式(5)两端 x 的同次幂的系数和常数项,由多项式恒等原理,有

$$\begin{cases}A+B=0,\\A+2B+C=1,\\A+2C=5,\end{cases}$$

解得

$$\begin{cases}A=1,\\B=-1,\\C=2.\end{cases}$$

代入式(3),得

$$\frac{x+5}{x^3+3x^2+3x+2}=\frac{1}{x+2}-\frac{x-2}{x^2+x+1}.$$

第二步　积分.

$$\begin{aligned}&\int\frac{x+5}{x^3+3x^2+3x+2}\mathrm{d}x\\&=\int\frac{1}{x+2}\mathrm{d}x-\frac{1}{2}\int\frac{(x^2+x+1)'-5}{x^2+x+1}\mathrm{d}x\\&=\ln(x+2)-\frac{1}{2}\ln(x^2+x+1)+\frac{5}{2}\int\frac{\mathrm{d}\left(x+\frac{1}{2}\right)}{\left(x+\frac{1}{2}\right)^2+\left(\frac{\sqrt{3}}{2}\right)^2}\\&=\ln(x+2)-\frac{1}{2}\ln(x^2+x+1)+\frac{5}{\sqrt{3}}\arctan\frac{2x+1}{\sqrt{3}}+C.\end{aligned}$$

二、三角函数有理式的积分

三角函数有理式是指由三角函数和常数经过有限次四则运算所得到的函数. 由于任何三角函数都可用正弦和余弦函数表示,因此三角函数有理式都可表示为 $R(\sin x,\cos x)$,其中 $R(\cdot,\cdot)$表示由两个变量构成的有理式.

三角函数有理式的积分 $\int R(\sin x,\cos x)\mathrm{d}x$ 可用万能代换 $\tan\frac{x}{2}=t$ 化为关于 t 的有理函数的积分. 这时

$$\sin x=\frac{2t}{1+t^2},\ \cos x=\frac{1-t^2}{1+t^2},\ \mathrm{d}x=\frac{2\mathrm{d}t}{1+t^2}.$$

例 3　求 $\int\frac{\mathrm{d}x}{3+5\cos x}$.

解　令 $\tan\frac{x}{2}=t$,则 $\cos x=\frac{1-t^2}{1+t^2}$, $x=2\arctan t$, $\mathrm{d}x=\frac{2\mathrm{d}t}{1+t^2}$. 于是

$$\int\frac{\mathrm{d}x}{3+5\cos x}=\int\frac{1}{3+5\cdot\frac{1-t^2}{1+t^2}}\cdot\frac{2\mathrm{d}t}{1+t^2}=\int\frac{\mathrm{d}t}{4-t^2}$$

$$=\frac{1}{4}\ln\left|\frac{2+t}{2-t}\right|+C=\frac{1}{4}\ln\left|\frac{2+\tan\frac{x}{2}}{2-\tan\frac{x}{2}}\right|+C.$$

例 4　求 $\int_0^{\frac{\pi}{2}}\frac{\sin x}{1+\sin x}\mathrm{d}x$.

解　令 $\tan\frac{x}{2}=t$, 则 $\sin x=\frac{2t}{1+t^2}$, $\mathrm{d}x=\frac{2\mathrm{d}t}{1+t^2}$. $x:0\to\frac{\pi}{2}$时, $t:0\to 1$. 于是

$$\int_0^{\frac{\pi}{2}}\frac{\sin x}{1+\sin x}\mathrm{d}x=\int_0^1\frac{4t\mathrm{d}t}{(1+t^2)(1+t)^2}=2\int_0^1\left[\frac{1}{1+t^2}-\frac{1}{(1+t)^2}\right]\mathrm{d}t$$

$$=2\left[\arctan t+\frac{1}{1+t}\right]_0^1=\frac{\pi}{2}-1.$$

需要指出的是,前面介绍的方法是求有理函数和三角函数有理式积分的一般方法,但不一定是最简单的方法,而且往往比较烦琐. 因此,对这两类积分应首先注意能否用基本积分公式或凑微分等其他更简单的方法求解.

例 5　求 $\int_0^{\frac{\pi}{4}}\frac{\sin x-\cos x}{\sin x+\cos x}\mathrm{d}x$.

解　$$\int_0^{\frac{\pi}{4}}\frac{\sin x-\cos x}{\sin x+\cos x}\mathrm{d}x=-\int_0^{\frac{\pi}{4}}\frac{\mathrm{d}(\sin x+\cos x)}{\sin x+\cos x}$$

$$=\left[\ln|\sin x+\cos x|\right]_0^{\frac{\pi}{4}}=-\frac{1}{2}\ln 2.$$

例 6　求 $\int\frac{\mathrm{d}t}{t^4(1+t)}$.

解　令 $x=\frac{1}{t}$,则

$$\int\frac{\mathrm{d}t}{t^4(1+t)}=-\int\frac{x^3}{x+1}\mathrm{d}x=-\int\left(x^2-x+1-\frac{1}{x+1}\right)\mathrm{d}x$$

$$=-\frac{x^3}{3}+\frac{1}{2}x^2-x+\ln|x+1|+C$$

$$=-\frac{1}{3t^3}+\frac{1}{2t^2}-\frac{1}{t}+\ln\left|\frac{1}{t}+1\right|+C.$$

注　当被积函数为分式函数,且当分母的次数比分子的次数高得多(一般在 2 次以上)时,可尝试用上述倒代换使计算得到简化.

习　题　4-5

1. 求下列不定积分:

(1) $\int \frac{t-1}{t(t+2)^2}\mathrm{d}t$;　　(2) $\int \frac{x^2+3x+4}{x-1}\mathrm{d}x$;

(3) $\int \frac{\mathrm{d}x}{(x^2+1)(x^2+x+1)}$;　　(4) $\int \frac{1}{x^3+1}\mathrm{d}x$;

(5) $\int \frac{\mathrm{d}x}{\tan x+\sin x}$;　　(6) $\int \frac{\mathrm{d}x}{1+\sin x+\cos x}$;

(7) $\int \frac{\mathrm{d}x}{2+\sin x}$;　　(8) $\int \frac{\mathrm{d}x}{x^3(1+x^4)}$.

2. 求下列定积分:

(1) $\int_1^2 \frac{x-1}{(x+2)(x+1)}\mathrm{d}x$;　　(2) $\int_{-1}^1 \frac{x^3}{x+2}\mathrm{d}x$;

(3) $\int_0^{\frac{\pi}{2}} \frac{\mathrm{d}x}{2\sin x+\cos x}$;　　(4) $\int_2^3 \frac{x^2+2}{(x-1)^4}\mathrm{d}x$.

第六节　定积分的近似计算

我们已经介绍了定积分的基本概念和计算方法,该计算方法是基于原函数的牛顿-莱布尼茨公式. 但在许多实际问题中遇到的定积分,被积函数往往不由算式给出,而通过图形或表格给出;或虽然可用一个算式给出,但是要计算它的原函数却很困难,甚至于原函数可能是非初等函数. 为了解决这些问题,本节将介绍定积分的"数值积分",即定积分的近似计算.

定积分 $\int_a^b f(x)\mathrm{d}x(f(x)\geqslant 0)$ 的值在几何上表示由曲线 $y=f(x)$,直线 $x=a$、$x=b$及 x 轴所围成的曲边梯形的面积. 因此,只要近似地算出这个曲边梯形的面积,就可以得到所给定积分的近似值. 利用这一基本思想,下面将介绍 3 种最基本的定积分的近似计算方法:矩形法、梯形法和抛物线法. 所导出的公式对于$f(x)$在$[a,b]$上不是非负的情形同样适用.

一、矩形法

矩形法就是把曲边梯形分成若干窄曲边梯形,然后用窄矩形的面积近似代替窄曲边梯形的面积,最后将所有窄矩形的面积求和,就得到了定积分的近似值. 具体做法如下:

用分点 $a=x_0,x_1,\cdots,x_n=b$ 将区间$[a,b]$等分成 n 个小区间,每个小区间的长度为

$$\Delta x=\frac{b-a}{n},$$

并设函数 $y=f(x)$ 对应于各分点的函数值分别为 $y_0, y_1, \cdots, y_n$.

如果取小区间左端点的函数值作为窄矩形的高(见图 4-13a),则有

$$\int_a^b f(x)\mathrm{d}x \approx \sum_{i=1}^{n} y_{i-1}\Delta x = \frac{b-a}{n}\sum_{i=1}^{n} y_{i-1}; \tag{1}$$

如果取小区间右端点的函数值作为窄矩形的高(见图 4-13b),则有

$$\int_a^b f(x)\mathrm{d}x \approx \sum_{i=1}^{n} y_{i}\Delta x = \frac{b-a}{n}\sum_{i=1}^{n} y_{i}. \tag{2}$$

公式(1)、(2)都称为矩形法公式.

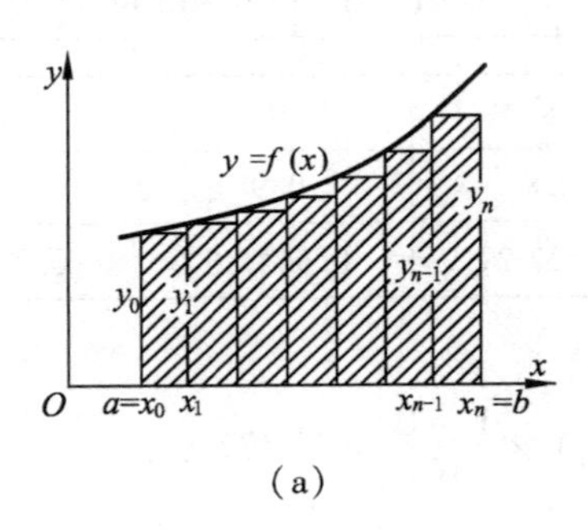

(a)

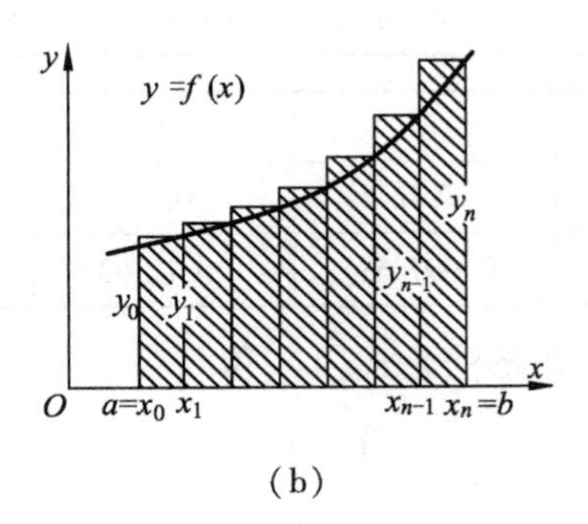

(b)

图 4-13

二、梯形法

与矩形法类似,梯形法就是在每个小区间上,以窄梯形的面积近似代替窄曲边梯形的面积,就得到定积分的近似值(见图 4-14):

$$\begin{aligned}\int_a^b f(x)\mathrm{d}x &\approx \frac{1}{2}(y_0+y_1)\Delta x+\frac{1}{2}(y_1+y_2)\Delta x+\cdots+\frac{1}{2}(y_{n-1}+y_n)\Delta x\\ &=\frac{b-a}{n}\left[\frac{1}{2}(y_0+y_n)+y_1+y_2+\cdots+y_{n-1}\right].\end{aligned} \tag{3}$$

公式(3)称为梯形法公式. 由这个公式所得到的近似值,实际上就是公式(1)、(2)所得近似值的平均值.

可以证明,梯形法的绝对误差不超过

$$\frac{(b-a)^3}{12n^2}M_2,$$

其中,M_2 为 $|f''(x)|$ 在区间 $[a,b]$ 上的最大值.

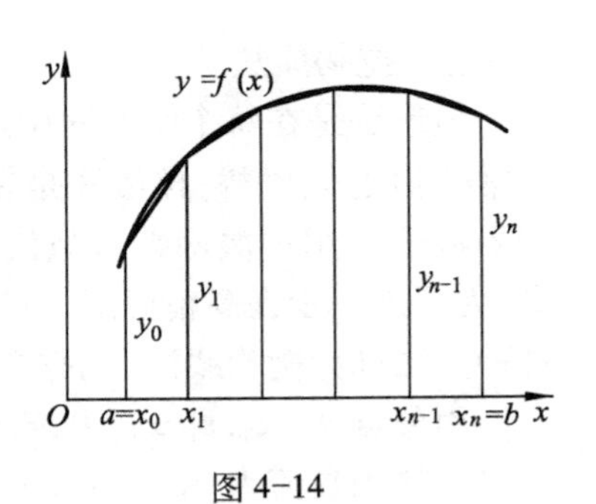

图 4-14

例 1　用矩形法和梯形法计算积分 $\int_0^1 \mathrm{e}^{-x^2}\mathrm{d}x$

的近似值(取 $n=10$).

解 把区间[0,1] 10 等分,设分点为

$$0=x_0,x_1,\cdots,x_9,x_{10}=1,$$

相应的函数值为

$$y_i=\mathrm{e}^{-x_i^2}\quad(i=0,1,\cdots,10).$$

列表:

i	0	1	2	3	4	5
x_i	0	0.1	0.2	0.3	0.4	0.5
y_i	1.000 00	0.990 05	0.960 79	0.913 93	0.852 14	0.778 80

i	6	7	8	9	10
x_i	0.6	0.7	0.8	0.9	1
y_i	0.697 68	0.612 63	0.527 29	0.444 86	0.367 88

利用矩形法公式(1),得

$$\int_0^1 \mathrm{e}^{-x^2}\mathrm{d}x\approx(y_0+y_1+\cdots+y_9)\times\frac{1-0}{10}=0.777\,82.$$

利用矩形法公式(2),得

$$\int_0^1 \mathrm{e}^{-x^2}\mathrm{d}x\approx(y_1+y_2+\cdots+y_{10})\times\frac{1-0}{10}=0.714\,61.$$

利用梯形法公式(3),得

$$\int_0^1 \mathrm{e}^{-x^2}\mathrm{d}x\approx\frac{1-0}{10}\left[\frac{1}{2}(y_0+y_{10})+y_1+y_2\cdots+y_9\right].$$

该式实际上是前面两值的平均值,所以

$$\int_0^1 \mathrm{e}^{-x^2}\mathrm{d}x\approx\frac{1}{2}(0.777\,82+0.714\,61)=0.746\,21.$$

三、抛物线法

矩形法是在每个小区间中用水平直线段近似代替曲线段,即把被积函数逐段用常数值近似代替;梯形法是在每个小区间中用直线段近似代替曲线段,即把被积函数逐段用一次函数近似代替.一般而言,梯形法的精确度比矩形法的精确度高.为了进一步提高精确度,可以考虑在小区间内用二次函数近似代替被积函数,这种方法称为抛物线法,也称为辛普森(Simpson)法.具体方法如下:

用分点 $a=x_0,x_1,x_2,\cdots,x_n=b$,将积分区间 n 等分(这里要求 n 为偶数),各分点对应的函数值为 $y_0,y_1,y_2,\cdots,y_n$,即

$$y_i=f(x_i)=f\left(a+i\frac{b-a}{n}\right).$$

曲线 $y=f(x)$ 也相应地被分成 n 个小弧段，设曲线上的分点为 $M_0,M_1,M_2,\cdots,M_n$（见图 4-15）.

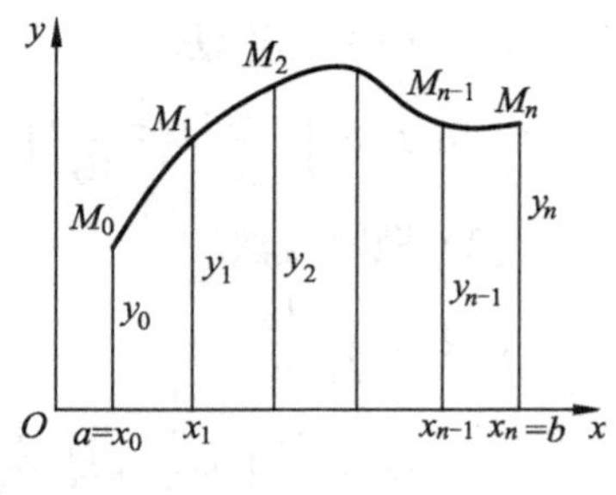

图 4-15

平面上 3 点可以确定一条抛物线

$$y=px^2+qx+r,$$

而相邻的两个小区间上经过曲线上的 3 个点，则由这 3 点作抛物线（因此抛物线法必须将区间等分为偶数个小区间），把这些抛物线构成的曲边梯形的面积相加，就得到了所求定积分的近似值.

为计算这些以抛物线为曲边的曲边梯形面积，先计算区间 $[-h,h]$ 上，以过 $M_0'(-h,y_0)$，$M_1'(0,y_1)$，$M_2'(h,y_2)$ 3 点的抛物线 $y=px^2+qx+r$ 为曲边的曲边梯形面积 S，即

$$S=\int_{-h}^{h}(px^2+qx+r)\mathrm{d}x=2\int_0^h(px^2+r)\mathrm{d}x=\frac{2}{3}ph^3+2rh.$$

由 $y_0=ph^2-qh+r$，$y_1=r$，$y_2=ph^2+qh+r$ 得

$$2ph^2=y_0+y_2-2y_1,$$

故
$$S=\frac{1}{3}(2ph^3+6rh)=\frac{1}{3}h(2ph^2+6r)=\frac{1}{3}h(y_0+4y_1+y_2).$$

这个曲边梯形面积只与 M_0'，M_1'，M_2' 的纵坐标及底边所在的区间长度 $2h$ 有关.

取 $h=\dfrac{b-a}{n}$，同理可以得到，区间 $[x_{i-1},x_{i+1}]$ 上，以过点 M_{i-1}，M_i，M_{i+1} 的抛物线为曲边的曲边梯形的面积为

$$S_i=\frac{b-a}{3n}(y_{i-1}+4y_i+y_{i+1})\quad(i=1,2,\cdots,n-1).$$

于是，将所有 $\dfrac{n}{2}$ 个曲边梯形的面积相加，可得到定积分的近似值为（设 $n=2k$）

$$\begin{aligned}\int_a^b f(x)\mathrm{d}x&=\frac{b-a}{3n}[y_0+y_n+4(y_1+y_3+\cdots+y_{n-1})+2(y_2+y_4+\cdots+y_{n-2})]\\&=\frac{b-a}{6k}\left[f(a)+f(b)+4\sum_{i=1}^{k}f(x_{2i-1})+2\sum_{i=1}^{k-1}f(x_{2i})\right].\qquad(4)\end{aligned}$$

上式称为辛普森公式或抛物线公式. 可以证明：用这个公式求定积分的近似值时，其绝对误差不超过 $\dfrac{(b-a)^5}{180n^4}M_4$，其中 M_4 是 $|f^{(4)}(x)|$ 在区间 $[a,b]$ 上的最大值.

例 2　分别用梯形法和抛物线法近似计算 $\ln 2=\int_1^2\dfrac{\mathrm{d}x}{x}$（将积分区间 10 等分）.

解　(1) 梯形法.

$$\ln 2=\int_1^2\frac{dx}{x}\approx\frac{2-1}{10}\left(\frac{1}{2}+\frac{1}{4}+\frac{1}{1.1}+\frac{1}{1.2}+\cdots+\frac{1}{1.9}\right)\approx 0.6938.$$

(2) 抛物线法.

$$\ln 2=\int_1^2\frac{dx}{x}$$

$$\approx\frac{2-1}{30}\left[1+\frac{1}{2}+4\left(\frac{1}{1.1}+\frac{1}{1.3}+\frac{1}{1.5}+\frac{1}{1.7}+\frac{1}{1.9}\right)+2\left(\frac{1}{1.2}+\frac{1}{1.4}+\frac{1}{1.6}+\frac{1}{1.8}\right)\right]$$

$$\approx 0.6932.$$

例 3　用抛物线法近似计算 $\int_0^\pi\frac{\sin x}{x}dx$, 分别取等分区间的个数 $n=2,4,6$.

解　当 $n=2$ 时, $\int_0^\pi\frac{\sin x}{x}dx\approx\frac{\pi}{12}\left[1+4\left(\frac{2\sqrt{2}}{\pi}+\frac{2\sqrt{2}}{3\pi}\right)+2\frac{2}{\pi}\right]\approx 1.8524.$

当 $n=4$ 时,

$$\int_0^\pi\frac{\sin x}{x}dx\approx\frac{\pi}{24}\left[1+4\left(\frac{8}{\pi}\sin\frac{\pi}{8}+\frac{8}{3\pi}\sin\frac{3\pi}{8}+\frac{8}{5\pi}\sin\frac{5\pi}{8}+\frac{8}{7\pi}\sin\frac{7\pi}{8}\right)\right]+\frac{\pi}{12}\left(\frac{2\sqrt{2}}{\pi}+\frac{2}{\pi}+\frac{2\sqrt{2}}{3\pi}\right)$$

$$\approx 1.8520.$$

当 $n=6$ 时,

$$\int_0^\pi\frac{\sin x}{x}dx\approx\frac{\pi}{36}\left[1+4\left(\frac{12}{\pi}\sin\frac{\pi}{12}+\frac{2\sqrt{2}}{\pi}+\frac{12}{5\pi}\sin\frac{5\pi}{12}+\frac{12}{7\pi}\sin\frac{7\pi}{12}+\frac{4}{3\pi}\frac{\sqrt{2}}{2}+\frac{12}{11\pi}\sin\frac{11\pi}{12}\right)\right]+\frac{\pi}{18}\left(\frac{3}{\pi}+\frac{3\sqrt{3}}{2\pi}+\frac{2}{\pi}+\frac{3\sqrt{3}}{4\pi}+\frac{3}{5\pi}\right)$$

$$\approx 1.8517.$$

习　题　4-6

1. 用 3 种定积分近似计算方法计算 $S=\int_0^{\frac{\pi}{2}}\sqrt{1-\frac{1}{2}\sin^2 t}\,dt$ (取 $n=6$, 被积函数值取 4 位小数).

2. 某河床的截断面如图 4-16 所示, 测得河宽 x(m) 与河深 y(m), 如下表所示:

x	0	2	4	6	8	10	12	14	16	18	20
y	0.4	1.0	1.8	2.2	2.6	3.4	4.2	3.0	2.2	1.2	0.4

试用 3 种定积分近似计算方法计算此断面的面积.

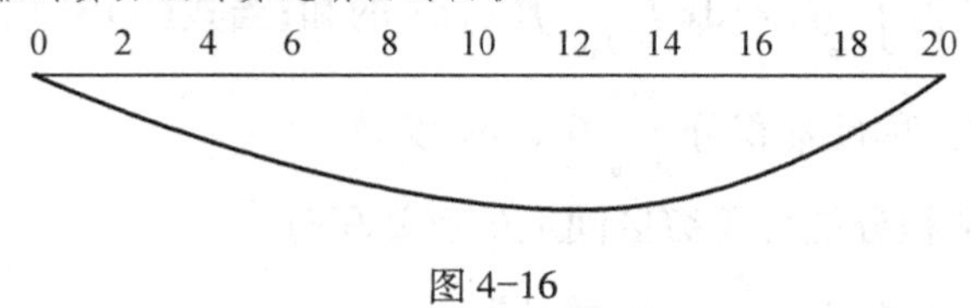

图 4-16

第七节　反常积分

前面讨论的定积分的前提是积分区间有限,且被积函数有界. 但有些实际问题需要突破这两条限制,因而有必要将定积分的概念进行推广,这就是本节要讨论的反常积分(也称为广义积分等). 相应地,原来讨论的定积分称为常义积分.

一、无穷区间上的反常积分

定义 1　设函数 $f(x)$ 在区间 $[a,+\infty)$ 上连续,且 $b>a$,称极限 $\lim\limits_{b\to+\infty}\int_a^b f(x)\mathrm{d}x$ 为函数 $f(x)$ 在无穷区间 $[a,+\infty)$ 上的反常积分,并记作 $\int_a^{+\infty} f(x)\mathrm{d}x$, 即

$$\int_a^{+\infty} f(x)\mathrm{d}x = \lim_{b\to+\infty}\int_a^b f(x)\mathrm{d}x. \tag{1}$$

若式(1)右端极限存在,则称反常积分 $\int_a^{+\infty} f(x)\mathrm{d}x$ 收敛,并称此极限值为反常积分 $\int_a^{+\infty} f(x)\mathrm{d}x$ 的值;若式(1)右端极限不存在,则称反常积分 $\int_a^{+\infty} f(x)\mathrm{d}x$ 发散,此时 $\int_a^{+\infty} f(x)\mathrm{d}x$ 不再表示数值.

类似地,可定义函数 $f(x)$ 在无穷区间 $(-\infty,b]$ 上的反常积分

$$\int_{-\infty}^b f(x)\mathrm{d}x = \lim_{a\to-\infty}\int_a^b f(x)\mathrm{d}x, \tag{2}$$

以及反常积分 $\int_{-\infty}^b f(x)\mathrm{d}x$ 收敛与发散的概念.

又设函数 $f(x)$ 在 $(-\infty,+\infty)$ 上连续,则函数 $f(x)$ 在 $(-\infty,+\infty)$ 上的反常积分,记作 $\int_{-\infty}^{+\infty} f(x)\mathrm{d}x$, 定义为

$$\int_{-\infty}^{+\infty} f(x)\mathrm{d}x = \int_{-\infty}^{0} f(x)\mathrm{d}x + \int_0^{+\infty} f(x)\mathrm{d}x. \tag{3}$$

当式(3)右端的两个反常积分同时收敛时,称反常积分 $\int_{-\infty}^{+\infty} f(x)\mathrm{d}x$ 收敛,这时

$\int_{-\infty}^{+\infty} f(x)\,dx$ 有值且为 $\int_{-\infty}^{0} f(x)\,dx$ 与 $\int_{0}^{+\infty} f(x)\,dx$ 的和;当式(3)右端的两个反常积分至少有一个发散时,称反常积分 $\int_{-\infty}^{+\infty} f(x)\,dx$ 发散.

以上3种反常积分统称无穷区间上的反常积分.

例1　讨论反常积分 $\int_{0}^{+\infty} e^{-x}dx$ 的敛散性.

解　$\int_{0}^{+\infty} e^{-x}dx = \lim\limits_{b\to+\infty}\int_{0}^{b} e^{-x}dx = \lim\limits_{b\to+\infty} -[e^{-x}]_{0}^{b} = \lim\limits_{b\to+\infty}(1-e^{-b}) = 1.$

因此 $\int_{0}^{+\infty} e^{-x}dx$ 收敛.

例1的几何意义如图4-17所示,表示由曲线 $y=e^{-x}$、x 轴、y 轴围成的标有阴影线的图形(不封闭)面积为1.

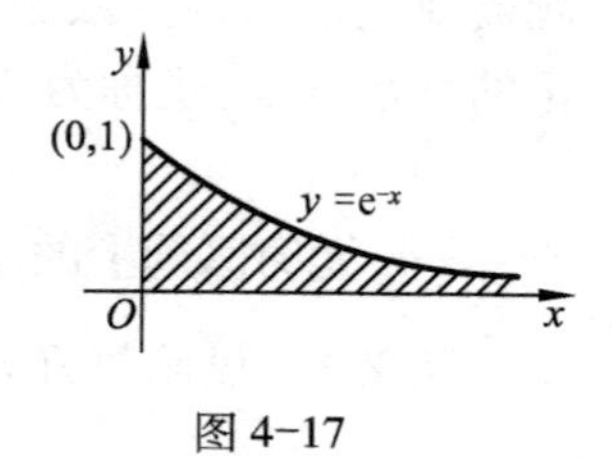

图4-17

计算无穷区间上的反常积分时,为了书写方便,常常略去极限符号,形式上直接利用牛顿-莱布尼茨公式的计算格式.具体地,设 $F(x)$ 为函数 $f(x)$ 的一个原函数,记

$$F(+\infty) = \lim_{x\to+\infty} F(x),$$
$$F(-\infty) = \lim_{x\to-\infty} F(x),$$

则

$$\int_{a}^{+\infty} f(x)\,dx = [F(x)]_{a}^{+\infty} = F(+\infty) - F(a),$$

$$\int_{-\infty}^{b} f(x)\,dx = [F(x)]_{-\infty}^{b} = F(b) - F(-\infty),$$

$$\int_{-\infty}^{+\infty} f(x)\,dx = [F(x)]_{-\infty}^{+\infty} = F(+\infty) - F(-\infty).$$

这时,以上3个反常积分的收敛与发散就分别取决于极限 $F(+\infty)$,$F(-\infty)$ 是否存在和是否同时存在.

例2　判断下列反常积分的敛散性,若收敛,则计算其值:

(1) $\int_{e}^{+\infty}\dfrac{dx}{x\ln x}$;　　(2) $\int_{-\infty}^{-1} xe^{x}dx$;

(3) $\int_{-\infty}^{+\infty}\dfrac{xdx}{1+x^2}$;　　(4) $\int_{1}^{+\infty}\dfrac{dx}{x(1+x)}$.

解　(1) 因为

$$\int_{e}^{+\infty}\frac{dx}{x\ln x} = \int_{e}^{+\infty}\frac{d(\ln x)}{\ln x} = \Big[\ln(\ln x)\Big]_{e}^{+\infty} = +\infty,$$

所以原反常积分发散.

(2) 因为

$$\int_{-\infty}^{-1} xe^x \mathrm{d}x = \int_{-\infty}^{-1} x\mathrm{d}(e^x) = \left[xe^x\right]_{-\infty}^{-1} - \int_{-\infty}^{-1} e^x \mathrm{d}x = -e^{-1} - \left[e^x\right]_{-\infty}^{-1} = -2e^{-1},$$

所以原反常积分收敛.

(3) 因为

$$\int_0^{+\infty} \frac{x\mathrm{d}x}{1+x^2} = \frac{1}{2}\left[\ln(1+x^2)\right]_0^{+\infty} = \infty,$$

所以原反常积分发散.

(4) 因为

$$\int_1^{+\infty} \frac{\mathrm{d}x}{x(1+x)} = \int_1^{+\infty} \left(\frac{1}{x} - \frac{1}{x+1}\right) \mathrm{d}x = \left[\ln \frac{x}{x+1}\right]_1^{+\infty} = \ln 2,$$

所以原反常积分收敛.

请读者考虑,下列说法错在哪里?

(1) $\displaystyle\int_{-\infty}^{+\infty} \frac{x\mathrm{d}x}{1+x^2} = \lim_{b\to+\infty} \int_{-b}^{b} \frac{x\mathrm{d}x}{1+x^2} = \lim_{b\to+\infty} 0 = 0.$

(2) 因为

$$\int_1^{+\infty} \frac{\mathrm{d}x}{x(1+x)} = \int_1^{+\infty} \left(\frac{1}{x} - \frac{1}{x+1}\right) \mathrm{d}x = \lim_{b\to+\infty} \left[\ln x\right]_1^b - \lim_{b\to+\infty} \left[\ln(x+1)\right]_1^b,$$

则两个极限都不存在,所以原反常积分发散.

例 3 证明:反常积分 $\displaystyle\int_1^{+\infty} \frac{\mathrm{d}x}{x^p}(p>0)$,当 $p>1$ 时收敛;当 $0<p\leqslant 1$ 时发散.

证 $p=1$ 时,

$$\int_1^{+\infty} \frac{\mathrm{d}x}{x} = \left[\ln x\right]_1^{+\infty} = +\infty;$$

$p\neq 1$ 时,

$$\int_1^{+\infty} \frac{\mathrm{d}x}{x^p} = \left[\frac{x^{1-p}}{1-p}\right]_1^{+\infty} = \begin{cases} +\infty, & 0<p<1, \\ \dfrac{1}{p-1}, & p>1. \end{cases}$$

因此,这个反常积分当 $p>1$ 时收敛,其值为 $\dfrac{1}{p-1}$;当 $0<p\leqslant 1$ 时发散.

二、无界函数的反常积分

现将定积分推广到被积函数为无界函数的情形.

定义 2 设函数 $f(x)$ 在区间 $(a,b]$ 上连续,$\lim\limits_{x\to a^+} f(x)=\infty$,取 $t>a$,则称极限 $\displaystyle\lim_{t\to a^+}\int_t^b f(x)\mathrm{d}x$ 为函数 $f(x)$ 在区间 $(a,b]$ 上的反常积分,仍记作 $\displaystyle\int_a^b f(x)\mathrm{d}x$,即

$$\int_a^b f(x)\,\mathrm{d}x = \lim_{t\to a^+}\int_t^b f(x)\,\mathrm{d}x. \tag{4}$$

若式(4)右端极限存在,则称反常积分 $\int_a^b f(x)\,\mathrm{d}x$ 收敛,极限值为反常积分 $\int_a^b f(x)\,\mathrm{d}x$ 的值,否则称反常积分 $\int_a^b f(x)\,\mathrm{d}x$ 发散.

类似地,设函数 $f(x)$ 在区间 $[a,b)$ 上连续,$\lim\limits_{x\to b^-} f(x)=\infty$,可以定义函数 $f(x)$ 在区间 $[a,b)$ 上的反常积分

$$\int_a^b f(x)\,\mathrm{d}x = \lim_{t\to b^-}\int_a^t f(x)\,\mathrm{d}x, \tag{5}$$

及其收敛与发散的概念.

若函数 $f(x)$ 在闭区间 $[a,b]$ 上除点 $c(a<c<b)$ 外处处连续,c 为 $f(x)$ 的无穷间断点. $\int_a^c f(x)\,\mathrm{d}x+\int_c^b f(x)\,\mathrm{d}x$ 的称为函数 $f(x)$ 在 $[a,b]$ 上的反常积分,记作 $\int_a^b f(x)\,\mathrm{d}x$, 即

$$\int_a^b f(x)\,\mathrm{d}x = \int_a^c f(x)\,\mathrm{d}x + \int_c^b f(x)\,\mathrm{d}x. \tag{6}$$

若式(6)右端的两个反常积分同时收敛,则称反常积分 $\int_a^b f(x)\,\mathrm{d}x$ 收敛. 这时 $\int_a^b f(x)\,\mathrm{d}x$ 有值且为 $\int_a^c f(x)\,\mathrm{d}x$ 与 $\int_c^b f(x)\,\mathrm{d}x$ 的和. 若式(6)右端的两个反常积分至少有一个发散,则称反常积分 $\int_a^b f(x)\,\mathrm{d}x$ 发散.

式(4)—(6)表示的 3 种反常积分统称无界函数的反常积分,3 式中使 $f(x)$ 无界的点 a,b,c 称为 $f(x)$ 的瑕点. 因此,这类反常积分又称为瑕积分.

计算无界函数的反常积分时,为了书写的方便,也常常略去极限符号,形式上直接利用牛顿-莱布尼茨公式的计算格式.

设 $F(x)$ 为 $f(x)$ 在挖去瑕点的区间上的一个原函数,

(1) 仅 a 为瑕点时,$\int_a^b f(x)\,\mathrm{d}x = [F(x)]_a^b = F(b)-F(a^+)$;

(2) 仅 b 为瑕点时,$\int_a^b f(x)\,\mathrm{d}x = [F(x)]_a^b = F(b^-)-F(a)$.

以上 $F(a^+)=\lim\limits_{x\to a^+}F(x)$,$F(b^-)=\lim\limits_{x\to b^-}F(x)$ 这些极限是否存在,决定了相应的反常积分是收敛还是发散.

例 4 求 $\int_0^1 \dfrac{\mathrm{d}x}{\sqrt{1-x^2}}$.

解　函数$\frac{1}{\sqrt{1-x^2}}$在区间[0,1)上连续,1是它的一个瑕点.

$$\int_0^1 \frac{dx}{\sqrt{1-x^2}} = [\arcsin x]_0^1 = \lim_{x\to 1^-}(\arcsin x) - \arcsin 0 = \frac{\pi}{2}.$$

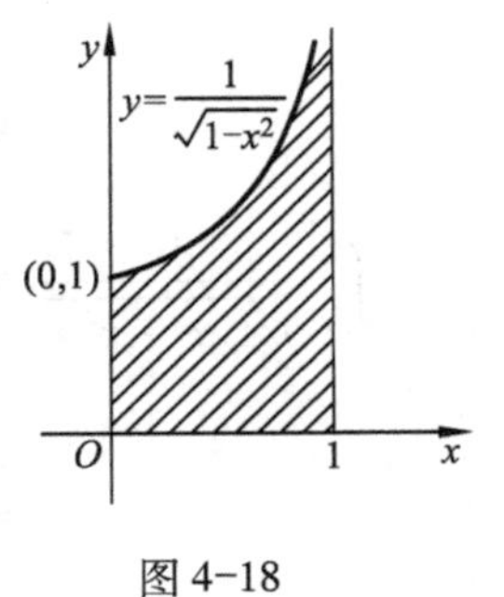

图 4-18

例4的几何意义如图4-18所示,即曲线$y=\frac{1}{\sqrt{1-x^2}}$、x轴、直线$x=1$与y轴所围图形的面积为反常积分$\int_0^1 \frac{dx}{\sqrt{1-x^2}}$的值$\frac{\pi}{2}$.

例5　证明:$\int_0^1 \frac{dx}{x^q}(q>0)$当$0<q<1$时收敛;当$q\geqslant 1$时发散.

证　由于$q>0$,因此$x=0$是函数$\frac{1}{x^q}$的瑕点,$\int_0^1 \frac{dx}{x^q}$是瑕积分.

当$q=1$时,$\int_0^1 \frac{dx}{x} = [\ln x]_0^1 = \ln 1 - \lim_{x\to 0^+}(\ln x) = +\infty$;

当$q\neq 1$时,$\int_0^1 \frac{dx}{x^q} = \frac{1}{1-q}[x^{1-q}]_0^1 = \begin{cases} \frac{1}{1-q}, & 0<q<1, \\ +\infty, & q>1. \end{cases}$

因此,积分$\int_0^1 \frac{dx}{x^q}$当$0<q<1$时收敛,且有值$\frac{1}{1-q}$;当$q\geqslant 1$时发散.

例6　讨论下列反常积分的敛散性:

(1) $\int_{-1}^1 \frac{dx}{x^2}$;　　(2) $\int_{\frac{1}{2}}^{\frac{3}{2}} \frac{dx}{\sqrt{|x-x^2|}}$.

解　(1) 被积函数$f(x)=\frac{1}{x^2}$在积分区间[−1,1]上有瑕点$x=0$. 由于

$$\int_{-1}^0 \frac{dx}{x^2} = \left[-\frac{1}{x}\right]_{-1}^0 = \lim_{x\to 0^-}\left(-\frac{1}{x}\right) - 1 = +\infty,$$

即原反常积分发散.

注　如果疏忽了$f(x)$在积分区间[−1,1]上有瑕点$x=0$,就会得到错误结果

$$\int_{-1}^1 \frac{dx}{x^2} = \left[-\frac{1}{x}\right]_{-1}^1 = -1-1 = -2.$$

(2) 被积函数在积分区间上有瑕点$x=1$. 由于

$$\int_{\frac{1}{2}}^{1}\frac{dx}{\sqrt{|x-x^2|}}=\int_{\frac{1}{2}}^{1}\frac{dx}{\sqrt{x-x^2}}=\int_{\frac{1}{2}}^{1}\frac{dx}{\sqrt{\frac{1}{4}-\left(x-\frac{1}{2}\right)^2}}$$

$$=\left[\arcsin(2x-1)\right]_{\frac{1}{2}}^{1}=\frac{\pi}{2},$$

$$\int_{1}^{\frac{3}{2}}\frac{dx}{\sqrt{|x-x^2|}}=\int_{1}^{\frac{3}{2}}\frac{dx}{\sqrt{x^2-x}}=\int_{1}^{\frac{3}{2}}\frac{dx}{\sqrt{\left(x-\frac{1}{2}\right)^2-\frac{1}{4}}}$$

$$=\ln\left[\left(x-\frac{1}{2}\right)+\sqrt{\left(x-\frac{1}{2}\right)^2-\frac{1}{4}}\right]_{1}^{\frac{3}{2}}=\ln(2+\sqrt{3}).$$

所以原反常积分收敛,且 $\int_{\frac{1}{2}}^{\frac{3}{2}}\frac{dx}{\sqrt{|x-x^2|}}=\frac{\pi}{2}+\ln(2+\sqrt{3})$.

习　题　4-7

1. 判断下列反常积分的敛散性,若收敛,则计算其值:

(1) $\int_{-\infty}^{0}\frac{dx}{1-2x}$;　　(2) $\int_{1}^{+\infty}\frac{\sqrt{x}dx}{x+1}$;

(3) $\int_{1}^{+\infty}e^{-\sqrt{x}}dx$;　　(4) $\int_{-\infty}^{+\infty}\frac{dx}{1+x^2}$;

(5) $\int_{-\infty}^{+\infty}\frac{dx}{x^2+2x+3}$;　　(6) $\int_{-\infty}^{0}\frac{e^x dx}{1+e^x}$;

(7) $\int_{2}^{3}\frac{x}{\sqrt{x-2}}dx$;　　(8) $\int_{1}^{e}\frac{dx}{x\ln x}$;

(9) $\int_{0}^{2}\frac{dx}{(1-x)^2}$;　　(10) $\int_{0}^{1}\sqrt{\frac{x}{1-x}}dx$.

2. 证明反常积分 $\int_{2}^{+\infty}\frac{dx}{x(\ln x)^k}(k>0)$ 当 $k>1$ 时收敛;当 $0<k\leqslant1$ 时发散.

第八节　综合例题与应用

例 1　求 $I=\lim\limits_{n\to\infty}\sum\limits_{i=1}^{n}\frac{n}{(n+i)^2}$.

解　这是无穷和式的极限,可利用定积分的定义计算. 因为

$$\sum_{i=1}^{n}\frac{n}{(n+i)^2}=\sum_{i=1}^{n}\frac{1}{\left(1+\frac{i}{n}\right)^2}\cdot\frac{1}{n},$$

根据积分和的形式,该和式可以看作是函数$f(x)=\dfrac{1}{(1+x)^2}$在区间[0,1]上的积分和. 又$f(x)$在区间[0,1]上连续,从而可积,于是

$$I=\int_0^1\frac{1}{(1+x)^2}\mathrm{d}x=\left[-\frac{1}{1+x}\right]_0^1=\frac{1}{2}.$$

例 2　当$x\geqslant 0$时,$\int_0^{x^2+x}f(t)\,\mathrm{d}t=x^2$,其中$f(t)$连续,求$f(2)$.

解　已知等式两边对x求导,得

$$(2x+1)f(x^2+x)=2x,$$

即

$$f(x^2+x)=\frac{2x}{2x+1}.$$

令$x^2+x=2$,当$x\geqslant 0$时,解得$x=1$. 于是

$$f(2)=\frac{2\times 1}{2\times 1+1}=\frac{2}{3}.$$

例 3　计算由方程$\int_0^y \mathrm{e}^{t^2}\mathrm{d}t+\int_0^{xy}\cos t\mathrm{d}t=0$确定的函数$y=y(x)$的导数$\dfrac{\mathrm{d}y}{\mathrm{d}x}$.

解　方程两端对x求导,得

$$y'\mathrm{e}^{y^2}+\cos xy(y+xy')=0,$$

从而

$$\frac{\mathrm{d}y}{\mathrm{d}x}=\frac{-y\cos(xy)}{\mathrm{e}^{y^2}+x\cos(xy)}\quad(\mathrm{e}^{y^2}+x\cos(xy)\neq 0).$$

例 4　求极限$\lim\limits_{x\to 0}\dfrac{\int_0^x(x-t)f(t)\,\mathrm{d}t}{x^2}$,其中,$f(t)$在$(-\infty,+\infty)$上连续,且$f(0)=2$.

解　
$$\lim_{x\to 0}\frac{\int_0^x(x-t)f(t)\,\mathrm{d}t}{x^2}=\lim_{x\to 0}\frac{x\int_0^x f(t)\,\mathrm{d}t-\int_0^x tf(t)\,\mathrm{d}t}{x^2}$$

$$\overset{\left(\frac{0}{0}\right)}{=}\lim_{x\to 0}\frac{\int_0^x f(t)\,\mathrm{d}t+xf(x)-xf(x)}{2x}\overset{\left(\frac{0}{0}\right)}{=}\lim_{x\to 0}\frac{f(x)}{2}=1.$$

注　$\int_0^x xf(t)\,\mathrm{d}t$对$t$积分时,$x$看成常数,可提到积分号外.

例 5　设$f(x)$在$(-\infty,+\infty)$内连续,且$F(x)=\int_0^x(x-2t)f(t)\,\mathrm{d}t$. 证明:

(1) 若$f(x)$为奇(偶)函数,则$F(x)$也为奇(偶)函数;

(2) 若$f(x)$为单调增加(减少)函数,则$F(x)$为单调减少(增加)函数.

证　(1) 设$f(x)$为奇函数,要证$F(x)$也为奇函数,即已知$f(-x)=-f(x)$,证$F(-x)=-F(x)$. 因为

$$F(-x)=\int_0^{-x}(-x-2t)f(t)\,\mathrm{d}t\xlongequal{t=-u}\int_0^{x}(-x+2u)f(-u)(-\mathrm{d}u)$$

$$=-\int_0^{x}(x-2u)f(u)\,\mathrm{d}u=-\int_0^{x}(x-2t)f(t)f(t)\,\mathrm{d}t$$

$$=-F(x),$$

所以 $F(x)$ 为奇函数.

若 $f(x)$ 为偶函数,类似可证 $F(x)$ 也为偶函数.

(2) 设 $f(x)$ 为单调增函数,要证 $F(x)$ 为单调减函数. 显然,$F(x)$ 是定义在区间 $(-\infty,+\infty)$ 内的可导函数,$F(x)$ 对 x 求导,得

$$F'(x)=\left[\int_0^{x}(x-2t)f(t)\,\mathrm{d}t\right]'=\left[\int_0^{x}xf(t)\,\mathrm{d}t\right]'-\left[\int_0^{x}2tf(t)\,\mathrm{d}t\right]'$$

$$=\left[x\int_0^{x}f(t)\,\mathrm{d}t\right]'-2\left[\int_0^{x}tf(t)\,\mathrm{d}t\right]'=\int_0^{x}f(t)\,\mathrm{d}t+xf(x)-2xf(x)$$

$$=\int_0^{x}f(t)\,\mathrm{d}t-xf(x).$$

因为 $f(x)$ 在以 0 和 x 为端点的闭区间上连续,所以由积分中值定理,得

$$\int_0^{x}f(t)\,\mathrm{d}t=xf(\xi)\ (x>0\text{ 时},0<\xi<x;\ x<0\text{ 时},x<\xi<0).$$

从而

$$F'(x)=x[f(\xi)-f(x)].$$

当 $x>0$ 时,由于 $\xi<x$,$f(x)$ 单调增,故 $f(\xi)<f(x)$,从而 $F'(x)<0$,所以 $F(x)$ 在 $[0,+\infty)$ 上单调减.

当 $x<0$ 时,由于 $x<\xi$,故 $f(\xi)>f(x)$,从而 $F'(x)<0$,所以 $F(x)$ 在 $(-\infty,0]$ 上单调减.

综上,在 $(-\infty,+\infty)$ 内 $F'(x)\leqslant 0$(等号当且仅当 $x=0$ 时成立),所以 $F(x)$ 在 $(-\infty,+\infty)$ 内单调减.

若 $f(x)$ 为单调减函数,类似可证 $F(x)$ 为单调增函数.

注 由于 $f(x)$ 未必可导,下面的写法是错误的:

$$F''(x)=\left[\int_0^{x}f(t)\,\mathrm{d}t-xf(x)\right]'=f(x)-f(x)-xf'(x)=-xf'(x).$$

例 6 已知 $f(x)=\begin{cases}\sin\dfrac{x}{2}, & x\leqslant 0,\\ \arctan 2x, & x>0,\end{cases}$,求 $\int f(x)\,\mathrm{d}x$.

解一 当 $x<0$ 时,

$$\int f(x)\,\mathrm{d}x=\int\sin\frac{x}{2}\,\mathrm{d}x=-2\cos\frac{x}{2}+C_1;$$

而当 $x>0$ 时,

$$\int f(x)\mathrm{d}x = \int \arctan 2x\mathrm{d}x = x\arctan 2x - \int \frac{2x}{1+4x^2}\mathrm{d}x$$

$$= x\arctan 2x - \frac{1}{4}\ln(1+4x^2) + C_2.$$

因为$f(x)$在$(-\infty,+\infty)$内连续,故其原函数在$(-\infty,+\infty)$内存在,在$x=0$处连续,所以

$$\lim_{x\to -0}\left(-2\cos\frac{x}{2}+C_1\right) = \lim_{x\to +0}\left[x\arctan 2x - \frac{1}{4}\ln(1+4x^2)+C_2\right],$$

由此得$C_2=-2+C_1$,于是

$$\int f(x)\mathrm{d}x = \begin{cases} -2\cos\frac{x}{2}+C_1, & x\leqslant 0, \\ x\arctan 2x - \frac{1}{4}\ln(1+4x^2)-2+C_1, & x>0. \end{cases}$$

解二 因为$f(x)$连续,故$\int_0^x f(t)\mathrm{d}t$即为$f(x)$的一个原函数.

当$x\leqslant 0$时,

$$\int_0^x f(t)\mathrm{d}t = \int_0^x \sin\frac{t}{2}\mathrm{d}t = \left[-2\cos\frac{t}{2}\right]_0^x = -2\cos\frac{x}{2}+2;$$

当$x\geqslant 0$时,

$$\int_0^x f(t)\mathrm{d}t = \int_0^x \arctan 2t\mathrm{d}t = [t\arctan 2t]_0^x - \int_0^x \frac{2t}{1+4t^2}\mathrm{d}t$$

$$= x\arctan 2x - \frac{1}{4}\ln(1+4x^2).$$

于是

$$\int f(x)\mathrm{d}x = \begin{cases} -2\cos\frac{x}{2}+2+C, & x\leqslant 0, \\ x\arctan 2x - \frac{1}{4}\ln(1+4x^2)+C, & x>0. \end{cases}$$

求分段函数的不定积分方法有两种:一是先求出各段不定积分的表达式,然后根据原函数的连续性确定各积分常数之间的关系;二是利用原函数存在定理求出各段的原函数.

例 7 设函数$f(x)$在$[0,1]$上连续,证明$\int_0^{\frac{\pi}{2}} f(\sin x)\mathrm{d}x = \int_0^{\frac{\pi}{2}} f(\cos x)\mathrm{d}x$,并计算$I=\int_0^{\frac{\pi}{2}}\frac{\sin x\mathrm{d}x}{\sin x+\cos x}$.

证 令$x=\frac{\pi}{2}-t$,则$\mathrm{d}x=-\mathrm{d}t$. $x:0\to\frac{\pi}{2}$时,有$t:\frac{\pi}{2}\to 0$. 于是

$$\int_0^{\frac{\pi}{2}} f(\sin x)\,dx = \int_{\frac{\pi}{2}}^0 f\left[\sin\left(\frac{\pi}{2}-t\right)\right](-dt) = \int_0^{\frac{\pi}{2}} f(\cos t)\,dt = \int_0^{\frac{\pi}{2}} f(\cos x)\,dx.$$

由此可见,

$$I = \int_0^{\frac{\pi}{2}} \frac{\sin x\,dx}{\sin x + \cos x} = \int_0^{\frac{\pi}{2}} \frac{\cos x\,dx}{\cos x + \sin x}.$$

所以

$$2I = \int_0^{\frac{\pi}{2}} \frac{\sin x\,dx}{\sin x + \cos x} + \int_0^{\frac{\pi}{2}} \frac{\cos x\,dx}{\cos x + \sin x} = \int_0^{\frac{\pi}{2}} \frac{\sin x + \cos x}{\cos x + \sin x}dx = \frac{\pi}{2},$$

从而 $I=\frac{\pi}{4}$.

例 8　设 $f(x)$ 是以 T 为周期的连续函数,对于任意的常数 a,则

$$\int_a^{a+T} f(x)\,dx = \int_0^T f(x)\,dx.$$

证一　由于

$$\int_a^{a+T} f(x)\,dx = \int_a^0 f(x)\,dx + \int_0^T f(x)\,dx + \int_T^{a+T} f(x)\,dx,$$

对最后一个积分,令 $x-T=u$,则 $dx=du$. $x:T\to a+T$ 时,有 $u:0\to a$. 于是

$$\int_T^{a+T} f(x)\,dx = \int_0^a f(u+T)\,du = \int_0^a f(u)\,du = -\int_a^0 f(x)\,dx,$$

因此, $\int_a^{a+T} f(x)\,dx = \int_0^T f(x)\,dx$.

证二　令 $F(a) = \int_a^{a+T} f(x)\,dx$, 由于 $f(x)$ 是以 T 为周期的连续函数,所以

$$F'(a)=f(a+T)-f(a)=0,$$

即 $F(a)$ 与 a 无关,从而 $F(a)=F(0)$,也即 $\int_a^{a+T} f(x)\,dx = \int_0^T f(x)\,dx$.

该例题的几何意义明显,它表明了周期函数在一个周期长的区间上的积分值都是相等的,且与区间的位置无关,为了简化兼有奇偶性的函数的积分,特别有

$$\int_a^{a+T} f(x)\,dx = \int_{-\frac{T}{2}}^{\frac{T}{2}} f(x)\,dx.$$

例 9　已知 $f'(x)=\sin(x-1)^2$,且 $f(0)=0$,求 $\int_0^1 f(x)\,dx$.

解　

$$\begin{aligned}\int_0^1 f(x)\,dx &= \int_0^1 f(x)\,d(x-1) = [(x-1)f(x)]_0^1 - \int_0^1 (x-1)f'(x)\,dx \\ &= -\int_0^1 (x-1)\sin(x-1)^2dx = -\frac{1}{2}\int_0^1 \sin(x-1)^2 d(x-1)^2 \\ &= \frac{1}{2}[\cos(x-1)^2]_0^1 = \frac{1}{2}(1-\cos 1).\end{aligned}$$

注　① 试图先由题设求出 $f(x)$ 的具体表达式再求积分是不行的，这是因为 $\sin(x-1)^2$ 的原函数不能用初等函数表示；

② 将积分改写成 $\int_0^1 f(x)\mathrm{d}x = \int_0^1 f(x)\mathrm{d}(x-1)$，使分部积分时第一项为零，简化了计算，这是分部积分中常用的技巧.

例 10　已知 $f(x)$ 的一个原函数是 $\sin x\ln x$，求 $\int_1^{\pi} xf'(x)\mathrm{d}x$.

解　由题意得

$$f(x) = (\sin x\ln x)' = \cos x\ln x + \frac{\sin x}{x}.$$

于是

$$\begin{aligned}\int_1^{\pi} xf'(x)\mathrm{d}x &= \int_1^{\pi} x\mathrm{d}f(x) = [xf(x)]_1^{\pi} - \int_1^{\pi} f(x)\mathrm{d}x \\ &= \pi f(\pi) - f(1) - [\sin x\ln x]_1^{\pi} \\ &= \pi\ln\pi - \sin 1.\end{aligned}$$

例 11　已知函数 $f(x)$ 在 $[0,1]$ 连续，且满足 $f(x) = \mathrm{e}^x + x\int_0^1 f(\sqrt{x})\mathrm{d}x$，求 $f(x)$.

解　注意到 $\int_0^1 f(\sqrt{x})\mathrm{d}x$ 是常数，$f(\sqrt{x}) = \mathrm{e}^{\sqrt{x}} + \sqrt{x}\int_0^1 f(\sqrt{x})\mathrm{d}x$，两端在 $[0,1]$ 上积分，得

$$\int_0^1 f(\sqrt{x})\mathrm{d}x = \int_0^1 \mathrm{e}^{\sqrt{x}}\mathrm{d}x + \int_0^1 \sqrt{x}\mathrm{d}x \cdot \int_0^1 f(\sqrt{x})\mathrm{d}x.$$

计算得

$$\int_0^1 \mathrm{e}^{\sqrt{x}}\mathrm{d}x = 2,\ \int_0^1 \sqrt{x}\mathrm{d}x = \frac{2}{3},$$

代入上式得

$$\int_0^1 f(\sqrt{x})\mathrm{d}x = 6.$$

所以

$$f(x) = \mathrm{e}^x + 6x.$$

例 12　求 $\int_0^3 \frac{1}{\sqrt{|x(2-x)|}}\mathrm{d}x$.

解　本题是瑕积分，0，2 是瑕点.

$$\int_0^3 \frac{1}{\sqrt{|x(2-x)|}}\mathrm{d}x = \int_0^2 \frac{1}{\sqrt{x(2-x)}}\mathrm{d}x + \int_2^3 \frac{1}{\sqrt{x(x-2)}}\mathrm{d}x = I_1 + I_2,$$

$$I_1 = \int_0^2 \frac{1}{\sqrt{1-(1-x)^2}}\mathrm{d}x = [-\arcsin(1-x)]_0^2 = \pi,$$

$$I_2 = \int_2^3 \frac{\mathrm{d}(x-1)}{\sqrt{(x-1)^2-1}} = \left[\ln\left|(x-1) + \sqrt{x(x-2)}\right|\right]_2^3 = \ln(2+\sqrt{3}).$$

所以原瑕积分收敛,且 $\int_0^3 \frac{1}{\sqrt{|x(2-x)|}}dx = \pi + \ln(2+\sqrt{3})$.

洛伦兹曲线与基尼系数问题　洛伦兹(Lorenz)曲线是一种描述社会分配的曲线. 如图 4-19 所示,横轴 x 表示人口(按收入由低到高分组)的累积百分比,纵轴 y 表示收入的累积百分比,洛伦兹函数 $y=L(x)$ 表示最低收入 $x\%$ 的人占有 $y\%$ 的总收入. 一般可以根据统计数据经拟合得到. 洛伦兹曲线总经过 $(0,0)$ 与 $(1,1)$ 两点,其弯曲程度反映了收入分配的不平等程度. 弯曲程度越大,收入分配越不平等,反之亦然. 特别是,如果所有收入都集中在一人手中,而其余人口均一无所获时,收入分配达到完全不平等,洛伦兹曲线成为折线 OHL. 另一方面,若任一人口百分比均等于其收入百分比,则收入分配是完全平等的,洛伦兹曲线成为通过原点的对角线 OL. 一般而言,洛伦兹曲线介于上述两条曲线之间. 若将洛伦兹曲线与 OL 线之间的部分记为 A,则 A 与 $\triangle OHL$ 面积之比称为基尼(Gini)系数 G. 显然,G 反映了收入分配的平等程度,G 越大,收入分配越不平等. 根据定积分几何意义,

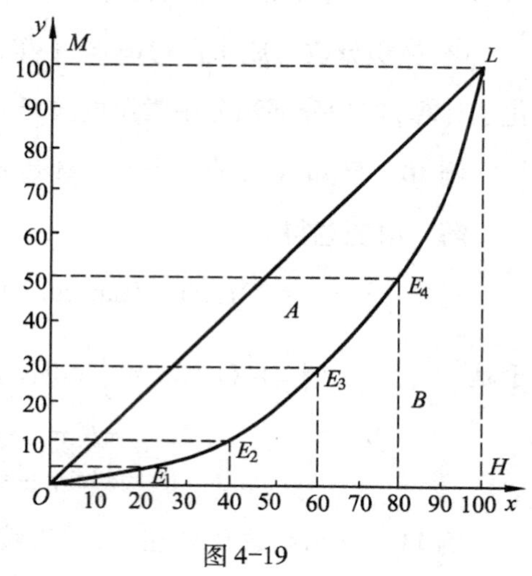

图 4-19

$$G = 2\int_0^1 [x - L(x)]dx.$$

例 13　设甲、乙两城市居民收入洛伦兹函数分别为

$$L_1(x) = \frac{x}{\sqrt{4-3x}},\ L_2(x) = x(ax+b),$$

且乙城市居民收入的基尼系数为甲城市的 1.5 倍. 试确定 $L_2(x)$ 的表达式.

解　甲地区居民收入基尼系数

$$G_1 = 2\int_0^1 \left[x - \frac{x}{\sqrt{4-3x}}\right]dx = \frac{7}{27}.$$

乙地区居民收入基尼系数

$$G_2 = 2\int_0^1 [x - x(ax+b)]dx = 1 - \frac{2a}{3} - b.$$

由条件知

$$1 - \frac{2a}{3} - b = \frac{7}{27} \times 1.5,$$

即

$$12a + 18b = 11.$$

由 $L_2(1)=1$，得 $a+b=1$. 解得

$$a=\frac{7}{6},\ b=-\frac{1}{6}.$$

从而

$$L_2(x)=\frac{1}{6}x(7x-1).$$

习　题　4-8

1. 利用定义计算极限 $\lim\limits_{n\to\infty} n\sqrt[n]{\left(1+\frac{1}{n}^2\right)\left(1+\frac{2}{n}^2\right)\cdots\left(1+\frac{n}{n}\right)^2}$.

2. 求由方程 $\int_0^y e^{t^2}dt+\int_x^{x^2+1}\cos t^2dt=0$ 确定的隐函数 y 对 x 的导数.

3. 设函数 $f(x)$ 连续，且 $f(0)\neq 0$，求极限 $\lim\limits_{x\to 0}\dfrac{\int_0^x(x-t)f(t)dt}{x\int_0^x f(x-t)dt}$.

4. 设函数 $f(x)$ 连续，且 $\int_0^x tf(2x-t)dt=\frac{1}{2}\arctan x^2$，已知 $f(1)=1$，求 $\int_1^2 f(x)dx$.

5. 已知 $f(x)=\begin{cases}x-1, & -1\leqslant x<0,\\ x+1, & 0\leqslant x\leqslant 1,\end{cases}$ 求 $F(x)=\int_{-1}^x f(t)dt$ 在区间 $[-1,1]$ 上的表达式.

6. 证明：$\int_0^\pi xf(\sin x)dx=\frac{\pi}{2}\int_0^\pi f(\sin x)dx$，并计算 $I=\int_0^\pi x\sin^3 xdx$ 的值.

7. 设 $f(x)$ 是周期为 2 的周期函数，在 $[-1,1]$ 上，

$$f(x)=\begin{cases}x, & -1\leqslant x\leqslant 0,\\ \sin\sqrt{x}, & 0<x\leqslant 1,\end{cases}$$

求 $\int_0^5 f(x)dx$.

8. 已知连续函数 $f(x)$ 满足 $f(x)=\sin x-\int_0^{\frac{\pi}{2}}xf(x)dx$，求 $f(x)$.

9. 设 $\int_0^\pi[f(x)+f''(x)]\sin xdx=5$，$f(\pi)=2$，求 $f(0)$.

10. 求函数 $f(x)=\int_0^x\frac{t+2}{t^2+2t+2}dt$ 在区间 $[0,1]$ 上的最大值与最小值.

11. 求证方程 $\int_0^x\sqrt{1+t^4}dt+\int_{\cos x}^0 e^{-t^2}dt=0$ 有且只有一个实根.

12. 已知 $\int_0^{+\infty}e^{-x^2}dx=\frac{\sqrt{\pi}}{2}$，求 $\int_{-\infty}^{+\infty}x^2e^{-x^2}dx$.

第五章　定积分的应用

上一章已经介绍了定积分的某些简单应用. 本章将集中讨论定积分在几何、物理问题中的一些应用,首先介绍一种将一个量表达成为定积分的分析方法——微元法.

第一节　定积分的微元法

要讨论定积分的应用问题,实际上要解决两个基本问题:一是哪些量可以通过定积分计算,或哪些量可以用定积分表示;二是如果某个量可以用定积分表示,那么如何用定积分表达,或如何确定积分的积分区间与积分表达式,特别是积分表达式.

要圆满地回答这两个问题,需要专门的数学知识,这已超出了本书的范围. 本书仅给出一个不是非常严密的回答. 回顾上一章,根据定积分计算曲边梯形的面积、变速直线运动的路程等几何、物理量的讨论过程,可以得到下面的结论:

一般而言,如果所求的量 U 与区间$[a,b]$及某个函数$f(x)$(一般要求$f(x)$在区间$[a,b]$上连续)有关,且满足:

(1) 当区间$[a,b]$被分成 n 个小区间 $[x_{i-1},x_i](i=1,2,\cdots,n)$ 时,总量 U 对每个小区间$[x_{i-1},x_i]$上相应的部分量 ΔU_i 具有可加性,即 $U=\sum\limits_{i=1}^{n}\Delta U_i$;

(2) 对每个部分量 ΔU_i,都可近似地表达为$f(\xi_i)\Delta x_i$,且当 $\Delta x_i\to 0$ 时,ΔU_i 与$f(\xi_i)\Delta x_i$ 的差是 Δx_i 的高阶无穷小(此时也称$f(\xi_i)\Delta x_i$ 是 ΔU_i 的线性主部),其中 $\Delta x_i=x_i-x_{i-1},\xi_i\in[x_{i-1},x_i](i=1,2,\cdots,n)$.

那么,量 U 可用定积分计算,且可以表达为 $\int_a^b f(x)\,\mathrm{d}x$,即

$$U=\int_a^b f(x)\,\mathrm{d}x.$$

显然,用定积分表示量 U 的关键是确定积分表达式$f(x)\,\mathrm{d}x$,它可以看作是部分量 ΔU_i 的近似值$f(\xi_i)\Delta x_i$ 的一般表示. 事实上,当区间$[a,b]$被分成若干小区间

时，若取$[x,x+\mathrm{d}x]$作为这些小区间的代表区间，则量U在$[x,x+\mathrm{d}x]$上增量ΔU的近似值为$f(x)\mathrm{d}x$（其中$f(x)$为函数f在点x处的值，$\mathrm{d}x$为小区间的长度），如图5-1所示. 其中，$f(x)\mathrm{d}x$称为量U的元素，并记作$\mathrm{d}U$（$\mathrm{d}U$与ΔU相差一个$\mathrm{d}x$的高阶无穷小），即$\mathrm{d}U=f(x)\mathrm{d}x$. 这样，以量$U$的元素$\mathrm{d}U=f(x)\mathrm{d}x$作为积分表达式在区间$[a,b]$上进行积分，便得到量$U$的定积分表达式：$U=\int_a^b f(x)\mathrm{d}x$. 上述确定量$U$的定积分表达式的方法称为微元法（也称为元素法）. 可以看出，微元法不过是上章中得出面积和路程等定积分表达式时，采用的"分割、近似、求和、取极限"4个步骤的简化形式而已.

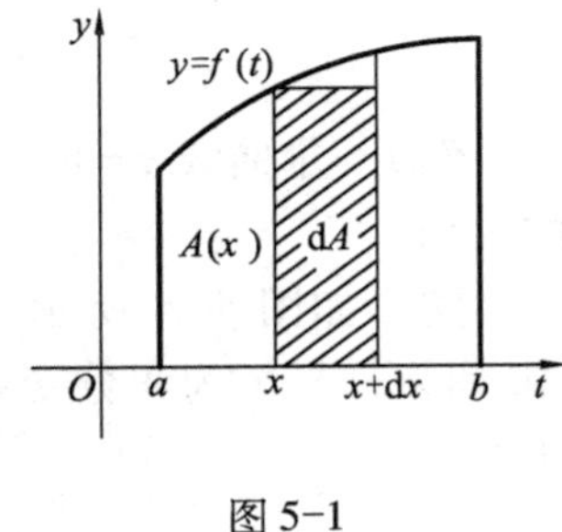

图 5-1

用微元法计算量U时，关键是求U的微元$\mathrm{d}U$，求$\mathrm{d}U$时通常采用以直代曲、以常量代变量的方法.

第二节 定积分的几何应用举例

一、平面图形的面积

1. 直角坐标的情形

若平面图形是由连续曲线$y=f(x)$、$y=g(x)$和直线$x=a$、$x=b(a<b)$围成. 在区间$[a,b]$上$g(x)\leqslant f(x)$，则这样的图形称为是X型的，如图5-2所示.

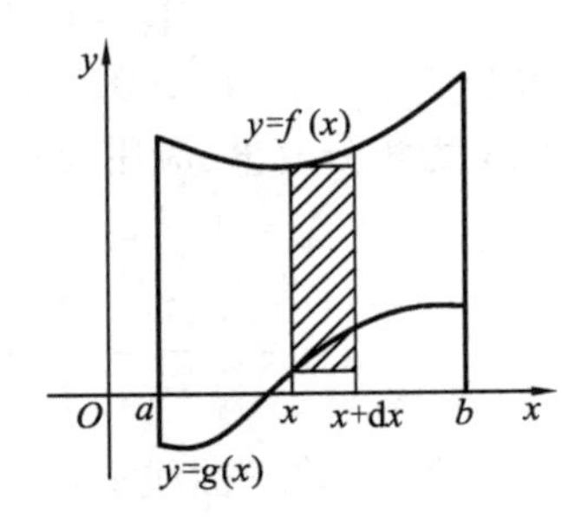

图 5-2

取x为积分变量，其变化区间为$[a,b]$，在区间$[a,b]$上任取代表区间$[x,x+\mathrm{d}x]$，相应区间$[x,x+\mathrm{d}x]$上的窄条面积近似于高为$[f(x)-g(x)]$、底为$\mathrm{d}x$的矩形面积，从而得到面积微元

$$\mathrm{d}A=[f(x)-g(x)]\mathrm{d}x.$$

以面积微元为被积表达式，在$[a,b]$上作定积分得所求面积

$$A=\int_a^b[f(x)-g(x)]\mathrm{d}x. \qquad (1)$$

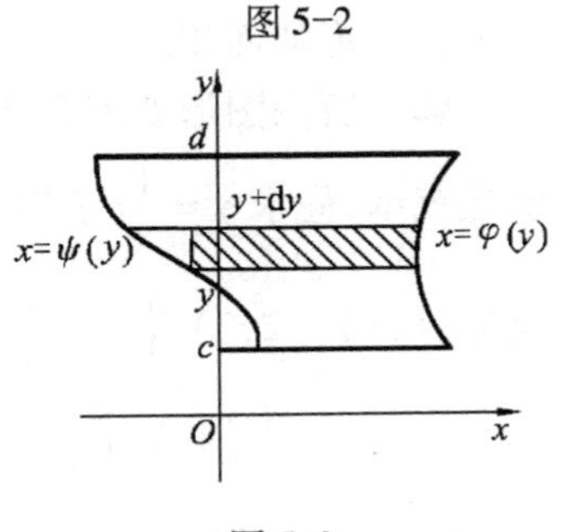

图 5-3

同理，若平面图形是由连续曲线$x=\varphi(y)$、$x=\psi(y)$和直线$y=c$、$y=d(c<d)$围成且在区间$[c,d]$上$\psi(y)\leqslant\varphi(y)$，则这样的图形称为是$Y$型的，如图5-3所示. 该平面图形的面积为

$$A=\int_c^d[\varphi(y)-\psi(y)]\mathrm{d}y. \tag{2}$$

例 1　求曲线 $y=\ln x$、$x=2$ 及 x 轴围成的平面图形的面积.

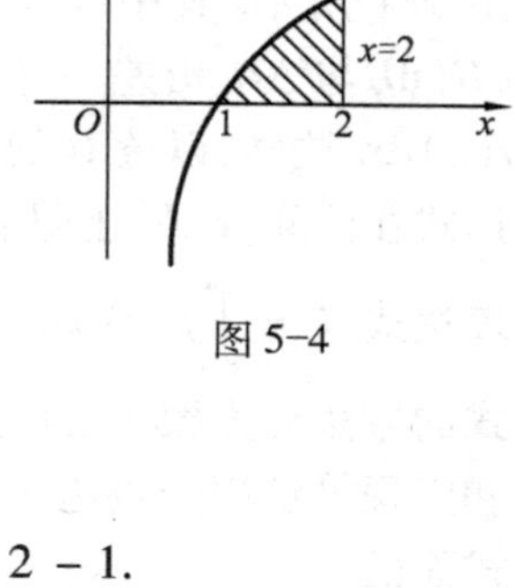

图 5-4

解　如图 5-4 所示，本题的图形既是 X 型又是 Y 型. 如果选择 x 为积分变量，它的变化范围为 $[1,2]$，则所求面积

$$A=\int_1^2\ln x\mathrm{d}x=[x\ln x]_1^2-\int_1^2 x\mathrm{d}(\ln x)=2\ln 2-1.$$

如果选择 y 为积分变量，那么它的变化范围为 $[0,\ln 2]$，于是所求面积为

$$A=\int_0^{\ln 2}(2-\mathrm{e}^y)\mathrm{d}y=[2y-\mathrm{e}^y]_0^{\ln 2}=2\ln 2-1.$$

例 2　求抛物线 $x=2y-y^2$ 与直线 $y=2+x$ 围成的平面图形的面积.

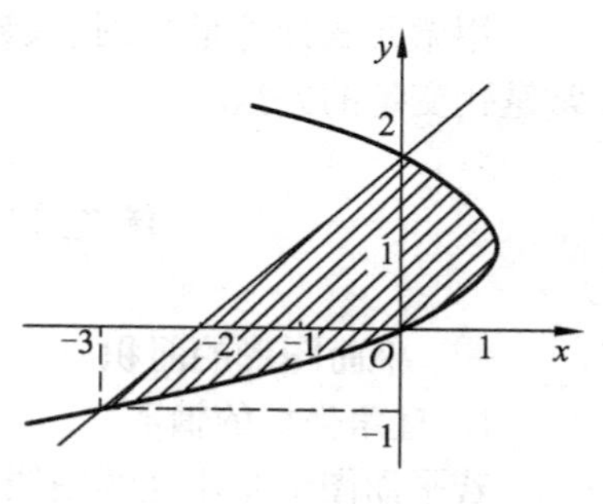

图 5-5

解　所围图形如图 5-5 所示，先求抛物线与直线的交点以确定图形范围.

解方程组

$$\begin{cases}x=2y-y^2,\\ x=y-2,\end{cases}$$

得交点 $(-3,-1)$，$(0,2)$. 本题的图形是 Y 型的，取 y 为积分变量，应用公式得

$$\begin{aligned}A&=\int_{-1}^2[2y-y^2-(y-2)]\mathrm{d}y\\&=\left[\frac{y^2}{2}-\frac{y^3}{3}+2y\right]_{-1}^2=\frac{9}{2}.\end{aligned}$$

例 3　求双曲线 $y=\dfrac{1}{x}$ 与直线 $y=x$ 及 $x=2$ 围成的平面图形的面积.

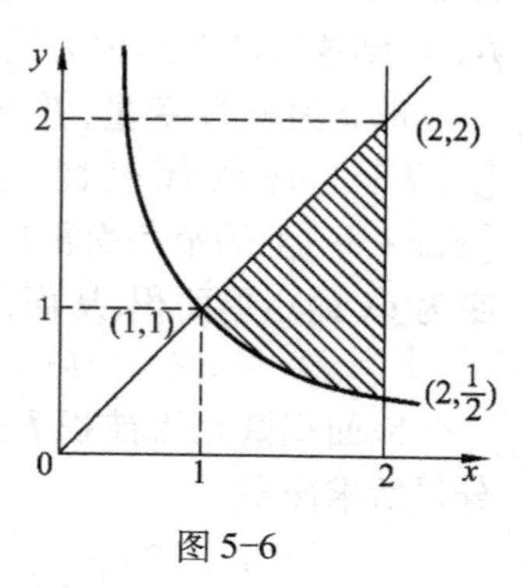

图 5-6

解　所围图形如图 5-6 所示，为了具体定出图形所在范围，先求 $y=\dfrac{1}{x}$ 与直线 $y=x$ 及 $x=2$ 的交点. 交点为 $(1,1)$，$(2,2)$，$\left(2,\dfrac{1}{2}\right)$. 本题的图形是 X 型，取 x 为积分变量，则所求面积为

$$A=\int_1^2\left(x-\frac{1}{x}\right)\mathrm{d}x=\left[\frac{x^2}{2}-\ln x\right]_1^2=\frac{3}{2}-\ln 2.$$

注　此题若选 y 作积分变量，必须过点 $(1,1)$ 作直线 $y=1$ 将图形分成两部

分，分别应用公式(2)，可得

$$A = \int_{\frac{1}{2}}^{1}\left(2 - \frac{1}{y}\right)\mathrm{d}y + \int_{1}^{2}(2 - y)\,\mathrm{d}y = (1 - \ln 2) + \frac{1}{2} = \frac{3}{2} - \ln 2.$$

显然这样的计算量比较大，因此要注意积分变量的恰当选择. 一般积分变量的选择要视图形的具体情况而定.

例 4　求摆线

$$\begin{cases} x = a(t - \sin t), \\ y = a(1 - \cos t) \end{cases} \quad (a > 0, 0 \leqslant t \leqslant 2\pi)$$

的一拱与 x 轴围成的平面图形的面积(见图 5-7).

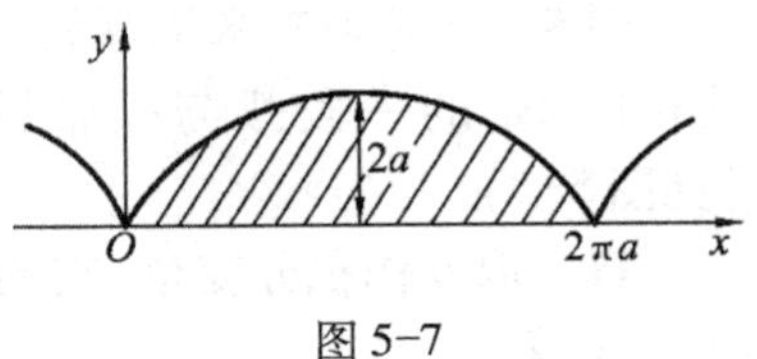

图 5-7

解　显然，所求面积为

$$A = \int_{0}^{2\pi a} y\,\mathrm{d}x.$$

将 $x = a(t - \sin t), y = a(1 - \cos t)$ 代入上述积分公式，并应用定积分的换元积分法换限，当 $x = 0$ 时，$t = 0$；当 $x = 2\pi a$ 时，$t = 2\pi$，得

$$A = \int_{0}^{2\pi} a(1 - \cos t)a(1 - \cos t)\,\mathrm{d}t = a^2\int_{0}^{2\pi}(1 - 2\cos t + \cos^2 t)\,\mathrm{d}t = 3\pi a^2.$$

一般地，由直线 $x = a, x = b(a < b)$、x 轴和以参数方程 $x = \varphi(t)$、$y = \psi(t) \geqslant 0$ 给出的曲边围成的曲边梯形，满足 $\varphi(\alpha) = a, \varphi(\beta) = b, \psi(t), \varphi'(t)$ 连续，则该曲边梯形的面积

$$A = \int_{\alpha}^{\beta}\psi(t)\,\mathrm{d}\varphi(t) = \int_{\alpha}^{\beta}\psi(t)\varphi'(t)\,\mathrm{d}t. \tag{3}$$

必须指出，$y = \psi(t) \geqslant 0$，积分下限 α、上限 β 分别由 $\varphi(\alpha) = a, \varphi(\beta) = b$ 确定，未必有 $\alpha < \beta$.

2. 极坐标的情形

当某些平面图形的边界曲线以极坐标方程给出时，可以考虑直接用极坐标计算它们的面积.

设由曲线 $r = r(\theta)\ (\theta \in [\alpha, \beta])$ 及射线 $\theta = \alpha$、$\theta = \beta$ 围成的图形(称为曲边扇形)，如图 5-8 所示，这里 $r(\theta)$ 在 $[\alpha, \beta]$ 上连续，且 $r(\theta) \geqslant 0$.

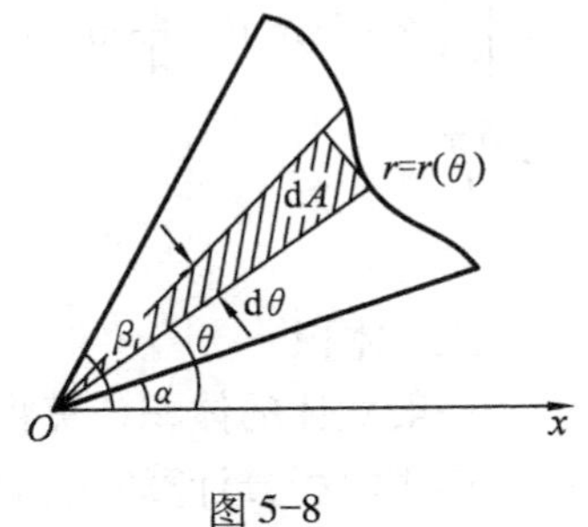

图 5-8

由于当 θ 在 $[\alpha, \beta]$ 上变动时，极径 $r = r(\theta)$ 也在变动，因此不能直接利用圆扇形的面积公式计算曲边扇形的面积. 现用微元法计算它的面积.

取 θ 为积分变量，它的变化范围为 $[\alpha, \beta]$，相应于代表区间 $[\theta, \theta + \mathrm{d}\theta]$ 的窄曲边扇形的面积，可以用半径为 $r(\theta)$，中心角为 $\mathrm{d}\theta$ 的圆扇形面积近似代替，得到面积微元

$$\mathrm{d}A=\frac{1}{2}[r(\theta)]^2\mathrm{d}\theta.$$

因此,所求曲边扇形的面积为

$$A=\frac{1}{2}\int_{\alpha}^{\beta}[r(\theta)]^2\mathrm{d}\theta. \tag{4}$$

例 5 计算阿基米德螺线 $r=a\theta(a>0)$ 上相应于 θ 从 0 到 2π 的一段弧与极轴围成的平面图形的面积(见图 5-9).

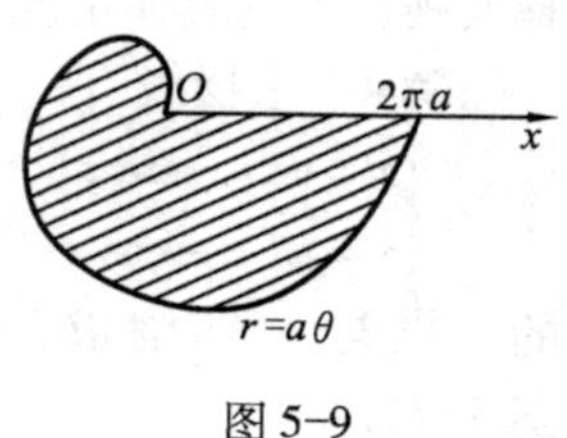

图 5-9

解 取 θ 作积分变量,它的变化区间为 $[0,2\pi]$,由公式(4)得

$$A=\frac{1}{2}\int_0^{2\pi}(a\theta)^2\mathrm{d}\theta=\frac{a^2}{2}\left[\frac{\theta^3}{3}\right]_0^{2\pi}=\frac{4}{3}a^2\pi^3.$$

例 6 求由心形线 $r=1+\cos\theta$ 与圆 $r=3\cos\theta$ 所围成的标有阴影线部分的图形(见图 5-10)面积.

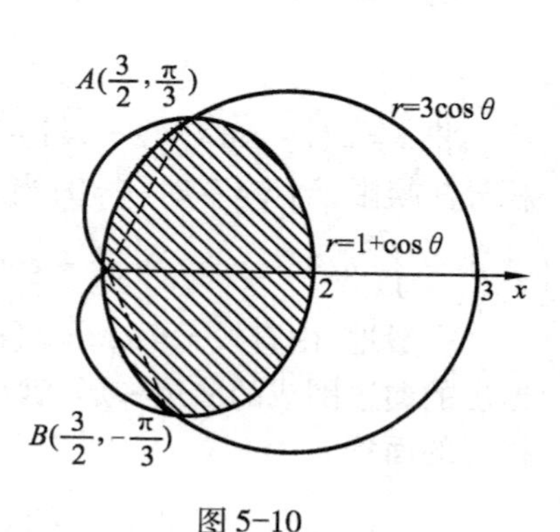

图 5-10

解 求两条曲线的交点,解方程组

$$\begin{cases}r=1+\cos\theta,\\ r=3\cos\theta,\end{cases}$$

得两条曲线的交点为 $A\left(\frac{3}{2},\frac{\pi}{3}\right)$,$B\left(\frac{3}{2},-\frac{\pi}{3}\right)$.

由图形的对称性,得所求面积

$$\begin{aligned}A&=2\int_0^{\frac{\pi}{3}}\frac{1}{2}(1+\cos\theta)^2\mathrm{d}\theta+2\int_{\frac{\pi}{3}}^{\frac{\pi}{2}}\frac{1}{2}(3\cos\theta)^2\mathrm{d}\theta\\&=\left[\frac{3}{2}\theta+2\sin\theta+\frac{1}{4}\sin 2\theta\right]_0^{\frac{\pi}{3}}+\frac{9}{2}\left[\theta+\frac{1}{2}\sin 2\theta\right]_{\frac{\pi}{3}}^{\frac{\pi}{2}}\\&=\frac{5\pi}{4}.\end{aligned}$$

二、体积

一般立体的体积计算将在以后的重积分应用中讨论,这里仅对两种比较特殊的立体用定积分计算它们的体积.

1. 平行截面面积为已知的立体的体积

所谓平行截面面积为已知的立体是指该立体上垂直于一定轴的各个截面的面积是已知的立体.

如图 5-11 所示,取上述定轴为 x 轴,并设该立体在分别过点 $x=a$、$x=b$ 且垂直于 x 轴的两平面之间,过点 x 且垂直于 x 轴的平面所截的截面面积为已知连续

函数 $A(x)$.

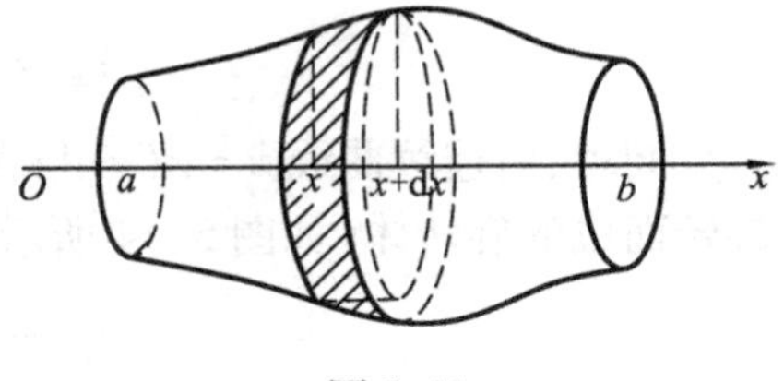

图 5-11

取 x 为积分变量,积分区间为区间 $[a,b]$,在区间 $[a,b]$ 上取代表区间 $[x,x+\mathrm{d}x]$,相应薄片的体积近似于底面积为 $A(x)$、高为 $\mathrm{d}x$ 的柱体体积,即体积微元

$$\mathrm{d}V=A(x)\,\mathrm{d}x.$$

从而,所求立体的体积

$$V=\int_a^b A(x)\,\mathrm{d}x. \tag{5}$$

由上述公式可知,若两个立体对应于同一位置 x 的平行截面面积恒相等,那么两者的体积也一定相等. 这个原理最早是由我国南北朝时期的大数学家祖冲之和他的儿子祖暅发现的,比国外数学家早发现了 1 000 多年.

例 7　有一立体,以长半轴 $a=10$、短半轴 $b=5$ 的椭圆为底,而垂直于长轴的截面都是等边三角形,求该立体的体积.

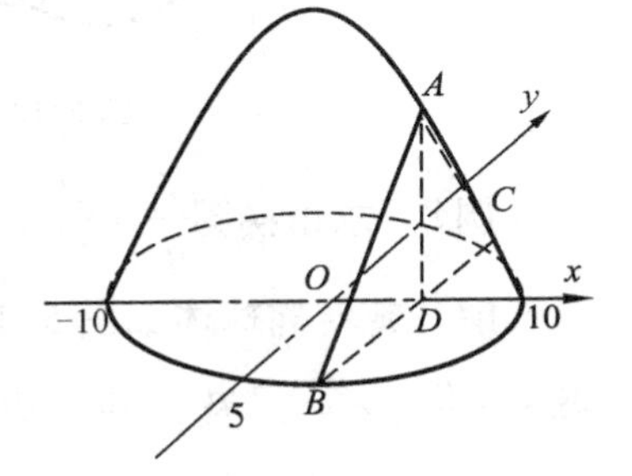

图 5-12

解　取长轴所在直线为 x 轴,底面上过椭圆中心且垂直于 x 轴的直线为 y 轴(见图 5-12),那么底面椭圆的方程为 $\frac{x^2}{10^2}+\frac{y^2}{5^2}=1$. 由已知条件,过 x 轴上的点 x 且垂直于 x 轴的截面 ABC 都是等边三角形,它的面积为

$$A(x)=\frac{1}{2}BC\cdot AD=\frac{1}{2}2y(y\cot 30^\circ)=\sqrt{3}y^2=25\sqrt{3}\left(1-\frac{x^2}{100}\right).$$

由公式(5)得

$$V=2\int_0^{10}25\sqrt{3}\left(1-\frac{x^2}{100}\right)\mathrm{d}x=50\sqrt{3}\left[x-\frac{x^3}{300}\right]_0^{10}=\frac{1\,000}{3}\sqrt{3}.$$

2. 旋转体的体积

旋转体是由某平面内的一个图形绕该平面内的一条定直线旋转一周而成的立体,这条定直线称为旋转体的旋转轴(简称为轴). 圆柱体、圆锥体等都可以看成是特殊的旋转体.

取旋转轴为 x 轴,现求由连续曲线 $y=f(x)$、直线 $x=a$、$x=b$ 及 x 轴围成的曲边梯形绕 x 轴旋转一周而成的旋转体体积(如图 5-13 所示).

取横坐标 x 为积分变量,它的变化区间为区间 $[a,b]$,用过点 $x\in[a,b]$ 且垂直于 x 轴的平面截该旋转体,所得的截面是半径为 $|f(x)|$ 的圆盘,其面积为

$$A(x)=\pi|f(x)|^2=\pi[f(x)]^2.$$

于是该旋转体的体积为

$$V_x = \pi\int_a^b [f(x)]^2 \mathrm{d}x. \tag{6}$$

同理,由连续曲线 $x=\varphi(y)$ 与直线 $y=c$、$y=d$ 及 y 轴围成的曲边梯形绕 y 轴旋转而成的旋转体(如图 5-14 所示)的体积为

$$V_y = \pi\int_c^d [\varphi(y)]^2 \mathrm{d}y. \tag{7}$$

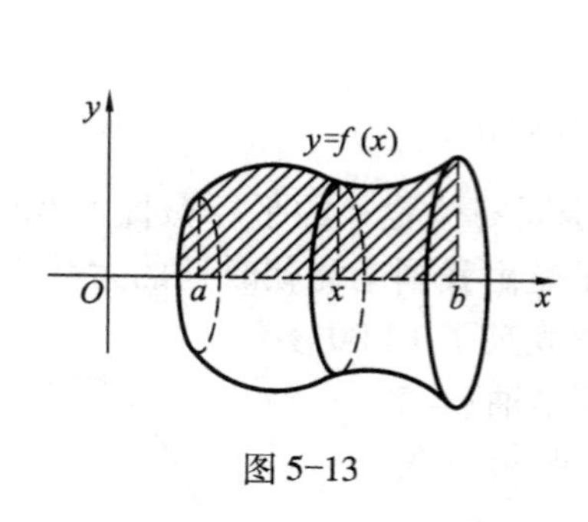

图 5-13

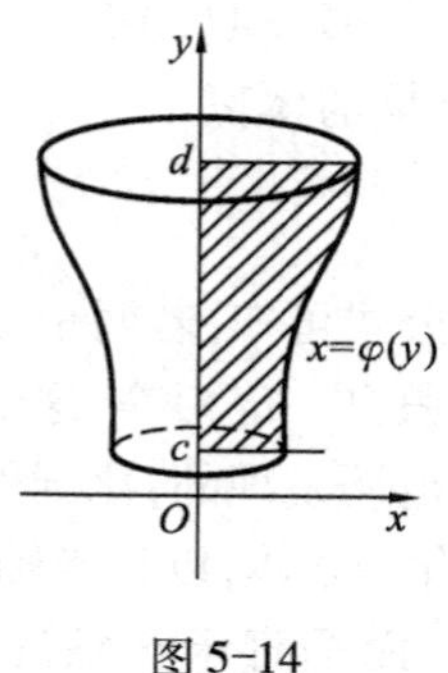

图 5-14

例 8 求由椭圆 $\frac{x^2}{a^2}+\frac{y^2}{b^2}=1$ 围成的图形绕 x 轴旋转而成的旋转椭球体的体积.

解 旋转椭球体如图 5-15 所示,可看作由上半椭圆 $y=\frac{b}{a}\sqrt{a^2-x^2}$ 及 x 轴围成的图形绕 x 轴旋转而成的. 由公式(6)可得

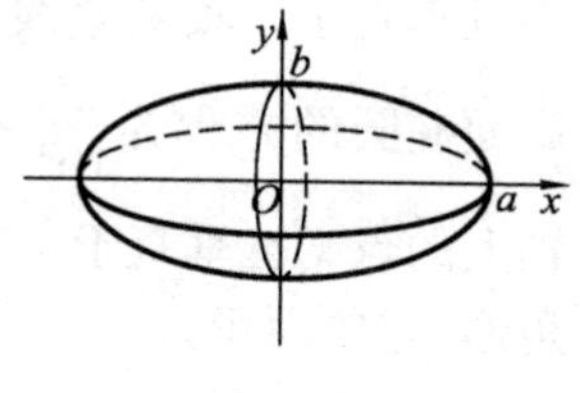

图 5-15

$$V_x = \int_{-a}^{a}\pi\left(\frac{b}{a}\sqrt{a^2-x^2}\right)^2\mathrm{d}x$$

$$= 2\pi\frac{b^2}{a^2}\int_0^a (a^2-x^2)\mathrm{d}x = \frac{4}{3}\pi ab^2.$$

特别地,当 $a=b$ 时便得到半径为 a 的球体体积为 $V=\frac{4}{3}\pi a^3$.

例 9 求由曲线弧 $y=\cos x\left(-\frac{\pi}{2}\leqslant x\leqslant\frac{\pi}{2}\right)$ 与 x 轴围成的图形(见图 5-16)分别绕 x 轴、y 轴旋转所得的旋转体体积.

解 (1) 绕 x 轴旋转所得旋转体的体积

$$V_x = \int_{-\frac{\pi}{2}}^{\frac{\pi}{2}}\pi y^2\mathrm{d}x = \pi\int_{-\frac{\pi}{2}}^{\frac{\pi}{2}}\cos^2 x\mathrm{d}x$$

$$= 2\pi\int_0^{\frac{\pi}{2}}\frac{1+\cos 2x}{2}\mathrm{d}x = \frac{\pi^2}{2}.$$

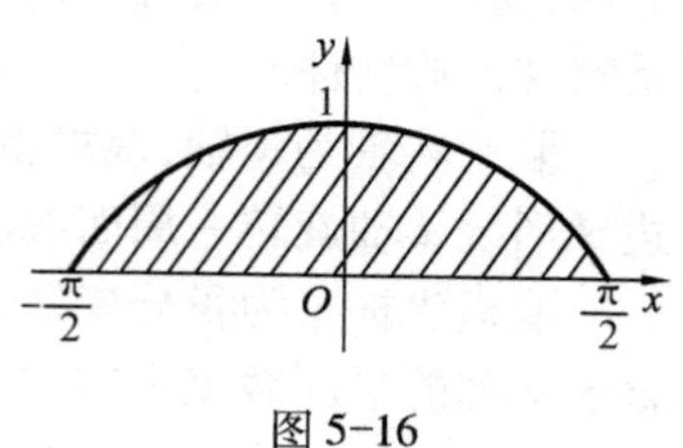

图 5-16

(2) 绕 y 轴旋转所得旋转体的体积

$$V_y=\int_0^1 \pi x^2 \mathrm{d}y=\int_0^1 \pi(\arccos y)^2 \mathrm{d}y \xlongequal{令 t=\arccos y} \int_{\frac{\pi}{2}}^0 \pi t^2 \mathrm{d}(\cos t)$$

$$=\left[\pi t^2 \cos t\right]_{\frac{\pi}{2}}^0+2\pi \int_0^{\frac{\pi}{2}} t\cos t \mathrm{d}t$$

$$=2\pi \int_0^{\frac{\pi}{2}} t \mathrm{d}(\sin t)$$

$$=2\pi\left[t\sin t+\cos t\right]_0^{\frac{\pi}{2}}$$

$$=\pi(\pi-2).$$

三、平面曲线的弧长

第三章第五节曾经指出光滑曲线弧是可以求长的，且给出了在不同方程形式下，曲线的弧微分(即弧微元)的相应公式.

(1) 若曲线方程为 $y=f(x)\ (x\in[a,b])$，且 $f(x)$ 在区间 $[a,b]$ 上具有一阶连续的导数，则弧微分(见图 5-17)

$$\mathrm{d}s=\sqrt{(\mathrm{d}x)^2+(\mathrm{d}y)^2}=\sqrt{1+(y')^2}\mathrm{d}x,$$

所以曲线长

$$s=\int_a^b \sqrt{1+(y')^2}\mathrm{d}x. \qquad (8)$$

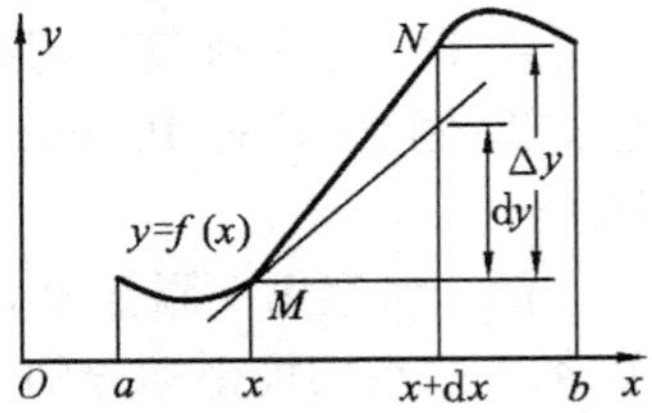

图 5-17

(2) 若曲线由参数方程 $\begin{cases}x=\varphi(t),\\ y=\psi(t)\end{cases}$ $(\alpha\leqslant t\leqslant\beta)$ 给出，$\varphi(t)$，$\psi(t)$ 在区间 $[\alpha,\beta]$ 上有连续的导数，则弧微元

$$\mathrm{d}s=\sqrt{[\varphi'(t)]^2+[\psi'(t)]^2}\mathrm{d}t\ (\mathrm{d}t>0),$$

因此

$$s=\int_\alpha^\beta \sqrt{[\varphi'(t)]^2+[\psi'(t)]^2}\mathrm{d}t\ (\alpha\leqslant\beta). \qquad (9)$$

(3) 若曲线由极坐标方程 $r=r(\theta)\ (\theta_1\leqslant\theta\leqslant\theta_2)$ 给出，$r(\theta)$ 在区间 $[\theta_1,\theta_2]$ 上有连续的导数，则弧微元

$$\mathrm{d}s=\sqrt{[r(\theta)]^2+[r'(\theta)]^2}\mathrm{d}\theta,$$

所以

$$s=\int_{\theta_1}^{\theta_2} \sqrt{[r(\theta)]^2+[r'(\theta)]^2}\mathrm{d}\theta\ (\theta_1\leqslant\theta_2). \qquad (10)$$

例 10 计算曲线 $9y^2=4x^3$ 上相应于 $0\leqslant x\leqslant 3$ 的一段弧的长.

解 当 $0\leqslant x\leqslant 3$ 时，$y=\frac{2}{3}x^{\frac{3}{2}}$，$y'=\sqrt{x}$，弧微元 $\mathrm{d}s=\sqrt{1+x}\mathrm{d}x$，从而所求弧长为

$$s=\int_0^3\sqrt{1+x}\,dx=\left[\frac{2}{3}(1+x)^{\frac{3}{2}}\right]_0^3=\frac{14}{3}.$$

例 11　计算星形线$\begin{cases}x=a\cos^3 t,\\ y=a\sin^3 t\end{cases}$ $(a>0,0\leqslant t\leqslant 2\pi)$的全长.

解　星形线如图 5-18 所示,由曲线的对称性,只要求出$\left[0,\frac{\pi}{2}\right]$内的弧长 s_1,则星形线的全长为 $4s_1$.

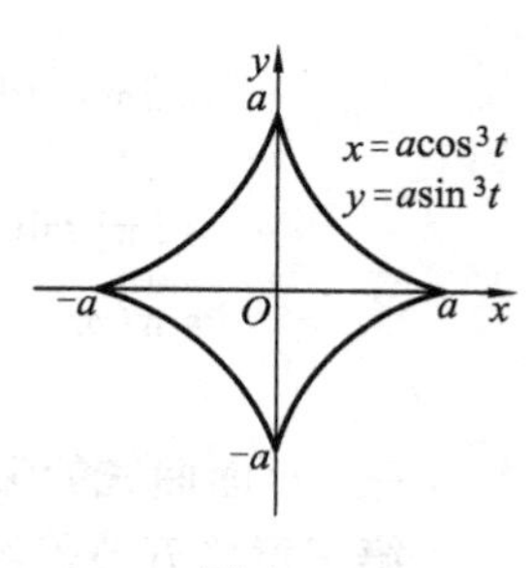

图 5-18

$$\begin{aligned}s&=4s_1=4\int_0^{\frac{\pi}{2}}\sqrt{(x')^2+(y')^2}\,dt\\&=4\int_0^{\frac{\pi}{2}}\sqrt{9a^2\sin^2 t\cos^4 t+9a^2\sin^4 t\cos^2 t}\,dt\\&=12a\int_0^{\frac{\pi}{2}}\sin t\cos t\,dt=6a[\sin^2 t]_0^{\frac{\pi}{2}}=6a.\end{aligned}$$

例 12　一根弹簧按螺线 $r=a\theta$ 盘绕,共计 10 圈,已知每圈的间隔 10 mm,试求弹簧的全长(见图 5-19).

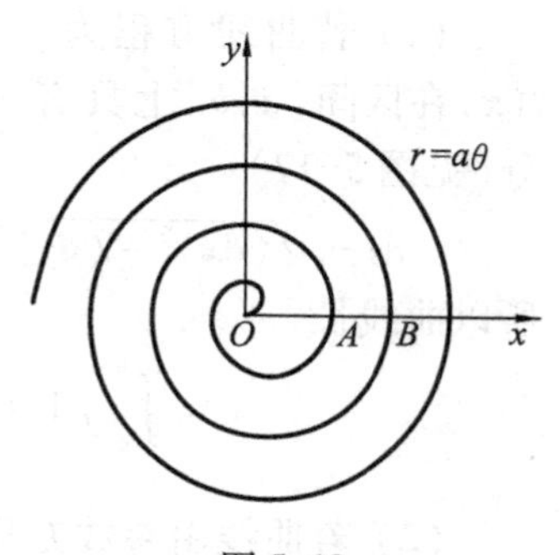

图 5-19

解　考察第 1 圈与第 2 圈的间隔,由方程 $r=a\theta$ 知 A,B 两点的极坐标分别为$(2\pi a,2\pi)$,$(4\pi a,4\pi)$,所以 $AB=2\pi a$. 又知 $AB=10$ mm,于是

$$2\pi a=10,$$

因此

$$a=\frac{5}{\pi}.$$

弹簧共 10 圈,所以 θ 由 0 增到 20π,由公式(10)得弹簧的全长为

$$\begin{aligned}s&=\int_0^{20\pi}\sqrt{[r(\theta)]^2+[r'(\theta)]^2}\,d\theta=a\int_0^{20\pi}\sqrt{1+\theta^2}\,d\theta\\&=\frac{5}{\pi}\times\frac{1}{2}\left[\theta\sqrt{1+\theta^2}+\ln(\theta+\sqrt{1+\theta^2})\right]_0^{20\pi}\approx 3\ 144.2(\text{mm})\end{aligned}$$

习　题　5-2

1. 求下列各曲线所围成的图形的面积:

(1) $y=3+2x-x^2$,$x=0$,$x=4$ 与 x 轴;

(2) $y=x+1$,$y=e^{-x}$及 $x=1$;

(3) $y^2=4(x-1)$与 $y^2=4(2-x)$;

（4）$x=\dfrac{y^2}{2}, x^2+y^2=8(x\geqslant 0)$；

（5）$y=2x$ 与 $y=\dfrac{1}{4}x^2$ 所围图形被 $xy=2$ 所分的两部分图形；

（6）$y^2=2x$ 与图形在点 $\left(\dfrac{1}{2}, 1\right)$ 处的法线；

（7）对数螺线 $r=ae^{\theta}(a>0, -\pi\leqslant\theta\leqslant\pi)$ 及射线 $\theta=\pi$；

（8）星形线：$x=a\cos^3 t, y=a\sin^3 t(a>0)$.

2. 求下列各曲线所围图形的公共部分面积：

（1）$r=\sqrt{2}\sin\theta$ 与双纽线 $r^2=\cos 2\theta$；　　（2）$r=1$ 与 $r^2=2\sin 2\theta$.

3. 过抛物线 $y=x^2$ 上一点 $P(a,a^2)$ 作切线，问 a 取何值时所作切线与抛物线 $y=-x^2+4x-1$ 所围图形的面积最小？

4. 设有一截锥体，其高为 h，上下底面为椭圆，椭圆的轴长分别为 $2a$，$2b$ 和 $2A$，$2B$，求该截锥体的体积.

5. 一平面经过半径为 R 的圆柱体的底圆中心，并与底面夹角为 α，截得一楔形立体（见图 5-20），求这楔形立体的体积.

6. 用积分方法证明图 5-21 中上半球缺的体积为 $V=\pi h^2\left(R-\dfrac{h}{3}\right)$.

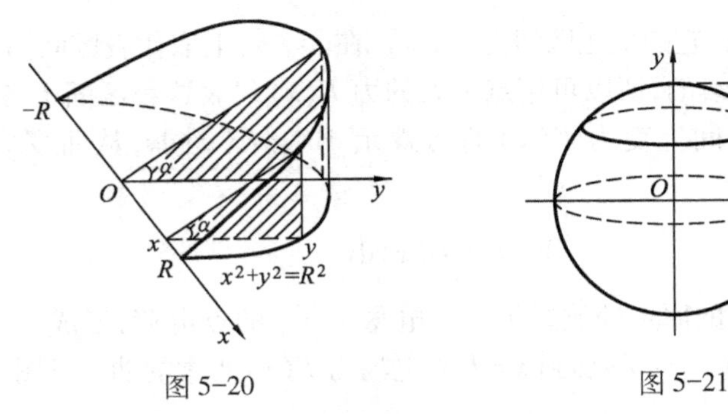

图 5-20　　　　图 5-21

7. 求下列曲线所围图形绕指定轴旋转所得的旋转体的体积：

（1）由曲线 $y=x^3$、$x=2$、$y=0$ 所围成的图形分别绕 x 轴和 y 轴旋转；

（2）由曲线 $x^2+y^2=2$ 与 $y=x^2$ 所围成（包含点 $(0,1)$）的图形绕 x 轴旋转；

（3）由曲线 $\begin{cases}x=a(t-\sin t),\\ y=a(1-\cos t)\end{cases}$ $(0\leqslant t\leqslant 2\pi)$ 和 x 轴所围成的图形分别绕 x 轴、y 轴和直线 $y=2a$ 旋转.

8. 求下列曲线的弧长：

（1）$y=\ln x, \sqrt{3}\leqslant x\leqslant 2\sqrt{2}$；

（2）半立方抛物线 $y^2=\dfrac{2}{3}(x-1)^3$ 被抛物线 $y^2=\dfrac{x}{3}$ 截得的一段弧；

（3）$\begin{cases}x=\arctan t,\\ y=\dfrac{1}{2}\ln(1+t^2)\end{cases}$ $(0\leqslant t\leqslant 1)$；

(4) $r=a(1+\cos\theta)\ (a>0)$.

9. 在摆线$\begin{cases}x=a(t-\sin t),\\ y=a(1-\cos t)\end{cases}$ $(a>0,0\leqslant t\leqslant 2\pi)$上求分摆线成1∶3的点的坐标.

10. 证明曲线$y=\sin x(0\leqslant x\leqslant 2\pi)$的弧长等于椭圆$x^2+2y^2=2$的周长.

第三节　定积分的物理应用举例

一、变力沿直线段做功

从物理学知道,如果常力F作用在物体上,使物体沿力的方向移动距离S,那么力F对物体所做的功为

$$W=FS.$$

如果物体在沿直线段运动中受到的力是变化的,则上述公式已不适用.下面用定积分的微元法解决此类问题.

设物体在连续的变力$F(x)$作用下沿x轴由$x=a$移动到$x=b$时,如图5-22所示,计算变力$F(x)$所做的功.

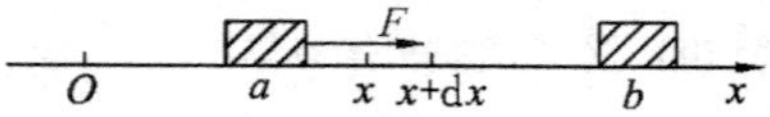

图5-22

取x为积分变量,它的变化区间为$[a,b]$,在$[a,b]$上取代表区间$[x,x+\mathrm{d}x]$.因为变力$F(x)$是连续的,所以可用点x处的力$F(x)$代表这小区间上各点处的力(常数),则在代表区间上变力$F(x)$的功微元$\mathrm{d}W=F(x)\mathrm{d}x$,从而变力$F(x)$在$[a,b]$上所做的功

$$W=\int_a^b F(x)\mathrm{d}x. \tag{1}$$

例1　设在x轴的原点处放置了一个电量为$+q$的点电荷,形成一个电场,求单位正电荷沿x轴从$x=a$移动到$x=b$时电场力$F(x)$所做的功(见图5-23).

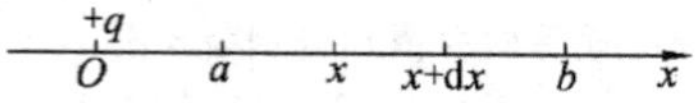

图5-23

解　取x为积分变量,变化范围为区间$[a,b]$,在$[a,b]$上取代表区间$[x,x+\mathrm{d}x]$,当单位正电荷从x移动到$x+\mathrm{d}x$时,电场力$F(x)$所做的功微元

$$\mathrm{d}W=F(x)\mathrm{d}x=k\frac{q}{x^2}\mathrm{d}x.$$

所求电场力对单位正电荷做的功

$$W=\int_a^b k\frac{q}{x^2}\mathrm{d}x=-kq\left[\frac{1}{x}\right]_a^b=kq\left[\frac{1}{a}-\frac{1}{b}\right].$$

若在电场力的作用下,将单位正电荷从a移动到无穷远,电场所做的功称为

电场中 a 处的电位 V. 于是

$$V=\int_{a}^{+\infty}k\frac{q}{x^{2}}\mathrm{d}x=\left[-\frac{kq}{x}\right]_{a}^{+\infty}=\frac{kq}{a}.$$

例 2 长为 80 cm,内有直径为 20 cm 的活塞的圆柱体内充满压强为 10 N/cm² 的蒸汽. 设温度保持不变,要使蒸汽体积缩小一半,问需要做多少功?

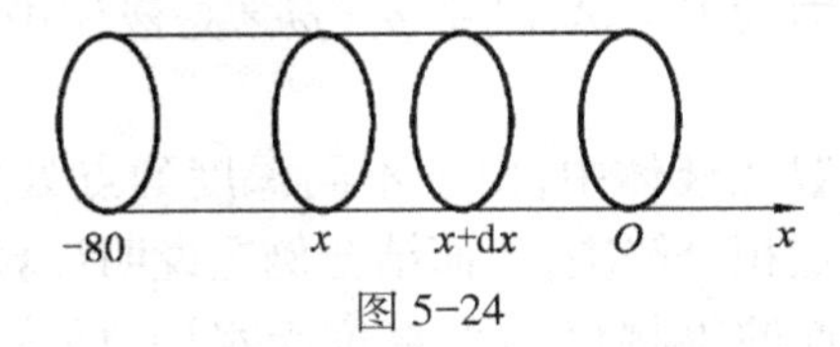

图 5-24

解 取坐标系如图 5-24 所示,假设活塞从左向右移动到点 x 处时蒸汽压强为 p(N/cm²). 由于恒温条件下,一定量的气体,其压强与体积的乘积不变,则有

$$\pi\cdot10^{2}\cdot(-x)\cdot p=\pi\cdot10^{2}\cdot80\cdot10,$$

所以 $p=-\dfrac{800}{x}$,于是作用在活塞上的力 $-\pi\cdot10^{2}\cdot\dfrac{800}{x}=-\dfrac{8}{x}\pi\cdot10^{4}$. 取 x 为积分变量,变化范围为 $[-80,-40]$,在 $[-80,-40]$ 上取代表区间 $[x,x+\mathrm{d}x]$,当活塞从 x 移动到 $x+\mathrm{d}x$ 时,压缩蒸汽做功的近似值,即功微元为

$$\mathrm{d}W=-\frac{8\pi}{x}\cdot10^{4}\mathrm{d}x.$$

从而所求做功为

$$\begin{aligned}W&=\int_{-80}^{-40}\frac{8\pi}{x}\cdot10^{4}\mathrm{d}x\div100=-80\,000\pi[\ln|x|]_{-80}^{-40}\div100\\&=80\,000\pi\ln2\div100\\&=800\pi\ln2(\mathrm{J}).\end{aligned}$$

当物体在运动过程中受到的力不变,但物体的不同部分移动的位移不同,此时,也可以用定积分计算功. 下面通过例题说明其方法.

例 3 一个底半径为 R(m),高为 H(m)的圆柱形水桶盛满了水,要把桶内的水全部吸出,需要做多少功(水的密度为 10^{3} kg/m³,g 取 10 m/s²)?

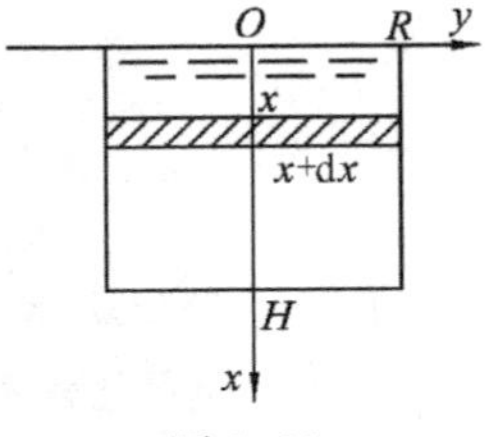

图 5-25

解 取坐标系如图 5-25 所示,由于水在不同深度被吸出通过的位移是不同的,下面采用微元法计算. 在 $[0,H]$ 上取代表区间 $[x,x+\mathrm{d}x]$,与这个区间相对应的一薄层水吸出桶口所做的功的微元

$$\mathrm{d}W=\rho g\pi R^{2}\mathrm{d}x\cdot x=10^{4}\times\pi R^{2}x\mathrm{d}x.$$

于是所求的功为

$$W=10^4\times\int_0^H \pi R^2 x\mathrm{d}x=10^4\times\pi R^2\left[\frac{x^2}{2}\right]_0^H=5\ 000\pi H^2R^2(\mathrm{J}).$$

二、液体的侧压力

由物理学知道,如果有一面积为 A 的薄板水平放置在液体中深为 h 的地方,那么薄板一侧所受的压力为 $P=pA$,其中 $p=\rho hg$ 是液体中深为 h 处的压强(ρ 是液体的密度).

如果此薄板垂直放置在液体中,由于不同深度的点处压强不同,求薄板一侧所受液体的压力则要用定积分解决,下面结合例题说明计算方法.

例 4　一闸门呈倒置的等腰梯形垂直位于水中,两底的长度分别为 4 m 和 6 m,高为 6 m,当闸门上底正好位于水面时,求闸门一侧受到的水压力(水的密度为 $10^3\ \mathrm{kg/m^3}$).

解　选取坐标系如图 5-26 所示,则 AB 的方程为

$$y=-\frac{x}{6}+3.$$

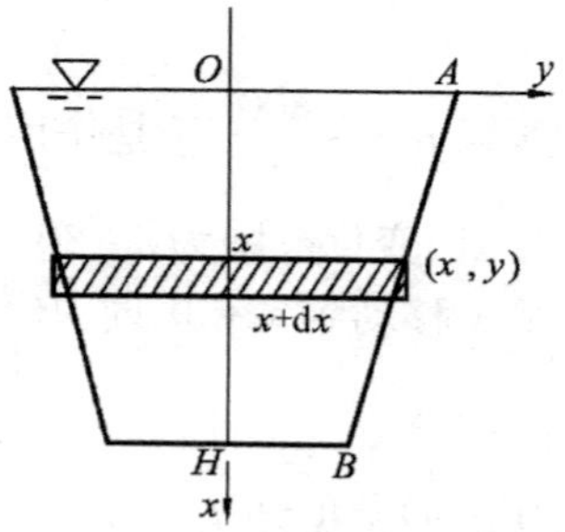

取 x 为积分变量,在它的变化范围[0,6]上取代表区间$[x,\ x+\mathrm{d}x]$,在水下深为 x m 处的压强为 $9.8x\ \mathrm{kN/m^2}$,因此与代表区间相应的一小窄条上所受的压力微元

$$\mathrm{d}P=9.8x\cdot 2\left(-\frac{x}{6}+3\right)\mathrm{d}x.$$

图 5-26

在区间[0,6]上积分得

$$P=\int_0^6 9.8x\cdot 2\left(-\frac{x}{6}+3\right)\mathrm{d}x=9.8\left[3x^2-\frac{x^3}{9}\right]_0^6$$

$$=9.8\times 84\approx 8.23\times 10^2(\mathrm{kN})=8.23\times 10^5(\mathrm{N}).$$

习　题　5-3

1. 由实验知道,弹簧在拉伸过程中,拉力与弹簧的伸长量成正比. 已知弹簧拉伸 1 cm 需要的力是 3 N,如果把弹簧拉伸 3 cm 需要做的功是多少?

2. 一物体按规律 $x=ct^3$ 做直线运动,介质的阻力与速度的平方成正比,计算物体由 $x=0$ 移至 $x=a$ 时克服介质阻力所做的功.

3. (1) 证明:把质量为 m 的物体从地球表面升高到 h,克服地球引力要做的功是

$$W=k\frac{mMh}{R(R+h)},$$

其中,k 是引力常数,M 是地球的质量,R 是地球的半径;

(2) 一个人造地球卫星的质量为 173 kg,问把这个卫星从地面送到 630 km 高空处,克服地球引力要做多少功?已知引力常数 $k=6.67\times10^{-17}\,\mathrm{N}\cdot(\mathrm{km})^2/(\mathrm{kg})^2$,地球的质量 $M=5.98\times10^{24}$ kg,地球的半径 $R=6\,370$ km.

4. 圆柱形容器中盛有一定量的气体,在等温条件下,由于气体的膨胀,把容器内的活塞从 a 点处移到 b 点处(见图 5-27).已知在 a 点处时容器内的压强为 p_0,活塞的面积为 S,求在此过程中气体压力所做的功.

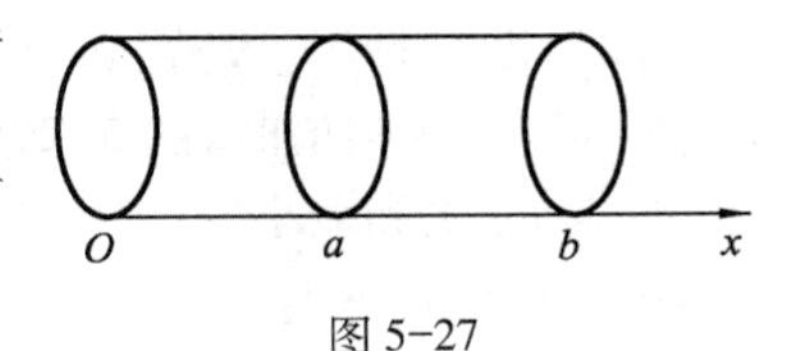

图 5-27

5. 设一圆锥形储水池,深 15 m,口径 20 m,盛满了水,今用抽水机将池内的水全部抽出,问需做多少功?

6. 等腰三角形薄板铅直地位于水中,它的底与水面相齐,薄板的底为 a(m),高为 h(m),水的密度为 $10^3\ \mathrm{kg/m^3}$.

(1) 计算薄板一侧所受的水压力;

(2) 如果倒转薄板使顶点与水面相齐,而底平行于水面,则水对薄板的压力为多少?

(3) 若等腰三角形薄板沉入水中,顶点朝下,底平行于水面,且在水面之下$\dfrac{h}{2}$(m),求其所受的水压力.

7. 洒水车上的水箱是一个横放的椭圆柱体,已知端面椭圆的长轴处于水平位置,长为 $2b$(m),短轴为 $2a$(m),当水箱装满水时,求水箱一个端面所受的水压力(设水的密度为 $\gamma(\mathrm{kg/m^3})$).

第四节　综合例题与应用

例 1　曲线 $f(x)=2\sqrt{x}$ 与 $g(x)=ax^2+bx+c$ $(c>0)$ 相切于点 $(1,2)$(见图 5-28),它们与 y 轴所围图形的面积为$\dfrac{5}{6}$.试求 a,b,c 的值.

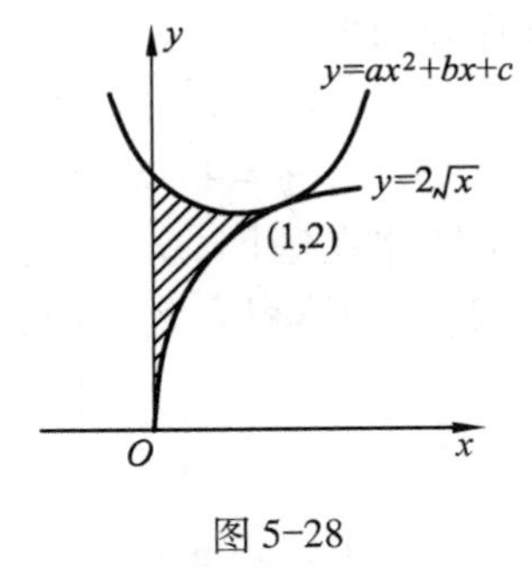

图 5-28

解　由于 $f(x)=2\sqrt{x}$ 与 $g(x)=ax^2+bx+c\,(c>0)$ 相切于点 $(1,2)$,所以

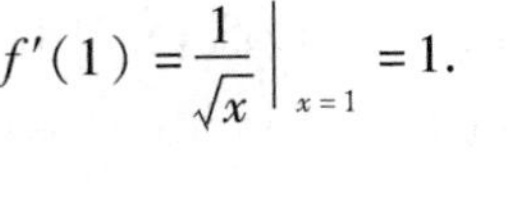

$$g(1)=f(1)=2,\ g'(1)=f'(1)=\left.\frac{1}{\sqrt{x}}\right|_{x=1}=1.$$

而 $g'(x)=2ax+b$,所以

$$\begin{cases}a+b+c=2,\\2a+b=1.\end{cases}\tag{1}$$

又由题设得面积

$$A=\int_0^1(ax^2+bx+c-2\sqrt{x})\,\mathrm{d}x=\frac{5}{6},$$

可得
$$\frac{a}{3}+\frac{b}{2}+c=\frac{13}{6}. \tag{2}$$
解由式(1)和(2)组成的方程组得
$$a=2,\ b=-3,\ c=3.$$

例 2　设 $y=x^2$ 定义在$[0,\ 1]$上,t 为$(0,1)$内的一点,问当 t 为何值时,图 5-29 中两阴影部分的面积 A_1 与 A_2 之和最小.

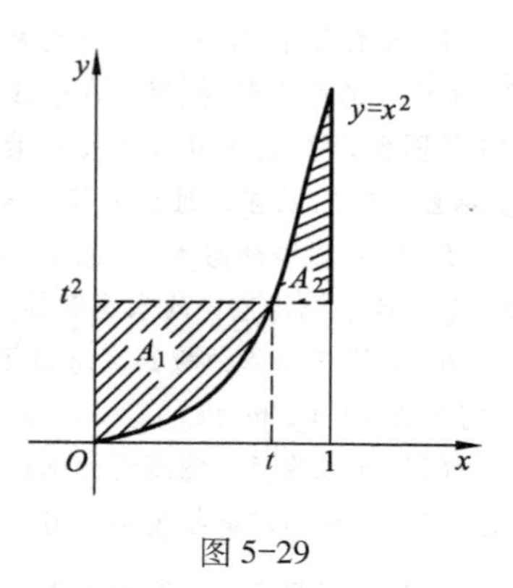

图 5-29

解　
$$\begin{aligned} A &= A_1+A_2 \\ &= \int_0^t (t^2-x^2)\mathrm{d}x+\int_t^1 (x^2-t^2)\mathrm{d}x \\ &= \left[t^2x-\frac{1}{3}x^3\right]_0^t+\left[\frac{1}{3}x^3-t^2x\right]_t^1 \\ &= \frac{4}{3}t^3-t^2+\frac{1}{3}\ (0\leqslant t\leqslant 1), \end{aligned}$$
$$A'(t)=4t^2-2t,\ A''(t)=8t-2.$$
令 $A'(t)=0$,得 $t=\frac{1}{2}$,因为 $A''\left(\frac{1}{2}\right)=2>0$,故在$(0,1)$内 $A(t)$只有一个极值点且是极小值点 $t=\frac{1}{2}$,从而 $t=\frac{1}{2}$时,A_1 与 A_2 之和最小.

例 3　求由曲线 $y=3-|x^2-1|$与 x 轴所围图形绕直线 $y=3$ 旋转所得旋转体的体积.

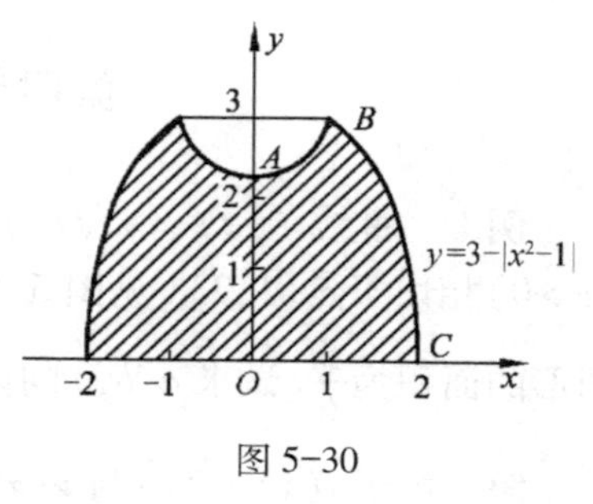

图 5-30

解　如图 5-30 所示,其中弧 AB 和弧 BC 的方程分别为
$$y=x^2+2\ (0\leqslant x\leqslant 1),$$
$$y=4-x^2\ (1\leqslant x\leqslant 2).$$
设旋转体在区间$[0,1]$上的体积为 V_1,在区间$[1,2]$上的体积为 V_2,则它们的体积微元分别为
$$\begin{aligned} \mathrm{d}V_1 &= \{\pi\cdot 3^2-\pi[3-(x^2+2)]^2\}\mathrm{d}x \\ &= [\pi(-x^4+2x^2+8)]\mathrm{d}x, \end{aligned}$$
$$\mathrm{d}V_2=\{\pi\cdot 3^2-\pi[3-(4-x^2)]\}^2\mathrm{d}x=[\pi(-x^4+2x^2+8)]\mathrm{d}x.$$
由对称性,所求旋转体的体积
$$\begin{aligned} V &= 2(V_1+V_2) \\ &= 2\pi\int_0^1(-x^4+2x^2+8)\mathrm{d}x+2\pi\int_1^2(-x^4+2x^2+8)\mathrm{d}x \\ &= 2\pi\int_0^2(-x^4+2x^2+8)\mathrm{d}x=\frac{448}{15}\pi. \end{aligned}$$

例 4 求由 $y=x$ 与 $y=4x-x^2$ 所围成图形绕直线 $y=x$ 旋转所得旋转体的体积.

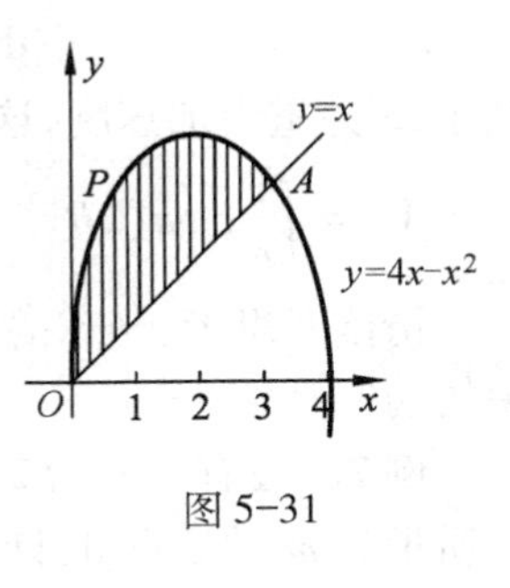

图 5-31

解 如图 5-31 所示,以 $y=x$ 为数轴 u 建立坐标系,坐标原点 $u=0$ 在点(0,0),方向朝上. 曲线 $y=4x-x^2$ 上任一点 $P(x,\ 4x-x^2)$ 到直线 $y=x$ 的距离为

$$\rho=\frac{1}{\sqrt{2}}|x^2-3x|,$$

且 $\mathrm{d}u=\sqrt{2}\,\mathrm{d}x$. 曲线 $y=4x-x^2$ 与直线 $y=x$ 的交点为 $A(3,3)$,于是所求旋转体体积为

$$V=\pi\int_0^{3\sqrt{2}}\rho^2\mathrm{d}u=\pi\int_0^3\frac{1}{2}(x^2-3x)^2\sqrt{2}\mathrm{d}x$$

$$=\frac{\sqrt{2}}{2}\pi x^3\left[\frac{x^2}{5}-\frac{3}{2}x+3\right]_0^3=\frac{81}{20}\sqrt{2}\pi.$$

本题中旋转轴不平行于坐标轴,因此在利用微元法时需要先作坐标轴的变换. 本题中旋转轴的微元 $\mathrm{d}u$ 与 x 轴的微元 $\mathrm{d}x$ 之间的关系为 $\mathrm{d}u=\sqrt{2}\mathrm{d}x$.

例 5 求曲线 $y=\int_{-\frac{\pi}{2}}^{x}\sqrt{\cos t}\mathrm{d}t$ 的弧长.

解 由 $y=\int_{-\frac{\pi}{2}}^{x}\sqrt{\cos t}\mathrm{d}t$ 知 $y'=\sqrt{\cos x}$. 因为 $\cos t\geqslant 0$,所以 $-\frac{\pi}{2}\leqslant x\leqslant\frac{\pi}{2}$,因此所求弧长

$$s=\int_{-\frac{\pi}{2}}^{\frac{\pi}{2}}\sqrt{1+y'^2}\mathrm{d}x=2\int_0^{\frac{\pi}{2}}\sqrt{1+(\sqrt{\cos x})^2}\mathrm{d}x$$

$$=2\sqrt{2}\int_0^{\frac{\pi}{2}}\cos\frac{x}{2}\mathrm{d}x=4.$$

本题中 x 的变化范围没有直接给出,需要根据表达式 $y=\int_{-\frac{\pi}{2}}^{x}\sqrt{\cos t}\mathrm{d}t$ 有意义推导出来.

例 6 半径为 R(m)的球沉入水中,球的上部与水面相切,球的密度与水的密度相同,现将球从水中取出,需做多少功?

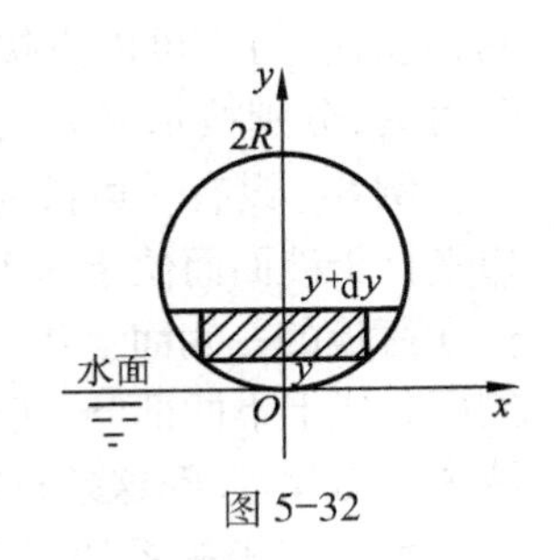

图 5-32

解 如图 5-32 所示建立坐标系. 由于球的密度与水的密度相同,因此球只有离开水面时才需做功. 设水的密度为 ρ(kg/m³). 在 $[0,2R]$ 上任取小区间 $[y,y+\mathrm{d}y]$,把相应的厚度为 $\mathrm{d}y$ 的薄层球台从水面移到图示位置,需要做的功近似为

$$\mathrm{d}W = y \cdot \rho g \mathrm{d}V = \rho g \pi y(2Ry - y^2)\mathrm{d}y,$$

其中,g 为重力加速度,这就是功微元. 所以,所求功为

$$W = \int_0^{2R} \rho g \pi (2Ry^2 - y^3)\mathrm{d}y = \rho g \pi \left[\frac{2Ry^3}{3} - \frac{y^4}{4}\right]_0^{2R} = \frac{4}{3} \times 10^3 \pi g R^4 (\mathrm{J}).$$

请读者思考:当球的密度与水的密度不相同时,如何计算将球从水中取出需做的功?

例 7　设有一长为 $2l$,线密度为 ρ 的均匀细棒,在它的中垂线上距离为 a 处有一质量为 m 的质点 A,计算细棒对质点的引力.

解　取坐标系如图 5-33 所示,以 x 为积分变量,它的变化区间为$[-l,l]$. 把任一小区间$[x, x+\mathrm{d}x]$上的小段棒近似看成质点,其质量为 $\rho\mathrm{d}x$,与质点间的距离为 $\sqrt{a^2+x^2}$. 根据万有引力定律,这一小段细杆对质点的引力

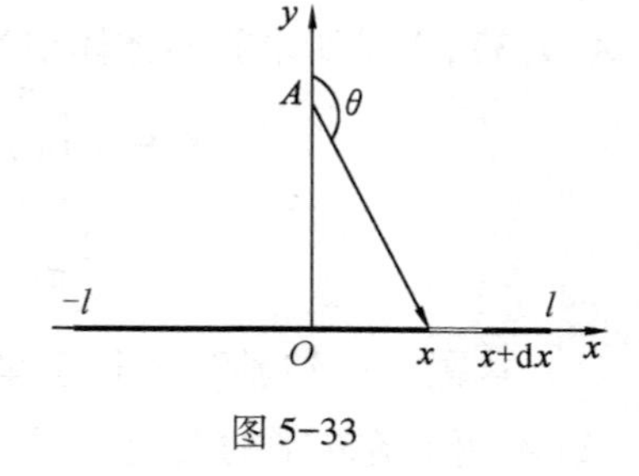

图 5-33

$$\Delta F \approx k\frac{m\rho\mathrm{d}x}{a^2+x^2},$$

其中,k 为万有引力系数. 从而棒对质点的引力在 y 轴方向的分力 F_y 的微元

$$\mathrm{d}F_y = k\frac{m\rho\mathrm{d}x}{a^2+x^2}\cos\theta = -\frac{kam\rho}{(a^2+x^2)^{\frac{3}{2}}}\mathrm{d}x,$$

于是

$$F_y = -\int_{-l}^{l}\frac{kam\rho}{(a^2+x^2)^{\frac{3}{2}}}\mathrm{d}x = \left[-2kam\rho\frac{x}{a^2\sqrt{x^2+a^2}}\right]_0^l$$

$$= -\frac{2km\rho l}{a\sqrt{a^2+l^2}}$$ (负号表示方向与 y 轴正向相反).

由对称性可知,棒对质点的引力在 x 轴方向的分力 $F_x=0$.

力既有大小,又有方向. 本题中,由于细棒每一小段对质点的引力的方向不同,此时引力不可以直接相加(积分),必须把它们分解为水平方向和垂直方向的分力后,分别按水平方向和垂直方向相加(积分).

例 8　设有一边长为 3 m 和 2 m 的矩形薄板,与液面成30°角斜沉于液体中. 长边平行于液面而位于深 1 m 处,液体比重为 γ. 在薄板的一侧面上作一水平直线,把这个侧面分成上下两部分,使得每个部分所受的液体压力相等. 问这条直线应作在何处?

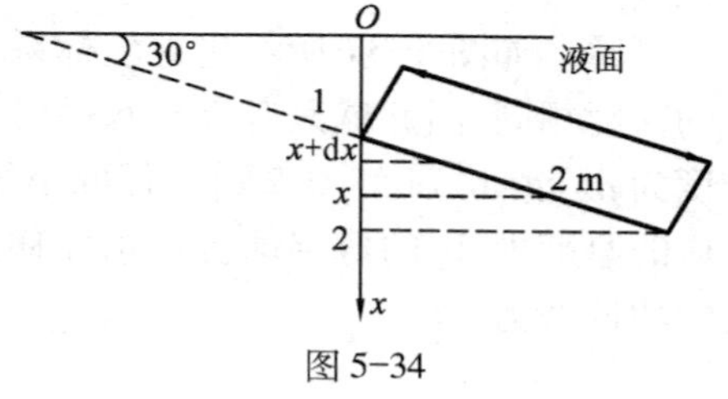

图 5-34

解　取坐标系如图 5-34 所示. 设所求直线位于液面下 h(m)处. 在液面下 x(m)

处的压强为 $x\gamma$. 薄板离液面最深处为

$$1+2\sin 30^\circ=2(\mathrm{m}),$$

以 x 为积分变量,在区间[1,2]上任取一小区间$[x,\ x+\mathrm{d}x]$,相应于该小区间的薄板面积为

$$3\times\csc 30^\circ\mathrm{d}x=6\mathrm{d}x,$$

于是薄板一侧上所受的液体压力微元为 $\mathrm{d}P=6\gamma x\mathrm{d}x$. 从而,由题意得

$$\int_1^h 6\gamma x\mathrm{d}x=\int_h^2 6\gamma x\mathrm{d}x,$$

即

$$\left[\frac{1}{2}x^2\right]_1^h=\left[\frac{1}{2}x^2\right]_h^2,$$

解得 $h=\frac{\sqrt{10}}{2}$. 所求直线位于离液面$\frac{\sqrt{10}}{2}$ m 处.

例 9(第二宇宙速度问题) 自地球面铅直向上发射卫星,试问发射初速度达到多少时,卫星才能脱离地球的引力范围?(发射地重力加速度为 9.8 $\mathrm{m/s^2}$,地球半径为 6 400 km)

解 取坐标系如图 5-35 所示,r 轴铅直向上,原点为地球球心. 设地球半径为 R,质量为 M,卫星为质量为 m. 取 r 为积分变量,它的变化区间为$[R,\infty)$. 在$[R,\infty)$上任取一小区间$[r,r+\mathrm{d}r]$,当卫星从 r 上升到 $r+\mathrm{d}r$ 时,所受地球引力近似为 $k\frac{mM}{r^2}$. 从而克服引力需做的功的微元为

$$\mathrm{d}W=k\frac{mM}{r^2}\mathrm{d}r.$$

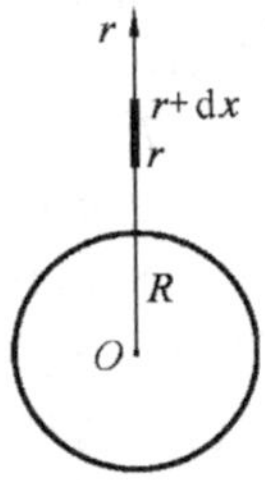

由于在地面时,地球对卫星的引力为 mg(g 为重力加速度),所以

$$k\frac{mM}{R^2}=mg,$$

于是 $k=\frac{R^2g}{M}$,从而

$$\mathrm{d}W=\frac{mgR^2}{r^2}\mathrm{d}r.$$

图 5-35

使卫星脱离地球的引力范围,相当于使卫星上升到无穷远,于是克服地球引力需做的功为

$$W=\int_R^{+\infty}\frac{mgR^2}{r^2}\mathrm{d}r=\left[-\frac{mgR^2}{r}\right]_R^{+\infty}=mgR,$$

于是必须使卫星的初始动能$\frac{1}{2}mv_0^2\geqslant W$,即

$$v_0\geqslant\sqrt{2gR}=\sqrt{2\times 0.009\,8\times 6\,400}=11.2(\mathrm{km/s}).$$

习 题 5-4

1. 在曲线 $y=x^2(x\geqslant 0)$ 上某一点 A 处作切线,使它与曲线及 x 轴所围图形的面积为 $\frac{1}{12}$. 试求:

(1) 切点 A 的坐标;

(2) 上述所围图形绕 x 轴旋转一周所成旋转体的体积.

2. 设由直线 $y=ax$ 与抛物线 $y=x^2$ 所围图形的面积为 S_1,它们与直线 $x=1$ 所围图形的面积为 S_2,并且 $a<1$.

(1) 试确定 a 的值,使得 S_1 与 S_2 之和最小,并求出该最小值;

(2) 求出该最小值所对应的平面图形绕 x 轴旋转一周所成旋转体的体积.

3. 椭圆 $\frac{x^2}{a^2}+\frac{y^2}{b^2}=1$ 绕 x 轴旋转一周所成的椭球体,沿 x 轴方向打一穿心圆孔,使剩下的环形体积等于椭球体体积的一半,求钻孔的半径.

4. 证明:由平面图形 $0\leqslant a\leqslant x\leqslant b, 0\leqslant y\leqslant f(x)$ 绕 y 轴旋转一周所成旋转体的体积 $V=2\pi\int_a^b xf(x)\,\mathrm{d}x$.

5. 求曲线 $y=\int_0^x\sqrt{\sin x}\,\mathrm{d}x$ 的弧长.

6. 设星形线 $\begin{cases}x=a\cos^3 t,\\ y=a\sin^3 t\end{cases}$ $(a>0, 0\leqslant t\leqslant 2\pi)$ 构件上每一点处的线密度的大小等于该点到原点的距离的立方. 在原点处有一单位质量的质点,求星形线构件在第一象限的弧段对质点的引力.

7. 设有一长为 l,质量为 M 的均匀细杆,另有一质量为 m 的质点与杆在一条直线上,它到杆的近端距离为 a,计算细杆对质点的引力.

8. 某建筑工地打地基时,需要汽锤将桩打进土层. 汽锤每次击打都将克服土层对桩的阻力而做功. 设土层对桩的阻力的大小与桩被打进土层的深度成正比(比例系数为 $k>0$),汽锤第一次击打将桩打进土层 a(m). 根据设计方案,要求汽锤每次击打桩时所做的功与前一次击打桩时所做的功之比为常数 $r(0<r<1)$. 问:

(1) 汽锤 3 次击打桩后,可将桩打进地下多深?

(2) 若击打次数不限,汽锤至多可将桩打进地下多深?

9. 某段河道的河床截线呈抛物线形,河两岸相距 100 m,岸与河道最深处的垂直距离为10 m. 为抗洪,现将河床挖成梯形状(见图 5-36). 问:

(1) 河床改造后,河的截面面积是改造前截面面积的多少倍?

(2) 在改造过程中,将 1 km 长的河道里挖出的淤泥运到河岸处需要做多少功?(假设1 m^3 的淤泥重量为 ρ(N))

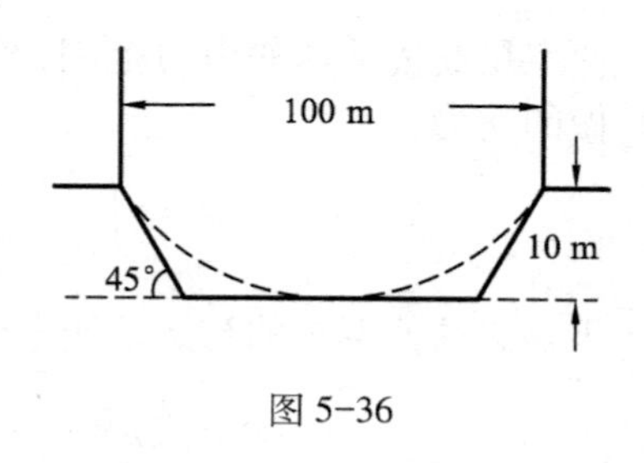

图 5-36

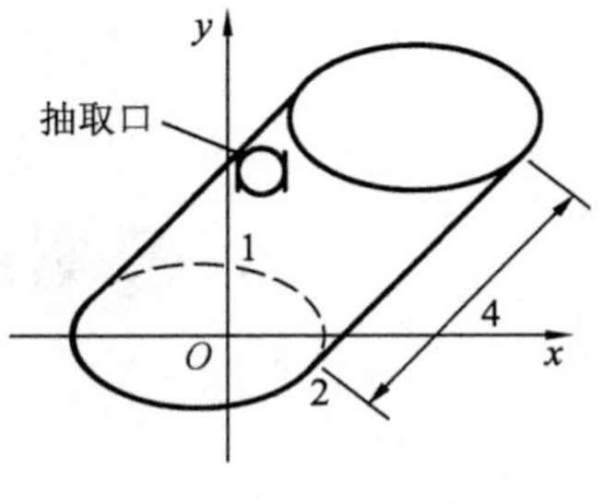

图 5-37

10. 在水平放置的椭圆柱形容器内储存某种液体，容器的尺寸如图 5-37 所示（单位：m）. 问：

（1）当液面在过点$(0,y)$ $(-1\leqslant y\leqslant 1)$处的水平线时，容器内液体的体积为多少？

（2）当容器内盛满液体后，以 0.16 m^3/s 的速度将液体从容器顶端抽出，则当液面降至$y=0$处时，液面下降的速度是多少？

（3）如果液体的比重为 1 000 kg/m^3，抽出全部液体需做多少功？

第六章　微分方程及其应用

微积分中所研究的函数,是反映客观现实世界运动过程中量与量之间的一种变化关系.但在大量的实际问题中,往往不能直接找出这种变化关系,但比较容易建立这些变量与它们的导数(或微分)之间的关系.这种联系着自变量、未知函数及它的导数(或微分)的关系式就是所谓的微分方程.本章主要介绍微分方程的一些基本概念和几种常见的微分方程的求解方法.

第一节　微分方程的基本概念

一、引例

例 1　一曲线通过点(1,2),且在该曲线上任一点 $M(x,y)$ 处的切线的斜率为 $2x$,求该曲线的方程.

解　设所求曲线的方程为 $y=f(x)$. 根据导数的几何意义,可知未知函数 $y=f(x)$ 满足关系式

$$\frac{\mathrm{d}y}{\mathrm{d}x}=2x. \tag{1}$$

另外,未知函数 $y=f(x)$ 还应满足下列条件

$$x=1 \text{ 时}, y=2. \tag{2}$$

式(1)两端积分,得

$$y=\int 2x\mathrm{d}x,$$

即

$$y=x^2+C, \tag{3}$$

其中 C 是任意常数. 把条件"$x=1$ 时,$y=2$"代入式(3),得 $2=1^2+C$. 由此定出 $C=1$. 把 $C=1$ 代入式(3),即得所求曲线方程

$$y=x^2+1. \tag{4}$$

例 2　把一质量为 m 的物体从地面上以初速度 v_0 竖直上抛,设该物体运动只受重力影响,试求该物体的运动方程.

解　设物体与地面的距离为 s,时间为 t. 由于上抛只受重力作用,故物体所受力为 $F=-mg$,根据牛顿第二定律,$F=ma$ 及加速度 $a=\dfrac{d^2s}{dt^2}$,因此有

$$m\frac{d^2s}{dt^2}=-mg,$$

即

$$\frac{d^2s}{dt^2}=-g. \tag{5}$$

两端积分,得

$$\frac{ds}{dt}=-gt+C_1, \tag{6}$$

两端再积分,得

$$s=-\frac{1}{2}gt^2+C_1t+C_2\ (C_1,C_2\text{ 均为任意常数}). \tag{7}$$

由题意可知,$t=0$ 时,

$$s=0,\ v=\frac{ds}{dt}=v_0, \tag{8}$$

代入式(6),(7),得 $C_1=v_0,C_2=0$. 故

$$s=v_0t-\frac{1}{2}gt^2. \tag{9}$$

这正是初速度为 v_0 的物体上抛时位移 s 与时间 t 之间的函数关系,即物体的运动方程.

上述两个例子中的关系式(1)和(5)都含有未知函数的导数,它们均为微分方程.

二、有关概念

含有未知函数、未知函数的导数与自变量的等式,称为微分方程. 方程中出现的各阶导数的最高阶数,称为微分方程的阶.

若微分方程中的函数只依赖于一个自变量,则这个方程称为常微分方程. 本章仅讨论常微分方程,因此,也简称为微分方程.

n 阶微分方程的一般形式是

$$F(x,y,y',y'',\cdots,y^{(n)})=0, \tag{10}$$

其中,x 为自变量,y 为未知函数.

如果将已知函数 $y=\varphi(x)$ 代入方程(10)后,能使其成为恒等式,则称函数 $y=\varphi(x)$ 是方程(10)的解. 如果由关系式 $\Phi(x,y)=0$ 确定的隐函数 $y=\varphi(x)$ 是方程(10)的解,则称 $\Phi(x,y)=0$ 为方程(10)的隐式解.

若微分方程的解中含有互相独立①的任意常数的个数与微分方程的阶数相

① 这里所说的任意常数是互相独立的,是指它们不能合并而使得任意常数的个数减少.

等,则称这个解为微分方程的通解.若微分方程的解中不含任意常数,这样的解称为微分方程的特解.例如式(3)是微分方程(1)的通解,式(4)是微分方程(1)的特解;式(7)是微分方程(5)的通解,式(9)是微分方程(5)的特解.

确定微分方程通解中任意常数的值的条件称为定解条件.类似于式(2)、(8)这样的定解条件通常称为初始条件或初值条件.

如果方程(10)的左端函数 F 为 $y,y',y'',\cdots,y^{(n)}$ 的一次函数,则称方程(10)为 n 阶线性微分方程,否则称为非线性的. n 阶线性微分方程的一般形式为

$$a_0(x)y^{(n)}+a_1(x)y^{(n-1)}+\cdots+a_n(x)y=f(x), \tag{11}$$

其中, $a_0(x),a_1(x),\cdots,a_n(x),f(x)$ 均为已知的 x 的函数,且 $a_0(x)\neq 0$.

例 3　验证函数 $x=C_1\cos at+C_2\sin at$ 是微分方程

$$\frac{\mathrm{d}^2x}{\mathrm{d}t^2}+a^2x=0 \tag{12}$$

的通解.

证　求出函数 $x=C_1\cos at+C_2\sin at$ 的导数

$$\frac{\mathrm{d}x}{\mathrm{d}t}=-C_1a\sin at+C_2a\cos at,$$

$$\frac{\mathrm{d}^2x}{\mathrm{d}t^2}=-C_1a^2\cos at-C_2a^2\sin at.$$

将其代入方程(12)的左端,等式成立.因此,函数

$$x=C_1\cos at+C_2\sin at$$

是方程(12)的解,又此函数中含有两个互相独立的任意常数,而方程(12)为二阶微分方程,因此,函数 $x=C_1\cos at+C_2\sin at$ 是方程(12)的通解.

例 4　验证由方程 $x^2-xy+y^2=C$ 所确定的隐函数是微分方程

$$(x-2y)y'=2x-y \tag{13}$$

的解,并求出满足初始条件 $y\Big|_{x=1}=1$ 的特解.

解　在方程 $x^2-xy+y^2=C$ 两端对 x 求导,得

$$2x-y-xy'+2yy'=0,$$

即

$$(x-2y)y'=2x-y.$$

所以由方程 $x^2-xy+y^2=C$ 所确定的隐函数是微分方程(13)的解.

以初始条件 $y\Big|_{x=1}=1$ 代入方程 $x^2-xy+y^2=C$,得 $C=1$.于是,所求特解为

$$x^2-xy+y^2=1.$$

习　题　6-1

1. 验证下列各题中所给的函数或隐函数是否为所给微分方程的解？若是指出是通解，还是特解（其中 C_1,C_2 均为任意常数）：

（1）$y=\dfrac{\sin x}{x}$, $xy'+y=\cos x$；　　（2）$y=C_1\mathrm{e}^x, y''-2y'+y=0$；

（3）$y=-\dfrac{1}{x}$, $x^2y'=x^2y^2+xy+1$；　　（4）$y=C_1\cos wx+C_2\sin wx, y''+w^2y=0$.

2. 验证函数 $\mathrm{e}^y+C_1=(x+C_2)^2$ 是微分方程的 $y''+(y')^2=2\mathrm{e}^{-y}$ 通解，并满足初始条件 $y\Big|_{x=0}, y'\Big|_{x=0}=\dfrac{1}{2}$ 的特解.

3. 写出由下列条件确定的曲线所满足的微分方程：

（1）曲线上任一点处的切线斜率都比该点纵坐标大 5；

（2）曲线上任一点 P 处的法线与 x 轴的交点为 Q，线段 PQ 被 y 轴平分；

（3）曲线上任一点 P 处的切线与 y 轴的交点为 Q，线段 PQ 的长度为 2，且曲线通过点 $(2,0)$.

4. 一质量为 m 的物体以初速度 v_0 竖直上升，假定空气阻力与物体速度平方成正比，试求物体上升高度与时间的函数关系所满足的微分方程.

5. 质量为 m 的物体自由悬挂在一端固定的弹簧上（弹簧弹性系数为 c），当重力与弹性力抵消时物体处于平衡状态. 若用手向下拉物体使它离开平衡位置后放开，物体在弹性力与阻力作用下做往复运动，阻力的大小与运动速度成正比（比例系数为 μ），方向相反. 试建立位移 x 满足的微分方程（取 x 轴铅直向下，物体平衡位置为坐标原点）.

6. 求曲线族 $x^2+Cy^2=1$ 所满足的一阶微分方程，其中 C 为任意常数.

第二节　可分离变量的微分方程

一阶微分方程的一般形式为

$$F(x,y,y')=0,$$

如果由上式可以解出 y'，则方程可以改写成导数形式

$$y'=f(x,y) \text{ 或 } \frac{\mathrm{d}y}{\mathrm{d}x}=f(x,y),$$

也可以写成对称形式

$$P(x,y)\,\mathrm{d}x+Q(x,y)\,\mathrm{d}y=0.$$

一阶微分方程是最简单的微分方程，即便如此，由于 F,f,P 和 Q 的多样性，也不能用一个通用的公式表达所有情况下的解，甚至不能保证方程一定有解. 因此，本节及下节将讨论几种可求解的特殊形式的一阶微分方程的求解问题.

一、可分离变量的微分方程

如果一阶微分方程能化为

$$\frac{dy}{dx}=f(x)g(y) \tag{1}$$

的形式,那么原方程称为可分离变量的微分方程或变量可分离的微分方程.

要解这类方程,先把原方程化为形式

$$\frac{dy}{g(y)}=f(x)dx,$$

该过程称为分离变量. 再对上式两端积分

$$\int\frac{1}{g(y)}dy = \int f(x)dx + C\text{①}$$

便可得到所求的通解.

如果要求其特解,可将定解条件代入通解中定出任意常数 C,即可得到相应的特解.

例 1　求解微分方程

$$\frac{dy}{dx}=2xy.$$

解　原微分方程分离变量后,得

$$\frac{1}{y}dy=2xdx.$$

两端积分,得

$$\ln|y|=x^2+C_1,$$

或

$$y=\pm e^{C_1}\cdot e^{x^2}.$$

因为 $\pm e^{C_1}$ 可以表示任意非零常数,同时注意到 $y\equiv 0$ 也是原方程的解,因此令 C 为任意常数,便得原方程的通解为

$$y=Ce^{x^2}.$$

为了运算和叙述方便起见,可把上述 $\ln|y|$ 写成 $\ln y$,而把中间积分常数 C_1 写成 $\ln C$,则以上解答过程可简写为

$$\ln y=x^2+\ln C,$$

即

$$y=Ce^{x^2}.$$

---

① 这里的不定积分理解为被积函数的一个确定的原函数,对以后出现的类似情况,也同样理解.

只要表明最后得到的通解中的 C 为任意常数即可.

例 2　求微分方程 $(1+y^2)\,dx - xy(1+x^2)\,dy = 0$ 满足初始条件 $y(1)=2$ 的特解.

解　原方程分离变量,得

$$\frac{y}{1+y^2}dy = \frac{1}{x(1+x^2)}dx,$$

或

$$\frac{y}{1+y^2}dy = \left(\frac{1}{x} - \frac{x}{1+x^2}\right)dx.$$

两端积分,得

$$\frac{1}{2}\ln(1+y^2) = \ln x - \frac{1}{2}\ln(1+x^2) + \frac{1}{2}\ln C.$$

即

$$\ln[(1+x^2)(1+y^2)] = \ln(Cx^2).$$

因此,通解为

$$(1+x^2)(1+y^2) = Cx^2,$$

这里 C 为任意常数.

把初始条件 $y(1)=2$ 代入通解,可得 $C=10$. 于是,所求特解为

$$(1+x^2)(1+y^2) = 10x^2.$$

例 3　实验得出,在给定时刻 t,镭的衰变速率(质量减少的即时速度)与镭的现存量 $M=M(t)$ 成正比. 又当 $t=0$ 时,$M=M_0$. 求镭的存量与时间 t 的函数关系.

解　由题意得

$$\frac{dM(t)}{dt} = -kM(t)\ (k>0), \tag{2}$$

并满足初始条件 $M\Big|_{t=0} = M_0$.

方程(2)分离变量后得

$$\frac{dM}{M} = -k\,dt.$$

两端积分,得

$$\ln M = -kt + \ln C.$$

即

$$M = Ce^{-kt}.$$

将初始条件 $M\Big|_{t=0} = M_0$ 代入上式,得 $C=M_0$,故镭的衰变规律可表示为

$$M = M_0e^{-kt}.$$

一般地,利用微分方程解决实际问题的步骤如下:

(1) 利用问题的性质建立微分方程,并写出初始条件;

(2) 求出方程的通解或特解.

二、齐次方程

可化为形如

$$\frac{dy}{dx}=f\left(\frac{y}{x}\right) \tag{3}$$

的微分方程,称为一阶齐次微分方程,简称为齐次方程. 例如方程

$$(xy-y^2)dx-(x^2-2xy)dy=0$$

可化为

$$\frac{dy}{dx}=\frac{xy-y^2}{x^2-2xy}=\frac{\frac{y}{x}-\left(\frac{y}{x}\right)^2}{1-2\left(\frac{y}{x}\right)}.$$

因此,它是一阶齐次微分方程.

齐次方程是一类可化为可分离变量的方程. 事实上,如果作变量替换

$$u=\frac{y}{x}, \tag{4}$$

则

$$y=ux,\ \frac{dy}{dx}=u+x\frac{du}{dx}.$$

将其代入方程(3),便得

$$u+x\frac{du}{dx}=f(u).$$

这是变量可分离的方程. 分离变量并两端积分,得

$$\int\frac{1}{f(u)-u}du=\int\frac{1}{x}dx. \tag{5}$$

求出积分后,将 u 还原成$\frac{y}{x}$,便得所给齐次方程的通解.

例 4　解微分方程

$$y'-\frac{y}{x}=2\tan\frac{y}{x}.$$

解　原方程可写成

$$y'=2\tan\frac{y}{x}+\frac{y}{x}.$$

这是齐次方程. 令 $u=\frac{y}{x}$,则 $f(u)=2\tan u+u$. 代入式(5)得

$$\int\frac{du}{2\tan u}=\int\frac{dx}{x}.$$

两端积分,得

$$\ln(\sin u)=2\ln x+\ln C=\ln Cx^2.$$

即
$$\sin u=Cx^2.$$

将 $u=\frac{y}{x}$ 代入上式，便得原方程的通解为

$$\sin\frac{y}{x}=Cx^2.$$

在微分方程中，一般习惯上把 x 看作自变量，但若这样不易解，也可将 y 看作自变量，求解时可能比较简便，如下例.

例 5　求微分方程

$$(y^2-3x^2)\mathrm{d}y-2xy\mathrm{d}x=0$$

满足初始条件 $y\big|_{x=0}=1$ 的特解.

解　原方程可化为

$$\frac{\mathrm{d}x}{\mathrm{d}y}=\frac{y^2-3x^2}{2xy}=\frac{1-3\left(\frac{x}{y}\right)^2}{2\cdot\frac{x}{y}}.$$

令 $u=\frac{x}{y}$，即 $x=uy$，则 $\frac{\mathrm{d}x}{\mathrm{d}y}=u+y\frac{\mathrm{d}u}{\mathrm{d}y}$，代入上式，得

$$y\frac{\mathrm{d}u}{\mathrm{d}y}=\frac{1-5u^2}{2u}.$$

分离变量并两端积分，得

$$\int\frac{2u}{1-5u^2}\mathrm{d}u=\int\frac{1}{y}\mathrm{d}y.$$

即
$$-\frac{1}{5}\ln(1-5u^2)=\ln y-\frac{1}{5}\ln C,$$

从而得

$$y^5=\frac{C}{1-5u^2}.$$

将 $u=\frac{x}{y}$ 代入，得到原方程的通解为

$$y^5-5x^2y^3=C.$$

再将初始条件 $y\big|_{x=0}=1$ 代入通解中，得到 $C=1$. 于是，所求特解为

$$y^5-5x^2y^3=1.$$

习 题 6-2

1. 求下列微分方程的通解:

(1) $\frac{dy}{dx}=2xy$;

(2) $y^2dx+(x+1)dy=0$;

(3) $ydx+(x^2-4x)dy=0$;

(4) $\frac{dy}{dx}=10^{x+y}$;

(5) $(y+1)^2\frac{dy}{dx}+x^3=0$.

2. 解下列微分方程:

(1) $xy'=y+xe^{\frac{y}{x}}(x>0)$;

(2) $xy'=\sqrt{x^2-y^2}+y\ (x>0)$;

(3) $\frac{dy}{dx}=\frac{y}{x}+\tan\frac{y}{x}$;

(4) $y^2dx=x(xdy-ydx)$;

(5) $x(\ln x-\ln y)dy-ydx=0$.

3. 求满足下列初始条件的微分方程的特解:

(1) $y^2dx+(x+1)dy=0$, $y\big|_{x=0}=1$;

(2) $e^xdx-ydy=0$, $y(0)=1$.

4. 函数 $y=y(x)$ 在点 x 处的增量满足 $\Delta y=\frac{y\Delta x}{1+x^2}+o(\Delta x)(\Delta x\to 0)$, 且 $y(0)=\pi$,求$y(1)$.

5. 细菌的增长率与总数呈正比,如果培养的细菌总数在 24 h 内由 100 个单位增长到 400 个单位,那么,前 12 h 后细菌总数是多少?

6. 一曲线通过点(2,3),它在两坐标轴之间的任意切线段均被切点所平分,求该曲线的方程.

第三节 一阶线性微分方程

可化为形如

$$\frac{dy}{dx}+P(x)y=Q(x) \tag{1}$$

的微分方程,称为一阶线性微分方程,其中 $P(x)$,$Q(x)$均为 x 的已知函数.

当 $Q(x)\equiv 0$ 时,方程(1)

$$\frac{dy}{dx}+P(x)y=0 \tag{2}$$

称为对应于方程(1)的线性齐次微分方程.

显然,方程(2)是可分离变量的,分离变量后,得

$$\frac{dy}{y}=-P(x)dx.$$

两端积分,得

$$\ln y = -\int P(x)\,\mathrm{d}x + \ln C.$$

于是,方程(2)的通解为

$$y = C\mathrm{e}^{-\int P(x)\mathrm{d}x}. \tag{3}$$

下面求方程(1)的通解. 由于方程(1)包含了方程(2)的情况,那么方程(1)的通解也应包含方程(2)的通解,两者的解之间必有某种内在联系. 下面分析方程(1)的解的形式.

把方程(1)改写为

$$\frac{\mathrm{d}y}{y} = \left(-P(x) + \frac{Q(x)}{y}\right)\mathrm{d}x.$$

两端积分,得

$$\ln y = -\int P(x)\,\mathrm{d}x + \int \frac{Q(x)}{y}\mathrm{d}x + \ln C_1.$$

即

$$y = C_1\mathrm{e}^{\int \frac{Q(x)}{y}\mathrm{d}x} \cdot \mathrm{e}^{-\int P(x)\mathrm{d}x}.$$

因为积分$\int \frac{Q(x)}{y}\mathrm{d}x$中的被积函数含有未知函数 y,因此还未得到方程(1) 的解. 但由于 y 是 x 的函数,则积分$\int \frac{Q(x)}{y}\mathrm{d}x$ 的结果应是 x 的函数. 故可设

$$C_1\mathrm{e}^{\int \frac{Q(x)}{y}\mathrm{d}x} = C(x),$$

从而方程(1)的解应具如下形式

$$y = C(x)\mathrm{e}^{-\int P(x)\mathrm{d}x}. \tag{4}$$

将上述 y 及其导数

$$y' = C'(x)\mathrm{e}^{-\int P(x)\mathrm{d}x} - C(x)P(x)\mathrm{e}^{-\int P(x)\mathrm{d}x}$$

代入方程(1),得

$$C'(x)\mathrm{e}^{-\int P(x)\mathrm{d}x} - C(x)P(x)\mathrm{e}^{-\int P(x)\mathrm{d}x} + P(x)C(x)\mathrm{e}^{-\int P(x)\mathrm{d}x} = Q(x).$$

因此

$$C'(x)\mathrm{e}^{-\int P(x)\mathrm{d}x} = Q(x) \text{ 或 } C'(x) = Q(x)\mathrm{e}^{\int P(x)\mathrm{d}x}.$$

两端积分,得

$$C(x) = \int Q(x)\mathrm{e}^{\int P(x)\mathrm{d}x}\mathrm{d}x + C.$$

把上式代入式(4),便得方程(1)的通解为

$$y = \mathrm{e}^{-\int P(x)\mathrm{d}x}\left(\int Q(x)\mathrm{e}^{\int P(x)\mathrm{d}x}\mathrm{d}x + C\right). \tag{5}$$

这种将线性齐次方程(2)的通解(3)中的任意常数换成待定函数 $C(x)$,然后求得线性非齐次方程(1)通解的方法,称为常数变易法.

将式(5)写成两项之和

$$y = Ce^{-\int P(x)\mathrm{d}x} + e^{-\int P(x)\mathrm{d}x}\int Q(x)e^{\int P(x)\mathrm{d}x}\mathrm{d}x.$$

上式右端第一项是对应的线性齐次方程(2)的通解,第二项是线性非齐次方程(1)的一个特解(即在通解(5)中令 $C=0$,便得此特解). 因此,一阶线性非齐次方程的通解等于对应的线性齐次方程的通解与线性非齐次方程的一个特解之和.

例 1 求解微分方程

$$y' - y\cot x = 2x\sin x.$$

解一 用常数变易法. 对应齐次方程为

$$y' - y\cot x = 0.$$

分离变量,得

$$\frac{1}{y}\mathrm{d}y = \cot x\mathrm{d}x.$$

两端积分,得

$$y = Ce^{\int \cot x\mathrm{d}x} = Ce^{\ln \sin x} = C\cdot\sin x.$$

用常数变易法,把 C 换成新的未知函数 $C(x)$,即令

$$y = C(x)\sin x,$$

则

$$y' = C'(x)\sin x + C(x)\cos x.$$

代入原非齐次方程,得

$$C'(x) = 2x.$$

两端积分,得

$$C(x) = x^2 + C.$$

故所求通解为

$$y = (x^2 + C)\sin x.$$

解二 直接用公式(5),其中

$$P(x) = -\cot x,\ Q(x) = 2x\sin x,\ \int P(x)\mathrm{d}x = -\ln(\sin x),$$

因此,

$$e^{\int P(x)\mathrm{d}x} = \frac{1}{\sin x},\ e^{-\int P(x)\mathrm{d}x} = \sin x,$$

代入公式(5) 得原方程的通解为

$$y = \sin x\left(C + \int 2x\mathrm{d}x\right) = (x^2 + C)\sin x.$$

例 2　求微分方程 $(y^2-6x)y'+2y=0$ 满足初始条件 $y\Big|_{x=2}=1$ 的特解.

解　这个方程不是未知函数 y 与 y' 的线性方程,但是可以将它变形为

$$\frac{\mathrm{d}x}{\mathrm{d}y}=\frac{6x-y^2}{2y},$$

即

$$\frac{\mathrm{d}x}{\mathrm{d}y}-\frac{3}{y}x=-\frac{y}{2}. \tag{6}$$

若将 x 视为 y 的函数,则对于 $x(y)$ 及其导数 $\frac{\mathrm{d}x}{\mathrm{d}y}$ 而言,方程(6)是一个线性方程. 由通解公式(5)得

$$x=\mathrm{e}^{\int\frac{3}{y}\mathrm{d}y}\left(\int\left(-\frac{y}{2}\right)\mathrm{e}^{-\int\frac{3}{y}\mathrm{d}y}\mathrm{d}y+C\right)=y^3\left(\frac{1}{2y}+C\right).$$

以条件 $x=2$ 时,$y=1$ 代入,得 $C=\frac{3}{2}$. 因此,所求特解为

$$x=\frac{3}{2}y^3+\frac{y^2}{2}.$$

例 3　有一电路如图 6-1 所示, 其中电源电动势为 $E=E_{\mathrm{m}}\sin\omega t$($E_m,\omega$ 都是常量),电阻 R 和电感 L 都是常量,求 $i(t)$.

解　由回路电压定律:在闭合回路中, 所有支路上的电压降为0. 因为经过电阻 R 的电压降为 Ri,经过 L 的电压降为 $L\frac{\mathrm{d}i}{\mathrm{d}t}$,因此有

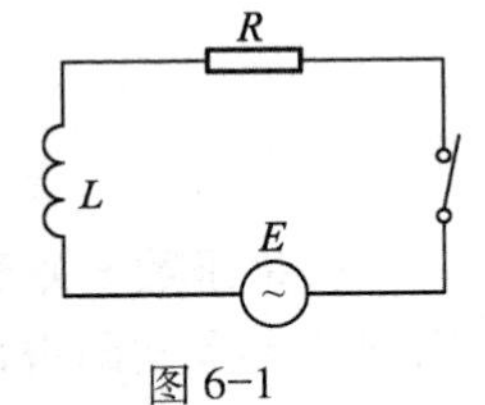

图 6-1

$$E-L\frac{\mathrm{d}i}{\mathrm{d}t}-R_i=0,$$

即

$$\frac{\mathrm{d}i}{\mathrm{d}t}+\frac{R}{L}i=\frac{E_{\mathrm{m}}\sin\omega t}{L},$$

初始条件为 $i\Big|_{t=0}=0$.

这是一阶线性方程,由解的公式可得

$$i(t)=\mathrm{e}^{-\int\frac{R}{L}\mathrm{d}t}\left(\int\frac{E_{\mathrm{m}}}{L}\sin\omega t\cdot\mathrm{e}^{\int\frac{R}{L}\mathrm{d}t}\mathrm{d}t+C\right)=\mathrm{e}^{-\frac{R}{L}t}\left(\int\frac{E_m}{L}\mathrm{e}^{\frac{R}{L}t}\sin\omega t\mathrm{d}t+C\right).$$

应用分部积分法,得

$$\int\mathrm{e}^{\frac{R}{L}t}\sin\omega t\mathrm{d}t=\frac{\mathrm{e}^{\frac{R}{L}t}}{R^2+\omega^2L^2}(RL\sin\omega t-\omega L^2\cos\omega t).$$

代入上式并化简,得

$$i(t)=\frac{E_{\mathrm{m}}}{R^2+\omega^2L^2}(R\sin\omega t-\omega L\cos\omega t)+C\mathrm{e}^{-\frac{R}{L}t}.$$

将初始条件代人上式可得 $C=\dfrac{\omega LE_{\mathrm{m}}}{R^2+\omega^2L^2}$. 因此,电流强度

$$i(t)=\frac{E_m}{R^2+\omega^2L^2}(R\sin\omega t-\omega L\cos\omega t)+\frac{\omega LE_m}{R^2+\omega^2L^2}\mathrm{e}^{-\frac{R}{L}t}.$$

有时,一些方程可通过变量代换化为一阶线性微分方程,如下面的伯努利方程

$$\frac{\mathrm{d}y}{\mathrm{d}x}+P(x)y=Q(x)y^n\ (n\neq 0,1)\tag{7}$$

就可化为线性方程. 事实上,在方程(7)两端同除以 y^n,得

$$y^{-n}\frac{\mathrm{d}y}{\mathrm{d}x}+P(x)y^{1-n}=Q(x).$$

再令 $z=y^{1-n}$,则

$$\frac{\mathrm{d}z}{\mathrm{d}x}=(1-n)y^{-n}\frac{\mathrm{d}y}{\mathrm{d}x},$$

上式可化为

$$\frac{1}{1-n}\frac{\mathrm{d}z}{\mathrm{d}x}+P(x)z=Q(x).$$

即

$$\frac{\mathrm{d}z}{\mathrm{d}x}+(1-n)P(x)z=(1-n)Q(x).$$

这是函数 z 关于 x 的一阶线性方程,从而可用常数变易法或公式法得出 z,再用 y^{1-n}代换 z,即得伯努利方程(7)的解.

例 4　求方程$\dfrac{\mathrm{d}y}{\mathrm{d}x}-\dfrac{4}{x}y=x^2\sqrt{y}$的通解.

解　此方程是伯努利方程$\left(n=\dfrac{1}{2}\right)$. 两端除以$\sqrt{y}$,得

$$\frac{1}{\sqrt{y}}\frac{\mathrm{d}y}{\mathrm{d}x}-\frac{4}{x}\sqrt{y}=x^2.$$

令 $z=\sqrt{y}$,则有

$$2\frac{\mathrm{d}z}{\mathrm{d}x}-\frac{4}{x}z=x^2,$$

这是一阶线性方程,其通解为

$$z=x^2\left(\frac{x}{2}+C\right).$$

所以,原方程的通解为

$$y = x^4\left(\frac{x}{2} + C\right)^2.$$

习　题　6-3

1. 求下列一阶线性微分方程的通解：

(1) $y' - y = \sin x$；　　(2) $y' + 3y = e^{2x}$；

(3) $y' + \frac{1-2x}{x^2}y - 1 = 0$；　　(4) $xyk' + y = x^3$；

(5) $y' = \frac{y}{x + y^3}$；　　(6) $y' = \frac{ay}{x} + \frac{x+1}{x}$ (a 为常数).

2. 求下列微分方程满足初始条件的特解：

(1) $\frac{dk}{dt} + \frac{2}{10+2t}, k = 4, k(2) = 100$；　　(2) $\frac{dT}{dt} + kT = 100k$，其中 k 为常数，$T(0) = 101$.

3. 求下列微分方程的通解：

(1) $(y\ln x - 2)y dx = x dy$；　　(2) $2xy dy = (2y^2 - x)dx$.

4. 求下列微分方程：

(1) $\frac{dy}{dx} = \frac{y}{2x} + \frac{x^2}{2y}$；　　(2) $\frac{dy}{dx} + xy + x^3y^3 = 0$；

(3) $y^{\frac{4}{3}}y' + \frac{2}{x}y^{-\frac{1}{3}} = 3x^2$；　　(4) $xy' + 2y = 3x^3y^{\frac{4}{3}}$.

5. 牛顿冷却定律(也适用于加热情况)提出，物体的温度随时间的变化率与物体跟周围环境的温差成正比. 现有温度未知的物体放置在温度恒定为 30 ℉的房间中. 若 10 min 后，物体的温度为 0 ℉；20 min 后，温度为 15 ℉. 求未知的初始温度 T_0.

第四节　二阶线性微分方程

二阶及二阶以上的微分方程，统称为高阶微分方程. 本节讨论在实际应用中最常见的二阶线性微分方程，其结论可同样推广到高阶线性微分方程.

一、线性微分方程解的结构

1. 齐次线性微分方程解的结构

二阶线性微分方程的一般形式是

$$y'' + P(x)y' + Q(x)y = f(x). \tag{1}$$

如果方程(1)右端 $f(x) \equiv 0$，那么称方程是齐次的；否则称方程是非齐次的.

先讨论二阶齐次线性方程

$$y'' + P(x)y' + Q(x)y = 0. \tag{2}$$

定理 1 如果函数 $y_1(x)$ 与 $y_2(x)$ 是方程(2)的两个解，那么

$$y = C_1y_1(x) + C_2y_2(x)$$

也是方程(2)的解,其中 C_1,C_2 是任意常数.

证 直接代入验证即可.

根据定理 1,齐次线性方程的解符合叠加原理. 但值得注意的是

$$y = C_1y_1(x) + C_2y_2(x)$$

未必就是方程(2)的通解,因为两个任意常数未必相互独立. 那么什么情形下它是方程(2)的通解呢？要回答这个问题,首先要介绍函数的线性相关与线性无关的概念.

设 $y_1(x)$, $y_2(x)$,⋯, $y_n(x)$ 为定义在区间 I 上的 n 个函数,如果存在 n 个不全为零的常数 k_1, k_2,⋯, k_n,使得当 $x\in I$ 时,恒等式

$$k_1y_1(x) + k_2y_2(x) + \cdots + k_ny_n(x) \equiv 0$$

成立，那么称这 n 个函数在区间 I 上线性相关；否则称线性无关.

对于两个函数，它们线性相关与否，只要看它们的比是否为常数. 如果比为常数，那么它们就线性相关，否则就线性无关. 如函数 $\sin x$ 和 $\cos x$ 是线性无关的,因为它们的比不是常数. 而对于多个函数,函数的线性相关和线性无关则需要根据定义判断.

例如，$1,\cos^2x$, $\sin^2x$ 在整个数轴上是线性相关的. 因为可取常数 $C_1=-1$, $C_2=1,C_3=1$ 使得 $C_1+C_2\cos^2x+C_3\sin^2x=0$. 读者可证明,函数 $1,x,x^2$ 在任何区间 (a,b) 内是线性无关的.

定理 2 如果函数 $y_1(x)$ 与 $y_2(x)$ 是方程(1)的两个线性无关的解，那么

$$y = C_1y_1(x) + C_2y_2(x)$$

是方程(1)的通解,其中 C_1,C_2 是任意常数.

例 1 验证 $y_1=\cos x$ 与 $y_2=\sin x$ 是方程 $y''+y=0$ 的两个线性无关的解.

证 因为

$$y_1''+y_1=-\cos x+\cos x=0,$$

$$y_2''+y_2=-\sin x+\sin x=0,$$

所以 $y_1=\cos x$ 与 $y_2=\sin x$ 都是方程的解.

又因为 $\cos x$ 与 $\sin x$ 在区间$(-\infty,+\infty)$内是线性无关的，所以 $y_1=\cos x$ 与 $y_2=\sin x$是方程 $y''+y=0$ 的两个线性无关的解.

例 2 验证 $y_1=x$ 与 $y_2=e^x$ 是方程$(x-1)y''-xy'+y=0$ 的线性无关解，并写出其通解.

证 因为

$$(x-1)y_1''-xy_1'+y_1=-x+x=0,$$

$$(x-1)y_2''-xy_2'+y_2=(x-1)e^x-xe^x+e^x=0,$$

所以 $y_1=x$ 与 $y_2=\mathrm{e}^x$ 都是方程的解.

又因为比值$\frac{\mathrm{e}^x}{x}$不恒为常数，所以 $y_1=x$ 与 $y_2=\mathrm{e}^x$ 在区间$(-\infty,+\infty)$内是原方程$(x-1)y''-xy'+y=0$ 的线性无关解. 方程的通解为

$$y=C_1x+C_2\mathrm{e}^x,$$

其中,C_1,C_2 是任意常数.

对于 n 阶齐次线性方程有类似的结果：

如果 $y_1(x),y_2(x),\cdots,y_n(x)$是方程

$$y^{(n)}+a_1(x)y^{(n-1)}+\cdots+a_{n-1}(x)y'+a_n(x)y=0$$

的 n 个线性无关的解，那么，该方程的通解为

$$y=C_1y_1(x)+C_2y_2(x)+\cdots+C_ny_n(x),$$

其中,$C_1,C_2,\cdots,C_n$ 为任意常数.

2. 非齐次线性微分方程解的结构

方程(2)称为与非齐次线性微分方程(1)对应的齐次方程.

定理3　设 $y^*(x)$是二阶非齐次线性方程(1)的一个特解，$Y(x)$是对应的齐次方程(2)的通解，那么

$$y=Y(x)+y^*(x) \tag{3}$$

是二阶非齐次线性微分方程的通解.

证　把式(3)代入方程得

$$\begin{aligned}&[Y(x)+y^*(x)]''+P(x)[Y(x)+y^*(x)]'+Q(x)[Y(x)+y^*(x)]\\=&[Y''+P(x)Y'+Q(x)Y]+[y^{*}{}''+P(x)y^{*}{}'+Q(x)y^*]\\=&0+f(x)=f(x).\end{aligned}$$

所以,函数(3)是方程(1)的解. 又因为 $Y(x)$是方程(1)的通解,因此,在 $Y(x)$中,进而在函数(3)含有两个相互独立的任意常数,所以函数(3)是方程(1)的通解.

例如，$Y=C_1\cos x+C_2\sin x$ 是齐次方程 $y''+y=0$ 的通解，$y^*=x^2-2$ 是 $y''+y=x^2$ 的一个特解，因此,$y=C_1\cos x+C_2\sin x+x^2-2$ 是方程 $y''+y=x^2$ 的通解.

定理4　设非齐次线性微分方程(1)的右端$f(x)=f_1(x)+f_2(x)$，而 $y_1^*(x)$与 $y_2^*(x)$分别是方程

$$y''+P(x)y'+Q(x)y=f_1(x) \text{ 与 } y''+P(x)y'+Q(x)y=f_2(x)$$

的特解，那么 $y_1^*(x)+y_2^*(x)$是原方程(1)的特解.

证明从略.

对于高阶线性方程也有类似的结果.

二、二阶常系数齐次线性微分方程的解法

当线性微分方程中未知函数及其导数的系数都是常数时,该微分方程称为常系数线性微分方程. 因此,二阶常系数齐次线性微分方程可表达为

$$y''+py'+qy=0, \tag{4}$$

其中,p,q 均为常数.

根据定理 2,要写出方程(4)的通解,只要求出方程(4)的两个线性无关的解.

可以看出,方程(4)实际上反映了未知函数及其导数常数倍的关系. 注意到指数函数 $y=\mathrm{e}^{rx}$的各阶导数是原函数的常数倍,因此,可尝试方程(4)有没有形式 $y=\mathrm{e}^{rx}$的解. 为此将 $y=\mathrm{e}^{rx}$代入方程(4)得

$$(r^2+pr+q)\mathrm{e}^{rx}=0.$$

由此可见,只要 r 满足代数方程 $r^2+pr+q=0$,函数 $y=\mathrm{e}^{rx}$就是微分方程(4)的解. 方程

$$r^2+pr+q=0 \tag{5}$$

称为微分方程(4)的特征方程. 特征方程的两个根 r_1,r_2 可用如下公式

$$r_{1,2}=\frac{-p\pm\sqrt{p^2-4q}}{2}$$

表示,对其分别讨论如下:

(1) 特征方程有两个不相等的实根 r_1,r_2,此时函数 $y_1=\mathrm{e}^{r_1x}$,$y_2=\mathrm{e}^{r_2x}$是方程(4)的两个线性无关的解. 因此方程(4)的通解为

$$y=C_1\mathrm{e}^{r_1x}+C_2\mathrm{e}^{r_2x}.$$

(2) 特征方程有两个相等的实根 $r_1=r_2$. 此时函数 $y_1=\mathrm{e}^{r_1x}$是方程(4)的一个解,为了求另外的一个解,可用常数变易法. 设 $y_2=C(x)\mathrm{e}^{r_1x}$,注意到方程(5)取重根 r_1,则有 $p+2r_1=0$,将 $y_2=C(x)\mathrm{e}^{r_1x}$代入方程,可求得 $y_2=x\mathrm{e}^{r_1x}$也是方程的解,且$\dfrac{y_2}{y_1}=\dfrac{x\mathrm{e}^{r_1x}}{\mathrm{e}^{r_1x}}=x$ 不是常数. 因此方程(4)的通解为

$$y=(C_1+C_2x)\mathrm{e}^{r_1x}.$$

(3) 特征方程有一对共轭复根 $r_{1,2}=\alpha\pm\mathrm{i}\beta$. 此时函数 $y=\mathrm{e}^{(\alpha+\mathrm{i}\beta)x}$,$y=\mathrm{e}^{(\alpha-\mathrm{i}\beta)x}$是微分方程的两个线性无关的复数形式的解. 下面我们将其化为实数形式的解.

由欧拉公式

$$\mathrm{e}^{(\alpha+\mathrm{i}\beta)x}=\mathrm{e}^{\alpha x}(\cos\beta x+\mathrm{i}\sin\beta x)$$

得

$$y_1=\mathrm{e}^{(\alpha+\mathrm{i}\beta)x}=\mathrm{e}^{\alpha x}(\cos\beta x+\mathrm{i}\sin\beta x),$$
$$y_2=\mathrm{e}^{(\alpha-\mathrm{i}\beta)x}=\mathrm{e}^{\alpha x}(\cos\beta x-\mathrm{i}\sin\beta x).$$

因为函数 $y_1=e^{(\alpha+i\beta)x}$ 和 $y_2=e^{(\alpha-i\beta)x}$ 都是方程的解，因此 $\frac{1}{2}(y_1+y_2)=e^{\alpha x}\cos\beta x$ 和 $\frac{1}{2i}(y_1-y_2)=e^{\alpha x}\sin\beta x$ 也是方程的解，且线性无关. 因此方程(4)的通解为

$$y=e^{\alpha x}(C_1\cos\beta x+C_2\sin\beta x).$$

根据以上讨论结果，可以归纳求二阶常系数齐次线性微分方程(4)的通解的步骤如下：

第一步　写出微分方程(4)的特征方程(5)；

第二步　求出特征方程(5)的根；

第三步　根据特征方程的根的 3 种不同情况，写出微分方程的通解.

例 3　求微分方程 $y''-2y'-3y=0$ 的通解.

解　所给微分方程的特征方程为

$$r^2-2r-3=0,$$

即

$$(r+1)(r-3)=0.$$

其根 $r_1=-1$，$r_2=3$ 是两个不相等的实根，因此所求通解为

$$y=C_1e^{-x}+C_2e^{3x}.$$

例 4　求方程 $y''+2y'+y=0$ 满足初始条件 $y|_{x=0}=4$，$y'|_{x=0}=-2$ 的特解.

解　所给方程的特征方程为

$$r^2+2r+1=0,$$

即

$$(r+1)^2=0.$$

其根 $r_1=r_2=-1$ 是两个相等的实根，因此所给微分方程的通解为

$$y=(C_1+C_2x)e^{-x}.$$

将条件 $y|_{x=0}=4$ 代入通解，得 $C_1=4$，从而

$$y=(4+C_2x)e^{-x}.$$

将上式对 x 求导，得

$$y'=(C_2-4-C_2x)e^{-x}.$$

再把条件 $y'|_{x=0}=-2$ 代入上式，得 $C_2=2$. 于是所求特解为

$$x=(4+2x)e^{-x}.$$

例 5　求微分方程 $y''-2y'+5y=0$ 的通解.

解　所给方程的特征方程为

$$r^2-2r+5=0.$$

特征方程的根为 $r_1=1+2i$，$r_2=1-2i$，它们是一对共轭复根，因此所求通解为

$$y=e^{x}(C_1\cos 2x+C_2\sin 2x).$$

二阶常系数齐次线性微分方程所用的方法以及方程的通解形式，可推广到 n 阶常系数齐次线性微分方程中. 其特征方程的根的情况与通解中项的对应关系

如下：

特征方程的单实根 r 对应于一项：Ce^{rx}；

特征方程的一对单复根 $r_{1,2}=\alpha\pm i\beta$ 对应于两项：$e^{\alpha x}(C_1\cos\beta x+C_2\sin\beta x)$；

特征方程的 k 重实根 r 对应于 k 项：$e^{rx}(C_1+C_2x+\cdots+C_kx^{k-1})$；

特征方程的一对 k 重复根 $r_{1,2}=\alpha\pm i\beta$ 对应于 $2k$ 项：

$$e^{\alpha x}[(C_1+C_2x+\cdots+C_kx^{k-1})\cos\beta x+(D_1+D_2x+\cdots+D_kx^{k-1})\sin\beta x].$$

例6　求方程 $y^{(4)}-2y'''+5y''=0$ 的通解.

解　这里的特征方程为

$$r^4-2r^3+5r^2=0,$$

即

$$r^2(r^2-2r+5)=0,$$

它的根是 $r_1=r_2=0$ 和 $r_{3,4}=1\pm 2i$. 因此所给微分方程的通解为

$$y=C_1+C_2x+e^x(C_3\cos 2x+C_4\sin 2x).$$

例7　求方程 $y^{(4)}+\beta^4y=0$ 的通解，其中 $\beta>0$.

解　这里的特征方程为

$$r^4+\beta^4=0.$$

它的根为 $r_{1,2}=\dfrac{\beta}{\sqrt{2}}(1\pm i)$，$r_{3,4}=-\dfrac{\beta}{\sqrt{2}}(1\pm i)$. 因此所给微分方程的通解为

$$y=e^{\frac{\beta}{\sqrt{2}}x}\left(C_1\cos\frac{\beta}{\sqrt{2}}x+C_2\sin\frac{\beta}{\sqrt{2}}x\right)+e^{-\frac{\beta}{\sqrt{2}}x}\left(C_3\cos\frac{\beta}{\sqrt{2}}x+C_4\sin\frac{\beta}{\sqrt{2}}x\right).$$

三、两类二阶常系数非齐次线性微分方程的特解形式

根据解的结构定理，要求解二阶常系数非齐次线性微分方程

$$y''+py'+qy=f(x),\tag{6}$$

只要求出它的一个特解. 对于一般形式的函数 $f(x)$，要求出方程(6)的一个特解是十分困难的，没有通用的方法. 这里仅介绍当 $f(x)$ 为两类特殊形式的函数时，方程(6)的特解形式.

(1) $f(x)=e^{\alpha x}P_m(x)$ 型，其中 α 是一个实数，$P_m(x)$ 是 m 次多项式. 此时，方程(6)一定有形如

$$y^*=x^ke^{\alpha x}Q_m(x)$$

的特解，其中 $Q_m(x)$ 是系数待定的 m 次多项式，k 依据 α 不是特征根、是特征单根、是二重特征根分别取值为0，1和2.

(2) $f(x)=e^{\alpha x}[P_m(x)\cos\beta x+P_n(x)\sin\beta x]$ 型，其中 α,β 是实数，$P_m(x)$ 和 $P_n(x)$ 分别是 m 次和 n 次多项式. 此时，方程(6)一定有形如

$$y^*=x^ke^{\alpha x}[Q_l^{(1)}(x)\cos\beta x+Q_l^{(2)}(x)\sin\beta x]$$

的特解，其中 $Q_l^{(1)}(x)$，$Q_l^{(2)}(x)$ 是两个系数待定的 $l=\max\{m,n\}$ 次多项式，k 依据 $\alpha+\mathrm{i}\beta$ 不是特征根、是特征单根分别取值为 0 和 1.

例 8 求微分方程 $y''-2y'-3y=3x+1$ 的通解.

解 特征方程

$$\lambda^2-2\lambda-3=0$$

的根为 $\lambda_1=3$，$\lambda_2=-1$. 因此对应齐次方程通解为

$$Y=C_1\mathrm{e}^{3x}+C_2\mathrm{e}^{-x}.$$

由于自由项 $f(x)=3x+1$，$\alpha=0$ 不是特征根，故设原方程特解为

$$y^*=Ax+B.$$

代入原方程得

$$-2A-3(Ax+B)=3x+1,$$

解得

$$A=-1,\ B=\frac{1}{3},$$

所以原方程有特解

$$y^*=-x+\frac{1}{3}.$$

从而原方程的通解为

$$y=C_1\mathrm{e}^{-x}+C_2\mathrm{e}^{3x}-x+\frac{1}{3}.$$

例 9 求微分方程满足所给初始条件的特解

$$\begin{cases}y''+4y'+4y=\mathrm{e}^{-2x},\\ y\Big|_{x=0}=0,\ y'\Big|_{x=0}=1.\end{cases}$$

解 特征方程

$$r^2+4r+4=0$$

的根为 $r_1=r_2=-2$，所以齐次方程的通解为

$$Y=(C_1+C_2x)\mathrm{e}^{-2x}.$$

由于 -2 为二重特征根，故设原方程特解为

$$y^*=Ax^2\mathrm{e}^{-2x}.$$

将其代入原方程，并比较等式两端的系数得

$$A=\frac{1}{2}.$$

所以原方程的通解为

$$y=(C_1+C_2x)\mathrm{e}^{-2x}+\frac{1}{2}x^2\mathrm{e}^{-2x}.$$

代入初始条件得到 $C_1=0,C_2=1$,所以所求初值问题的解为

$$y=x\mathrm{e}^{-2x}+\frac{1}{2}x^2\mathrm{e}^{-2x}.$$

例 10　求微分方程 $y''+3y'+2y=\mathrm{e}^{-x}\sin x$ 的通解.

解　对应齐次方程的特征方程为

$$r^2+3r+2=0,$$

其特征根为 $r_1=-1,r_2=-2$,故相应的齐次方程的通解为

$$Y=C_1\mathrm{e}^{-x}+C_2\mathrm{e}^{-2x}.$$

由于自由项 $f(x)=\mathrm{e}^{-x}\sin x,m=0,\ n=0,\alpha=-1,\beta=1,\alpha+\mathrm{i}\beta=-1+\mathrm{i}$ 不是特征根,所以可设原方程的特解为

$$y^*=(a\cos x+b\sin x)\mathrm{e}^{-x}.$$

将

$$y^{*\prime}=[(b-a)\cos x-(a+b)\sin x]\mathrm{e}^{-x},$$

$$y^{*\prime\prime}=(-2b\cos x+2a\sin x)\mathrm{e}^{-x}$$

代入原方程,并比较等式两边的系数得

$$a=b=-\frac{1}{2}.$$

所以原方程的一个特解为

$$y^*=-\frac{1}{2}(\cos x+\sin x)\mathrm{e}^{-x},$$

从而原方程的通解为

$$y=C_1\mathrm{e}^{-x}+C_2\mathrm{e}^{-2x}-\frac{1}{2}\mathrm{e}^{-x}(\cos x+\sin x).$$

习　题　6-4

1. 验证 $y_1=\mathrm{e}^x,y_2=x\mathrm{e}^x$ 都是方程 $y''-y'+y=0$ 的解,并写出该方程的通解.

2. 解下列微分方程:

(1) $y''-y'-2y=0$;　　(2) $y''-7y'=0$;

(3) $y''-5y=0$;　　(4) $y''+4y'+5y=0$;

(5) $y''-8y'+16y=0$;　　(6) $y''-3y'+4y=0$;

(7) $y^{(4)}+2y^{(3)}-2y'-1=0$;　　(8) $y''-4y'+5y=0$.

3. 求 $y''+10y'+21y=0$ 的通解,并求满足初始条件 $y\big|_{t=0}=0,y\big|_{t=1}=1$ 的特解.

4. 求微分方程 $y'''-y'=0$ 的一条积分曲线,使此积分曲线在原点处有拐点,且以直线 $y=2x$ 为切线.

5. 写出下列非齐次方程特解的形式：

(1) $y''-4y'+4y=e^{2x}+x$；

(2) $y''-4y'+5y=e^{2x}\sin x$；

(3) $y''-6y'+8y=(x^2+1)e^{2x}+\cos 4x$.

6. 解下列方程：

(1) $y''-y'=(2x+1)e^{2x}$；　　(2) $y''-3y'=2e^{2x}\sin x$；

(3) $y''+y=\sin x$；　　(4) $y''+4y=x\cos x$.

7. 解方程 $y''-y'-2y=4x^2$，并求满足初始条件 $y\big|_{x=0}=1, y'\big|_{x=0}=4$ 的特解.

8. 设二阶常系数线性微分方程 $y''+ay'+by=ce^x$ 的一个特解为 $y=e^{2x}+(1+x)e^x$. 试确定常数 a, b, c，并求该方程的通解.

9. 利用代换 $y=\dfrac{u}{\cos x}$ 将方程 $y''\cos x-2y'\sin x+3y\cos x=e^x$ 化简，并求出原方程的通解.

10. 将重为 2 kg 的物体悬于弹性系数为 10 N/m 的弹簧之下，系统处于平衡状态. 现给以 150 cm/s 的初速度，使之开始运动. 假定没有空气阻力，求物体的运动表达式.

第五节　可降阶的高阶微分方程

有些高阶微分方程可以通过代换化为较低阶的方程求解. 以二阶微分方程为例，如果能设法作代换将其从二阶降至一阶，那么就有可能用第二节所讲的方法求解.

下面介绍 3 种容易降阶的高阶微分方程的求解方法.

一、$y^{(n)}=f(x)$ 型的微分方程

微分方程

$$y^{(n)}=f(x) \tag{1}$$

的右端仅含有自变量 x，对于这种方程，两端积分便使它降为一个 $n-1$ 阶的微分方程

$$y^{(n-1)}=\int f(x)\,dx+C_1.$$

再积分可得

$$y^{(n-2)}=\int\left[\int f(x)\,dx+C_1\right]dx+C_2.$$

依此继续下去，连续积分 n 次，便得方程(1)的含有 n 个任意常数的通解.

例 1　求微分方程 $y'''=e^{2x}-\cos x$ 的通解.

解　对所给方程连续积分 3 次，得

$$y''=\frac{1}{2}e^{2x}-\sin x+C_1,$$

$$y'=\frac{1}{4}e^{2x}+\cos x+C_1x+C_2,$$

$$y=\frac{1}{8}e^{2x}+\sin x+\frac{1}{2}C_1x^2+C_2x+C_3,$$

这就是所求方程的通解.

二、$y''=f(x,y')$ 型的微分方程

微分方程

$$y''=f(x,y') \tag{2}$$

中不显含未知函数 y. 如果设 $y'=p(x)$,则 $y''=\frac{dp}{dx}=p'$,方程(2)变为

$$p'=f(x,p).$$

这是关于 x 和 p 的一阶微分方程,设其通解为

$$p=\psi(x,C_1).$$

由于 $p=\frac{dy}{dx}$,因此又得到一个一阶微分方程

$$\frac{dy}{dx}=\psi(x,C_1).$$

对它积分即得方程(2)的通解

$$y=\int\psi(x,C_1)dx+C_2.$$

例 2　求方程 $(1+x^2)y''+2xy'=1$ 的通解.

解　所给方程不显含变量 y,令 $y'=p(x)$,则 $y''=p'$,代入原方程得

$$(1+x^2)p'+2xp=1.$$

它是一阶线性微分方程,化为标准形式

$$p'+\frac{2x}{1+x^2}p=\frac{1}{1+x^2},$$

其通解为

$$\begin{aligned}p&=e^{-\int\frac{2x}{1+x^2}dx}\left(C_1+\int\frac{1}{1+x^2}e^{\int\frac{2x}{1+x^2}dx}dx\right)\\&=\frac{1}{1+x^2}\left[C_1+\int\frac{1}{1+x^2}(1+x^2)dx\right]\\&=\frac{x+C_1}{1+x^2}.\end{aligned}$$

将 $p=y'$ 代入上式,并再积分一次得所求方程的通解

$$y=\frac{1}{2}\ln(1+x^2)+C_1\arctan x+C_2.$$

三、$y''=f(y,y')$型的微分方程

微分方程

$$y''=f(y,y') \tag{3}$$

中不显含自变量 x，对于这类方程，令 $y'=p(y)$，两端对 x 求导得

$$y''=\frac{dp}{dx}=\frac{dp}{dy}\cdot\frac{dy}{dx}=p\frac{dp}{dy}.$$

则方程(3)变成

$$p\frac{dp}{dy}=f(y,p).$$

这是一个关于变量 p 和 y 的一阶微分方程，设它的通解为

$$y'=p=\varphi(y,C_1).$$

分离变量并积分，即可得方程(3)的通解为

$$\int\frac{dy}{\varphi(y,C_1)}=x+C_2.$$

例 3　求微分方程 $yy''-(y')^2=0$ 的通解.

解　方程中不显含自变量 x，设 $y'=p(y)$，则 $y''=p\frac{dp}{dy}$，代入原方程得

$$yp\frac{dp}{dy}-p^2=0.$$

如果 $p\neq 0$，那么方程中约去 p 并分离变量得

$$\frac{dp}{p}=\frac{dy}{y}.$$

两端积分并化简，得 $p=C_1y$，即

$$y'=C_1y.$$

再分离变量并积分，得

$$\ln y=C_1x+\ln C_2,$$

即

$$y=C_2e^{C_1x}.$$

如果 $p=0$，那么 $y=C$，显然它也满足原方程，但 $y=C$ 已包含在上述解中（令 $C_1=0$ 即得），所以原方程的通解为 $y=C_2e^{C_1x}$.

例 4　从船上向海中沉放某种探测仪器，按探测要求，需确定仪器的下沉深度 y 与下沉速度 v 之间的函数关系. 假定仪器在重力作用下从海平面由静止开始下沉，在下沉过程中还受到阻力和浮力的作用，并设仪器质量为 m，体积为 B，海水密度为 ρ，仪器所受阻力与下沉速度成正比，比例系数为 $k(k>0)$. 试建立 y 与 v 所满足的微分方程，并求出函数关系式 $y=y(v)$.

解　重力为 mg,浮力为 $B\rho$,阻力为 kv,由牛顿第二定律得

$$m\frac{\mathrm{d}^2y}{\mathrm{d}t^2}=mg-B\rho-kv,$$

由于

$$\frac{\mathrm{d}^2y}{\mathrm{d}t^2}=\frac{\mathrm{d}v}{\mathrm{d}t}=\frac{\mathrm{d}v}{\mathrm{d}y}\frac{\mathrm{d}y}{\mathrm{d}t}=v\frac{\mathrm{d}v}{\mathrm{d}y},$$

所以

$$mv\frac{\mathrm{d}v}{\mathrm{d}y}=mg-B\rho-kv,$$

初始条件为 $v\Big|_{y=0}=0$.

用分离变量法解上述初值问题得

$$y=-\frac{m}{k}v-\frac{m(mg-B\rho)}{k^2}\ln\frac{mg-B\rho-kv}{mg-B\rho}.$$

习　题　6-5

1. 求解下列方程的通解:

(1) $y''=xe^x$;　(2) $xy''+y'=4x$;

(3) $x^2y''+xy'=1$;　(4) $y''=\frac{2y-1}{y^2+1}y'^2$;

(5) $y''+(y')^2+1=0$;　(6) $y''=\frac{1}{2y'}$.

2. 求下列初值问题的解:

(1) $y''-2yy'=0$, $y\big|_{x=0}=1$, $y'\big|_{x=0}=1$;

(2) $y''(x^2+1)=2xy'$, $y\big|_{x=0}=1$, $y'\big|_{x=0}=3$.

3. 某人驾车在正午时分离开 A 处,下午 3 点 20 分到达 B 处. 他从静止开始一路均匀加速,到达 B 处时,速度为 60 km/h,求 A 到 B 的距离.

第六节　综合例题与应用

例 1　一容器最初容纳 v_0(L)盐水溶液,其中含盐 a(kg). 每升含 b(kg)盐的盐水以 e(L/min)的速度注入,同时,搅拌均匀的溶液以 f(L/min)的速度流出.

(1) 试建立容器中的含盐量的微分方程模型.

(2) 若容器中原有 100 L 的盐水,其中含盐 1 kg. 现将每升含 1 kg 盐的盐水以 3 L/min 的速度注入,同时均匀的液体以同样的速度流出. 求:开始注盐水时刻 t

时，容器中的含盐量.

解　(1) 设开始注盐水时刻 t 时，容器的含盐量(单位为kg)为 Q，Q 的变化率 $\mathrm{d}Q/\mathrm{d}t$ 等于盐的注入率减去流出率.

盐的注入率是 be(kg/min). 盐的流出率是流出盐水的含盐度与流出速度之积. 注意到时刻 t 时，容器中溶液的体积 $=V_0+et-ft$，因此，时刻 t 时流出盐水的含盐度 $=\dfrac{Q}{v_0+(\mathrm{e}-f)t}$. 于是，容器中的含盐量的微分方程模型为

$$\frac{\mathrm{d}Q}{\mathrm{d}t}=be-\frac{Q}{v_0+(e-f)t}f \text{ 或 } \frac{\mathrm{d}Q}{\mathrm{d}t}+\frac{f}{v_0+(e-f)t}Q=be.$$

(2) 此时 $v_0=100, a=1, b=1, e=f=3$. 将其代入上式得

$$\frac{\mathrm{d}Q}{\mathrm{d}t}+0.03Q=3.$$

求解得

$$Q=C\mathrm{e}^{-0.03t}+100.$$

当 $t=0$ 时，$Q=a=1$. 代入上式得

$$1=C\mathrm{e}^0+100 \text{ 或 } C=-99.$$

于是开始注盐水时刻 t 时容器中的含盐量为

$$Q=-99\mathrm{e}^{-0.03t}+100.$$

例2　某种飞机在机场降落时，为了减少滑行距离，在触地的瞬间，飞机尾部张开减速伞，以增大阻力，使飞机迅速减速并停下. 现有一质量为9 000 kg的飞机，着陆时的水平速度为700 km/h. 经测试，减速伞打开后，飞机所受的总阻力与飞机的速度成正比(比例系数为 $k=6.0\times10^6$). 问从着陆点算起，飞机滑行的最长距离是多少?

解　由题设飞机的质量 $m=9\,000$ kg，着陆时的水平速度 $v_0=700$ km/h. 从飞机触地时开始计时，设 t 时刻飞机的滑行距离为 $x(t)$，速度为 $v(t)$.

根据牛顿第二定律，得 $m\dfrac{\mathrm{d}v}{\mathrm{d}t}=-kv$，由于

$$\frac{\mathrm{d}v}{\mathrm{d}t}=\frac{\mathrm{d}v}{\mathrm{d}x}\cdot\frac{\mathrm{d}x}{\mathrm{d}t}=v\frac{\mathrm{d}v}{\mathrm{d}x},$$

因此有

$$\mathrm{d}x=-\frac{m}{k}\mathrm{d}v,$$

两端积分，得

$$x(t)=-\frac{m}{k}v(t)+C,$$

由 $v(0)=v_0, x(0)=0$，得 $C=\dfrac{m}{k}v_0$，从而

$$x(t)=\frac{m}{k}[v_0-v(t)].$$

当 $v(t)\to 0$ 时,$x(t)\to \frac{m}{k}v_0=\frac{9\ 000\times 700}{6.0\times 10^6}=1.05(\mathrm{km})$. 所以,飞机滑行的最长距离是 1.05 km.

例 3　已知函数 $y=3+(x+2)e^{2x}$ 是二阶常系数非齐次方程

$$y''+a_1y'+a_2y=a_3e^{2x}$$

的特解,试确定该方程和它的通解.

解　由已知得

$$y=3+(x+2)e^{2x},$$
$$y'=(2x+5)e^{2x},$$
$$y''=(4x+12)e^{2x}.$$

代入方程得到 $a_1=-2,a_2=0,a_3=2$. 所以方程为 $y''-2y'=2e^{2x}$.

特征方程 $r^2-2r=0$ 的根为 $r_1=0,r_2=2$,所以原方程的通解为

$$y=C_1'+C_2'e^{2x}+3+(x+2)e^{2x}=C_1+C_2e^{2x}+xe^{2x},$$

其中,$C_1=C_1'+3,C_2=C_2'+2$ 为任意常数.

例 4　已知 $y_1=xe^x+e^{2x},y_2=xe^x+e^{-x},y_3=xe^x+e^{2x}+e^{-x}$ 是某二阶常系数线性非齐次微分方程的 3 个解,求此微分方程及其通解.

解　$y_3-y_1=e^{-x},y_3-y_2=e^{2x}$ 为对应的齐次方程的两个线性无关的特解,所以特征值为 $r_1=-1,r_2=2$,特征方程为 $r^2-r-2=0$,从而原方程对应的齐次方程为

$$y''-y'-2y=0.$$

设所求方程为 $y''-y'-2y=f(x)$,将 y_1 代入得到

$$f(x)=(1-2x)e^x,$$

所以所求的方程为

$$y''-y'-2y=(1-2x)e^x,$$

所求的方程的通解为

$$y=C_1e^{-x}+C_2e^{2x}+xe^x+e^{2x},$$

其中,C_1,C_2 为任意常数.

例 5　求满足 $f(x)=\sin x+\int_0^x f(t)(x-t)\mathrm{d}t$ 的连续函数 $f(x)$.

解　$f(x)=\sin x+x\int_0^x f(t)\mathrm{d}t-\int_0^x tf(t)\mathrm{d}t$,所以

$$f'(x)=\cos x+\int_0^x f(t)\mathrm{d}t,$$

$$f''(x)=-\sin x+f(x).$$

问题化为如下的初值问题:

$$f''(x)-f(x)=-\sin x,\ f(0)=0,\ f'(0)=1.$$

特征方程 $r^2-1=0$ 的根为 $r_1=1, r_2=-1$,齐次方程通解为

$$F(x)=C_1\mathrm{e}^x+C_2\mathrm{e}^{-x}.$$

令 $f^*(x)=a\cos x+b\sin x$,代入初值问题方程,得到 $a=0, b=\frac{1}{2}$.

所以 $f(x)=C_1\mathrm{e}^x+C_2\mathrm{e}^{-x}+\frac{1}{2}\sin x$. 代入初始条件得到 $C_1=\frac{1}{4}, C_2=-\frac{1}{4}$,从而

$$f(x)=\frac{1}{4}(\mathrm{e}^x-\mathrm{e}^{-x}+2\sin x).$$

例6 设 $y=y(x)$ 是一向上凸的连续曲线,其上任意一点 (x,y) 处的曲率为 $\frac{1}{\sqrt{1+y'^2}}$,且此曲线上点 $(0,1)$ 处的切线方程为 $y=x+1$,求该曲线的方程,并求函数 $y=y(x)$ 的极值.

解 由题意知 $y''<0$,所以

$$\frac{-y''}{(1+y'^2)^{\frac{3}{2}}}=\frac{1}{\sqrt{1+y'^2}},$$

即

$$y''+y'^2+1=0,$$

且满足条件 $y(0)=1, y'(0)=1$.

令 $y'=p$,所以

$$\frac{\mathrm{d}p}{\mathrm{d}x}+p^2+1=0,$$

$$\frac{\mathrm{d}p}{1+p^2}=-\mathrm{d}x,$$

$$\arctan y'=-x+C_1.$$

代入初始条件 $y'(0)=1$,得到 $C_1=\frac{\pi}{4}$,所以

$$\arctan y'=\frac{\pi}{4}-x,$$

即

$$y'=\tan\left(\frac{\pi}{4}-x\right).$$

积分得

$$y=\ln\left[\cos\left(\frac{\pi}{4}-x\right)\right]+C_2.$$

代入初始条件 $y(0)=1$ 得到

$$C_2=1+\frac{1}{2}\ln 2,$$

所以

$$y=\ln\left[\cos\left(\frac{\pi}{4}-x\right)\right]+1+\frac{1}{2}\ln 2\ \left(-\frac{\pi}{4}<x<\frac{3\pi}{4}\right).$$

易见,当 $y'=0$ 即 $x=\frac{\pi}{4}$时,y 有极大值 $1+\frac{1}{2}\ln 2$.

例 7 设函数 $y(x)(x\geqslant 0)$ 二阶可导,且 $y'(x)>0,y(0)=1$. 过曲线 $y=y(x)$ 上任意一点 $P(x,y)$ 作该曲线的切线及 x 轴的垂线,上述两直线与 x 轴所围成的三角形的面积记为 S_1,区间 $[0,x]$ 上以 $y=y(x)$ 为曲边的曲边梯形面积记为 S_2,并设 $2S_1-S_2\equiv 1$,求此曲线 $y=y(x)$ 的方程.

解 点 $P(x,y)$ 的切线方程为 $Y-y=y'(X-x)$,令 $Y=0$,得 $X=x-\frac{y}{y'}$. 由于 $y'(x)>0,y(0)=1$,所以 $y>0(x>0)$,从而

$$S_1=\frac{1}{2}y\left(x-x+\frac{y}{y'}\right)=\frac{y^2}{2y'},$$

$$S_2=\int_0^x y(x)\,\mathrm{d}x.$$

由已知条件 $2S_1-S_2=1$ 得

$$\frac{y^2}{y'}-\int_0^x y\mathrm{d}x=1,$$

令 $x=0$,且有 $y(0)=1$,得

$$y'(0)=1.$$

方程 $\frac{y^2}{y'}=\int_0^x y\mathrm{d}x+1$ 两端对 x 求导得

$$\frac{2y(y')^2-y^2y''}{(y')^2}=y,$$

即 $y(y')^2=y^2y''$,则

$$(y')^2=yy''.$$

令 $y'=p,y''=p\frac{\mathrm{d}p}{\mathrm{d}y}$,代入上述方程得

$$p^2=yp\frac{\mathrm{d}p}{\mathrm{d}y}.$$

解之得 $p=C_1y$,即$y'=C_1y$. 代入初始条件 $y(0)=1,y'(0)=1$ 得 $C_1=1$,所以$\frac{\mathrm{d}y}{y}=\mathrm{d}x$. 解之得 $y=C_2\mathrm{e}^x$,代入初始条件 $y(0)=1$ 得 $C_2=1$. 所以所求的曲线为

$$y=\mathrm{e}^x.$$

例 8 欲向宇宙发射一颗人造卫星,为使其摆脱地球引力,初始速度应不小于

第二宇宙速度,试计算此速度.

解　设人造地球卫星质量为 m,地球质量为 M,卫星的质心到地心的距离为 h,由牛顿第二定律得

$$m\frac{\mathrm{d}^2h}{\mathrm{d}t^2}=-\frac{GMm}{h^2}\ (G\text{ 为引力系数}).\tag{1}$$

又设卫星的初速度为 v_0,已知地球半径 $R\approx6.3\times10^6$ m,则有初值问题

$$\frac{\mathrm{d}^2h}{\mathrm{d}t^2}=-\frac{GM}{h^2},\tag{2}$$

$$h\Big|_{t=0}=R,\ \frac{\mathrm{d}h}{\mathrm{d}t}\Big|_{t=0}=v_0.\tag{3}$$

设 $\frac{\mathrm{d}h}{\mathrm{d}t}=v(h)$,则 $\frac{\mathrm{d}^2h}{\mathrm{d}t^2}=v\frac{\mathrm{d}v}{\mathrm{d}h}$,代入原方程(2),得

$$v\mathrm{d}v=-\frac{GM}{h^2}\mathrm{d}h.$$

两端积分,并代入方程(3)得到

$$\frac{1}{2}v^2=\frac{1}{2}v_0^2+GM\left(\frac{1}{h}-\frac{1}{R}\right).$$

欲使卫星摆脱地球引力,应使 $h\to+\infty$. 注意到

$$\lim_{h\to+\infty}\frac{1}{2}v^2=\frac{1}{2}v_0^2-GM\frac{1}{R},$$

为使 $v\geqslant0$,v_0 应满足

$$v_0\geqslant\sqrt{\frac{2GM}{R}}.\tag{4}$$

因为当 $h=R$(在地面上)时,引力 = 重力,即

$$\frac{GMm}{R^2}=mg\ \ (g=9.81\ \mathrm{m/s^2}),$$

故 $GM=R^2g$,代入式(4)得

$$\begin{aligned}v_0&\geqslant\sqrt{2Rg}=\sqrt{2\times6.3\times10^6\times9.81}\\&\approx11.2\times10^3(\mathrm{m/s})\end{aligned}$$

这说明第二宇宙速度为 11.2 km/s.

例 9　如图 6-2 所示,设位于坐标原点的甲舰向位于 x 轴上点 $A(1,0)$ 处的乙舰发射导弹,导弹始终对准乙舰. 如果乙舰以最大的速度 v_0 沿平行于 y 轴的直线行驶,导弹的速度是 $5v_0$,求导弹运行的曲线. 当乙舰行驶多远时,导弹将它击中?

解　假设导弹在 t 时刻的位置为 $P(x(t),y(t))$,乙舰位于 $Q(1,v_0t)$. 由于导弹头始终对准乙舰,故此时直线 PQ 就是导弹的轨迹曲线弧 OP 在点 P 处的切线,即有

$$y' = \frac{v_0 t - y}{1 - x},$$

即

$$v_0 t = (1 - x) y' + y. \qquad (5)$$

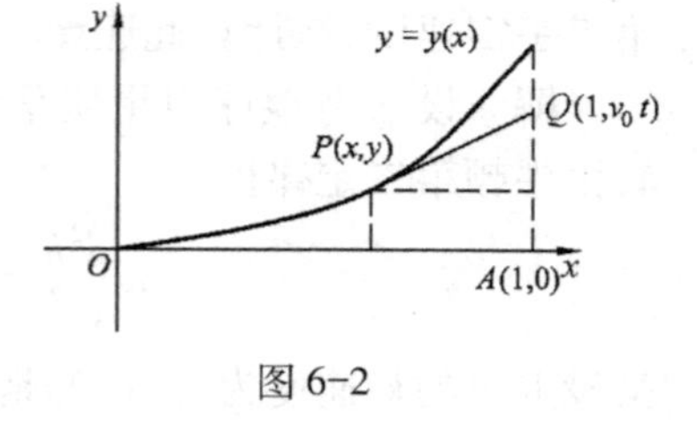

图 6-2

又根据题意,弧 OP 的长度为 AQ 的 5 倍,即

$$\int_0^x \sqrt{1 + y'^2}\,dx = 5v_0 t. \qquad (6)$$

由式(5)、(6)消去 t 整理得模型

$$(1 - x) y'' = \frac{1}{5}\sqrt{1 + y'^2}, \qquad (7)$$

初值条件为 $y(0) = 0, y'(0) = 0$. 这是一个可降阶的二阶微分方程,利用变量代换的方法可得到其解,即导弹的运行轨迹为

$$y = -\frac{5}{8}(1 - x)^{\frac{4}{5}} + \frac{5}{12}(1 - x)^{\frac{6}{5}} + \frac{5}{24}.$$

当 $x = 1$ 时,$y = \frac{5}{24}$,即当乙舰航行到点 $\left(1, \frac{5}{24}\right)$ 处时被导弹击中.

被击中时间为

$$t = \frac{y}{v_0} = \frac{5}{24v_0}.$$

习　题　6-6

1. 设 $F(x)$ 为 $f(x)$ 的一个原函数,且当 $x \geqslant 0$ 时,

$$F(x) f(x) = \frac{x e^x}{2(1 + x)^2},$$

已知 $F(0) = 1, F(x) > 0$,试求 $f(x)$.

2. 在 xOy 面上的第一象限有一条曲线,它与两坐标轴及任意一条平行于 y 轴的直线所围成的曲边梯形的面积之值等于该段曲线长度的两倍,且此曲线通过点(3,2),求曲线方程.

3. 设某商品的价格 p 由供求关系决定,供给量 q_s 与需求量 q_d 均是价格 p 的线性函数:$q_s = -a + bp, q_d = m - np$ (a, b, m, n 为正常数).

当供求平衡时,均衡价格为 $p^* = \frac{a + m}{b + n}$. 若价格是时间 t 的函数,且在时刻 t,价格对时间的变化率与此时的过剩需求量 $q_d - q_s$ 成正比,初始价格为 p_0. 试求价格与时间的函数关系.

4. 船在河中行驶时所受水的阻力与船的速度成正比,设将船视为一质点,初速为 1.5 m/s,经过 4 s 后速度为 1 m/s,问何时速度减为 1 cm/s? 到小船停止时它走过多少路程?

5. 已知可微函数 $f(x)$ 满足 $\int_1^x \frac{f(t)}{t^3 f(t) + t}\,dt = f(x) - 1$,试求 $f(x)$.

6. 在 xOy 面的第一象限内有一曲线过点(1, 1)，曲线上任一点 P 处的切线与 x 轴及线段 OP 所围三角形的面积为常数 k，求此曲线的方程.

7. 设 $y=y(x)$ 是上半平面一条向上凹的连续曲线，其上任意一点 $P(x,y)$ 处的曲率为等于此曲线在该点的法线段 PQ 长度的倒数(Q 是法线与 x 轴的交点)，且曲线在点(1,1)处的切线与 x 轴平行，求该曲线的方程.

附录1　微积分学简史

微积分是现代数学的第一个伟大成就,它的萌芽、产生与发展经历了一个漫长的时期.

2 500 多年前为解决曲线所包围的平面图形的面积以及曲面所包围的立体的体积,古希腊数学家创造了不少计算方法,欧多克索斯(Eudoxus)和阿基米德(Archimedes)利用严格的穷竭法给出了棱锥、圆锥、球体体积计算方法,这些问题已孕育着微积分的思想.

公元前4 世纪,即2 400 多年前,我国的庄子"一尺之锤,日取其半,万世不竭"的论述,体现了极限思想的萌芽. 刘徽创立的"割圆术"用圆内接正多边形,当边数逐次加倍而逼近圆的原理,求出圆周率的近似值,这也反映出初步的微积分思想.

从 17 世纪开始,军事技术、航海、天体等诸多领域中出现的大量问题使得微积分以神奇的速度发展起来,特别是以力学为中心的实验科学的兴起,经过伽利略(Galilei)、开普勒(Kepler)、牛顿(Newton)等大批科学家在近百年间的不懈努力,形成了经典力学的理论体系. 当时典型的问题有运动学问题,曲线的切线问题,函数的最大值、最小值问题,求曲线的弧长,曲线围成的面积,曲面所围成的体积等问题. 随着这些问题的深入研究,这一时期出现了两位著名而伟大的科学家——牛顿和莱布尼茨.

牛顿在 1665 年—1666 年著述了《曲线求积论》,而在 1670 年发表了题为《流数术和无穷级数方法及其对几何曲线的应用》的论文. 牛顿在这两部著作中叙述了微积分的方法,建立和完成了无穷小量的经典分析. 牛顿的微积分的基本概念是力学概念的反映,连最简单的几何图形——线、角、体都被牛顿看作是力学位移的结果.

牛顿还研究了函数的极大值和极小值,曲线的切线,曲线的曲率、拐点,曲线的凹凸性等问题. 此外牛顿最伟大的著作是他的《自然哲学的数学原理》,书中第一次有了地球和天体主要运动现象的完整的动力学体系和完整的数学公式. 在爱因斯坦(Einstein)的相对论出现之前,这部著作是整个物理学和天文学的基础.

莱布尼茨从 1684 年起开始发表微积分论文,在 1684 年的《博学学报》上他发表了一篇题为《一种求极大值与极小值和切线的新方法》的论文,这是历史上最早公开发表的关于微分学的文献. 在这篇论文中,他简明地解释了他的微分学. 文中给出了微分的定义,函数的加、减、乘、除以及乘幂的微分法则,关于二阶微分的概念,以及微分学对于研究极值、切线、曲率及拐点的应用.他所给出的微分学符号和计算导数的许多一般法则一直沿用到今天.莱布尼茨关于积分学的第一篇论文发表于1686年,他得到的积分法有变量替换法、分部积分法等.

牛顿和莱布尼茨关于微积分研究从不同的问题出发,达到同一目的.在前人工作的基础上,经过牛顿、莱布尼茨的努力,微积分终于诞生了!

微积分诞生之后,数学迎来空前的繁荣.凭借直观的推断方法,微积分很快应用于天文学、力学、光学、热学等各个领域,获得了丰硕的成果,以至于18世纪被称为数学史上英雄世纪.但是,初期的微积分还缺乏严格的逻辑基础,甚至包含某些逻辑上的混乱,这引起了所谓第二次数学危机.

问题关键在于牛顿和莱布尼茨建立这门科学的基础——无穷小量.这种无穷小量由于没有严格的逻辑基础,而使一些概念陷入混乱.下面的实例说明了当时的微积分理论中的困难.

质点自由落体时的下落距离 $s=\frac{1}{2}gt^2$,求在 $t=t_0$ 时质点的瞬时速度 $v(t_0)$.

首先,

$$s(t_0)=\frac{1}{2}gt_0^2,\ s(t_0)+L=\frac{1}{2}g(t_0+h)^2,$$

故质点在 h(s)落下的距离为

$$L=\frac{1}{2}g[(t_0+h)^2-t_0^2],$$

质点在 t_0 到 t_0+h 这 h(s)内的平均速度为

$$\bar{v}=\frac{L}{h}=\frac{g[(t_0+h)^2-t_0^2]}{2h}=gt_0+\frac{gh}{2}.$$

以下给出牛顿、莱布尼茨曾用过的类似解释:

(1) h 是无穷小,$h\neq0$,因而平均速度 $\bar{v}=gt_0+\frac{gh}{2}$有意义.但无穷小$\frac{gh}{2}$与有限量 gt_0 相比,可以忽略不计,于是 $gt_0+\frac{gh}{2}$就变为 gt_0,这就是 t_0 时质点的瞬时速度.

(2) L 与 h 的始比是 $gt_0+\frac{gh}{2}$,这时 $h\neq0$;随着 h 越来越小达到零时,L 与 h 的末比是 gt_0,得到质点在 t_0 时的瞬时速度.

以上的解释出现明显的矛盾:一方面要使$\frac{g[(t_0+h)^2-t_0^2]}{2h}$有意义,必须 $h\neq0$;另一方面要使 t_0 时的速度为 gt_0,又必须 $h=0$. h 怎么能既不为零而需要时又可以为零呢?

这就是历史上的贝克莱(Berkele)悖论,贝克莱大主教极端恐惧当时的微积分等自然科学的发展造成的对宗教信仰日益增长的威胁,他激烈攻击微积分,说“变化率不过是消失了量的鬼魂”.

在整个18世纪,一方面微积分在理论研究和应用领域不断取得辉煌的成果;另一方面由于其基础的含混不清导致的矛盾越来越尖锐,促使人们认真研究、对待贝克莱悖论,以解除数学的第二次危机,这极大地推动了微积分的基础——极限理论的发展.

在这方面最具代表性的工作是19世纪前期的柯西(Cauchy)和19世纪后期的魏尔斯特拉斯(Weierstrass)的工作.柯西详细而系统地发展了极限知识,他在1821年—1823年间出版的《分析教程》和《元素计算讲义》是数学史上具有划时代意义的著作.书中他给出了一系列基本概念的精确定义.例如,他给出了精确的极限定义,然后用极限定义连续性、导数、微分、定积分和无穷级数的收敛性,这些定义基本上就是今天微积分课本上使用的定义.魏尔斯特拉斯明确而又全面地给出了现今广泛采用的“$\varepsilon-\delta$”等极限的精确定义,用静态的、定量的方法刻画了动态的极限概念和连续概念.由于严格的极限理论和实数理论的建立,再加上以康托(Cantor)为代表创立的集合理论,为20世纪现代数学分析的发展奠定了极为重要的基础.

现在,微积分不仅对于数学本身的发展具有十分巨大的影响,而且作为强有力的工具,在几乎所有的科学(自然科学、社会科学和人文科学)领域里得到了广泛的应用.微积分作为人类文化的宝贵财富,正在武装一代又一代新人.它那闪耀着智慧光芒的深刻思想,一定会哺育人类走向更高的历史阶段.

附录2 Mathematica 使用初步

一、基本操作

1. 启动 Mathematica

在 Windows 中双击 Mathematica 的图标或从开始菜单下的程序菜单中选择中相应的程序.

Mathematica 启动后,出现的界面如图 f-1 所示. 它包含两部分:左边是一个新的笔记本,用于输入命令、显示计算结果;右边是一个模板(Palette),通过模板就可以输入常用的数字符号、表达式、调用 Mathematica 的常用内部函数. 点击【File】→【Palette】还可以得到有各种用途的模板,便于在笔记本上的输入.

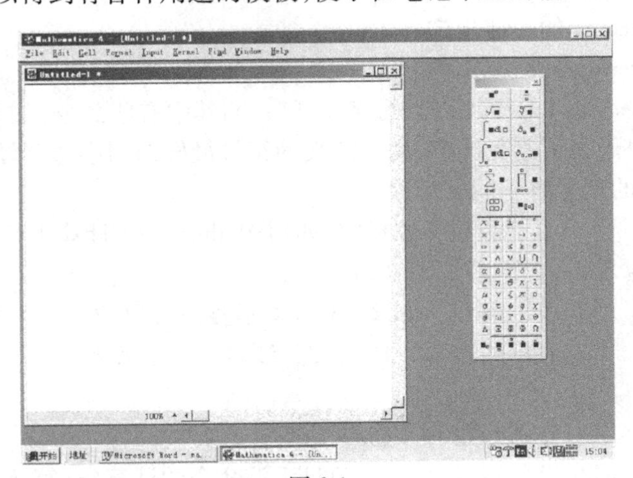

图 f-1

退出 Mathematica 可以通过直接关闭其界面或通过【File】菜单中的选项【Exit】实现.

2. 利用 Mathematica 进行计算

利用 Mathematica 进行一些简单的计算或运算非常方便,只要把运算表达式在笔记本窗口中逐行输入,然后同时按下【Shift】与【Enter】两个键或仅按下数字小键盘中的【Enter】键,则 Mathematica 给出相应的计算结果.

例 1 用 Mathematica 计算 9.7^{200}.

解一 直接在笔记本窗口中输入 9.7^200 并按下【Shift】+【Enter】键即可. 结

果如下：

$$\text{In}[1]:=9.7\verb|^|200.$$

$$\text{Out}[1]=2.26124\times10^{197}.$$

说明　In[n]表示第 n 个输入,上面的In[1]表示第1个输入. 相应的Out[n]或%n 表示第 n 个输出. 为了简洁起见,下面在介绍输入形式和输出结果时,把输入语句和输出结果列在一起,中间用逗号隔开,并在实际操作时,输入一个语句,按下数字小键盘中的【Enter】键,便给出一个输出结果.

解二　点击基本输入模板(Basic Input Palette)中的■$^□$按钮,则■$^□$出现在当前的笔记本窗口中,通过【Tab】键来切换光标位置,并输入相应的内容,最后按下【Shift】+【Enter】键. 输入形式为In[2]:=9.7^{200},执行结果和第一种方式相同.

说明　有时输入的指令可能需计算很长时间,或者由于不小心造成无限循环,那么为了中断计算,可以使用快捷键:【Alt】+【.】,或者使用菜单命令:【Kernel】→【Abort Evaluation】.

二、基本运算

1. Mathematica 的一些规定

(1) Mathematica 区分字母的大小写.

所有 Mathematica 命令均以大写字母开头,而其中有些命令(如FindRoot)要使用多个大写字母,为了避免冲突,用户定义的符号最好都用小写字母开头.

(2) 不同的括号有不同的用途.

方括号"[ ]"　用于函数参数指定. 如用 Mathematica 计算正弦函数在 x 处的值时,应输入为Sin[x],而不是Sin(x).

圆括号"( )"　表示组合. 如(2+3)*4不要输入为[2+3]*4.

大括号"{ }"　表示列表. 如{1, 2, 3, 4}表示一个数表.

(3) 标点.

逗号","　用来分隔函数的参数.

分号";"　加在指令的后面,以避免显示该命令的计算(运算)结果,但命令仍被执行.

(4) 乘法.

① $a*b$,$a\ b$,$a(b+1)$均代表乘法,分别为 $a\times b$,$a\times b$,$a\times(b+1)$.

② $2a$,$2\times a$,$2*a$,$2a$ 均表示2与 a 相乘,而 ab 并不表示 a 与 b 相乘,它表示单个符号,这个符号以 a 开头以 b 结尾.

2. 函数

(1) 常用数学函数.

Sin [x], Cos [x], Tan [x], Cot [x], Sec [x], Csc [x], ArcSin [x],

ArcCos [x], ArcTan [x], ArcCot [x], ArcSec [x],ArcCsc [x]为常见的三角函数和反三角函数,这与通常使用的符号一致. 其他的函数有:Exp [x] 表示 e^x; Log [x]表示 $\ln x$; Log [a,x] 表示 $\log_a x$; Sqrt[x]表示$\sqrt{x}$; Abs [x]表示求实数的绝对值或复数的模; Sign [x]符号函数; Max [x_1,x_2,⋯]求一组数的最大值; Min [x_1,x_2,⋯]求一组数的最小值等等. 读者可查阅 Mathematica 教程了解其他函数的使用方法.

(2) 数学函数使用.

如果输入 Sin[2],输出仍是准确值 Sin[2]. 当输入 Sin[2.0]或 N[Sin[2]], Mathematica 输出近似值. 如输入

In[1]: = sin[2], In[2]: = sin[2.0], In[3]: = N[sin[2]].

则执行结果为

Out[1] = sin[2],Out[2] = Out[3] =0.909 297.

(3) 自定义函数及使用.

例2 自定义一元函数$f(x)=x^3+bx+c$和二元函数$f(x,y)=x^2+y^2$.

解 输入

In[1]: = f[x_]: = x^3 + b * x + c,
In[2]: = f[1],
In[3]: = f[t + 1].

执行结果为

Out[2] = 1 + b + c,
Out[3] = c + b(1 + t) + (1 + t)^3.

输入

In[1]: = f[x_,y_]: = x^2 + y^2,
In[2]: = f[2,3],
In[3]: = f[x - 1,y - 1].

执行结果为

Out[2] = 13,
Out[3] = (- 1 + x)^2 + (- 1 + y)^2.

三、二维图形

在平面直角坐标系中绘制函数$y=f(x)$图形的 Mathematica 函数是 Plot,其调用格式如下:

- Plot[f[x],{x,a,b}]绘制函数$f(x)$在[a,b]范围内的图形;
- Plot[f′[x],f_2[x],⋯},{x,a,b}]同时绘制多个函数的图形.

例 3 在同一个坐标系中绘制 $\sin x,\cos x$在$[0,2\pi]$上的图形.

解 输入

In[1]: = Plot[{Sin[x],Cos[x]},{x,0,2π}].

执行结果如图 f-2 所示.

Mathematica 的许多函数都有可选参数,绘图函数也一样有可选参数. 如何选择这些参数以及如何画出二维图形及三维图形,读者可通过 Mathematica 的帮助功能掌握各种绘图软件的用法. 这里仅举几例.

例 4 使用可选参数画出函数 $\tan x$ 在区间$[-\pi,\pi]$上的图形.

解 输入

In[1]: = Plot[Tan[x],{x, -π,π},PlotRange→{-10,10}].

执行结果如图 f-3 所示. 注意本例中函数有无穷间断点.

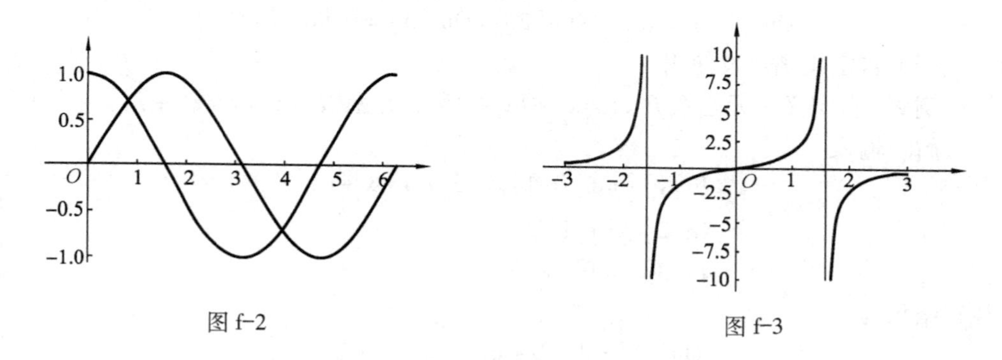

图 f-2

图 f-3

四、Mathematica 在微积分中的应用

1. 求极限

语句 Limit[f[x],x→x_0]为求函数$f(x)$当 $x\to x_0$ 时的极限,对于其他形式求极限的语句仅用例子说明.

例 5 求下列极限:

(1) $\lim\limits_{x\to 0}\dfrac{\sin x}{x}$; (2) $\lim\limits_{x\to\infty}\left(1+\dfrac{1}{2x}\right)^x$;

(3) $\lim\limits_{x\to 0^-} e^{\frac{1}{x}}$; (4) $\lim\limits_{x\to 0^+} e^{\frac{1}{x}}$.

解 输入

$$\text{In}[1]:=\text{Limit}\left[\frac{\text{Sin}[x]}{x},x\to 0\right],$$

In[2]: = Limit[(1+1/(2x))^x,x→∞],

$$\text{In}[3]:=\text{Limit}\left[\text{Exp}\left[\frac{1}{x}\right],x\to 0,\text{Direction}\to 1\right],$$

$$In[4]:=Limit[Exp[\frac{1}{x}],x\to 0,Direction\to -1].$$

执行结果为

$$Out[1]=1,Out[2]=\sqrt{e},Out[3]=0,Out[4]=\infty.$$

说明 In[3]和 In[4]中，Driection→1 表示求左极限，Driection→ -1 表示求右极限.

2. 求导数

语句 D[f,Var]用于求函数f对自变量 Var 的偏导数.

语句 D[f,x_1,x_2,…]用于求函数f对自变量$x_1,x_2,\cdots$混合偏导数.

语句 D[f,{x_1,n_1},{x_2,n_2},…]用于求函数f对自变量$x_1,x_2,\cdots$的$n_1,n_2,\cdots$阶的混合偏导数.

例 6 求下列函数的导数：

(1) $y=2x^3+3x+1$，求y'；

(2) $u=f(x+y,xy)$，求$\frac{\partial^2 u}{\partial x\partial y}$.

解 输入

$$In[1]:=D[2x^3+3x+1,x],$$
$$In[2]:=D[f[x+y,x*y],x,y].$$

执行结果为

$$Out[1]=3+6x^2,$$
$$Out[2]=f^{(0,1)}[x+y,xy]+xf^{(1,1)}[x+y,xy]+y(xf^{(0,2)}[x+y,xy]+f^{(1,1)}[x+y,xy])+f^{(2,0)}[x+y,xy].$$

3. 求积分

函数的积分可以通过下述函数或基本输入模板输入积分符号得到：

语句 Integrate[f[x],x]用于求$f(x)$的一个原函数.

语句 Integrate[f[x],{x,a,b}]用于求$\int_a^b f(x)\mathrm{d}x$.

语句 Integrate[f[x,y],{x,a,b},{y,y_1,y_2}]用于求$\int_a^b \mathrm{d}x\int_{y_1(x)}^{y_2(x)} f(x,y)\mathrm{d}y$，多重积分类似.

例 7 计算下列积分：

(1) $\int x\sin x\mathrm{d}x$；

(2) $\int f(x)f'(x)\mathrm{d}x$；

(3) $\int_1^{+\infty} e^{-2x}\mathrm{d}x$；

(4) $\int_0^R \mathrm{d}x\int_0^{\sqrt{R^2-x^2}}\sqrt{R^2-x^2}\mathrm{d}y$；

(5) 求$\int_0^{2\pi}\sin^2 x\mathrm{d}x$的近似值.

解　输入

In[1]:=Integrate[x * Sin[x],x],

In[2]:= $\int$ f[x] * f′[x]dx,

In[3]:=Integrate[Exp[−2x],{x,1,+∞}],

In[4]:=Integrate[Sqrt[R^2 −x^2],{x,0,R},{y,0,Sqrt[R^2 −x^2]}],

In[5]:=NIntegrate[Sin[x]^2,{x,0,2Pi}].

执行结果为

Out[1] = −xCos[x] +Sin[x],

Out[2] = $\frac{\mathrm{f}[\mathrm{x}]^2}{2}$,

Out[3] = $\frac{1}{2\mathrm{e}^2}$.

Out[4] = $\frac{2\mathrm{R}^3}{3}$,

Out[5] =3. 141 59.

4. 无穷级数求和

语句 Sum[f[i],{i,imin,imax}]表示求 $\sum_{i=imin}^{imax} f(i)$. 其中 $imin$ 可以是 $-\infty$, $imax$ 可以是∞(即 +∞),但必须满足 $imin \leqslant imax$. 此外,利用基本输入模板也可以求得上述和. 如

In[1]:=Sum[1/i^2,{i,1,∞}]

表示求级数 $\sum_{i=1}^{\infty} \frac{1}{i}$的和.

5. 将函数展为幂级数

语句 Series[f[x],{x,x_0,n}]表示将 $f(x)$ 在 x_0 处展成幂级数直到 n 次为止. 如

In[1]:=Series[Sin[x],{x,0,10}]

表示将 $\sin x$ 展成 x 的幂级数,展开到第 10 项.

6. 解常微分方程(组)

语句 DSolve[equ,y[x],x]用于求方程 equ 的通解 $y(x)$,其中 x 为自变量.

语句 DSolve[{equ,y[x_0] = = y_0},y[x],x]用于求满足条件 $y(x_0)=y_0$ 的特解 $y(x)$.

语句 NDSolve[{equ,y[x_0] = = y_0},y[x],x]用于求满足条件 $y(x_0)=y_0$ 的特解 $y(x)$的近似解.

语句 DSolve[{equ1,equ2,…},{y_1[x],y_2[x],…},x]用于求方程组的通解.

语句 DSolve[{equ1,…,y_1[x_0] = = y_{10},…},{y_1[x],…},x]用于求方程组的特解.

输入微分方程时要注意:

(1) 未知函数总带自变量;

(2) 等号用连续键入两个等号表示;

(3) 导数符号用键盘上的撇号,连续两撇表示二阶导数.类似地可以输入三阶导数等.当求微分方程的数值解时,输出的结果为两个数组 x,y 的对应值,可通过绘图语句了解曲线的形状.

例 8　求下列微分方程的通解或特解:

(1) $y'+2xy=x$,求通解;

(2) $y''+2y'+y=x$,求通解;

(3) $y'=2xy,y(0)=1$,求特解.

解　输入

In[1]: = DSolve[y'[x] +2x * y[x] == x,y[x],x],

结果为

$$\left\{\left\{\mathrm{y[x]}\to\frac{1}{2}+\mathrm{e}^{-\mathrm{x}^2}\mathrm{c[1]}\right\}\right\}.$$

输入

In[2]: = DSolve[y''[x] +2 * y'[x] + y[x] = = x,y[x],x],

结果为

$$\{\{\mathrm{y[x]}\to \mathrm{e}^{-\mathrm{x}}(\mathrm{e}^{\mathrm{x}}(-2+\mathrm{x})+\mathrm{c[1]}+\mathrm{xc[2]})\}\}.$$

输入

In[3]: = DSolve[{y'[x] = = 2x * y,y[0] = = 1}, y[x],x],

结果为

$$\{\{\mathrm{y[x]}\to 1+\mathrm{x}^2\mathrm{y}\}\}.$$

说明　结果中的 c[1], c[2]代表积分常数.

Mathematica 练习题

1. 利用模板在 Mathematica 的笔记本窗口下输入下列数学表达式:

∞, π, α, x^2, $\frac{1+x}{2}$, $\sqrt[4]{1+x^2}$, $\lim\limits_{x\to 0}\frac{\sin 2x}{\tan 3x}$, $\int \sin x\mathrm{d}x$, $\int_a^b f(x)\,\mathrm{d}x$, $\sum\limits_{n=1}^{\infty} a_n$, $\frac{\partial^2 u}{\partial x\partial y}$.

2. 打开并浏览系统的 Help 窗口,重点了解 The Mathematica Book 中 Advanced Mathematics in Calculus 的内容.

3. 利用 Help 窗口,学习 Mathematica 的下列函数的用法:

(1) Limit[ ];
(2) D[ ];
(3) Dt[ ];
(4) Integrate[ ];
(5) Dsolve[ ];
(6) Series[ ].

4. 计算下列数值:

$\sin\sqrt{3}$,$\tan\dfrac{\pi}{4}$,2^{500},π 的 100 位近似值,100 !.

5. 定义下列函数,计算在定义域内一些点处的函数值,并画出在区间[-0.5,0.5]上的图形:

(1) $y=x^2+x+1$;
(2) $y=\dfrac{\sin x}{x}$;
(3) $y=(1+x)^{\frac{1}{x}}$;
(4) $y=1-\dfrac{x^2}{2}-\cos x$.

6. 计算下列极限:

(1) $\lim\limits_{x\to 0}\dfrac{\sin x-\tan x}{x(1-\cos x)}$;
(2) $\lim\limits_{x\to 0}(1+x^2)\dfrac{x\ln\dfrac{1+x}{x}-1}{x}$.

7. 求下列函数的导数:

(1) $y=\arctan\dfrac{1+x}{1-x^2}$,求 y';
(2) $y=g(f(x))$,求 y'';
(3) $u=f\left(xy,\ \dfrac{x}{y},\ x^2+y^2\right)$,求$\dfrac{\partial^2 u}{\partial x\partial y}$;
(4) $z=x^2\ln(xy)+e^{x+y}$,求$\dfrac{\partial^2 z}{\partial x^2}$,$\dfrac{\partial^2 z}{\partial x\partial y}$,$\dfrac{\partial^2 z}{\partial y^2}$.

8. 求下列积分:

(1) $\int\sin^2 x\tan^2 x\mathrm{d}x$;
(2) $\int\dfrac{2+x^2}{(2x^2+x-1)^3}\mathrm{d}x$;
(3) $\int_0^2 x^3 e - x^2\mathrm{d}x$;
(4) $\int_0^2 e^{-x^2}\mathrm{d}x$ 的数值解;
(5) $\iint\limits_D e^{x-y}\mathrm{d}\sigma$,其中 D 为直线 $x+y=1$、x 轴、y 轴所围成的闭区域.

9. 求下列微分方程:

(1) $y'=\dfrac{3xy}{y^2-2x^2}$;
(2) $y'+2xy=3x$;
(3) $y'+y\cot x=5e^{\cos x}$,$y|_{x=\frac{\pi}{2}}=-4$;
(4) $y''-2y'+5y=2e^x\cos 2x$;
(5) $y'''-2y''+y'=2xe^x+x\sin x$.

附录3　中学数学基础知识补充

一、二阶和三阶行列式简介

行列式是线性代数中最基本的概念,这是仅作简单介绍.

设已知4个数排成正方形表

$$\begin{bmatrix} a_{11} & a_{12} \\ a_{21} & a_{22} \end{bmatrix},$$

则数 $a_{11}a_{22}-a_{12}a_{21}$ 称为对应于这个表的二阶行列式,用记号

$$\begin{vmatrix} a_{11} & a_{12} \\ a_{21} & a_{22} \end{vmatrix} \tag{1}$$

表示,即

$$\begin{vmatrix} a_{11} & a_{12} \\ a_{21} & a_{22} \end{vmatrix}=a_{11}a_{22}-a_{12}a_{21}.$$

数 $a_{11},a_{12},a_{21},a_{22}$ 称为行列式(1)的元素,横排叫做行,竖排叫作列. 元素 a_{ij} 中的第一个指标 i 和第二个指标 j 分别表示行数和列数. 例如,元素 a_{21} 在行列式(1)中位于第二行和第一列.

利用行列式,可将方程组

$$\begin{cases} a_{11}x_1+a_{12}x_2=b_1, \\ a_{21}x_1+a_{22}x_2=b_2 \end{cases} \tag{2}$$

的解简洁地表示出来.

设

$$D=\begin{vmatrix} a_{11} & a_{12} \\ a_{21} & a_{22} \end{vmatrix}=a_{11}a_{22}-a_{12}a_{21},$$

$$D_1=\begin{vmatrix} b_1 & a_{12} \\ b_2 & a_{22} \end{vmatrix}=b_1a_{22}-a_{12}b_2,$$

$$D_2=\begin{vmatrix} a_{11} & b_1 \\ a_{21} & b_2 \end{vmatrix}=a_{11}b_2-b_1a_{21}.$$

用消去法易得,若 $D\neq 0$,则方程组(2)的唯一解为

$$x_1 = \frac{D_1}{D},\ x_2 = \frac{D_2}{D}. \tag{3}$$

例 1 解方程组

$$\begin{cases} x + y = 1, \\ 2x - y = 2. \end{cases}$$

解 $D = \begin{vmatrix} 1 & 1 \\ 2 & -1 \end{vmatrix} = -3,\ D_1 = \begin{vmatrix} 1 & 1 \\ 2 & -1 \end{vmatrix} = -3,\ D_2 = \begin{vmatrix} 1 & 1 \\ 2 & 2 \end{vmatrix} = 0.$

因 $D = -3 \neq 0$,故所给方程组有唯一解

$$x = \frac{D_1}{D} = \frac{-3}{-3} = 1,\ y = \frac{D_2}{D} = \frac{0}{-3} = 0.$$

下面介绍三阶行列式概念.

设已知 9 个数排成正方形表

$$\begin{bmatrix} a_{11} & a_{12} & a_{13} \\ a_{21} & a_{22} & a_{23} \\ a_{31} & a_{32} & a_{33} \end{bmatrix},$$

则数 $a_{11}a_{22}a_{33} + a_{12}a_{23}a_{31} + a_{13}a_{21}a_{32} - a_{13}a_{22}a_{31} - a_{12}a_{21}a_{33} - a_{11}a_{23}a_{32}$ 称为对应于这个表的三阶行列式,用记号

$$\begin{vmatrix} a_{11} & a_{12} & a_{13} \\ a_{21} & a_{22} & a_{23} \\ a_{31} & a_{32} & a_{33} \end{vmatrix}$$

表示,因此

$$\begin{vmatrix} a_{11} & a_{12} & a_{13} \\ a_{21} & a_{22} & a_{23} \\ a_{31} & a_{32} & a_{33} \end{vmatrix} = a_{11}a_{22}a_{33} + a_{12}a_{23}a_{31} + a_{13}a_{21}a_{32} - a_{13}a_{22}a_{31} - a_{12}a_{21}a_{33} - a_{11}a_{23}a_{32}. \tag{4}$$

关于三阶行列式的元素、行、列等概念,与二阶行列式的相应概念类似,不再重复.

利用交换律及结合律,可把式(4)改写如下:

$$\begin{vmatrix} a_{11} & a_{12} & a_{13} \\ a_{21} & a_{22} & a_{23} \\ a_{31} & a_{32} & a_{33} \end{vmatrix} = a_{11}(a_{22}a_{33} - a_{23}a_{32}) - a_{12}(a_{21}a_{33} - a_{23}a_{31}) + a_{13}(a_{21}a_{32} - a_{22}a_{31}).$$

在上式右端 3 个括号中的式子表示为二阶行列式,则有

$$\begin{vmatrix} a_{11} & a_{12} & a_{13} \\ a_{21} & a_{22} & a_{23} \\ a_{31} & a_{32} & a_{33} \end{vmatrix} = a_{11}\begin{vmatrix} a_{22} & a_{23} \\ a_{32} & a_{33} \end{vmatrix} - a_{12}\begin{vmatrix} a_{21} & a_{23} \\ a_{31} & a_{33} \end{vmatrix} + a_{13}\begin{vmatrix} a_{21} & a_{22} \\ a_{31} & a_{32} \end{vmatrix}.$$

上式称为三阶行列式按第一行的展开式. 需要注意的是,第二项为负的,这些二阶行列式可以通过划掉三阶行列式中第一行各元素所在的行与列得到.

例 2
$$\begin{vmatrix} 2 & 1 & 2 \\ -4 & 3 & 1 \\ 2 & 3 & 5 \end{vmatrix} = 2\times\begin{vmatrix} 3 & 1 \\ 3 & 5 \end{vmatrix} - 1\times\begin{vmatrix} -4 & 1 \\ 2 & 5 \end{vmatrix} + 2\times\begin{vmatrix} -4 & 3 \\ 2 & 3 \end{vmatrix}$$

$$= 2\times 12 - 1\times(-22) + 2\times(-18) = 10.$$

二、复数及其简单应用

1. 复数的概念

当 $\Delta = b^2 - 4ac \geqslant 0$ 时,一元二次方程 $ax^2 + bx + c = 0$ 方程有实数根

$$x_{1,2} = \frac{-b \pm \sqrt{b^2 - 4ac}}{2a}.$$

但是在 $\Delta < 0$ 的情况下,方程在实数范围内无解. 为了对任意的一元二次方程都能求解,必须引入复数概念.

取 i 满足 $\mathrm{i}^2 = -1$,并记 $\mathrm{i} = \sqrt{-1}$,称 i 为虚数单位. 对任意的 $x, y \in \mathbf{R}$,称形如 $x + \mathrm{i}y$的数为复数,x, y 分别称复数的实部与虚部. 当 $x = 0, y \neq 0$ 时,复数 $y\mathrm{i}$ 称为纯虚数;当 $y \neq 0$ 时,复数 $z = x + \mathrm{i}y$ 称为虚数. 全体复数所成的集合 $\{x + \mathrm{i}y \mid x, y \in \mathbf{R}\}$ 称为复数集,记作 $\mathbf{C}$. 当 $y = 0$ 时,复数 $x + \mathrm{i}y$ 就成了实数 x,因此实数集 $\mathbf{R} \subset \mathbf{C}$.

当记复数 $z = x + \mathrm{i}y$,复数 $x - \mathrm{i}y$ 称为 $x + \mathrm{i}y$ 的共轭复数并记作$\overline{x + \mathrm{i}y}$或 $\bar{z}$.

当 $x_1 = x_2$ 且 $y_1 = y_2$ 时,称复数 $x_1 + \mathrm{i}y_1$ 与 $x_2 + \mathrm{i}y_2$ 相等,并记作 $x_1 + \mathrm{i}y_1 = x_2 + \mathrm{i}y_2$.

2. 复数的代数运算

由于实数是复数的特例,因此复数的四则运算的方法和运算律,应与实数的四则运算的方法和运算律相符.

两个复数 $z_1 = x_1 + \mathrm{i}y_1, z_2 = x_2 + \mathrm{i}y_2$ 的四则运算定义如下:

加减法　$z_1 \pm z_2 = (x_1 + \mathrm{i}y_1) \pm (x_2 + \mathrm{i}y_2) = (x_1 \pm x_2) + \mathrm{i}(y_1 + y_2)$.

乘法　$z_1 \cdot z_2 = (x_1 + \mathrm{i}y_1) \cdot (x_2 + \mathrm{i}y_2) = (x_1x_2 - y_1y_2) + \mathrm{i}(x_1y_2 + x_2y_1)$.

由共轭复数的定义和复数的乘法可得

$$z_1 \cdot \overline{z_1} = x_1^2 + y_1^2,\ \overline{z_1 \cdot z_2} = \overline{z_1} \cdot \overline{z_2}.$$

除法　$\dfrac{z_2}{z_1} = \dfrac{z_2 \cdot \overline{z_1}}{z_1 \cdot \overline{z_1}} = \dfrac{x_1x_2 + y_1y_2}{x_1^2 + y_1^2} + \mathrm{i}\dfrac{x_1y_2 - x_2y_1}{x_1^2 + y_1^2}\ (z_1 \neq 0)$.

四则运算和实数的四则运算一样,先乘除后加减并有如下运算律:

设 $z_1,z_2,z_3\in\mathbf{C}$,则

(1) 交换律　$z_1+z_2=z_2+z_1, z_1\cdot z_2=z_2\cdot z_1$;

(2) 结合律　$z_1+(z_2+z_3)=(z_1+z_2)+z_3, z_1\cdot(z_2\cdot z_3)=(z_1\cdot z_2)\cdot z_3$;

(3) 分配律　$z_1\cdot(z_2+z_3)=z_1\cdot z_2+z_1\cdot z_3$.

例 3　求$\frac{1}{2-3\mathrm{i}}\cdot\frac{1}{1+\mathrm{i}}$.

解　$\frac{1}{2-3\mathrm{i}}\cdot\frac{1}{1+\mathrm{i}}=\frac{1}{(2-3\mathrm{i})\cdot(1+\mathrm{i})}=\frac{1}{5-\mathrm{i}}=\frac{5+\mathrm{i}}{5^2+1^2}=\frac{5}{26}+\frac{1}{26}\mathrm{i}$.

例 4　解方程 $x^2+2x+2=0$.

解　由二次方程的求根公式直接可得

$$x_{1,2}=\frac{-2\pm\sqrt{2^2-4\times1\times2}}{2\times1}=-1\pm\mathrm{i}.$$

3. 复数的三角表达式

复数 $z=x+\mathrm{i}y$ 称为复数 z 的代数表达式,下面从几何上介绍复数的三角形式. 复数 $z=x+\mathrm{i}y$ 实质上是由一对有序实数 (x,y) 唯一确定的. 如果 x 轴上的单位是实数 1,y 轴上的单位是虚数单位 i,那么复数集 $\mathbf{C}$ 和 xOy 面上的点 $M(x,y)$ 之间构成一一对应的关系. 如果用 xOy 面上的点表示复数,那么 xOy 面就称为复平面. 这时实数集与横轴上的点所成的集一一对应,因此把横轴称为实轴. 一切纯虚数所成的集与纵轴上的一切点(除 0 外)所成的集一一对应,因此把纵轴称为虚轴. 复数 $z=x+\mathrm{i}y$ 除了可以用复平面上的点 $M(x,y)$ 表示外,还可用复平面上的向量$\overrightarrow{OM}$表示,并称向量$\overrightarrow{OM}$为复向量 z. 向量$\overrightarrow{OM}$的模称为复数 z 的模,记作 $|z|$,显然 $|z|=\sqrt{x^2+y^2}$. 实轴的正向到复向量 z 的角 θ 称为复数 z 的辐角,记作 $\mathrm{Arg}\ z$. 对一个取定的复数 z,辐角 $\mathrm{Arg}\ z$ 有相差 $2k\pi(k\in\mathbf{Z})$ 的无穷多种情形. 如果辐角 θ_0 满足 $-\pi<\theta_0\leqslant\pi$,则称 θ_0 为复数 z 的辐角的主值,记作 $\arg z$(如图 f-4 所示).

对于复数 $z=x+\mathrm{i}y$,

$$x=|z|\cos(\mathrm{Arg}\ z),\ y=|z|\sin(\mathrm{Arg}\ z),$$

因此

$$z=|z|[\cos(\mathrm{Arg}\ z)+\mathrm{i}\sin(\mathrm{Arg}\ z)].\qquad(5)$$

式(5)称为复数 z 的三角表示式.

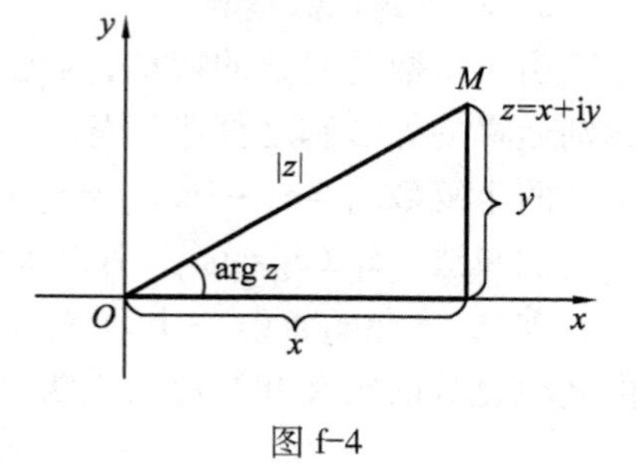

图 f-4

例 5　设 θ 为复数 z 的一个辐角,证明 $z^2=|z|^2(\cos2\theta+\mathrm{i}\sin2\theta)$.

证　由式(5)$z=|z|(\cos\theta+\mathrm{i}\sin\theta)$,据复数的乘法,得

$$z^2 = |z|^2(\cos\theta + \mathrm{i}\sin\theta)^2 = |z|^2(\cos^2\theta - \sin^2\theta + 2\mathrm{i}\sin\theta\cos\theta)$$
$$= |z|^2(\cos 2\theta + \mathrm{i}\sin 2\theta).$$

4. 欧拉公式和复数的指数表达式

为了应用的需要,下面介绍重要的欧拉公式.

对于任意的实数 θ,有

$$\mathrm{e}^{\mathrm{i}\theta} = \cos\theta + \mathrm{i}\sin\theta. \tag{6}$$

式(6)称为欧拉(Euler)公式.

对于复数 z,由式(5)、(6)有

$$z = |z|\mathrm{e}^{\mathrm{i}\,\mathrm{Arg}\,z}. \tag{7}$$

式(7)称为复数的指数表达式.

我们要指出,实数中幂的运算法则在复数中也成立. $\forall\alpha\in\mathbf{R}$,由式(6)、(7)有

$$z^\alpha = |z|^\alpha[\cos(\alpha\mathrm{Arg}\,z) + \mathrm{i}\sin(\alpha\mathrm{Arg}\,z)]. \tag{8}$$

特别地,当 $\theta\in\mathbf{R}, n\in\mathbf{N}^+$ 时,由式(8)有

$$(\cos\theta + \mathrm{i}\sin\theta)^n = \cos n\theta + \mathrm{i}\sin n\theta. \tag{9}$$

式(9)即复数中著名的棣莫弗(De Moivre)公式.

例6 将复数 $1+\mathrm{i}\sqrt{3}$ 化为三角表示式和指数表示式.

解 由 $|1+\mathrm{i}\sqrt{3}| = \sqrt{1+3} = 2$, $\cos\theta = \frac{1}{2}$, $\sin\theta = \frac{\sqrt{3}}{2}$;故 $\arg z = \frac{\pi}{3}$, $1+\mathrm{i}\sqrt{3}$ 的三角表示式和指数表示式分别为

$$1+\mathrm{i}\sqrt{3} = 2\left(\cos\frac{\pi}{3} + \mathrm{i}\sin\frac{\pi}{3}\right) = 2\mathrm{e}^{\mathrm{i}\frac{\pi}{3}}.$$

5. 代数基本定理

在复数范围内,整式方程有重要的以下代数基本定理:

定理 n 次方程

$$z^n + a_{n-1}z^{n-1} + \cdots + a_1 z + a_0 = 0 \ (a_i(i=0,1,2,\cdots,n-1)\text{是复数}, n\in\mathbf{N}^+).$$

在复数范围内有 n 个根 $z_i(i=1,2,\cdots,n)$ 且

$$z^n + a_{n-1}z^{n-1} + \cdots + a_1 z + a_0 = (z-z_1)(z-z_2)\cdots(z-z_n).$$

由代数基本定理有以下推论:

推论 实系数的 n 次方程的虚数根一定成对出现,即上述方程有虚根 $x+\mathrm{i}y$,则必有虚根 $x-\mathrm{i}y$.

三、数学归纳法

数学归纳法是数学中最基本,也是最常用、有效的证明方法之一. 数学归纳法是归纳法中用来证明有关无限序列(从第一个开始,无一例外)的数学命题的正确性.

用数学归纳法证明数学命题 $p(n)$ 对所有自然数 $n \geqslant n_0$(自然数 n_0 对应于无限序列的第一个)都成立,证明过程分以下两步:

第一步 验证 $n = n_0$ 时,$p(n_0)$ 命题成立;

第二步 假设对自然数 $k(\geqslant n_0)$ 命题 $p(k)$ 成立,在此基础上证明命题 $p(k+1)$ 也成立.

由以上两步的证明,便得到命题 $p(n)$ 对所有自然数 $n \geqslant n_0$ 总是成立的.

数学归纳法的原理是,由于第一步 $p(n_0)$ 成立,根据每个自然数都有后继数的性质,反复利用第二步的结论,得到命题 $p(n_0+1)$,$p(n_0+2)$,$p(n_0+3)$,…都成立,从而命题 $p(n)$ 对所有自然数 $n \geqslant n_0$ 总成立.

例 7 证明:对任意 $n \in \mathbf{N}^+$,

$$1^2 + 2^2 + \cdots + n^2 = \frac{1}{6}n(n+1)(2n+1). \tag{10}$$

证 第一步 $n=1$ 时,$1^2 = \frac{1}{6} \times 1 \times 2 \times 3 = 1$,命题成立.

第二步 设 $n = k$ 时,

$$1^2 + 2^2 + \cdots + k^2 = \frac{1}{6}k(k+1)(2k+1). \tag{11}$$

当 $n = k+1$ 时,由归纳假设的式(11),有

$$\begin{aligned} 1^2 + 2^2 + \cdots + k^2 + (k+1)^2 &= \frac{1}{6}k(k+1)(2k+1) + (k+1)^2 \\ &= \frac{1}{6}(k+1)[k(2k+1) + 6(k+1)] \\ &= \frac{1}{6}(k+1)(k+2)(2k+3). \end{aligned}$$

因此 $n = k+1$ 时,式(10)成立.

由以上两步的证明得到,对所有自然数 $n \in \mathbf{N}^+$,式(10)成立.

必须指出,用数学归纳法证明命题时,第一步是不可缺少的,它是命题成立的基础,仅证明第二步成立会得到错误的结论.

如命题“任意 $n \in \mathbf{N}^+$,正整数 $4n^2+1$ 都是 2 的倍数”显然是错误的.

但假设当 $n = k$ 时,$4k^2+1$ 是 2 的倍数;当 $n = k+1$ 时,由 $4(2k+1)$ 是 2 的倍数以及归纳假设立即可得 $4(k+1)^2 + 1 = (4k^2+1) + 4(2k+1)$ 也是 2 的倍数.

因此,用数学归纳法证明命题时,不能仅证明第二步,一定要证明一、二两步.

还要指出,数学归纳法只能用于证明关于无限序列的命题的正确性,它不是发现新命题的方法. 新命题常常是通过对 $n = n_0$,$n = n_0+1$,$n = n_0+2$ 等有限情形的结果进行分析、类比、归纳,发现某种规律,猜想有某个关于无限序列的结论,得到一个新命题,然后用数学归纳法证明该命题是否成立.

四、一些常用的中学数学公式

1. 乘法公式

$(a+b)(a^2-ab+b^2)=a^3+b^3$;

$(a-b)(a^{n-1}+a^{n-2}b+\cdots+ab^{n-2}+b^{n-1})=a^n-b^n$

或 $\dfrac{a^n-b^n}{a-b}=a^{n-1}+a^{n-2}b+\cdots+b^{n-1}(n\geqslant 2,n\in\mathbf{N}^+)$.

2. 二项展开式

$$(a+b)^n=\sum_{k=0}^{n}C_n^k a^{n-k}b^k(n\in\mathbf{N}^+).$$

3. 对数恒等式

$a^{\log_a b}=b,\log_a a^b=b\ (a>0,a\neq 1,b>0)$.

特别地,$\log_a b=\dfrac{\ln b}{\ln a}$, $e^{\ln b}=b$.

这里 e＝2.718 28…为一无理数;ln 是以 e 为底的对数,也称为自然对数.

4. 和(差)角公式

$\sin(\alpha\pm\beta)=\sin\alpha\cos\beta\pm\cos\alpha\sin\beta$;

$\cos(\alpha\pm\beta)=\cos\alpha\cos\beta\mp\sin\alpha\sin\beta$;

$\tan(\alpha\pm\beta)=\dfrac{\tan\alpha\pm\tan\beta}{1\mp\tan\alpha\tan\beta}$.

5. 二倍角公式

$\sin 2\alpha=2\sin\alpha\cos\alpha$;

$\cos 2\alpha=\cos^2\alpha-\sin^2\alpha=2\cos^2\alpha-1=1-2\sin^2\alpha$;

$\tan 2\alpha=\dfrac{2\tan\alpha}{1-\tan^2\alpha}$.

6. 半角公式

$\sin\dfrac{\alpha}{2}=\pm\sqrt{\dfrac{1-\cos\alpha}{2}}$;

$\cos\dfrac{\alpha}{2}=\pm\sqrt{\dfrac{1+\cos\alpha}{2}}$;

$\tan\dfrac{\alpha}{2}=\pm\sqrt{\dfrac{1-\cos\alpha}{1+\cos\alpha}}=\dfrac{\sin\alpha}{1+\cos\alpha}=\dfrac{1-\cos\alpha}{\sin\alpha}$.

7. 和差化积

$\sin\alpha+\sin\beta=2\sin\dfrac{\alpha+\beta}{2}\cos\dfrac{\alpha-\beta}{2}$;

$\sin\alpha-\sin\beta=2\cos\dfrac{\alpha+\beta}{2}\sin\dfrac{\alpha-\beta}{2}$;

$$\cos\alpha+\cos\beta=2\cos\frac{\alpha+\beta}{2}\cos\frac{\alpha-\beta}{2};$$

$$\cos\alpha-\cos\beta=-2\sin\frac{\alpha+\beta}{2}\sin\frac{\alpha-\beta}{2}.$$

8. 积化和差

$$\sin\alpha\cos\beta=\frac{1}{2}[\sin(\alpha+\beta)+\sin(\alpha-\beta)];$$

$$\cos\alpha\sin\beta=\frac{1}{2}[\sin(\alpha+\beta)-\sin(\alpha-\beta)];$$

$\cos\alpha\cos\beta=\frac{1}{2}[\cos(\alpha+\beta)+\cos(\alpha-\beta)]$,特例 $\cos^2\alpha=\frac{1+\cos 2\alpha}{2}$;

$\sin\alpha\sin\beta=-\frac{1}{2}[\cos(\alpha+\beta)-\cos(\alpha-\beta)]$,特例 $\sin^2\alpha=\frac{1-\cos 2\alpha}{2}$.

9. 反三角函数

$y=\arcsin x\Leftrightarrow y\in\left[-\frac{\pi}{2},\frac{\pi}{2}\right]$ 且 $x=\sin y$;

$y=\arccos x\Leftrightarrow y\in[0,\pi]$ 且 $x=\cos y$;

$y=\arctan x\Leftrightarrow y\in\left(-\frac{\pi}{2},\frac{\pi}{2}\right)$ 且 $x=\tan y$.

10. 最简三角方程

$\sin x=a(|a|\leqslant 1)$ 的解为 $x=n\pi+(-1)^n\arcsin a\ (n\in\mathbf{Z})$;

$\cos x=a(|a|\leqslant 1)$ 的解为 $x=2n\pi\pm\arccos a\ (n\in\mathbf{Z})$;

$\tan x=a$ 的解为 $x=n\pi+\arctan a\ (n\in\mathbf{Z})$.

五、极坐标介绍

1. 极坐标系

直角坐标系是最常用的一种坐标系,但它并不是用数来描写点的位置的唯一方法. 例如,炮兵射击目标时常常指出目标的方位和距离,用方向和距离描述点的位置,这是另一坐标系——极坐标系的基本思想.

在平面上取一个定点 O、由点 O 出发的一条射线 Ox、一个长度单位及计算角度的一个正方向(逆时针方向或顺时针方向,通常取逆时针方向),合称为一个极坐标系. 平面上任一点 M 的位置可以由 OM 的长度 r 和从 Ox 到 OM 的角度 φ 刻画(见图 f-5). 这两个数 (r,φ) 合称为点 M 在这极坐标系中的极坐标,O 点称为极坐标系的极点,Ox 称为极轴.

图 f-5

例8　在极坐标系中，画出点 $A\left(4,\frac{3\pi}{2}\right)$，$B\left(3,-\frac{\pi}{4}\right)$，$C\left(2,\frac{7\pi}{4}\right)$的位置.

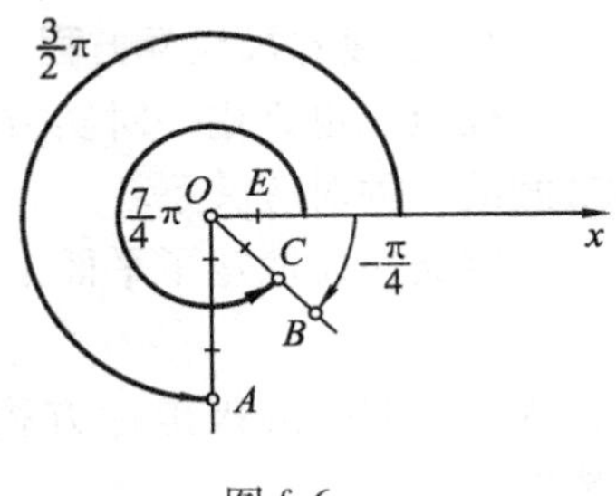

图 f-6

解　结果如图 f-6 所示.

点 M 的第一个极坐标 r 一般不取负值，当 $r=0$ 时，点 M 就与极点重合. 所以极点的特征是 $r=0$，φ 不定. 由于绕点 O 转一圈的角度是 2π，所以在极坐标中 (r,φ) 与 $(r,\varphi+2k\pi)$（k 为整数）代表同一个点. 由此可见，点与它的极坐标的关系不是一对一的，这是极坐标与直角坐标不同的地方，应该注意.

如果限定 $r\geqslant 0$，$-\pi<\varphi\leqslant\pi$（或 $0\leqslant\varphi<2\pi$），那么 φ，r 就被点 M 唯一确定了（$M=0$时除外）.

必要时，也允许 r 取负值. 约定当 $r<0$ 时，(r,θ) 表示的点 M 在 θ 的反向延长线上，$|OM|=|r|$，如$\left(-2,\frac{\pi}{3}\right)$表示的点与$\left(2,\frac{4\pi}{3}\right)$表示的点相同.（这样的约定使得在建立曲线与极坐标方程的对应时较为方便.）

极坐标的应用范围极为广泛，如机械中凸轮的设计，力学中行星的运动，物理学中关于圆形物体的形变、温度分布、波的传播等各种问题常借助于极坐标研究.

2. 极坐标与直角坐标的关系

设在平面上取定了一个极坐标系，以极轴为 x 轴，$\varphi=\frac{\pi}{2}$的射线为 y 轴，得到一个直角坐标系（见图 f-7）.

于是平面上任一点 M 的直角坐标 (x,y) 与极坐标之间有下列关系：

$$\begin{cases}x=r\cos\varphi,\\ y=r\sin\varphi.\end{cases}\tag{12}$$

图 f-7

所以

$$\begin{cases}r=\sqrt{x^2+y^2},\\ \cos\varphi=\dfrac{x}{\sqrt{x^2+y^2}},\\ \sin\varphi=\dfrac{y}{\sqrt{x^2+y^2}},\\ \tan\varphi=\dfrac{y}{x}\ (\text{如果 } M \text{ 不在 } y \text{ 轴上}).\end{cases}\tag{13}$$

3. 曲线的极坐标方程

极坐标也是用一对实数描写点的位置的一种方法,因而也建立了方程和图形之间的一种对应关系.

定义　设取定了平面上的一个极坐标系,方程

$$F(r,\varphi)=0$$

称为一条曲线的极坐标方程,如果该曲线是由极坐标(r,φ)满足方程的点所组成的.

曲线的极坐标方程反映了曲线上点的极坐标 r 与 φ 之间的相互制约关系,如方程 $r=r_0>0$ 表示以极点为圆心,r_0 为半径的圆周;方程 $\varphi=\varphi_0$ 表示以极点为端点,另一端无限伸展并和极轴成 φ_0 角的射线.

例 9　方程 $r=2a\cos\varphi(a>0)$表示的图形是什么?

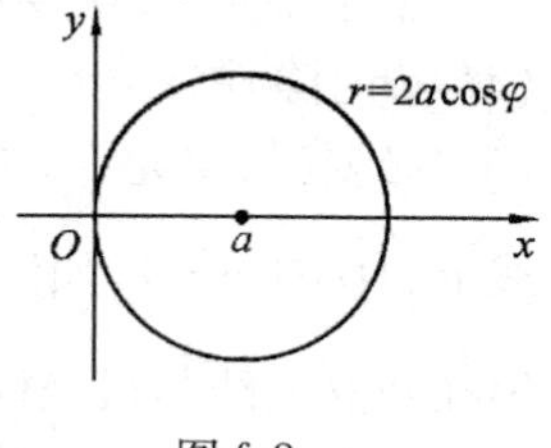

图 f-8

解　由极坐标与直角坐标之间的关系(12),(13)有

$$x^2+y^2=r^2=2ar\cos\varphi=2ax.$$

配方得

$$(x-a)^2+y^2=a^2.$$

因此,方程 $r=2a\cos\varphi$ 表示以点$(a,0)$为圆心半径为 a 的圆(见图 f-8).

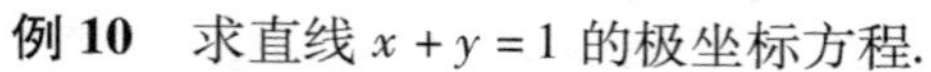

例 10　求直线 $x+y=1$ 的极坐标方程.

解　由关系式(12)有

$$r(\cos\varphi+\sin\varphi)=1,$$

故直线方程为

$$r=\frac{1}{\cos\varphi+\sin\varphi}.$$

例 11　作出心形线 $r=a(1+\cos\theta)(a>0)$的图形.

解　由于在以上方程中 $F(r,-\theta)=F(r,\theta)$总成立,因此心形线关于极轴对称,只要先作 $\theta\in[0,\pi]$部分的图形,然后作其关于极轴的对称图形.

当极角 θ 由 0 增加到 π 时,极径 r 由 $2a$ 减少到 0,取极角一系列的值 θ_i,求出相应的极径的值 r_i,得到心形线上一系列的点 $M_i(r_i,\theta_i)$. 具体做法如下:

$$\theta_1=0,\ r_1=2a,\ M_1(2a,0);$$

$$\theta_2=\frac{\pi}{6},\ r_2=1.87a,\ M_2\left(1.87a,\frac{\pi}{6}\right);$$

$$\theta_3=\frac{\pi}{4},\ r_3=1.71a,\ M_3\left(1.71a,\frac{\pi}{4}\right);$$

$$\theta_4=\frac{\pi}{3},\ r_4=1.50a,\ M_4\left(1.50a,\frac{\pi}{3}\right);$$

$\theta_5=\frac{\pi}{2}$，$r_5=a$，$M_5\left(a,\frac{\pi}{2}\right)$；

$\theta_6=\frac{2\pi}{3}$，$r_6=0.50a$，$M_6\left(0.50a,\frac{2\pi}{3}\right)$；

$\theta_7=\frac{3\pi}{4}$，$r_7=0.29a$，$M_7\left(0.29a,\frac{3\pi}{4}\right)$；

$\theta_8=\frac{5\pi}{6}$，$r_8=0.13a$，$M_8\left(0.13a,\frac{5\pi}{6}\right)$；

$\theta_9=\pi$，$r_9=0$，$M_9(0,\pi)$.

在极坐标平面上作出以上9个点，并用光滑曲线连接这9个点，然后作其关于极轴的对称图形，便得到心形线 $r=a(1+\cos\theta)$ 的图形，如图 f-9所示.

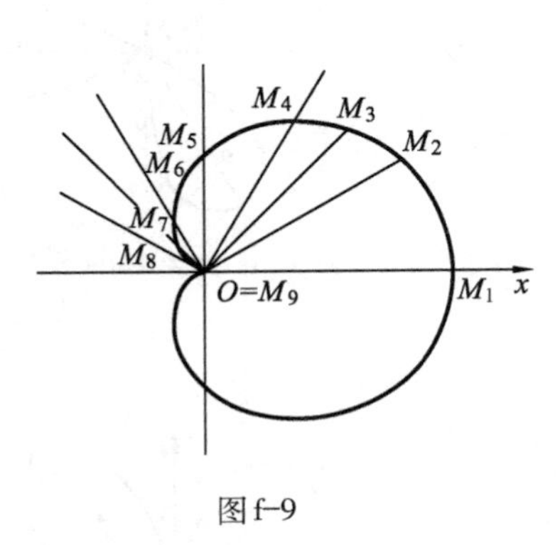

图 f-9

4. 常见的曲线与极坐标方程

我们列出常见的极坐标系下的曲线形状与方程(见图 f-10—图 f-15).

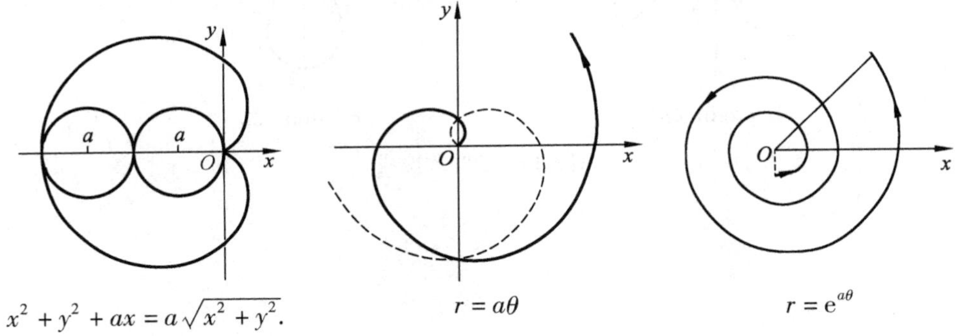

$x^2+y^2+ax=a\sqrt{x^2+y^2}$.

$r=a(1-\cos\theta)$.

图 f-10　心形线

$r=a\theta$

图 f-11　阿基米德螺线

$r=e^{a\theta}$

图 f-12　对数螺线

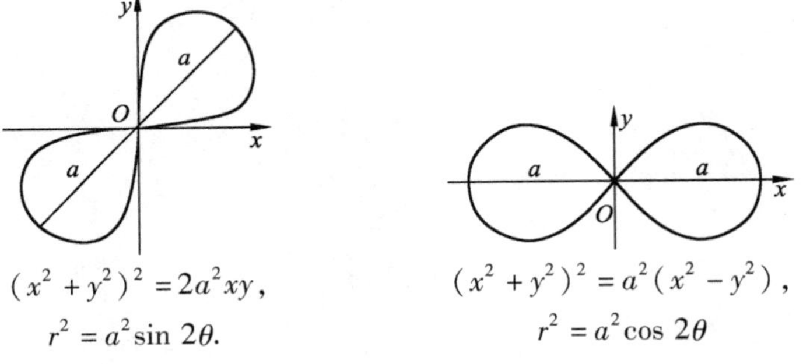

$(x^2+y^2)^2=2a^2xy$,

$r^2=a^2\sin 2\theta$.

$(x^2+y^2)^2=a^2(x^2-y^2)$,

$r^2=a^2\cos 2\theta$

图 f-13　伯努利双纽线

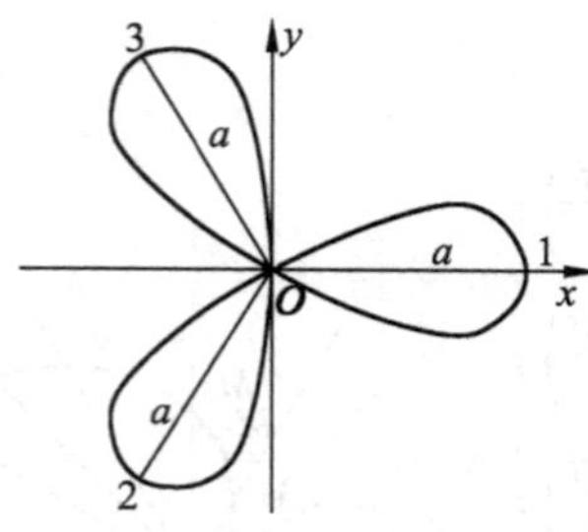

$r=a\cos 3\theta$

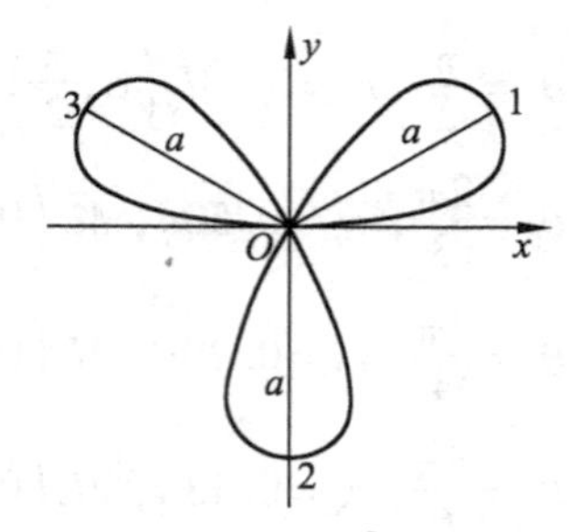

$r=a\sin 3\theta$

图 f-14　三叶玫瑰线

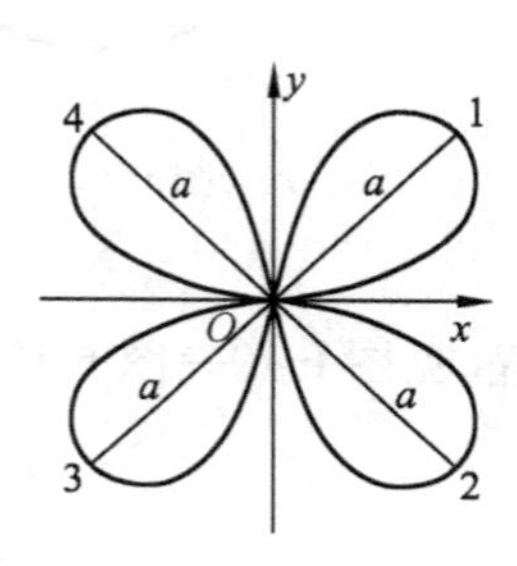

$r=a\sin 2\theta$

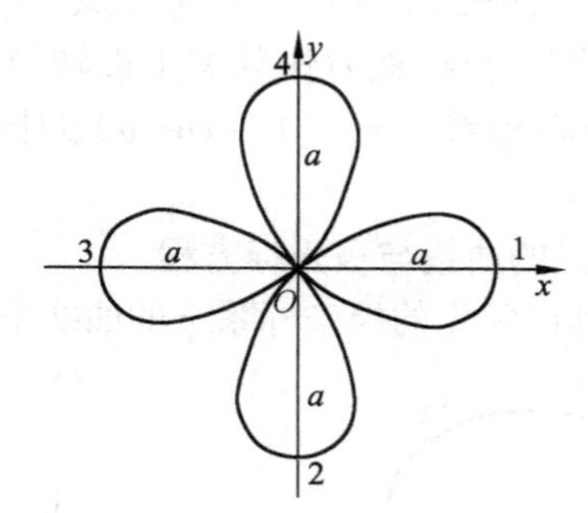

$r=a\cos 2\theta$

图 f-15　四叶玫瑰线

习题答案

第一章

习题 1-1

1. （1）$(-\infty,-1)\cup(-1,2)\cup(2,+\infty)$；（2）$(-\infty,0)\cup(0,4)$；
   （3）$[-4,-\pi]\cup[0,\pi]$；（4）$(0,1)$.
2. （1）相等；（2）相等；（3）不相等.
3. $(x+1)^2$.
4. x^4+x^2+1；$(x^2+x+1)^2$；$x^4+2x^3+4x^2+3x+3$.
5. （1）非奇非偶；（2）奇函数；（3）奇函数；
   （4）偶函数；（5）非奇非偶；（6）奇函数.
7. （1）有界，非单调，奇函数；
   （2）无界，严格单调增加，非奇非偶；
   （3）有下界，无上界，严格单调减少，非奇非偶；
   （4）有下界，无上界，单调增，非奇非偶.
8. （1）$y=\dfrac{1+x}{1-x}$，$x\neq-1$；（2）$y=\dfrac{1}{4}(\log_3 x-5)$，$x>0$；
   （3）$y=e^{\frac{2x^3-1}{2+x^2}}$，$x\neq-\sqrt[3]{2}$；（4）$y=\log_a\dfrac{x}{1-x}$，$0<x<1$.
9. （1）$y=u^5,u=\sin v,v=x^2$；（2）$y=\tan u,u=\sqrt{v},v=\ln x$；
   （3）$y=\sqrt[3]{u},u=\arccos v,v=x^{-3}$；（4）$y=\cos u,u=\sin v,v=e^w,w=\sqrt{x}$.
10. x^2-x+1.
11. 15,16.

习题 1-2

1. （1）$\dfrac{2}{3}$；（2）0；（3）1；（4）1.

习题 1-3

1. （1）$\dfrac{2}{5}$；（2）0；（3）$\left(\dfrac{3}{2}\right)^6$；（4）1；（5）0；（6）3.
2. （1）0；（2）2；（3）$-\dfrac{1}{2}$；（4）$\dfrac{1}{2}$；（5）$\dfrac{n(n+1)}{2}$；（6）3.

3. $a=1, b=-1$.

4. 左极限为 $1-a$,右极限为2;当 $a=-1$ 时,$\lim\limits_{x\to1}f(x)=2$;当 $a\neq-1$ 时,$\lim\limits_{x\to1}f(x)$不存在.

习题 1-4

1. (1) k;　(2) $\frac{1}{2}$;　(3) x;　(4) $\frac{1}{3}$;　(5) e^{-1};　(6) e^{-1};　(7) $e^{-\frac{1}{2}}$;　(8) 1.

2. 不存在.

3. (1) 0;　(2) 1.

习题 1-5

1. 无界,非无穷大.

2. (1) 2 阶;　(2) 8 阶;　(3) 3 阶;　(4) $\frac{1}{3}$阶;　(5) 2 阶.

3. (1) 2;　(2) 0;　(3) $1(m=n)$, $0(m>n)$, $\infty(m<n)$;　(4) $\frac{1}{2}$.

习题 1-6

1. (1) $x=-1$ 处不连续,$x=1$ 处连续;(2) 连续.

2. (1) $x=\pm1$,第二类,无穷型间断点;

   (2) $x=2$,第一类,可去间断点,令 $f(2)=\frac{1}{4}$,则 $f(x)$ 在 $x=2$ 连续;

   $x=-2$,第二类,无穷型间断点;

   (3) $x=0$,第一类,可去间断点,令 $f(0)=\frac{1}{2}$,则 $f(x)$ 在 $x=0$ 连续;

   (4) $x=1$,第二类,无穷型间断点;

   (5) $x=0$,第一类,跳跃间断点;

   (6) $x=0$,第一类,可去间断点,令 $f(0)=1$,则 $f(x)$ 在 $x=0$ 连续;

   $x=k\pi+\frac{\pi}{2}, k\in\mathbf{Z}$,第二类,无穷型间断点.

3. (1) $a=1$;　(2) $a=e$;　(3) $a=2, b=-\frac{3}{2}$.

4. $f(x)=\begin{cases}1, & x<0,\\ 0, & x=0,\\ -1, & x>0.\end{cases}$ $x=0$. 第一类,跳跃间断点.

5. (1) $\cos 2$;　(2) e;　(3) $\frac{1}{a}$;　(4) e^{a}.

习题 1-7

1. (1) $[-1,0]$;　(2) $[2k\pi, 2(k+1)\pi], k\in\mathbf{Z}$;　(3) $[a, 1-a], a\leqslant\frac{1}{2}$.

2. $f(x)=\frac{1}{a^2-b^2}\left(a\sin x+b\sin\frac{1}{x}\right)$.

3. $f[f(x)]=f(x)$；$f[g(x)]=0$；$g[f(x)]=g(x)$；$g[g(x)]=0$.

5. $\frac{1}{2}$.

6. 3.

7. $c=\ln 3$.

8. 当 $A=-5$, $B=0$ 时 $f(x)$ 为无穷小量；当 $B\neq 0$, A 为任意常数时 $f(x)$ 为无穷大量.

9. $f(x)=\begin{cases} x, & |x|<1, \\ 0, & |x|=0, \\ -x, & |x|>1. \end{cases}$ $x=\pm 1$，第一类，跳跃间断点.

11. $V=\frac{R^3}{24\pi^2}(2\pi-\alpha)^2\sqrt{4\pi\alpha-\alpha^2}\quad (0<\alpha<2\pi)$.

12. $y=\begin{cases} 6x, & 0\leqslant x\leqslant 200, \\ 4x+400, & 200<x\leqslant 500, \\ 3x+900, & x>500. \end{cases}$

13. $S=4x+\frac{2}{x}+\frac{1}{2}$, $0<x<+\infty$.

14. $h=\frac{V}{\pi R^2}$, $0\leqslant V\leqslant \pi R^2 H$.

第二章

习题 2-1

1. $\rho(x_0)=m'(x_0)$.

2. $f'(T)$.

3. (1) $f'(-1)=4$； (2) $f'(4)=\frac{1}{4}$.

4. 27，18.

5. (1) $-f'(x_0)$； (2) $f'(x_0)$； (3) $2f'(x_0)$； (4) $\frac{1}{2x_0}f'(x_0)$.

6. (1) 切线方程 $y-1=\frac{1}{\mathrm{e}}(x-\mathrm{e})$，法线方程 $y-1=-\mathrm{e}(x-\mathrm{e})$.

   (2) 切线方程：$y-\frac{\sqrt{2}}{2}=-\frac{\sqrt{2}}{2}\left(x-\frac{\pi}{4}\right)$ 或 $y+\frac{\sqrt{2}}{2}=-\frac{\sqrt{2}}{2}\left(x-\frac{3\pi}{4}\right)$；

   法线方程：$y-\frac{\sqrt{2}}{2}=\sqrt{2}\left(x-\frac{\pi}{4}\right)$ 或 $y+\frac{\sqrt{2}}{2}=\sqrt{2}\left(x-\frac{3\pi}{4}\right)$.

7. $f'(x)=\begin{cases} 3x^2, x<0, \\ 2x, x\geqslant 0. \end{cases}$

8. (1) $f(x)$ 在 $x=0$ 处连续但不可导； (2) $g(x)$ 在 $x=0$ 处连续、可导；
   (3) $h(x)$ 在 $x=1$ 处不连续、不可导.

10. $\varphi(a)$.

习题 2-2

1. (1) $4+\frac{4}{x^3}$;　(2) $\frac{7}{8}x^{-\frac{1}{8}}$;

(3) $3x^2\cos x-x^3\sin x$;　(4) $\sec^3 x+\tan^2 x\sec x$;

(5) $e^x\left(\ln x+\frac{1}{x}\right)$;　(6) $(2e)^x\ln(2e)+(1-x)e^{-x}$;

(7) $\frac{2}{(x+1)^2}$;　(8) $\frac{\sin t-\cos t+1}{(1+\sin t)^2}$;

(9) $(\theta+1)e^\theta\cot\theta-\theta e^\theta\csc^2\theta$;　(10) $\arcsin x+\frac{x}{\sqrt{1-x^2}}$;

(11) $2\sqrt{2}(3x^2-1)$;　(12) $3\left(-\sin x\ln x+\frac{\cos x}{x}\right)$;

(13) $\frac{1}{2\sqrt{x}}(\ln x+2)$;　(14) $(2x-3)\ln x+\frac{x^2-3x+1}{x}$;

(15) $\cos 2x$;　(16) $\sec^2\theta\cdot\log_2\theta+\frac{\tan\theta}{\theta\ln 2}$;

(17) $\frac{1-2\ln x}{x^3}$;　(18) $\frac{-\csc^2 x\cdot(1+\sqrt{x})-\frac{1}{2\sqrt{x}}\cot x}{(1+\sqrt{x})^2}$.

2. (1) $2x^3$;　(2) $-2\arctan x$;

(3) $\sec x$;　(4) $\log_3 x$;

(5) $\frac{2}{3}x^{\frac{3}{2}}-\ln x$;　(6) $3\cdot 2^x$.

3. (1) $-\frac{2}{\pi}$;　(2) $y'(1)=16,[y(1)]'=0$.

4. (1) $\frac{2xf(x)-x^2f'(x)}{[f(x)]^2}$;　(2) $\frac{xf(x)+2x^2f'(x)-1}{2x\sqrt{x}}$.

5. $x+y+3=0$.

6. (1) v_0-gt; (2) $\frac{v_0}{g}$.

7. $M(1,2)$.

8. $f'(x)=\begin{cases}\cos x, x>0,\\ -\sin x, x<0.\end{cases}$

9. $a=3,b=-1,c=1,d=3$.

10. 78,78.

习题 2-3

1. (1) $\sin x,\sin 2x$;　(2) $2x+3,2n(2x+3)^{n-1}$;

(3) $-\cos x,e^{-\cos x}\sin x$;　(4) $\tan x,2\csc 2x$.

2. (1) $\sec^2\frac{x}{5}$;　(2) $-\frac{x}{\sqrt{1-x^2}}$;

(3) $e^{-x}(3\sec^2 3x-\tan 3x)$;

(4) $\dfrac{2^x\ln 2}{1+2^x}$;

(5) $2\sin(4x-2)$;

(6) $\dfrac{1}{|x|\sqrt{x^2-1}}$;

(7) $A\omega\cos(\omega t+\varphi)$;

(8) $\dfrac{1}{2x}-\dfrac{x}{1+x^2}$;

(9) $2x\sec^2 x\tan x$;

(10) $\dfrac{-1}{(x^2-1)^{\frac{3}{2}}}$;

(11) $-\dfrac{2}{3}\cdot\dfrac{\sin 2x}{(1+\cos 2x)^{\frac{2}{3}}}$;

(12) $\dfrac{24}{x}(\ln x)^2$;

(13) $\dfrac{1}{x\sqrt{x^2-1}}$;

(14) $\dfrac{2x\cos(x^2)\sin x-2\cos x\sin(x^2)}{\sin^3 x}$;

(15) $\dfrac{1}{x\ln x}$;

(16) $\csc x$;

(17) $\dfrac{4}{(e^x+e^{-x})^2}$;

(18) $3^{\sin x}\cdot\ln 3\cdot\cos x$;

(19) $-\dfrac{1}{x^2}e^{\tan\frac{1}{x}}\sec^2\dfrac{1}{x}$;

(20) $-\dfrac{1}{x^2+1}$;

(21) $\dfrac{\ln x}{x\sqrt{1+\ln^2 x}}$;

(22) $3\sin 6x\cos^3 x-3\sin^2(3x)\cos^2 x\sin x$.

3. (1) $3\left(\dfrac{\pi}{2}-1\right)$; (2) 0; (3) $\dfrac{\sqrt{2}}{2}$; (4) 0.

4. (1) $\dfrac{2f'(2x)}{f(2x)}$;

(2) $2e^x f(e^x)f'(e^x)$;

(3) $2\cos 2x\cdot f'(\sin 2x)$;

(4) $e^{f(x)}[e^x f'(e^x)+f(e^x)f'(x)]$.

5. $(0,1)$.

6. $-\dfrac{1}{(1+x)^2}$.

习题 2-4

1. (1) $-\dfrac{\sqrt{y}}{\sqrt{x}}$;

(2) $\dfrac{y(1-y)}{xy-1}$;

(3) $\dfrac{-y\sin(xy)}{1+x\sin(xy)}$;

(4) $-\dfrac{1}{2}$;

(5) $\dfrac{ye^{xy}}{1-xe^{xy}}$;

(6) $1-\dfrac{\pi}{2}$;

(7) $\dfrac{x+y}{x-y}(x-y\neq 0)$;

(8) $\dfrac{2^x\ln 2(1-2^y)}{2^{x+y}\ln 2-2}$ 或 $\dfrac{2y\ln 2}{2-(2^x+2y)\ln 2}$;

2. $x+3y+4=0$.

3. (1) $-(1+\cos x)^{\frac{1}{x}}\dfrac{x\tan\dfrac{x}{2}+\ln(1+\cos x)}{x^2}$;

(2) $(x-1)\cdot\sqrt[3]{\dfrac{(x-2)^2}{x-3}}\left(\dfrac{1}{x-1}+\dfrac{2}{3}\cdot\dfrac{1}{x-2}-\dfrac{1}{3(x-3)}\right)$;

(3) $(\sin x)^{\cos x}\left[\dfrac{\cos^2 x}{\sin x}-\sin x\ln(\sin x)\right]$;

(4) $\dfrac{e^{2x}(x+3)}{\sqrt{(x-4)(x+5)}}\left[2+\dfrac{1}{x+3}-\dfrac{1}{2(x-4)}-\dfrac{1}{2(x+5)}\right]$.

4. (1) $\dfrac{\sin t+t\cos t}{\cos t-t\sin t}$; (2) $e^{-a}-e^{-2a}$; (3) $\dfrac{3}{2}(1+t)$; (4) 2.

5. (1) 切线方程:$y=\dfrac{-1}{2}(x-3)$,法线方程:$y=2(x-3)$;

(2) 切线方程:$y-\dfrac{3}{2}=\dfrac{-1}{2}(x-1)$,法线方程:$y-\dfrac{3}{2}=2(x-1)$.

6. $a=\dfrac{e}{2}-2, b=1-\dfrac{e}{2}, c=1$.

7. $\dfrac{1}{10\pi}$ cm/s.

8. $H_t'=0.64$ cm/min.

习题 2-5

1. (1) $2+2^x\ln^2 2$; (2) $\dfrac{-a^2}{(a^2-x^2)^{\frac{3}{2}}}$;

(3) $2\arctan x+\dfrac{2x}{1+x^2}$; (4) $-\dfrac{x}{(1+x^2)^{\frac{3}{2}}}$;

(5) $e^{-t}(4\sin 2t-3\cos 2t)$; (6) $2x(2x^2+3)e^{x^2}$;

(7) $-\dfrac{1+x^2}{(x^2-1)^2}$; (8) $\dfrac{2(\sqrt{1-x^2}-x\arccos x)}{(1-x^2)^{\frac{3}{2}}}$.

2. (1) $y''(e)=\dfrac{-3}{4e^4}$; (2) $y''\left(\dfrac{2\pi}{3}\right)=2\sqrt{3}$.

3. (1) $2(-1)^n n!\ \dfrac{1}{(1+x)^{n+1}}$; (2) $y'=1+\ln x, y^{(n)}=(-1)^n(n-2)!\ \dfrac{1}{x^{n-1}}\ (n\geqslant 2)$;

(3) $(-1)^n n!\ \left[\dfrac{1}{(x-4)^{n+1}}-\dfrac{1}{(x+1)^{n+1}}\right]$;

(4) $2^n x\sin\left(2x+\dfrac{n\pi}{2}\right)+n^{2n-1}\sin\left(2x+\dfrac{n-1}{2}\pi\right)$.

4. $f^{(10)}(x)=e^{-x}(x^2-20x^2+90)$.

5. (1) $\dfrac{12(3y^2+x^2)}{(3y^2-x^2)^3}$; (2) $\dfrac{-2(1+y^2)}{y^5}$;

(3) $-\dfrac{b^4}{a^2y^3}$; (4) $\dfrac{1}{3a\sin t\cos^4 t}$;

(5) $\dfrac{1+t^2}{4t}$; (6) $\dfrac{2+t^2}{a(\cos t-t\sin t)^3}$.

习题 2-6

1. $\Delta y=-1.141, dy=-1.2$; $\Delta y=0.1206, dy=0.12$.

2. (1) $\dfrac{dx}{(1-x)^2}$; (2) $\dfrac{1}{2}\cot\dfrac{x}{2}dx$;

(3) $\left(\dfrac{4}{x}\ln x+1\right)dx$; (4) $4\tan(1+2x)\sec^2(1+2x)dx$;

(5) $(3x^2-4x-8)dx$; (6) $\dfrac{x\cos x-\sin x}{x^2}dx$;

(7) $\dfrac{-x}{|x|\sqrt{1-x^2}}dx$; (8) $e^{-x}[\sin(3-x)-\cos(3-x)]dx$;

(9) $\dfrac{4x^3y}{2y^2+1}dx$; (10) $\dfrac{3}{3x+1}\sin[2\ln(3x+1)]dx$;

(11) $x^{\sin x}\left(\cos x\ln x+\dfrac{\sin x}{x}\right)dx$; (12) $\dfrac{3a^2\cos 3x+y^2\sin x}{2y\cos x}dx$.

3. (1) $\dfrac{x^2}{2}$; (2) $\ln(1+x)$;

(3) $-\dfrac{\cos 2x}{2}$; (4) $-\dfrac{e^{-3x}}{3}$;

(5) $\dfrac{1}{1+e^{4x}}, \dfrac{2e^{2x}}{1+e^{4x}}$; (6) $\cos(\cos x), -\sin x\cos(\cos x)$.

4. $-\dfrac{(x-y)^2}{(x-y)^2+2}dx, -\dfrac{(x-y)^2}{(x-y)^2+2}$.

5. $\dfrac{2}{t}$.

6. (1) 1.034 9; (2) 2.745 5; (3) 9.986 7; (4) 0.001.

8. 2.228 cm.

9. 6.31 cm^2, 6.28 cm^2.

10. -43.63 cm^2, 104.72 cm^2.

习题 2-7

1. (1) -1; (2) $e^{\frac{f'(a)}{f(a)}}$.

2. (1) $\dfrac{1}{4}$; (2) -100; (3) 6; (4) a^2.

4. $g'(x)=\begin{cases}3x^2-2x, & x\geqslant 1,\\ 1, & x<1.\end{cases}$

5. 2.

6. 3.

7. $\dfrac{f''(x+y)}{[1-f'(x+y)]^3}$.

8. 当 $a=1,b=1$ 时，$f(x)$ 在 $x=0$ 处可导，且 $f'(0)=1$，并此求得切线方程 $y-1=x$ 和法线方程 $y-1=-x$.

9. $a=\frac{1}{2e}$.

10. $\frac{16}{25\pi}\ m^3/min$.

第三章

习题 3-1

1. (1) $\xi=\frac{\pi}{4}$;　(2) $\xi=0$;　(3) $\xi=\frac{\pi}{4},\frac{5\pi}{4}$.
2. $e-2$.
4. 有且仅有 3 个实根分别在区间$(0,1),(1,2),(2,3)$内.
8. 在区间$[0,2\pi]$上单调增加.
9. (1) 单调增加区间为$\left(-\infty,-\frac{\sqrt{3}}{3}\right),\left(\frac{\sqrt{3}}{3},+\infty\right)$, 单调减少区间为$\left(-\frac{\sqrt{3}}{3},\frac{\sqrt{3}}{3}\right)$;
   (2) 单调增加区间为$[-1,0],[1,+\infty)$, 单调减少区间为$(-\infty,-1],[0,1]$;
   (3) 单调增加区间为$[0,1]$, 单调减少区间为$[1,2]$;
   (4) 单调增加区间为$(-\infty,0],[2,+\infty)$,单调减少区间为$[0,1),(1,2]$;
   (5) 单调增加区间为$\left(0,\frac{3}{4}\right)$,单调减少区间为$\left(\frac{3}{4},1\right)$;
   (6) 单调增加区间为$(0,2\pi)$;
   (7) 单调增加区间为$(0,2)$, 单调减少区间为$(-\infty,0),(2,+\infty)$;
   (8) 单调增加区间为$(-\infty,+\infty)$.
11. 有且仅有一个实根.

习题 3-2

1. (1) ×;　(2) ✓;　(3) ×;　(4) ×.
2. (1) $x=0$ 为极小值点,$x=4$ 为极大值点;
   (2) $x=-2$ 为极小值点,$x=3$ 为极大值点.
3. (1) $y_{极大}=y(-1)=32$,　$y_{极小}=y(2)=5$;
   (2) $y_{极大}=y(0)=-2$,　$y_{极小}=y(2)=2$;
   (3) y 单调增加无极值;
   (4) $y_{极大}=y(e)=e^{\frac{1}{e}}$;
   (5) $y_{极小}=y(e)=e$;
   (6) $y_{极大}=y(-1)=y(1)=\frac{1}{e}$,$y_{极小}=y(0)=0$.
4. $a=-\frac{2}{3},b=-\frac{1}{6}$, $f(x)$在 $x=1$ 处取得极小值;在 $x=2$ 处取得极大值.
5. $a=2$ 时, $f(x)$在 $x=\frac{\pi}{3}$处取得极大值$\sqrt{3}$.

6. (1) 最小值 $y(2)=-14$,最大值 $y(3)=11$;

   (2) 最小值 $y(1)=1$,最大值 $y\left(\frac{3}{4}\right)=\frac{5}{4}$;

   (3) 最小值 $y(-3)=27$,没有最大值;

   (4) 最小值 $y(1)=y(2)=0$,最大值 $y(-3)=20$.

7. $P\left(-\frac{1}{2},\frac{3}{4}\right)$.

8. $2ab$.

9. $2\pi\sqrt{\frac{2}{3}}$.

10. $b=10\sqrt{3}$ cm,$h=10\sqrt{6}$ cm.

11. $r=20$ cm.

习题 3-3

1. (1) 凸区间为$\left[0,\frac{2}{3}\right]$,凹区间为$(-\infty,0]$及$\left[\frac{2}{3},+\infty\right)$,拐点为$(0,1)$与$\left(\frac{2}{3},\frac{11}{27}\right)$;

   (2) 凸区间为$(-\infty,-1]$及$[1,+\infty)$,凹区间为$[-1,1]$,拐点为$(-1,\ln 2)$与$(1,\ln 2)$;

   (3) 凸区间为$[-6,0]$及$[6,+\infty)$,凹区间为$(-\infty,-6]$,$[0,6]$,拐点为$\left(-6,-\frac{9}{2}\right)$,$(0,0)$与$\left(6,\frac{9}{2}\right)$;

   (4) 凸区间为$[-3,-1]$,凹区间为$(-\infty,-3]$及$[-1,+\infty)$,拐点为$(-3,10e^{-3})$与$(-1,2e^{-1})$;

   (5) 凸区间为$(-\infty,2]$,凹区间为$[2,+\infty)$,拐点为$\left(2,\frac{2}{e^2}\right)$;

   (6) 凸区间为$(0,1]$,凹区间为$[1,+\infty)$,拐点为$(1,-7)$.

2. 拐点$(1,3)$,切线方程 $21x-y-18=0$,法线方程 $x+21y-64=0$.

3. $a=-\frac{1}{2}$,$b=\frac{3}{2}$.

4. $a=1$,$b=-3$,$c=-24$,$d=16$.

5. $k=\pm\frac{\sqrt{2}}{8}$.

习题 3-4

1. (1) 垂直渐进线为 $x=1$,水平渐进线为 $y=1$;

   (2) 垂直渐进线为 $x=\pm 1$,水平渐进线为 $y=0$;

   (3) 垂直渐近线为 $x=-3$,斜渐近线为 $y=2x-8$,曲线没有水平渐近线.

习题 3-5

1. (1) $\frac{e^{\frac{x}{a}}+e^{-\frac{x}{a}}}{2}dx$ 或 $\text{ch}\,\frac{x}{a}dx$; (2) $\sqrt{1+9x^4}\,dx$;

(3) $2a\left|\sin\frac{t}{2}\right|\mathrm{d}t$.

2. (1) $K=36,\rho=\frac{1}{36}$; (2) $K=2,\rho=\frac{1}{2}$;

(3) $K=2,\rho=\frac{1}{2}$; (4) $K=\frac{6}{13\sqrt{13}},\rho=\frac{13\sqrt{13}}{6}$.

习题 3-6

1. (1) $-\frac{3}{5}$; (2) $\frac{\cos a}{2a}$; (3) $1-\ln 2$; (4) $\frac{1}{2}(\beta^2-\alpha^2)$;

(5) $\frac{m}{n}a^{m-n}$; (6) $\frac{2}{\pi}$; (7) 1; (8) $\frac{1}{3}$;

(9) $-\frac{1}{8}$; (10) $\frac{1}{2}$; (11) $\frac{1}{6}$; (12) $\frac{1}{2}$;

(13) $\mathrm{e}^{\frac{3}{4}}$; (14) e^{-1}; (15) 1; (16) $\frac{1}{2}$.

习题 3-7

1. (1) $-3+19(x-1)+8(x-1)^2+10(x-1)^3+5(x-1)^4+(x-1)^5$;

(2) $1+\frac{1}{2}(x-1)-\frac{1}{8}(x-1)^2+\frac{1}{16}(x-1)^3-\cdots+(-1)^{n+1}\frac{(2n-3)!!}{2^n n!}(x-1)^n+R_n(x)$;

(3) $\mathrm{e}^{-5}\left[1-(x-5)+\frac{1}{2!}(x-5)^2-\frac{1}{3!}(x-5)^3+\cdots+(-1)^{n+1}\frac{1}{n!}(x-5)^n\right]+R_n(x)$;

(4) $\ln\frac{1}{2}-2\left(x-\frac{1}{2}\right)-\frac{2^2}{2}\left(x-\frac{1}{2}\right)^2-\frac{2^3}{3}\left(x-\frac{1}{2}\right)^3-\cdots-\frac{2^n}{n}\left(x-\frac{1}{2}\right)^n+R_n(x)$.

2. (1) $-x^2+o(x^2)$;

(2) $x-x^2+\frac{1}{2!}x^3-\cdots+\frac{(-1)^{n-1}}{(n-1)!}x^n+o(x^n)$.

3. $4\ln 2+2(2\ln 2+1)(x-2)+\frac{2\ln 2+3}{2!}(x-2)^2+\frac{1}{3!}(x-2)^3-\frac{2}{4!\xi^2}(x-2)^4$

(ξ 介于 2 与 x 之间).

4. 4 阶.
5. 0.309 0, $|R_4|<10^{-4}$.
6. 3.107 2, $|R_3|<10^{-4}$.
7. (1) $\frac{1}{6}$; (2) $\frac{1}{6}$.

习题 3-8

4. 连续.
5. 当 $a<-\frac{1}{\mathrm{e}}$ 时,原方程无实根;当 $a=-\frac{1}{\mathrm{e}}$ 时,原方程有唯一实根;当 $a>-\frac{1}{\mathrm{e}}$ 时,原方程有且仅有两个实根.
8. 驻点为 $x=1$, $y=1$,且是 $y=f(x)$ 的极小值点.

9. $\frac{27}{2}$.

10. 8.

12. 能够驶入内河的最大轮船的长为$(a^{\frac{2}{3}}+b^{\frac{2}{3}})^{\frac{3}{2}}$ m.

13. C 点应选在公路右方$\frac{9}{7}\sqrt{7}$ km 处,赶到车站的最短时间为$\frac{1}{8}(\sqrt{7}+9)$ h.

第四章

习题 4-1

1. (1) $\int_0^1 (x^2-x^3)\mathrm{d}x$; (2) $\int_a^b (1+|x|)\mathrm{d}x$; (3) $2\int_{T_1}^{T_2}\sin\omega t\mathrm{d}t$.

2. (1) 1; (2) 0; (3) $\frac{\pi}{4}$; (4) $\frac{5}{2}$.

3. 1,6,16.

习题 4-2

1. (1) $\cos x^2+C, \cos x^2\mathrm{d}x, \cos x^2, \cos x^2+C$; (2) $\mathrm{e}^{2x}+C, 2\mathrm{e}^{2x}, 4\mathrm{e}^{2x}$;
   (3) $\sin x^2, 0$.

2. (1) $-\frac{1}{x}+x+\frac{x^3}{12}+C$; (2) $-\frac{2}{3x\sqrt{x}}-\mathrm{e}^x+\ln|x|+C$;

   (3) $\frac{1}{2}\arctan\frac{x}{2}+\ln(x+\sqrt{x^2+4})+C$;

   (4) $\frac{1}{2}\arctan\frac{x}{2}+\ln|x|+C$; (5) $x-\cot x+C$;

   (6) $\frac{1}{2}(x+\tan x)+C$; (7) $\frac{1}{2}(x+\sin x)+C$;

   (8) $\tan x-\sec x+C$; (9) $\sin x+\cos x+C$;

   (10) $-(\tan x+\cot x)+C$.

3. (1) 0; (2) $\frac{7}{3}$; (3) 2.

4. (1) $2\ln(1+4x^2)-\ln(1+x^2)$; (2) $\frac{2\cos t}{\sqrt{t}}$.

5. (1) $2+\frac{5}{3(\ln 2-\ln 3)}$; (2) $-\frac{17}{6}$;

   (3) $1-\ln(1+\mathrm{e})+\ln 2$; (4) $\frac{\pi}{12}+1-\frac{\sqrt{3}}{3}$;

   (5) $\ln(1+\sqrt{5})-\ln 2$; (6) $\frac{\pi}{6}$;

   (7) $1-\frac{\pi}{4}$; (8) $\frac{\pi}{4}-\frac{1}{2}$;

   (9) $\sqrt{2}-1$; (10) $\frac{7}{2}+\ln 3$;

(11) $\frac{5}{2}$;　　(12) $\frac{10}{3}$;

(13) $2\sqrt{2}$;　　(14) $2\sqrt{2}$.

6. $f(x)=x-1$.

7. $\bar{v}=3g$ m/s.

8. (2) $\frac{2}{27}k^2$.

习题 4-3

1. (1) $\frac{1}{202}(2x-3)^{101}+C$;　(2) $\frac{3}{2(1-2x)}+C$;　(3) $-\frac{3}{4}(3-2x)^{\frac{2}{3}}+C$;

(4) $\frac{1}{2}(\arctan x)^2+C$;　(5) $\frac{1}{3}[\ln(1+x)]^3+C$;　(6) $\frac{1}{2}\cdot\frac{10^{2x}}{\ln 10}+C$;

(7) $e^{\arcsin x}+C$;　(8) $\frac{3}{2}$;　(9) 1;

(10) 0;　(11) 2.

2. (1) $-\frac{1}{5}\ln|\cos 5x|+C$;　　(2) $\frac{1}{10}\sin 5x+\frac{1}{2}\sin x+C$;

(3) $\tan x-x+C$;　　(4) $\frac{1}{2}\tan^2 x+\ln|\cos x|+C$;

(5) $\frac{2}{9}(1+x^3)^{\frac{3}{2}}+C$;　　(6) $-2\sqrt{1-x^2}-\arcsin x+C$;

(7) $-\frac{1}{3(x-1)^6}-\frac{3}{7(x-1)^7}+C$;　　(8) $\frac{1}{3}\ln\left|\frac{x-1}{x+2}\right|+C$;

(9) $\frac{1}{\sqrt{2}}\arctan\frac{x+1}{\sqrt{2}}+C$;　　(10) $-\frac{1}{98(2x-1)^{98}}-\frac{1}{198(2x-1)^{99}}+C$;

(11) $-\frac{1}{2}\cot\left(2x+\frac{\pi}{4}\right)+C$;　　(12) $\frac{1}{5}\arcsin 5x+C$;

(13) $\frac{1}{3}\arctan 3x+C$;　　(14) $\frac{a^2}{2}\arcsin\frac{x}{a}-\frac{x}{2}\sqrt{a^2-x^2}+C$;

(15) $\arccos(e^{-x})+C$;　　(16) $\frac{1}{2}\arcsin\frac{x^2}{2}+C$;

(17) $\sqrt{x^2-9}-3\arccos\frac{3}{x}+C$;　　(18) $2\arcsin\frac{x}{2}-\frac{1}{2}\sin\left(4\arcsin\frac{x}{2}\right)+C$;

(19) $\frac{1}{2}\ln(2x+\sqrt{4x^2+9})+C$;　　(20) $\frac{1}{a^2}\cdot\frac{x}{\sqrt{x^2+a^2}}+C$;

(21) $\frac{1}{2}\arcsin x-\frac{x}{2}\sqrt{1-x^2}+C$;　　(22) $\ln(x^2-2x+2)-\arctan(x-1)+C$;

(23) $2x+4\ln|x^2-4x|+\frac{15}{4}\ln\left|\frac{x-4}{x}\right|+C$;　　(24) $\arccos\frac{1}{x}+C$;

(25) $2\sqrt{x}-4\cdot\sqrt[4]{x}+4\ln(1+\sqrt[4]{x})+C$;　　(26) $2\sqrt{x-1}-2\arctan\sqrt{x-1}+C$;

(27) $\frac{1}{6}\ln\frac{x^6}{1+x^6}+C$;　　(28) $\frac{1}{4}\tan^4 x+C$.

3. (1) $\frac{34\ 945}{32\ 256}$; (2) $5(1-\sqrt[5]{16})$;

(3) $\frac{2}{7}$; (4) $\frac{\pi}{2\omega}$;

(5) $\frac{\pi}{2}$; (6) $\arctan e-\frac{\pi}{4}$;

(7) $\pi-\frac{4}{3}$; (8) $\frac{\pi}{2}-\frac{4}{3}$;

(9) $2\sqrt{2}$; (10) $\frac{1}{4}-\frac{1}{2(e^2+1)}$;

(11) 2; (12) $\frac{4}{5}$;

(13) $\frac{\pi}{4}-\frac{2}{3}$; (14) $\frac{1}{2}(1-\ln 2)$;

(15) $7+2\ln 2$; (16) $\frac{5}{3}$;

(17) $\frac{1}{6}$; (18) 12;

(19) $\frac{3\pi}{2}-\frac{152}{35}$; (20) $\ln(\sqrt{2}+1)-\frac{1}{2}\ln 3$;

(21) $\ln(2+\sqrt{3})-\ln(\sqrt{2}+1)$; (22) $2+\ln\frac{3}{2}$;

(23) $\frac{2\pi}{3}+\sqrt{3}$.

4. (1) $\frac{2\pi}{3}-\frac{2\sqrt{3}}{3}$; (2) $\frac{2}{3}$.

6. $\frac{25}{3}$.

8. $\frac{7}{3}$ m.

9. $\frac{1}{1\ 200}$ mg/cm^3.

习题 4-4

1. (1) $\frac{1}{2}x^2\sin 2x+\frac{1}{2}x\cos 2x-\frac{1}{4}\sin 2x+C$;

(2) $\left(\frac{1}{3}x^3+\frac{1}{2}x^2-2x\right)\ln x-\frac{1}{9}x^3-\frac{1}{4}x^2+2x+C$;

(3) $x\tan x+\ln|\cos x|+C$; (4) $\frac{x^2}{4}-\frac{x}{4}\sin 2x-\frac{1}{8}\cos 2x+C$;

(5) $x\arctan x-\frac{1}{2}\ln(1+x^2)+C$; (6) $x\tan x+\ln|\cos x|-\frac{x^2}{2}+C$;

(7) $x\ln(x+\sqrt{1+x^2})-\sqrt{1+x^2}+C$; (8) $\frac{1}{2}x^2\ln\frac{1+x}{1-x}+\frac{1}{2}\ln\left|\frac{x-1}{x+1}\right|+x+C$;

(9) $\frac{x}{2}[\sin(\ln x)-\cos(\ln x)]+C$;　　(10) $\tan x\ln(\sin x)-x+C$.

2. (1) $\pi-2$;　　(2) $\frac{3}{4}e^2-\frac{1}{4}$;　　(3) $2\left(1-\frac{1}{e}\right)$;

(4) 1;　　(5) $\frac{3\sqrt{2}}{10}e^{\frac{\pi}{2}}-\frac{1}{5}$;　　(6) $2-\frac{\pi}{2}$;

(7) $\frac{32}{3}-\frac{28}{9}\ln 2$;　　(8) $\frac{(9-4\sqrt{3})\pi}{36}+\frac{1}{2}\ln\frac{3}{2}$.

3. $e^x-\frac{2}{x}e^x+C$.

5. (1) $R(x)=10x+12x\sqrt{x}\ln(x+1)-8x\sqrt{x}+24\sqrt{x}-24\arctan\sqrt{x}$;　(2) 48 586.14.

习题 4-5

1. (1) $\frac{1}{4}\ln\left|\frac{t+2}{t}\right|-\frac{3}{2(t+2)}+C$;　　(2) $\frac{1}{2}x^2+4x+8\ln|x-1|+C$;

(3) $\frac{1}{2}\ln\frac{x^2+x+1}{x^2+1}+\frac{\sqrt{3}}{3}\arctan\frac{2x+1}{\sqrt{3}}+C$;　　(4) $\frac{1}{6}\ln\frac{x^2+2x+1}{x^2-x+1}+\frac{\sqrt{3}}{3}\arctan\frac{2x-1}{2\sqrt{3}}+C$;

(5) $\frac{1}{2}\ln\left|\tan\frac{x}{2}\right|-\frac{1}{4}\tan^2\frac{x}{2}+C$;　　(6) $\ln\left|\tan\frac{x}{2}+1\right|+C$;

(7) $\frac{2}{\sqrt{3}}\arctan\left[\frac{1}{\sqrt{3}}\left(2\tan\frac{x}{2}+1\right)\right]+C$;　　(8) $-\frac{1}{2}\left(\frac{1}{x^2}+\arctan x^2\right)+C$.

2. (1) $8\ln 2-5\ln 3$;　　(2) $\frac{26}{3}-8\ln 3$;

(3) $\frac{\sqrt{5}}{5}\ln\frac{3+\sqrt{5}}{3-\sqrt{5}}$;　　(4) $\frac{17}{8}$.

习题 4-6

1. 1.389 0, 1.350 6, 1.350 6.

2. 44.00 m^2, 44.00 m^2, 43.73 m^2.

习题 4-7

1. (1) 发散;　(2) 发散;　(3) $4e^{-1}$;　(4) π;　(5) $\frac{\sqrt{2}\pi}{2}$;

(6) ln 2;　(7) $\frac{14}{3}$;　(8) 发散;　(9) 发散;　(10) $\frac{\pi}{2}$.

习题 4-8

1. $\frac{16}{e^2}$.

2. $[\cos x^2-2x\cos(x^2+1)^2]e^{-y^2}$.

3. $\frac{1}{2}$.

4. $\frac{3}{4}$.

5. $F(x)=\begin{cases}\frac{1}{2}x^2-x-\frac{3}{2}, & -1\leqslant x<0,\\ \frac{1}{2}x^2+x-\frac{3}{2}, & 0\leqslant x\leqslant 1.\end{cases}$

6. $\frac{2}{3}\pi$.

7. $6\sin 1-6\cos 1-1$.

8. $f(x)=\sin x-\frac{8}{8+\pi^2}$.

9. 3.

10. 最小值为$f(0)=0$,最大值为$f(1)=\arctan 2-\frac{\pi}{4}+\frac{1}{2}\ln\frac{5}{2}$.

12. $\frac{\sqrt{\pi}}{2}$.

第五章

习题 5-2

1. (1) $\frac{34}{3}$; (2) $\frac{1}{2}+e^{-1}$; (3) $\frac{4}{3}\sqrt{2}$; (4) $\frac{4}{3}+2\pi$;

(5) $\frac{1}{3}+2\ln 2, 21-2\ln 2$; (6) $\frac{16}{3}$; (7) $\frac{a^2}{4}(e^{2\pi}-e^{-2\pi})$; (8) $\frac{3}{8}\pi a^2$.

2. (1) $\frac{\pi}{6}+\frac{1}{2}-\frac{\sqrt{3}}{2}$; (2) $\frac{\pi}{3}+2-\sqrt{3}$.

3. $a=1$ 时,面积最小为$\frac{4}{3}$.

4. $\frac{1}{6}\pi h[2(ab+AB)+aB+bA]$.

5. $\frac{2}{3}R^3\tan\alpha$;

7. (1) $\frac{128}{7}\pi, \frac{64}{5}\pi$; (2) $\frac{44}{15}\pi$, (3) $1.5\pi^2a^3, 2.6\pi^3a^3, 3.7\pi^2a^3$.

8. (1) $1+\frac{1}{2}\ln\frac{3}{2}$; (2) $\frac{8}{9}\left[\left(\frac{5}{2}\right)^{\frac{3}{2}}-1\right]$;

(3) $\ln(1+\sqrt{2})$; (4) $8a$.

9. $\left(\left(\frac{2}{3}\pi-\frac{\sqrt{3}}{2}\right)a, \frac{3}{2}a\right)$.

习题 5-3

1. 0.135 J;

2. $\frac{27}{7}kc^{\frac{2}{3}}a^{\frac{7}{3}}$；

3. (2) 9.75×10^5 kJ；

4. $ap_0S(\ln b-\ln a)$；

5. 57 697.5 kJ；

6. (1) $1.633ah^2$ kN；　(2) $3.267ah^2$ kN；　(3) $4.083ah^2$ kN；

7. $\pi ab^2\gamma g$.

习题 5-4

1. (1) $A(1,1)$；(2) $\frac{\pi}{6}$.

2. (1) $a=0$；　(2) $\frac{\pi}{30}(\sqrt{2}+1)$.

3. $\sqrt{\frac{\sqrt{2}-1}{2}}b$.

5. 4.

6. $F_x=\frac{3}{5}ka^2, F_y=\frac{3}{5}ka^2$.

7. $\frac{kmM}{a(l+a)}$.

8. (1) $a\sqrt{1+r+r^2}$；(2) $\frac{a}{\sqrt{1-r}}$.

9. (1) 1.35 倍；　(2) $1.667\rho\times10^6$ J.

10. (1) $V=8\arcsin y+8y\sqrt{1-y^2}+4\pi$；　(2) 0.01 m/s；　(3) $8\,000g\pi$ J.

第六章

习题 6-1

3. (1) $y'=y+5$；　(2) $yy'+2x=0$；　(3) $x^2(1+y'^2)=4$, $y\big|_{x=0}=2$.

4. $\frac{d^2h}{dt^2}+\frac{k}{m}\left(\frac{dh}{dt}\right)^2=-g, h(0)=0, h'(0)=v_0$.

5. $m\frac{d^2x}{dt^2}=-cx-\mu\frac{dx}{dt}$.

6. $xy+(1-x^2)y'=0$.

习题 6-2

1. (1) $y=Ce^{x^2}$；　(2) $y=\frac{1}{\ln|x+1|+C}$；

(3) $y^4(4-x)=Cx$；　(4) $10^x+10^{-y}=C$；

(5) $4(y+1)^3+3x^4=C$.

2. （1）$\ln x+e^{-\frac{y}{x}}=C$；（2）$x=Ce^{\arcsin\frac{y}{x}}(x>0,C>0)$及$y=\pm x,(x>0)$；

（3）$\sin\frac{y}{x}=Cx$；（4）$y=-\frac{x}{\ln|Cx|}$；

（5）$\ln\frac{x}{y}-1=Cy$.

3. （1）$y=\frac{1}{\ln|x+1|+1}$；（2）$y=\sqrt{2e^x-1}$.

4. $\pi e^{\frac{\pi}{4}}$.

5. 200 个单位.

6. $xy=6$.

习题 6-3

1. （1）$y=Ce^x-\frac{1}{2}(\sin x+\cos x)$；（2）$y=Ce^{-3x}+\frac{1}{5}e^{2x}$；

（3）$y=Cx^2e^{\frac{1}{x}}+x^2$；（4）$y=\frac{C}{x}+\frac{1}{4}x^3$；

（5）$x=Cy+\frac{1}{2}y^3$ 或 $y=0$；

（6）当 $a=0$ 时，$y=x+\ln|x|+C$；当 $a=1$ 时，$y=Cx+x\ln|x|-1$；当 $a\neq1,a\neq0$ 时，$y=Cx^a+\frac{x}{1-a}-\frac{1}{a}$.

2. （1）$k=\frac{40t+4t^2+1\,304}{10+2t}(t>-5)$；（2）$T=e^{-kt}+100$.

3. （1）$\frac{1}{y}=\frac{1}{4}(Cx^2+2\ln x+1)$；（2）$y^2=Cx^2+x$.

4. （1）$y=\pm\sqrt{Cx+\frac{1}{2}x^3}$；（2）$\frac{1}{(y-x)^2}=Ce^{x^2}-x^2-1$；

（3）$\left(-\frac{3}{7}x^3+Cx^{\frac{2}{3}}\right)y^{\frac{1}{3}}=1$；（4）$y^{-\frac{1}{3}}=-\frac{3}{7}x^{\frac{7}{3}}+Cx^{\frac{2}{3}}$.

5. $T_0=-30$ °F.

习题 6-4

1. $y=C_1e^x+C_2xe^x$.

2. （1）$y=C_1e^{-x}+C_2e^{2x}$；（2）$y=C_1+C_2e^{7x}$；

（3）$y=C_1e^{\sqrt{5}x}+C_2e^{-\sqrt{5}x}$；（4）$y=C_1e^{-2x}\cos x+C_2e^{-2x}\sin x$；

（5）$y=C_1e^{4x}+C_2xe^{4x}$；（6）$y=C_1e^{\frac{3}{2}x}\cos\frac{\sqrt{7}}{2}x+C_2e^{\frac{3}{2}x}\sin\frac{\sqrt{7}}{2}x$；

（7）$y=C_1e^x+(C_2+C_3x+C_4x^2)e^{-x}$；（8）$y=e^{2x}(C_1\cos x+C_2\sin x)$.

3. $y=\left(\frac{-1}{e^{-7}-e^{-3}}\right)e^{-3t}+\left(\frac{1}{e^{-7}-e^{-3}}\right)e^{-7t}$.

4. $y=e^x-e^{-x}$.

5. （1）$y^*=Ax^2e^{2x}+Bx+D$；（2）$y^*=xe^{2x}(A\cos x+B\sin x)$；

(3) $y^* = x(A_0 + A_1 x + A_2 x^2)e^{2x} + B_1\cos 4x + B_2\sin 4x$.

6. (1) $y = C_1 + C_2 e^x + (x-1)e^{2x}$;

(2) $y = C_1 + C_2 e^{3x} - \frac{1}{5}e^{2x}(3\sin x + \cos x)$;

(3) $y = C_1\cos x + C_2\sin x - \frac{1}{2}x\cos x$;

(4) $y = C_1\cos 2x + C_2\sin 2x + \frac{1}{3}x\cos x + \frac{2}{9}\sin x$.

7. $y = 2e^{-x} + 2e^{2x} - 2x^2 + 2x - 3$.

8. $y = C_1 e^x + C_2 e^{2x} + xe^x$.

9. $y = C_1 \frac{\cos 2x}{\cos x} + 2C_2\sin x + \frac{e^x}{5\cos x}$.

10. $x(t) = 0.6708\sin\sqrt{5}t$.

习题 6-5

1. (1) $y = e^x(x-2) + C_1 x + C_2$; (2) $y = x^2 + C_1\ln|x| + C_2$;

(3) $y = \ln|\ln x| + C_1\ln x + C_2$; (4) $e^{-\arctan y} = C_1 x + C_2$;

(5) $y = \ln|\cos(x - C_1)| + C_2$; (6) $y = \pm\frac{2}{3}(x + C_1)^{\frac{3}{2}} + C_2$.

2. (1) $y = \frac{1}{1-x}$; (2) $y = 3x + x^3 + 1$.

3. 100 km.

习题 6-6

1. $\frac{xe^{\frac{x}{2}}}{2(1+x)^{\frac{3}{2}}}$.

2. $y = 2\operatorname{ch}\frac{1}{2}(x-3)$.

3. $p = (p_0 - p^*)e^{-k(n+b)t} + p^*$.

4. $\frac{4\ln 150}{\ln 3 - \ln 2} = 49.43$ s, $\frac{6}{\ln 3 - \ln 2} = 14.80$ m.

5. $\frac{f^2(x)}{x^2} + \frac{2}{3}f^3(x) = \frac{5}{3}$.

6. $xy + (k-1)y^2 = k$.

7. $y = \frac{1}{2}(e^{x-1} + e^{1-x})$.

参考文献

[1] 张顺燕:《数学的源与流》,高等教育出版社, 2000 年.

[2] 同济大学应用数学系:《微积分(上、下)》,高等教育出版社, 1999 年.

[3] 同济大学应用数学系:《高等数学(上、下)》(第五版), 高等教育出版社, 2002 年.

[4] 宣立新,等:《微积分(上、下)》,高等教育出版社, 2008 年.

[5] 吴建成,等:《高等数学》,高等教育出版社, 2008 年.

[6] James Stewart. Calculus (6th Edition). Thomson Learning, Inc. , 2008.

[7] George B. Thomas. Thomas'Calculus (11th Edition). Pearson Education, Inc. , 2005.

[8] 吴健荣,等:《高等数学学习指导书》,苏州大学出版社, 2001 年.

参考文献

[illegible]